刘培杰数学工作室

实分析中的问题与解答

Problems and Solutions in Real Analysis

[日] 畑政义（Masayoshi Hata）著

陈青宏 译

HITP

哈尔滨工业大学出版社

HARBIN INSTITUTE OF TECHNOLOGY PRESS

# 黑版贸审字 08-2020-092 号

## 内 容 简 介

本书包含一百五十多道数学问题,这些问题主要与数学分析有关,还进一步扩展了 Bernoulli 数、微分方程和度量空间的主题. 书中同时给出了这些问题的解答,包括相关提示和解题技巧,供读者理解与掌握. 每一章都有一个要点总结,其中还有一些基本定义和结论,包含了许多对数学分析中一些重要数学结果的简要历史评论以及参考文献.

本书可作为本科生在微积分和线性代数课程期间或之后的习题集,对学习解析数论也具有一定的指导意义.

**图书在版编目(CIP)数据**

实分析中的问题与解答/(日)畑政义著;陈青宏译.—哈尔滨:哈尔滨工业大学出版社,2024.6

书名原文:Problems and Solutions in Real Analysis

ISBN 978 – 7 – 5767 – 1413 – 5

Ⅰ.①实… Ⅱ.①畑… ②陈… Ⅲ.①实分析-问题解答 Ⅳ.①O174.1-44

中国国家版本馆 CIP 数据核字(2024)第 096223 号

SHIFENXI ZHONG DE WENTI YU JIEDA

| | |
|---|---|
| 策划编辑 | 刘培杰　张永芹 |
| 责任编辑 | 关虹玲　穆方圆 |
| 封面设计 | 孙茵艾 |
| 出版发行 | 哈尔滨工业大学出版社 |
| 社　址 | 哈尔滨市南岗区复华四道街 10 号　邮编 150006 |
| 传　真 | 0451-86414749 |
| 网　址 | http://hitpress.hit.edu.cn |
| 印　刷 | 哈尔滨午阳印刷有限公司 |
| 开　本 | 787 mm×1 092 mm　1/16　印张 21　字数 342 千字 |
| 版　次 | 2024 年 6 月第 1 版　2024 年 6 月第 1 次印刷 |
| 书　号 | ISBN 978 – 7 – 5767 – 1413 – 5 |
| 定　价 | 98.00 元 |

(如因印装质量问题影响阅读,我社负责调换)

◎ 第二版序言

这一版让我有机会纠正一些印刷错误,改进某些问题与解答,以表明其本质含义,并添加了新的题材——增补了三章内容:Bernoulli(伯努利)数、度量空间与微分方程.请注意,Bernoulli 数的编号和符号与第一版给出的不同.为了便于读者理解,还添加了几个图,这些图是使用 Mac OSX 捆绑的"Grapher 2.5"绘制的.

Vladimir Lucic 博士、Elton P. Hsu 教授与 Hisashi Okamoto 教授提出了有益的意见,作者深表感谢,同时也感谢世界科技出版公司的工作人员,他们给予了极好的帮助与合作.

畑政义

于日本京都大学

◎ 第一版序言

**罗马不是一天建成的……**

把学问做好没有捷径,学习数学就要从容地解决诸多"好"问题.数学不只面向天才.解决难题就像挑战自己,你即使没有成功解决问题,也可以学到自身所欠缺的某些新知识或技术.

本书包含一百五十多道问题及其详解,这些问题主要与数学分析有关.许多问题都是作者精挑细选的,对这几类人有所助益:正在学习或刚好学完微积分与线性代数的学生,任何想复习与提高数学分析技能的人,还想更进一步地了解,例如复分析、Fourier(傅里叶)分析或 Lebesgue(勒贝格)积分等的人.本书所有问题的解答都很详细,可与 35 年多前 Pólya(波利亚)和 Szegö(塞格)撰写的名著相媲美.

有些问题取自解析数论,例如一致分布(第 12 章)与素数定理(第 17 章),后者的处理方式略有不同,它们有助于介绍解析数论.

不过,读者应当能注意到所有的解答都不是简明的.读者总是可以找到更好、更初等的解法.我们仅为方便才对这些问题进行编号,为了解决这些问题,读者可以使用任何工具来解决它们,这不同于微积分中的常见练习.例如,我们可以利用积分来解决关于级数的问题.作者必须承认,有一些以初等方式表述的问题他未能找到简单且初等的证明,他将这些问题和超越微积分范围的解答包括在内,是为了鼓励读者发现更好的解法.

作者想借此机会感谢 S. Kanemitsu 教授,他在作者编撰手稿的准备过程中提供了宝贵的帮助.

现在请读者拿起笔,享受研究数学的乐趣吧!

畑政义
于日本京都大学

◎ 记 号 说 明

1. 不超过实数 $x$ 的最大整数称为 $x$ 的整数部分, 记作 $[x]$.

2. 设 $f(x)$ 为定义在开区间 $(a,b)$ 上的实值函数, 并设 $c \in [a,b]$. 当满足 $x > c$ 的 $x$ 接近 $c$ 时, $f(x)$ 的右极限如果存在, 那么记作 $f(c+)$ 或

$$\lim_{x \to c+} f(x)$$

注意到在其他一些书中用记号 "$x \to c+0$" 代替 "$x \to c+$". 对于 $c \in (a,b]$, 如果左极限存在, 那么同样地定义 $f(c-)$.

3. 如果 $f(x)$ 在 $c$ 处的右导数存在, 那么记作 $f'_{+}(x)$. 如果 $f(x)$ 在 $c$ 处的左导数存在, 那么我们记作 $f'_{-}(x)$.

4. 给定两个序列 $\{a_n\}$ 与 $\{b_n\}$ (对于所有 $n \geq 1$, 都有 $b_n > 0$), 如果存在常数 $C > 0$, 使得对于所有 $n \geq 1$, 都有 $|a_n| \leq Cb_n$ 成立, 那么我们记作

$$a_n = O(b_n)$$

特别地, $a_n = O(1)$ 仅说明 $\{a_n\}$ 是有界序列. 这是一种表示不等式的简便方法, 称为 Landau(兰道) 记法. 注意到符号 $O(b_n)$ 并不表示特殊的序列. 例如, 我们可以写作 $O(1) + O(1) = O(1)$. 通常我们使用 "$O$" 这一记号来描述 $\{a_n\}$ 的渐近性态, 并且在标准正序列, 如 $n^{\alpha}$, $(\log n)^{\beta}$, $e^{\delta n}$ 等中选取强序列 $\{b_n\}$, 其中

$$e = \lim_{n \to \infty} \left(1 + \frac{1}{n}\right)^n = \sum_{n=0}^{\infty} \frac{1}{n!}$$

1

是自然对数的底数.

5. 如果当 $n \to \infty$ 时, $\dfrac{a_n}{b_n}$ 收敛到 0,那么我们记作

$$a_n = o(b_n)$$

特别地, $a_n = o(1)$ 仅说明当 $n \to \infty$ 时, $a_n$ 收敛到 0.

6. 如果当 $n \to \infty$ 时, $\dfrac{a_n}{b_n}$ 收敛到 1,那么我们记作

$$a_n \sim b_n$$

并且我们称 $\{a_n\}$ 与 $\{b_n\}$ 是渐近等价的,或者称 $\{a_n\}$ 渐近于 $\{b_n\}$. 这显然给出了一个等价关系. 序列 $\{b_n\}$ 也称为 $\{a_n\}$ 的主部. 注意到 $a_n \sim b_n$ 当且仅当

$$a_n = b_n + o(b_n)$$

7. Landau 记法也可以用于描述当 $x \to c$ 时函数 $f(x)$ 的渐近性态. 如果存在正函数 $g(x)$ 与常数 $C > 0$,使得在点 $c$ 的一个充分小的邻域上,都有 $|f(x)| \leqslant Cg(x)$,那么我们写作

$$f(x) = O(g(x)) \quad (x \to c)$$

我们也可以用与序列相同的方式来定义 $f(x) = o(g(x))$ 与 $f(x) \sim g(x)$ $(x \to c)$,即使当 $x \to \infty$ 或 $x \to -\infty$ 时亦可.

8. 如果定义在区间 $I$ 上的函数 $f(x)$ 的 $n$ 次导数存在,那么记作 $f^{(n)}(x)$. $I$ 上具有连续 $n$ 次导数的所有函数构成的集合记作 $\mathscr{C}^n(I)$. 如果 $I$ 包含一个端点,那么该点处的导数应看作单侧导数. 特别地,定义在 $I$ 上的所有连续函数构成的集合记作 $\mathscr{C}(I)$.

9. 符号函数(或正负号函数) $\mathrm{sgn}(x)$ 由

$$\mathrm{sgn}(x) = \begin{cases} 1 & (x > 0) \\ 0 & (x = 0) \\ -1 & (x < 0) \end{cases}$$

定义.

10. 在某些情况下,我们会合理地控制或缩写括号. 例如,我们把 $\sin(n\theta)$ 与 $(\sin x)^2$ 分别写成 $\sin n\theta$ 与 $\sin^2 x$.

11. 复数 $z$ 的实部与虚部分别记作 $\mathrm{Re}\, z$ 与 $\mathrm{Im}\, z$.

12. 对于线性空间中的任意子集 $E$,我们把所有点 $x \in E$(存在 $u, v \in E$,使得 $x = u - v$)构成的集合记作 $E - E$.

目

录

◎

# 序列与极限

## 要 点 总 结

1. 设 $\{a_n\}$ 为实数序列或复数序列. 序列收敛的充要条件是对于任意 $\epsilon > 0$, 都存在整数 $N > 0$, 使得

$$|a_p - a_q| < \epsilon$$

对于所有大于 $N$ 的整数 $p$ 与 $q$ 都成立. 这称为 Cauchy(柯西) 准则.

2. 任意单调有界序列都是收敛的.

3. 对于任意序列 $\{a_n\}$, 下极限与上极限分别由单调序列的极限

$$\liminf_{n \to \infty} a_n = \lim_{n \to \infty} \inf\{a_n, a_{n+1}, \cdots\}$$

与

$$\limsup_{n \to \infty} a_n = \lim_{n \to \infty} \sup\{a_n, a_{n+1}, \cdots\}$$

定义. 注意到如果我们采用 $\pm\infty$ 作为极限, 那么下极限与上极限总是存在的.

4. 有界序列 $\{a_n\}$ 收敛当且仅当下极限等于上极限.

---

### 问题 1.1

证明: 当 $n \to \infty$ 时, $n\sin(2n!\ e\pi)$ 收敛到 $2\pi$.

---

## 问题 1.2

证明:当 $n \to \infty$ 时

$$\left(\frac{1}{n}\right)^n + \left(\frac{2}{n}\right)^n + \cdots + \left(\frac{n}{n}\right)^n$$

收敛到 $\dfrac{e}{e-1}$.

## 问题 1.3

证明:当 $n \to \infty$ 时

$$e^{n/4} n^{-(n+1)/2} \left(1^1 2^2 \cdots n^n\right)^{1/n}$$

收敛到 1.

这由 Cesàro(切萨罗,1888) 提出,后由 Pólya(1911) 解决.

## 问题 1.4

假设当 $n \to \infty$ 时,$a_n$ 与 $b_n$ 分别收敛到 $\alpha$ 与 $\beta$. 证明:当 $n \to \infty$ 时

$$\frac{a_0 b_n + a_1 b_{n-1} + \cdots + a_n b_0}{n}$$

收敛到 $\alpha\beta$.

## 问题 1.5

假设对于所有整数 $m, n \geq 1$,序列 $\{a_n\}_{n \geq 1}$ 满足

$$a_{m+n} \leq a_m + a_n$$

证明:当 $n \to \infty$ 时,$\dfrac{a_n}{n}$ 要么收敛,要么发散到 $-\infty$.

这本质上出于 Fekete(费克特,1923). 在很多场合,我们可以根据这个有用的引理得到极限的存在性.

## 问题 1.6

假设对于所有整数 $m, n \geq 0$,序列 $\{a_n\}_{n \geq 0}$ 满足

$$\frac{a_{m+n} + a_{|m-n|}}{2} \leq a_m + a_n$$

证明:当 $n \to \infty$ 时,$\dfrac{a_n}{n^2}$ 要么收敛,要么发散到 $-\infty$.

这是前述问题的二次版本. 不等式的形式来源于公式

$$(x + y)^2 + (x - y)^2 = 2(x^2 + y^2)$$

---

**问题 1.7**

对于任意 $0 < \theta < \pi$ 与整数 $n \geq 1$, 证明:

$$\sin \theta + \frac{\sin 2\theta}{2} + \cdots + \frac{\sin n\theta}{n} > 0$$

---

这个不等式由 Fejér(费耶尔)猜想得到, 后由 Jackson(杰克逊, 1911)与 Gronwall(格朗沃尔, 1912)独立证明出来. Landau(1934)给出了一个更短(或许是最短)的简洁证明. 另见问题 5.8. 注意到当 $0 < \theta < 2\pi$ 时,

$$\sum_{n=1}^{\infty} \frac{\sin n\theta}{n} = \frac{\pi - \theta}{2}$$

这将在问题 7.12 的解答中得到证明.

---

**问题 1.8**

对于任意 $\theta \in \mathbf{R}$ 与任意整数 $n \geq 1$, 证明:

$$\frac{\cos \theta}{2} + \frac{\cos 2\theta}{3} + \cdots + \frac{\cos n\theta}{n + 1} \geq -\frac{1}{2}$$

---

这由 Rogosinski(罗戈森斯基)与 Szegö(1928)证明. Verblunsky(1945)给出了另一个证明. 当 $n \geq 2$ 时, Koumandos(2001)得到了下界 $-\frac{41}{96}$. 注意到当 $0 < \theta < 2\pi$ 时,

$$\sum_{n=0}^{\infty} \frac{\cos n\theta}{n + 1} = \frac{\pi - \theta}{2} \sin \theta - \cos \theta \log\left(2\sin \frac{\theta}{2}\right)$$

对于更简单的余弦和, Young(杨, 1912)证明了对于任意 $\theta \in \mathbf{R}$ 与整数 $m \geq 2$, 都有

$$\sum_{n=1}^{m} \frac{\cos n\theta}{n} > -1$$

Brown(布朗)与 Koumandos(1997)将右边的 $-1$ 改进为 $-\frac{5}{6}$.

3

## 问题 1.9

给定满足 $\sqrt{a_1} \geqslant \sqrt{a_0} + 1$ 的正序列 $\{a_n\}_{n \geqslant 0}$，并且对于所有整数 $n \geqslant 1$，都有

$$\left| a_{n+1} - \frac{a_n^2}{a_{n-1}} \right| \leqslant 1$$

证明：当 $n \to \infty$ 时，$\dfrac{a_{n+1}}{a_n}$ 收敛. 此外证明：当 $n \to \infty$ 时，$a_n \theta^{-n}$ 收敛，其中 $\theta$ 是 $\dfrac{a_{n+1}}{a_n}$ 的极限.

这见于 Boyd(1969).

## 问题 1.10

设 $E$ 为复平面中包含无穷多个点的有界闭集，并且设 $M_n$ 为当 $n$ 个点 $x_1, \cdots, x_n$ 取遍集合 $E$ 时 $|V(x_1, \cdots, x_n)|$ 的最大值，其中

$$V(x_1, \cdots, x_n) = \prod_{1 \leqslant i < j \leqslant n} (x_i - x_j)$$

是 Vandermonde(范德蒙德) 行列式. 证明：当 $n \to \infty$ 时，$M_n^{2/(n(n-1))}$ 收敛.

这见于 Fekete(1923)，并且极限

$$\tau(E) = \lim_{n \to \infty} M_n^{2/(n(n-1))}$$

称为集合 $E$ 的超限直径，见问题 15.10.

## 问题 1.11

当 $n \geqslant 1$ 时，通过

$$a_n + \frac{a_{n-1}}{2} + \frac{a_{n-2}}{3} + \cdots + \frac{a_1}{n} = \frac{1}{n+1}$$

归纳定义一个序列 $\{a_n\}$. 证明：当 $n \to \infty$ 时，$\{a_n\}$ 是单调递减的，并且收敛到 0.

## 问题 1.12

记 $c_1 = \dfrac{1}{2}$，当 $n \geqslant 1$ 时，通过

$$(n+2)c_{n+1} = (n-1)c_n + \sum_{k=1}^{n} c_k c_{n+1-k}$$

归纳定义一个序列 $\{c_n\}$. 证明：$\{c_n\}$ 与问题 1.11 中定义的序列 $\{a_n\}$ 相同.

**问题 1.13**

对于任意正序列 $\{a_n\}_{n \geqslant 1}$，证明：

$$\left(\frac{a_1 + a_{n+1}}{a_n}\right)^n > e$$

对于无穷多个 $n$ 都成立，其中 e 是自然对数的底数. 此外证明：常数 e 一般不能替换为任何更大的数.

**问题 1.14**

设 $f(x)$ 为定义在 $I = (0, a]$ 上的函数，满足 $0 < f(x) < x$，并且存在常数 $\alpha, \beta > 0$，使得

$$f(x) = x - \alpha x^{\beta+1} + o(x^{\beta+1}) \, (x \to 0 +)$$

对于一个给定的 $x_0 \in I$，当 $n \geqslant 0$ 时，我们通过 $x_{n+1} = f(x_n)$ 定义一个序列 $\{x_n\}$. 证明：

$$\lim_{n \to \infty} n^{1/\beta} x_n = \frac{1}{(\alpha\beta)^{1/\beta}}$$

注意到该极限与 $x_0$ 的选取无关. 例如，对于由

$$x_n = \underbrace{\sin \circ \sin \circ \cdots \circ \sin}_{n \uparrow}(x_0) \, (0 < x_0 < \pi)$$

定义的序列，我们有 $x_n \sim \sqrt{\dfrac{3}{n}} \, (n \to \infty)$，因为此时 $\alpha = \dfrac{1}{6}$ 且 $\beta = 2$.

# 第 1 章的解答

## 问题 1.1 的解答

设 $r_n$ 与 $\epsilon_n$ 分别为 $n! \, e$ 的整数部分与分数部分. 利用展开式

$$e = 1 + \frac{1}{1!} + \frac{1}{2!} + \cdots + \frac{1}{n!} + \cdots$$

我们有

$$r_n = n! \left(1 + \frac{1}{1!} + \frac{1}{2!} + \cdots + \frac{1}{n!}\right)$$

与

$$\epsilon_n = \frac{1}{n+1} + \frac{1}{(n+1)(n+2)} + \cdots$$

因为

$$\frac{1}{n+1} < \epsilon_n < \frac{1}{n+1} + \frac{1}{(n+1)^2} + \cdots = \frac{1}{n}$$

由此可得 $\sin(2n!\, e\pi) = \sin(2\pi\epsilon_n)$. 注意到 $\epsilon_n \to 0$ 蕴含了 e 的无理性. 由于当 $n \to \infty$ 时, $n\epsilon_n$ 收敛到 1, 因此

$$\lim_{n\to\infty} n\sin(2\pi\epsilon_n) = \lim_{n\to\infty} \frac{\sin(2\pi\epsilon_n)}{\epsilon_n} = 2\pi$$

故当 $n \to \infty$ 时, $n\sin(2n!\, e\pi)$ 收敛到 $2\pi$. $\qquad\square$

**评注** 更确切地说, 我们得到

$$\epsilon_n = \frac{1}{n} - \frac{1}{n^3} + O\left(\frac{1}{n^4}\right)$$

所以

$$n\sin(2n!\, e\pi) = 2\pi n\epsilon_n + \frac{4\pi^3}{3}n\epsilon_n^3 + O(n\epsilon_n^5)$$

$$= 2\pi + \frac{2\pi(2\pi^2 - 3)}{3n^2} + O\left(\frac{1}{n^3}\right) \ (n \to \infty)$$

## 问题 1.2 的解答

设 $\{d_n\}$ 为正整数的任意单调递增序列, 其发散到 $\infty$, 并且当 $n > 1$ 时, 满足 $d_n < n$. 我们将和式分成两部分

$$a_n = \left(\frac{1}{n}\right)^n + \left(\frac{2}{n}\right)^n + \cdots + \left(\frac{n-1+d_n}{n}\right)^n$$

$$b_n = \left(\frac{n-d_n}{n}\right)^n + \cdots + \left(\frac{n}{n}\right)^n$$

首先我们通过

$$\frac{1}{n^n}\int_0^{n-d_n} x^n \mathrm{d}x = \frac{(n-d_n)^{n+1}}{(n+1)n^n} < \left(1 - \frac{d_n}{n}\right)^n$$

来粗略估计 $a_n$. 现在利用不等式 $\log(1-x) + x < 0 (0 < x < 1)$, 我们得到

$$0 < a_n < e^{n\log(1-d_n/n)} < e^{-d_n}$$

当 $n \to \infty$ 时, 它收敛到 0.

接下来按照 $\log(1-x)$ 的 Taylor(泰勒) 公式, 我们可以取一个常数 $c_1 > 0$, 使得

$$|\log(1-x) + x| \leqslant c_1 x^2 (|x| \leqslant \frac{1}{2})$$

因此对于满足 $\dfrac{d_n}{n} \leq \dfrac{1}{2}$ 的任意整数 $n$，我们得到

$$\left| n\log\left(1 - \frac{k}{n}\right) + k \right| \leq \frac{c_1 k^2}{n} \leq \frac{c_1 d_n^2}{n} \quad (0 \leq k \leq d_n)$$

此外假设当 $n \to \infty$ 时，$\dfrac{d_n^2}{n}$ 收敛到 $0$. 例如，$d_n = [n^{1/3}]$ 满足上述所有条件. 接下来取一个常数 $c_2 > 0$，对于任意 $|x| \leq 1$，满足

$$|e^x - 1| \leq c_2 |x|$$

因为对于所有充分大的 $n$，都有 $\dfrac{c_1 d_n^2}{n} \leq 1$，所以

$$\left| e^k \left(1 - \frac{k}{n}\right)^n - 1 \right| = |e^{n\log(1-k/n)+k} - 1| \leq \frac{c_1 c_2 d_n^2}{n}$$

两边同时除以 $e^k$，并将 $k = 0, \cdots, d_n$ 的 $d_n + 1$ 个不等式相加，我们得到

$$\sum_{k=0}^{d_n} \left| \left(1 - \frac{k}{n}\right)^n - e^{-k} \right| \leq \frac{c_1 c_2 d_n^2}{n} \sum_{k=0}^{d_n} e^{-k}$$

所以

$$\left| b_n - \sum_{k=0}^{d_n} e^{-k} \right| < \frac{e c_1 c_2 d_n^2}{(e-1)n}$$

这蕴含了

$$\left| b_n - \frac{e}{e-1} \right| \leq \frac{e}{e-1}\left( \frac{c_1 c_2 d_n^2}{n} + e^{-d_n} \right)$$

因此当 $n \to \infty$ 时，$a_n + b_n$ 收敛到 $\dfrac{e}{e-1}$. $\quad\square$

## 问题 1.3 的解答

给定序列的对数可以写作

$$\sum_{k=1}^{n} f\left(\frac{k}{n}\right) - n\int_0^1 f(x)\,\mathrm{d}x$$

其中 $f(x) = x\log x$. 由于 $f'(x)$ 在 $(0,1)$ 上是可积的，那么由问题 5.7 的解答后面的评注可得上述和式收敛到

$$\left(1 - \frac{1}{2}\right)(f(1) - f(0+)) = 0$$

因此极限为 $1$. $\quad\square$

## 问题 1.4 的解答

设 $M$ 为两个收敛序列 $\{|a_n|\}$ 与 $\{|b_n|\}$ 的上界. 对于任意 $\epsilon > 0$，我们可

以取一个正整数 $N$，使得对于所有整数 $n > N$，都有 $|a_n - \alpha| < \epsilon$ 且 $|b_n - \beta| < \epsilon$。如果 $n > N^2$，那么对于任意整数 $k \in [\sqrt{n}, n - \sqrt{n}]$，都有

$$|a_k b_{n-k} - \alpha\beta| = |(a_k - \alpha)b_{n-k} + \alpha(b_{n-k} - \beta)| \leqslant (M + |\alpha|)\epsilon$$

因此

$$\left| \frac{1}{n} \sum_{k=0}^{n} a_k b_{n-k} - \alpha\beta \right| \leqslant \frac{1}{n} \sum_{\sqrt{n} \leqslant k \leqslant n - \sqrt{n}} |a_k b_{n-k} - \alpha\beta| + 2(|\alpha\beta| + M^2) \frac{[\sqrt{n}] + 1}{n}$$

$$\leqslant (M + |\alpha|)\epsilon + 2(|\alpha\beta| + M^2) \frac{\sqrt{n} + 1}{n}$$

我们可以将 $n$ 取得充分大，使得最后一个表达式小于 $(M + |\alpha| + 1)\epsilon$。

另一种解法：记 $\widetilde{a}_n = a_n - \alpha$，那么

$$\frac{a_0 b_n + a_1 b_{n-1} + \cdots + a_n b_0}{n} = \frac{\widetilde{a}_0 b_n + \widetilde{a}_1 b_{n-1} + \cdots + \widetilde{a}_n b_0}{n} + \alpha \frac{b_0 + b_1 + \cdots + b_n}{n}$$

当 $n \to \infty$ 时，右边的第一项收敛到 $0$，因为

$$\frac{|\widetilde{a}_0 b_n + \widetilde{a}_1 b_{n-1} + \cdots + \widetilde{a}_n b_0|}{n} \leqslant M \frac{|\widetilde{a}_0| + |\widetilde{a}_1| + \cdots + |\widetilde{a}_n|}{n}$$

并且收敛序列的算术平均收敛到同一极限。同理，当 $n \to \infty$ 时，右边的第二项收敛到 $\alpha\beta$。   □.

## 问题 1.5 的解答

对于一个固定的任意正整数 $k$，我们记 $n = qk + r (0 \leqslant r < k)$。应用 $q$ 次给定的不等式，我们得到 $a_n = a_{qk+r} \leqslant qa_k + a_r$；所以

$$\frac{a_n}{n} \leqslant \frac{a_k}{k} + \frac{a_r}{n}$$

当 $n \to \infty$ 时，取极限，我们得到

$$\limsup_{n \to \infty} \frac{a_n}{n} \leqslant \frac{a_k}{k}$$

因此序列 $\left\{ \frac{a_n}{n} \right\}$ 是上有界的。由于 $k$ 是任意的，那么我们得到

$$\limsup_{n \to \infty} \frac{a_n}{n} \leqslant \inf_{k \geqslant 1} \frac{a_k}{k} \leqslant \liminf_{k \to \infty} \frac{a_k}{k}$$

问题得证。   □

## 问题 1.6 的解答

对于一个固定的任意正整数 $k$，我们记 $n = qk + r (0 \leqslant r < k)$。为简便起见，记 $c_\ell = a_{k\ell + r}$。将 $\ell = 1, \cdots, m - 1$ 时的 $m - 1$ 个不等式

$$c_{\ell+1} + c_{\ell-1} \leqslant 2(c_\ell + a_k)$$

依次相加,我们得到

$$c_0 + c_m \leqslant c_1 + c_{m-1} + 2(m-1)a_k$$

再加上 $m = 2, \cdots, M$ 时的以上不等式,我们由此得到

$$c_M \leqslant Mc_1 - (M-1)c_0 + M(M-1)a_k$$

因此

$$\lim_{n \to \infty} \sup \frac{a_n}{n^2} \leqslant \frac{a_k}{k^2}$$

并且序列 $\left\{\dfrac{a_n}{n^2}\right\}$ 是上有界的. 由于 $k$ 是任意的,那么我们得到

$$\lim_{n \to \infty} \sup \frac{a_n}{n^2} \leqslant \inf_{k \geqslant 1} \frac{a_k}{k^2} \leqslant \lim_{k \to \infty} \inf \frac{a_k}{k^2}$$

问题得证.　　　　　　　　　　　　　　　　　　□

### 问题 1.7 的解答

将待证不等式的左边记作 $s_n(\theta)$. 为简便起见,记 $\vartheta = \dfrac{\theta}{2}$. 由于

$$s'_n(\theta) = \mathrm{Re}(\mathrm{e}^{\mathrm{i}\theta} + \mathrm{e}^{2\mathrm{i}\theta} + \cdots + \mathrm{e}^{n\mathrm{i}\theta}) = \frac{\cos(n+1)\vartheta \sin n\vartheta}{\sin \vartheta}$$

那么通过解方程 $\cos(n+1)\vartheta = 0$ 与 $\sin n\vartheta = 0$,我们得到 $s_n(\theta)$ 在区间 $(0, \pi]$ 上的极值点的候选,即

$$\frac{\pi}{n+1}, \frac{2\pi}{n}, \frac{3\pi}{n+1}, \frac{4\pi}{n}, \cdots$$

注意到如果 $n$ 为偶数,那么最后两个候选是 $\dfrac{(n-1)\pi}{n+1}$ 与 $\pi$;如果 $n$ 为奇数,那么最后两个候选是 $\dfrac{(n-1)\pi}{n}$ 与 $\dfrac{n\pi}{n+1}$. 无论如何,$s'_n(\theta)$ 至少在 $(0, \pi)$ 中的 $n$ 个点处等于零.

由于 $s'_n(\theta)$ 可以表示为关于 $\cos\theta$ 的 $n$ 次多项式,并且 $\cos\theta$ 将区间 $[0, \pi]$ 同胚映射到 $[-1, 1]$ 上,那么该多项式在 $[-1, 1]$ 中至多有 $n$ 个实根. 因此除了 $\theta = \pi$,所有这些根都必定是单的,并且给出了 $s_n(\theta)$ 的实际极值点. 显然 $s_n(\theta)$ 在 $\theta = 0$ 的一个右邻域中是正的,并且极大点与极小点从左到右交错排列. 因此当 $n \geqslant 3$ 时,$s_n(\theta)$ 在 $(0, \pi)$ 中的点 $\dfrac{2\ell\pi}{n}$ 处取到其最小值. 不过在 $n = 1$ 与 $n = 2$ 的情形中,$s_n(\theta)$ 在 $(0, \pi)$ 中没有极小点.

现在我们将依 $n$ 归纳来证明 $s_n(\theta)$ 在 $(0, \pi)$ 上是正的. 当 $n = 1$ 与 $n = 2$ 时,这是显然的, 因为 $s_1(\theta) = \sin\theta$ 且 $s_2(\theta) = (1 + \cos\theta)\sin\theta$. 假设当

$n \geqslant 3$ 时，$s_{n-1}(\theta) > 0$. 那么 $s_n(\theta)$ 的最小值肯定在 $(0,\pi)$ 中的 $\dfrac{2\ell\pi}{n}$ 处取到，其值为

$$s_n\left(\frac{2\ell\pi}{n}\right) = s_{n-1}\left(\frac{2\ell\pi}{n}\right) + \frac{\sin 2\ell\pi}{n} = s_{n-1}\left(\frac{2\ell\pi}{n}\right) > 0$$

因此在 $(0,\pi)$ 上，$s_n(\theta) > 0$. 问题得证. $\qquad\square$

**评注** Landau(1934) 依 $n$ 归纳给出了以下简洁的证明. 假设在 $(0,\pi)$ 上，$s_{n-1}(\theta) > 0$. 如果 $s_n(\theta)$ 在某点处取到非正最小值，比如 $\theta^*$，那么 $s'_n(\theta^*) = 0$ 蕴含了

$$\sin\left(n + \frac{1}{2}\right)\theta^* = \sin\frac{\theta^*}{2}$$

所以

$$\cos\left(n + \frac{1}{2}\right)\theta^* = \pm\cos\frac{\theta^*}{2}$$

因此

$$\sin n\theta^* = \sin\left(n + \frac{1}{2}\right)\theta^*\cos\frac{\theta^*}{2} - \cos\left(n + \frac{1}{2}\right)\theta^*\sin\frac{\theta^*}{2}$$

$$= \sin\frac{\theta^*}{2}\cos\frac{\theta^*}{2} \pm \cos\frac{\theta^*}{2}\sin\frac{\theta^*}{2}$$

它要么等于 $0$，要么等于 $\sin\theta^* \geqslant 0$. 这就产生了矛盾，因为

$$s_n(\theta^*) = s_{n-1}(\theta^*) + \frac{\sin n\theta^*}{n} \geqslant s_{n-1}(\theta^*) > 0$$

## 问题 1.8 的解答

该证明本质上是基于 Verblunsky(1945). 为简便起见，记 $\vartheta = \dfrac{\theta}{2}$. 设 $c_n(\vartheta)$ 为待证不等式的左边. 只需在 $\left[0, \dfrac{\pi}{2}\right]$ 上证明该不等式. 由于 $c_1(\vartheta) = \dfrac{\cos\vartheta}{2} \geqslant -\dfrac{1}{2}$ 且

$$c_2(\vartheta) = \frac{2}{3}\cos^2\vartheta + \frac{1}{2}\cos\vartheta - \frac{1}{3} \geqslant -\frac{41}{96}$$

那么我们可以假设 $n \geqslant 3$. 注意到

$$\cos n\theta = \frac{\sin(2n + 1)\vartheta - \sin(2n - 1)\vartheta}{2\sin\vartheta}$$

$$= \frac{\sin^2(n + 1)\vartheta - 2\sin^2 n\vartheta + \sin^2(n - 1)\vartheta}{2\sin^2\vartheta}$$

其分子是非负序列 $\{\sin^2 n\vartheta\}$ 的二阶差分. 利用该公式，我们得到

$$c_n(\vartheta) = \frac{1}{2\sin^2\vartheta}\sum_{k=1}^{n}\frac{\sin^2(k + 1)\vartheta - 2\sin^2 k\vartheta + \sin^2(k - 1)\vartheta}{k + 1}$$

实分析中的问题与解答

它可以写作

$$\frac{1}{2\sin^2\vartheta}\left(-\frac{2\sin^2\vartheta}{3}+\frac{\sin^2 2\vartheta}{12}+\cdots+\frac{2\sin^2(n-1)\vartheta}{n(n^2-1)}-\right.$$

$$\left.\frac{(n-1)\sin^2 n\vartheta}{n(n+1)}+\frac{\sin^2(n+1)\vartheta}{n+1}\right)$$

由此可得

$$c_n(\vartheta)\geqslant-\frac{1}{3}+\frac{\cos^2\vartheta}{6}+\frac{\sin^2(n+1)\vartheta-\sin^2 n\vartheta}{2(n+1)\sin^2\vartheta}$$

$$=-\frac{1}{6}-\frac{\sin^2\vartheta}{6}+\frac{\sin(2n+1)\vartheta}{2(n+1)\sin\vartheta}$$

对于满足 $\sin(2n+1)\vartheta\geqslant0$ 的任意 $\vartheta$, 我们显然有 $c_n(\vartheta)\geqslant-\frac{1}{3}$. 此外如果 $\vartheta$ 属

于区间 $\left(\frac{3\pi}{2n+1},\frac{\pi}{2}\right)$, 那么利用 Jordan(若尔当) 不等式 $\sin\vartheta\geqslant\frac{2\vartheta}{\pi}$, 得

$$c_n(\vartheta)\geqslant-\frac{1}{3}-\frac{1}{2(n+1)\sin(3\pi/(2n+1))}$$

$$\geqslant-\frac{1}{3}-\frac{2n+1}{12(n+1)}>-\frac{1}{2}$$

因此, 只需考虑区间 $\left[\frac{\pi}{2n+1},\frac{2\pi}{2n+1}\right]$ 上的情形.

一般地, 我们考虑形如

$$\left[\frac{\alpha\pi}{2n+1},\frac{\beta\pi}{2n+1}\right]$$

的区间. 对于在该区间上满足 $\sin(2n+1)\vartheta\leqslant c$ 的任意 $\vartheta$, 可知

$$c_n(\vartheta)\geqslant-\frac{1}{6}-\frac{\sin^2\vartheta}{6}-\frac{c}{2(n+1)\sin\vartheta}$$

现在右边可以写作 $-\frac{1}{6}-\varphi(\sin\vartheta)$, 其中 $\varphi(x)$ 是一个凹函数; 因此 $\varphi$ 的最大值

在区间的一个端点处取到. 利用不等式

$$\alpha\pi\sin\vartheta\geqslant7\vartheta\sin\frac{\alpha\pi}{7}$$

我们得到

$$\varphi\left(\sin\frac{\alpha\pi}{2n+1}\right)=\frac{1}{6}\sin^2\frac{\alpha\pi}{2n+1}+\frac{c}{2(n+1)\sin(\alpha\pi/(2n+1))}$$

$$\leqslant\frac{(\alpha\pi)^2}{6(2n+1)^2}+\frac{c}{2(n+1)}\cdot\frac{2n+1}{7\sin(\alpha\pi/7)}$$

由于 $n\geqslant3$, 那么最后一个表达式小于

11

$$\frac{(\alpha\pi)^2}{294} + \frac{c}{7\sin(\alpha\pi/7)}$$

同样地,我们可以得到另一个端点的估计.

当 $\alpha = 1$ 且 $\beta = \frac{4}{3}$ 时,我们可以取 $c = \frac{\sqrt{3}}{2}$,使得 $\varphi$ 在对应端点处的值分别小于 $0.319$ 与 $0.28$. 同样地,当 $\alpha = \frac{4}{3}$ 且 $\beta = 2$ 时,我们可以取 $c = 1$,使得 $\varphi$ 在端点处的值分别小于 $0.314$ 与 $0.318$. 因此 $\varphi$ 在区间 $\left[\frac{\pi}{2n+1}, \frac{2\pi}{2n+1}\right]$ 上的最大值小于 $\frac{1}{3}$,这蕴含了 $c_n(\vartheta) > -\frac{1}{2}$. □

## 问题 1.9 的解答

我们首先依 $n$ 归纳来证明

$$\frac{a_{n+1}}{a_n} > 1 + \frac{1}{\sqrt{a_0}} \qquad (1.1)$$

当 $n = 0$ 时,按照假设,其成立. 记 $\alpha = 1 + \frac{1}{\sqrt{a_0}}$. 假设当 $n \leqslant m$ 时,(1.1) 成立. 那么当 $1 \leqslant k \leqslant m + 1$ 时,我们有 $a_k > \alpha^k a_0$. 因此

$$\left| \frac{a_{m+2}}{a_{m+1}} - \frac{a_1}{a_0} \right| \leqslant \sum_{k=1}^{m+1} \left| \frac{a_{k+1}}{a_k} - \frac{a_k}{a_{k-1}} \right| \leqslant \sum_{k=1}^{m+1} \frac{1}{a_k}$$

它小于

$$\frac{1}{a_0} \sum_{k=1}^{m+1} \alpha^{-k} < \frac{1}{a_0(\alpha - 1)} = \frac{1}{\sqrt{a_0}}$$

因此

$$\frac{a_{m+2}}{a_{m+1}} > \frac{a_1}{a_0} - \frac{1}{\sqrt{a_0}} > 1 + \frac{1}{\sqrt{a_0}}$$

于是当 $n = m + 1$ 时,(1.1) 也成立.

设 $p > q > 0$ 为任意整数. 同样地

$$\left| \frac{a_{p+1}}{a_p} - \frac{a_{q+1}}{a_q} \right| \leqslant \sum_{k=q+1}^{p} \left| \frac{a_{k+1}}{a_k} - \frac{a_k}{a_{k-1}} \right| \leqslant \sum_{k=q+1}^{p} \frac{1}{a_k}$$

它小于

$$\frac{1}{a_q} \sum_{k=1}^{p-q} \frac{1}{\alpha^k} < \frac{\sqrt{a_0}}{a_q}$$

这说明序列 $\left\{ \frac{a_{n+1}}{a_n} \right\}$ 满足 Cauchy 准则,因为当 $q \to \infty$ 时,$a_q$ 发散到 $+\infty$. 在上述

两个不等式中令 $p \to \infty$ ，我们得到

$$\left| \theta - \frac{a_{q+1}}{a_q} \right| \leqslant \frac{\sqrt{a_0}}{a_q}$$

两边同时乘以 $\dfrac{a_q}{\theta^{q+1}}$ ，我们有

$$\left| \frac{a_{q+1}}{\theta^{q+1}} - \frac{a_q}{\theta^q} \right| \leqslant \frac{\sqrt{a_0}}{\theta^{q+1}}$$

这就证明了序列 $\left\{ \dfrac{a_n}{\theta^n} \right\}$ 也满足 Cauchy 准则. $\qquad\square$

## 问题 1.10 的解答

假设 $\mid V(x_1, \cdots, x_{n+1}) \mid$ 在 $\xi_1, \cdots, \xi_{n+1}$ 处取到其最大值 $M_{n+1}$. 由于

$$\frac{V(\xi_1, \cdots, \xi_{n+1})}{V(\xi_1, \cdots, \xi_n)} = (\xi_1 - \xi_{n+1}) \cdots (\xi_n - \xi_{n+1})$$

那么

$$\frac{M_{n+1}}{M_n} \leqslant \mid \xi_1 - \xi_{n+1} \mid \cdots \mid \xi_n - \xi_{n+1} \mid$$

对每个点 $\xi_1, \cdots, \xi_n$ 都使用相同的论证，我们就得到 $n+1$ 个相似的不等式，其乘积给出

$$\left( \frac{M_{n+1}}{M_n} \right)^{n+1} \leqslant \prod_{i \neq j} \mid \xi_i - \xi_j \mid = M_{n+1}^2$$

因此序列 $\{ M_n^{2/(n(n-1))} \}$ 是单调递减的. $\qquad\square$

## 问题 1.11 的解答

虚部在区间 $[-\pi, \pi]$ 中的复对数称为主值，记作 $\operatorname{Log} z$. 考虑函数

$$f(z) = \frac{1}{z} + \frac{1}{\operatorname{Log}(1-z)}$$

由于 $z = 0$ 是 $f(z)$ 的可去奇点，那么可以将其展开为 Taylor 级数

$$f(z) = \sum_{n=1}^{\infty} b_n z^{n-1}$$

其收敛半径显然是 1. 比较

$$\sum_{n=1}^{\infty} \frac{z^n}{n} \sum_{n=1}^{\infty} b_n z^n = \sum_{n=2}^{\infty} \frac{z^n}{n}$$

两边 $z^{n+1}$ 的系数，我们得到

$$b_n + \frac{b_{n-1}}{2} + \frac{b_{n-2}}{3} + \cdots + \frac{b_1}{n} = \frac{1}{n+1} \quad (n \geqslant 1)$$

因此序列 $\{b_n\}$ 与 $\{a_n\}$ 相同；所以

$$a_n = \frac{1}{2\pi i}\int_C \frac{f(z)}{z^n}dz = \frac{1}{2\pi i}\int_C \frac{dz}{z^n \log(1-z)}$$

其中 $C$ 是以 $z = 0$ 为中心且逆时针定向的一个小圆. 按照 Cauchy 定理，路径 $C$ 可以替换为一个以 $z = 1$ 为中心的更大的绕道圆，沿着它前后移动，如图 1.1 所示.

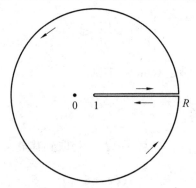

图 1.1　从 $C$ 变换得到的周线

在圆 $z = 1 + Re^{i\theta}(0 \leqslant \theta \leqslant 2\pi)$ 上，我们有 $\mathrm{Log}\,(1-z) = \log R + i(\theta - \pi)$；因为 $n \geqslant 1$，所以

$$\frac{1}{\mid z^n \mathrm{Log}(1-z)\mid} \leqslant \frac{1}{(R-1)^n \log R} = O\left(\frac{1}{R\log R}\right)$$

当 $x > 1$ 时，在上边，我们有

$$\mathrm{Log}\,(1-x) = \log(x-1) - \pi i$$

在下边，我们有

$$\mathrm{Log}\,(1-x) = \log(x-1) + \pi i$$

因此令 $R \to \infty$，我们得到

$$a_n = \frac{1}{2\pi i}\int_1^\infty \left(\frac{1}{\log(x-1)-\pi i} - \frac{1}{\log(x-1)+\pi i}\right)\frac{dx}{x^n}$$

$$= \int_1^\infty \frac{1}{\log^2(x-1)+\pi^2} \cdot \frac{dx}{x^n}$$

代入 $x = \dfrac{1}{s}$，我们最终得到

$$a_n = \int_0^1 s^{n-2}\mu(s)\,ds$$

其中

$$\mu(s) = \frac{1}{\log^2\left(\dfrac{1-s}{s}\right)+\pi^2}$$

注意到 $\dfrac{\mu(s)}{s(1-s)}$ 是 $(0,1)$ 上的可积函数. 因此序列 $\{a_n\}$ 是单调递减的,并且当 $n \to \infty$ 时,其收敛到 0. □

## 问题 1.12 的解答

设 $f(z)$ 与问题 1.11 的解答中定义的函数相同. 对

$$\log(1-x) = \frac{x}{xf(x)-1}$$

求微分,我们看到 $y = f(x)$ 满足以下非线性微分方程

$$x(1-x)y' - xy^2 + 2y - 1 = 0$$

代入 $f(x) = \displaystyle\sum_{n=0}^{\infty} a_{n+1}x^n$,比较两边 $x^n$ 的系数,我们有 $a_1 = \dfrac{1}{2}$,并且

$$(n+2)a_{n+1} = (n-1)a_n + \sum_{j+k=n+1} a_j a_k \quad (n \geq 1)$$

因此序列 $\{c_n\}$ 与问题 1.11 中的序列 $\{a_n\}$ 相同. □

## 问题 1.13 的解答

不妨设 $a_1 = 1$. 假设与结论相反,存在一个整数 $N \geq 1$,对于所有 $n \geq N$,使得都满足

$$\left(\frac{1+a_{n+1}}{a_n}\right)^n \leq \mathrm{e}$$

对于任意正整数 $j \leq k$,记

$$s(j,k) = \exp\left(\frac{1}{j} + \cdots + \frac{1}{k}\right)$$

由于 $0 < a_{n+1} \leq \mathrm{e}^{1/n}a_n - 1$,那么对于任意整数 $k \geq 0$,我们依次得到

$$0 < a_{n+1} \leq s(n,n)a_n - 1$$
$$0 < a_{n+2} \leq s(n,n+1)a_n - s(n+1,n+1) - 1$$
$$\vdots$$

$$0 < a_{n+k+1} \leq s(n,n+k)a_n - s(n+1,n+k) - \cdots - s(n+k,n+k) - 1$$

由此可得

$$a_n > \frac{1}{s(n,n)} + \frac{1}{s(n,n+1)} + \cdots + \frac{1}{s(n,n+k)}$$

那么利用

$$\frac{1}{s(n,n+j)} > \exp\left(-\int_{n-1}^{n+j}\frac{\mathrm{d}x}{x}\right) = \frac{n-1}{n+j}$$

我们得到

$$a_n > \sum_{j=0}^{k} \frac{n-1}{n+j}$$

这就产生了矛盾,因为当 $k \to \infty$ 时,右边发散到 $\infty$.

为了看出边界 e 不能替换为任何更大的数,考虑 $a_n = n\log n \, (n \geq 2)$ 的情形. 那么当 $n \to \infty$ 时,

$$\left( \frac{a_1 + (n+1)\log(n+1)}{n\log n} \right)^n = \exp\left( n\log\left( 1 + \frac{1}{n} + O\left( \frac{1}{n\log n} \right) \right) \right)$$
$$= \exp\left( 1 + O\left( \frac{1}{\log n} \right) \right)$$

收敛到 e. □

## 问题 1.14 的解答

由于 $0 < f(x) < x$,那么序列 $\{x_n\}$ 是严格单调递减的,并且当 $n \to \infty$ 时,其收敛到 0. 对于任意 $0 < \epsilon < 1$ 与 $n \geq 0$,我们记

$$y_n = \frac{\alpha\beta}{1+\epsilon} x_n^{\beta}$$

它也是一个收敛到 0 的严格单调递减序列. 我们有

$$y_{n+1} = \frac{\alpha\beta}{1+\epsilon} \left( x_n - \alpha x_n^{\beta+1} + o(x_n^{\beta+1}) \right)^{\beta} = y_n \left( 1 - \frac{1+\epsilon}{\beta} y_n + o(y_n) \right)^{\beta}$$

因此存在整数 $n_0 = n_0(\epsilon)$,使得对于所有 $n \geq n_0$,都有

$$y_{n+1} \leq \frac{y_n}{1+y_n}$$

接下来我们定义 $z_n = ny_n > 0$,使得

$$\frac{z_{n+1}}{z_n} \leq \frac{n+1}{n+z_n} \tag{1.2}$$

我们记 $n_1 = \max\left( n_0, \dfrac{1}{\epsilon} \right)$. 如果对于所有 $n \geq n_1$,都有 $z_n \geq 1+\epsilon$,那么按照 (1.2) 可得 $z_{n+1} < z_n$,并且当 $n \to \infty$ 时,$\{z_n\}$ 收敛到某个 $\delta \geq 1+\epsilon$. 不过,对于所有 $n \geq n_1$,我们都有

$$\frac{z_{n+1}}{z_{n_1}} \leq \prod_{k=n_1}^{n} \frac{k+1}{k+z_k} < \prod_{k=n_1}^{n} \left( 1 - \frac{\epsilon}{k+1+\epsilon} \right)$$

这就产生了矛盾,因为当 $n \to \infty$ 时,左边收敛到 $\dfrac{\delta}{z_{n_1}}$,而右边收敛到 0. 因此存在满足 $z_N < 1+\epsilon$ 的整数 $N \geq n_1$. 接下来假设存在 $n \geq N$,使得 $z_n \geq 1+\epsilon$. 那么我们可以取满足 $z_M < 1+\epsilon \leq z_{M+1}$ 的一个整数 $M \geq N$. 不过,由 (1.2) 可知,$z_M < 1$ 且

$$1 + \frac{1}{M} \geqslant \frac{z_{M+1}}{z_M} > \frac{1 + \epsilon}{1} = 1 + \epsilon$$

这就产生了矛盾,因为 $M \geqslant N \geqslant n_1 \geqslant \frac{1}{\epsilon}$. 因此对于所有 $n \geqslant N$,都有 $z_n < 1 + \epsilon$,并且

$$\limsup_{n \to \infty} n x_n^\beta = \frac{1 + \epsilon}{\alpha\beta} \limsup_{n \to \infty} z_n \leqslant \frac{(1 + \epsilon)^2}{\alpha\beta}$$

为了证明反向不等式,对于所有 $n \geqslant 0$,我们记

$$u_n = \frac{\alpha\beta}{1 - \epsilon} x_n^\beta$$

这是一个严格单调递减序列,当 $n \to \infty$ 时,其收敛到 0. 我们有

$$u_{n+1} = \frac{\alpha\beta}{1 - \epsilon} (x_n - \alpha x_n^{\beta+1} + o(x_n^{\beta+1}))^\beta = u_n \left(1 - \frac{1 - \epsilon}{\beta} u_n + o(u_n)\right)^\beta$$

因此存在一个整数 $n_2 = n_2(\epsilon)$,使得对于所有 $n \geqslant n_2$,都有

$$u_{n+1} \geqslant \frac{u_n}{1 + u_n}$$

我们定义 $v_n = n u_n > 0$,使得

$$\frac{v_{n+1}}{v_n} \geqslant \frac{n + 1}{n + v_n} \tag{1.3}$$

由于序列 $\{z_n\}$ 是有界的,那么存在满足 $z_n < K(n \geqslant 0)$ 的一个常数 $K > 0$. 那么

$$v_n = \frac{1 + \epsilon}{1 - \epsilon} z_n < \frac{1 + \epsilon}{1 - \epsilon} K$$

此外我们记

$$n_3 = \max\left(n_2, K + \frac{K}{\epsilon}\right)$$

如果对于所有 $n \geqslant n_3$,都有 $v_n \leqslant 1 - \epsilon$,那么按照 (1.3) 有 $v_{n+1} > v_n$,并且当 $n \to \infty$ 时,$\{v_n\}$ 收敛到某个 $\delta' \leqslant 1 - \epsilon$. 不过,对于所有 $n \geqslant n_3$,我们都有

$$\frac{v_{n+1}}{v_{n_3}} \geqslant \prod_{k=n_3}^{n} \frac{k + 1}{k + v_k} > \prod_{k=n_3}^{n} \left(1 + \frac{\epsilon}{k + 1 - \epsilon}\right)$$

这就产生了矛盾,因为当 $n \to \infty$ 时,左边收敛到 $\frac{\delta'}{v_{n_3}}$,而右边发散到 $+\infty$. 因此存在满足 $v_{N'} > 1 - \epsilon$ 的整数 $N' \geqslant n_3$. 接下来假设存在 $n \geqslant N'$,使得 $v_n \leqslant 1 - \epsilon$. 那么我们可以取满足 $v_{M'} > 1 - \epsilon \geqslant v_{M'+1}$ 的一个整数 $M' \geqslant N'$. 不过,由 (1.3) 可知,$v_{M'} > 1$ 且

$$\frac{M' + 1}{M' + (1 + \epsilon)K/(1 - \epsilon)} \leqslant \frac{v_{M'+1}}{v_{M'}} < \frac{1 - \epsilon}{1} = 1 - \epsilon$$

17

这就产生了矛盾,因为 $M' \geqslant N' \geqslant n_3 \geqslant K + \dfrac{K}{\epsilon}$. 因此对于所有 $n \geqslant N'$,都有 $v_n > 1 - \epsilon$,并且

$$\liminf_{n \to \infty} n x_n^{\beta} = \frac{1 - \epsilon}{\alpha \beta} \liminf_{n \to \infty} v_n \geqslant \frac{(1 - \epsilon)^2}{\alpha \beta}$$

问题得证. □

# 无 穷 级 数

## 要 点 总 结

1. 无穷级数 $\sum\limits_{n=1}^{\infty} a_n$ 收敛当且仅当对于任意 $\epsilon > 0$,存在整数 $N > 0$,使得对于所有整数 $p \geqslant q \geqslant N$,都满足 $|a_q + \cdots + a_p| < \epsilon$.

2. 如果无穷级数 $\sum\limits_{n=1}^{\infty} |a_n|$ 收敛,那么称 $\sum\limits_{n=1}^{\infty} a_n$ 绝对收敛.

3. 如果 $\sum\limits_{n=1}^{\infty} a_n$ 收敛,但 $\sum\limits_{n=1}^{\infty} |a_n|$ 发散,那么称 $\sum\limits_{n=1}^{\infty} a_n$ 条件收敛.

4. 绝对收敛级数无论项的顺序怎么变,都会收敛到相同的和. 因此对于非负序列 $\{a_n\}$ 与 $\mathbf{N}$ 的任意子集 $E$,可以写成 $\sum\limits_{n \in E} a_n$,无论其是否收敛.

5. 任意条件收敛级数总是可以重排而得到一个级数,其可以收敛到任意指定的和,或发散到 $\infty$ 或 $-\infty$.

6. 给定两个级数 $\sum\limits_{n=0}^{\infty} a_n$ 与 $\sum\limits_{n=0}^{\infty} b_n$,级数

$$\sum_{n=0}^{\infty} (a_0 b_n + a_1 b_{n-1} + \cdots + a_n b_0)$$

称为 $\sum\limits_{n=0}^{\infty} a_n$ 与 $\sum\limits_{n=0}^{\infty} b_n$ 的 Cauchy 积.

**问题 2.1**

我们熟知,调和级数

$$\frac{1}{1} + \frac{1}{2} + \frac{1}{3} + \cdots + \frac{1}{n} + \cdots$$

发散到 $+\infty$. 如果 $\mathbf{N}$ 的一个子集 $E$ 满足 $\sum_{n \notin E} \frac{1}{n} < \infty$,那么称其为"控制的". 设 $E$ 为所有正整数构成的集合,这些正整数的十进制记法包含 $0 \sim 9$ 这十个数字. 证明:$E$ 是控制的.

Kempner(肯普纳,1914)证明了由十进制记法包含一个指定数字的所有正整数构成的集合是控制的,即使他没有讨论数字 0 的情形.

**问题 2.2**

(ⅰ)假设 $\sum_{n=0}^{\infty} a_n$ 与 $\sum_{n=0}^{\infty} b_n$ 分别收敛到 $\alpha$ 与 $\beta$,并且其 Cauchy 积收敛到 $\delta$. 证明:$\delta = \alpha\beta$.

(ⅱ)假设 $\sum_{n=0}^{\infty} a_n$ 绝对收敛到 $\alpha$,并且 $\sum_{n=0}^{\infty} b_n$ 收敛到 $\beta$. 证明:其 Cauchy 积收敛到 $\alpha\beta$.

(ⅲ)假设 $\sum_{n=0}^{\infty} a_n$ 与 $\sum_{n=0}^{\infty} b_n$ 分别绝对收敛到 $\alpha$ 与 $\beta$. 证明:其 Cauchy 积也绝对收敛到 $\alpha\beta$.

(ⅳ)给出这样一个例子:两个收敛级数的 Cauchy 积是发散的.

结论(ⅱ)见于 Mertens(梅尔滕斯,1875). 从数字信号处理的角度来看,Cauchy 积是两个无穷序列 $\{a(n)\}_{n \in \mathbf{Z}}$ 与 $\{b(n)\}_{n \in \mathbf{Z}}$ 的离散卷积的无穷和 $\{a * b(n)\}_{n \in \mathbf{Z}}$,它由

$$a * b(n) = \sum_{k \in \mathbf{Z}} a(k) b(n - k)$$

定义.

**问题 2.3**

假设对于收敛到 0 的任意序列 $\{b_n\}$,$\sum_{n=1}^{\infty} a_n b_n$ 收敛. 证明:$\sum_{n=1}^{\infty} a_n$ 绝对收敛.

**问题 2.4**

极限

$$\gamma = \lim_{n\to\infty}\left(1 + \frac{1}{2} + \cdots + \frac{1}{n} - \log n\right) = 0.577\,215\,664\,901\,532\,860\,606\,512\,0\cdots$$

称为 Euler(欧拉) 常数, 有时也称为 Euler-Mascheroni(马斯凯罗尼) 常数. 证明:级数

$$\frac{1}{2} - \frac{1}{3} + 2\left(\frac{1}{4} - \frac{1}{5} + \frac{1}{6} - \frac{1}{7}\right) + 3\left(\frac{1}{8} - \frac{1}{9} + \cdots - \frac{1}{15}\right) + \cdots$$

收敛到 $\gamma$.

Vacca(瓦卡,1910) 证明了这个公式,并指出它是简单的,其自然位置接近 Gregory-Leibniz(格雷戈里 – 莱布尼茨) 级数

$$\frac{\pi}{4} = 1 - \frac{1}{3} + \frac{1}{5} - \frac{1}{7} + \cdots$$

与 Mercator(梅卡托) 级数

$$\ln 2 = 1 - \frac{1}{2} + \frac{1}{3} - \frac{1}{4} + \cdots$$

我们甚至还不知道 $\gamma$ 是有理的还是无理的,不过猜想它是超越的. 因此可以用有理数来逼近 $\gamma$. Hilbert(希尔伯特) 提到 $\gamma$ 的无理性是一个尚未解决的问题,似乎是不可企及的. 如今 $\gamma$ 的数值已经计算到小数点后 1 亿多位. Papanikolaou(帕帕尼古拉乌) 指出,如果 $\gamma$ 是有理的,那么分母将至少有 242 080 位数字. 不太可能!

**问题 2.5**

利用公式

$$\frac{\sin(2n+1)\theta}{(2n+1)\sin\theta} = \prod_{k=1}^{n}\left(1 - \frac{\sin^2\theta}{\sin^2 k\pi/(2n+1)}\right)$$

证明:

$$\frac{\sin\pi x}{\pi x} = \prod_{n=1}^{\infty}\left(1 - \frac{x^2}{n^2}\right)$$

对于所有实数 $x$ 都成立.

其证明在 Fichtenholz(菲赫金哥尔茨,1964) 的第 408 页给出. Kortram(1996) 给出了几乎相同的证明. $\sin x$ 的这个乘积表示通常作为复分析中的 1 阶整函数的典范乘积的一个应用.

**问题 2.6**

证明: $\displaystyle\sum_{n=1}^{\infty} n a_n$ 的收敛性蕴含了 $\displaystyle\sum_{n=1}^{\infty} a_n$ 的收敛性.

---

**问题 2.7**

证明: 当 $\displaystyle\sum_{n=1}^{\infty} \frac{a_n}{n}$ 收敛时,

$$\lim_{n\to\infty} \frac{a_1 + a_2 + \cdots + a_n}{n} = 0$$

---

**问题 2.8**

假设对于所有 $n \geq 1$, 都有 $a_n > 0$. 证明: $\displaystyle\sum_{n=1}^{\infty} a_n$ 收敛当且仅当

$$\sum_{n=1}^{\infty} \frac{a_n}{a_1 + a_2 + \cdots + a_n}$$

收敛.

---

**问题 2.9**

设 $\{a_n\}$ 为问题 1.11 中定义的序列. 证明:

$$\sum_{n=1}^{\infty} a_n = 1 \text{ 且 } \sum_{n=1}^{\infty} \frac{a_n}{n} = \gamma$$

其中 $\gamma$ 为 Euler 常数.

---

**问题 2.10**

设 $\alpha, \beta > 1$ 为任意常数, 满足

$$\frac{1}{\alpha} + \frac{1}{\beta} = 1$$

假设对于使得 $\displaystyle\sum_{n=1}^{\infty} |b_n|^{\beta}$ 收敛的任意序列 $\{b_n\}$, $\displaystyle\sum_{n=1}^{\infty} |a_n b_n|$ 收敛. 证明:

$\displaystyle\sum_{n=1}^{\infty} |a_n|^{\alpha}$ 收敛.

**问题 2.11**

对于任意正序列 $\{a_n\}_{n \geqslant 1}$,证明不等式

$$\sum_{n=1}^{\infty} (a_1 a_2 \cdots a_n)^{1/n} < e \sum_{n=1}^{\infty} a_n$$

此外证明:不等式右边的常数 e 一般不能替换为任何更小的数.

对于非负序列,Carleman(卡莱曼,1922)利用 Lagrange(拉格朗日)乘子证明了该不等式及其等号成立的情形. 我们已知至少还有四个其他的证明. Pólya (1926)证明了除非所有 $a_n$ 都等于零,否则等号不成立. Knopp(克诺普,1928)利用算术 – 几何平均不等式给出了一个更简单但具有技巧性的证明. Carleson(1954)证明了它可以看作积分不等式

$$\int_0^{\infty} \exp\left(-\frac{f(x)}{x}\right) dx \leqslant e \int_0^{\infty} \exp(-f'(x)) dx$$

的一个应用. 详见问题 9.11. Redheffer(雷德赫弗,1967)也通过在问题中引入其他参数给出了另一个证明. 详见 Duncan(邓肯)与 McGregor(麦格雷戈, 2003)的优秀综述,其中他们断言在许多证明中,初等不等式

$$\left(1 + \frac{1}{n}\right)^n < e$$

对所有正整数 $n$ 都成立,这一点起着重要作用.

**问题 2.12**

对于任意正序列 $\{a_n\}_{n \geqslant 1}$,证明不等式

$$\left(\sum_{n=1}^{\infty} a_n\right)^4 < \pi^2 \left(\sum_{n=1}^{\infty} a_n^2\right)\left(\sum_{n=1}^{\infty} n^2 a_n^2\right)$$

此外证明:不等式右边的常数 $\pi^2$ 一般不能替换为任何更小的数.

这见于 Carlson(1935),他也推导出了积分版本:

$$\left(\int_0^{\infty} f(x)\, dx\right)^4 \leqslant \pi^2 \left(\int_0^{\infty} f^2(x)\, dx\right)\left(\int_0^{\infty} x^2 f^2(x)\, dx\right) \tag{2.1}$$

注意到当

$$f(x) = \frac{1}{1 + x^2}$$

时,等式成立. 令人惊讶的是,Carlson 利用(2.1)改进了上述问题中的不等式. 详见问题 2.12 的解答之后的评注.

# 第 2 章的解答

## 问题 2.1 的解答

设 $E_i$ 为所有正整数构成的集合, 这些正整数的十进制记法不包含数字 "$i$". 区间 $[10^{k-1}, 10^k)$ 中的任意整数的十进制记法都有 $k$ 个数字. 在这些整数中, 当 $1 \leq i \leq 9$ 时, 恰有 $8 \cdot 9^{k-1}$ 个整数的十进制记法不包含数字 "$i$"; 当 $i = 0$ 时, 有 $9^k$ 个. 因此对于每个 $i$, 我们都有

$$\sum_{n \in E_i} \frac{1}{n} < \sum_{k=1}^{\infty} \frac{9^k}{10^{k-1}} = 90$$

于是十进制记法包含 $0 \sim 9$ 这十个数字的所有正整数构成的集合

$$\mathbf{N} \backslash (E_0 \cup E_1 \cup \cdots \cup E_9)$$

是控制的. □

## 问题 2.2 的解答

（ⅰ）由于 $a_n \to 0$ 且 $b_n \to 0 (n \to \infty)$, 那么当 $|x| < 1$ 时, 幂级数

$$f(x) = \sum_{n=0}^{\infty} a_n x^n \quad 与 \quad g(x) = \sum_{n=0}^{\infty} b_n x^n$$

都绝对收敛, 并且当 $|x| < 1$ 时, 积

$$f(x) g(x) = \sum_{n=0}^{\infty} (a_0 b_n + a_1 b_{n-1} + \cdots + a_n b_0) x^n$$

也收敛. 于是由 Abel (阿贝尔) 连续性定理 (见问题 7.7) 可知, 当 $x \to 1 -$ 时, $f(x), g(x)$ 与 $f(x) g(x)$ 分别收敛到 $\alpha, \beta$ 与 $\alpha\beta$. 因此我们有 $\delta = \alpha\beta$.

（ⅱ）设

$$M = \sum_{n=0}^{\infty} |a_n| \quad 且 \quad s_n = b_0 + b_1 + \cdots + b_n$$

存在常数 $K > 0$, 使得 $|s_n| \leq K$. 按照（ⅰ）, 只需证明 Cauchy 积的收敛性. 为此, 记

$$c_n = \sum_{k=0}^{n} (a_0 b_k + a_1 b_{k-1} + \cdots + a_k b_0) = a_0 s_n + a_1 s_{n-1} + \cdots + a_n s_0$$

对于任意 $\epsilon > 0$, 存在整数 $N$, 使得对于满足 $p > q \geq N$ 的任意整数 $p$ 与 $q$, 都有 $|s_p - s_q| < \epsilon$ 且

$$|a_q| + \cdots + |a_p| < \epsilon$$

那么对于所有 $p > q > 2N$, 我们得到

$$\mid c_p - c_q \mid = \Big| \sum_{k=0}^{N} a_k(s_{p-k} - s_{q-k}) + \sum_{k=N+1}^{q} a_k(s_{p-k} - s_{q-k}) + \sum_{k=q+1}^{p} a_k s_{p-k} \Big|$$

显然右边的第一个和式由

$$M \max_{0 \leqslant k \leqslant N} \mid s_{p-k} - s_{q-k} \mid < M\epsilon$$

做估计. 同样地, 第二个与第三个和式分别由

$$2K \sum_{k=N+1}^{p} \mid a_k \mid < 2K\epsilon$$

做估计. 因此序列 $\{c_n\}$ 满足 Cauchy 准则.

（ⅲ）按照（ⅱ）, $\sum\limits_{n=0}^{\infty} \mid a_n \mid$ 与 $\sum\limits_{n=0}^{\infty} \mid b_n \mid$ 的 Cauchy 积收敛.

（ⅳ）例如, 记

$$a_n = b_n = \frac{(-1)^n}{\sqrt{n+1}}$$

显然 $\sum\limits_{n=0}^{\infty} a_n$ 与 $\sum\limits_{n=0}^{\infty} b_n$ 收敛. 不过

$$\mid a_0 b_n + a_1 b_{n-1} + \cdots + a_n b_0 \mid = \sum_{k=1}^{n+1} \frac{1}{\sqrt{k(n+2-k)}} \geqslant \sum_{k=1}^{n+1} \frac{2}{k+n+2-k}$$

这就证明了 Cauchy 积的发散性, 因为最后一个和式大于 1. □

## 问题 2.3 的解答

不妨设 $\{a_n\}$ 是一个正序列, 因为如有必要, 我们可以用 $-b_n$ 代替 $b_n$, 并且

若存在零项, 则可以消去. 反之, 假设 $\sum\limits_{n=1}^{\infty} a_n = \infty$. 那么由问题 2.8 可知

$$\sum_{n=1}^{\infty} \frac{a_n}{a_1 + a_2 + \cdots + a_n} = \infty$$

然而这与假设相反, 因为当 $n \to \infty$ 时

$$b_n = \frac{1}{a_1 + a_2 + \cdots + a_n}$$

收敛到 0. □

## 问题 2.4 的解答

为简便起见, 对于任意正整数 $n$, 记

$$\sigma_n = 1 - \frac{1}{2} + \frac{1}{3} - \cdots + \frac{1}{2^n - 1} - \log 2$$

容易看出

$$\sigma_1 + \sigma_2 + \cdots + \sigma_n = 1 + \frac{1}{2} + \cdots + \frac{1}{2^n - 1} - n\log 2$$

因此

$$\gamma = \lim_{n \to \infty}(\sigma_1 + \sigma_2 + \cdots + \sigma_n)$$

注意到 $\sigma_n = \tau_n + \tau_{n+1} + \cdots$，我们就得到了 Vacca 公式，其中

$$\tau_n = \frac{1}{2^n} - \frac{1}{2^n + 1} + \frac{1}{2^n + 2} - \cdots - \frac{1}{2^{n+1} - 1} \qquad \square$$

**评注** Hardy（哈代,1912）指出，Vacca公式可以由 Catalan（卡塔兰,1875）发现的公式

$$\gamma = 1 - \int_0^1 \frac{F(x)}{1 + x}\mathrm{d}x$$

推出，其中 $F(x) = \sum_{n=1}^{\infty} x^{2^n}$，因为 Vacca 公式可以写成

$$\gamma = \int_0^1 \left( \frac{x - x^3}{1 + x} + 2\frac{x^3 - x^7}{1 + x} + 3\frac{x^7 - x^{15}}{1 + x} + \cdots \right)\mathrm{d}x = \int_0^1 \frac{F(x)}{x(1 + x)}\mathrm{d}x$$

并且

$$\int_0^1 \frac{F(x)}{x}\mathrm{d}x = \sum_{n=1}^{\infty} \frac{1}{2^n} = 1$$

幂级数 $F(x)$ 满足一个简单的函数方程

$$F(x) = x^2 + F(x^2)$$

这是超越数论中的 Mahler（马勒）函数方程的一个典型例子.

## 问题 2.5 的解答

由于通过归纳容易验证 $\sin(2n + 1)\theta$ 是关于 $\sin\theta$ 的一个多项式，那么我们可以写作

$$p_n(\sin^2\theta) = \frac{\sin(2n + 1)\theta}{\sin\theta}$$

其中 $p_n(x)$ 是满足 $p_n(0) = 2n + 1$ 的一个 $n$ 次多项式. $p_n(x)$ 的零点可以通过解满足 $\sin\theta \neq 0$ 的方程 $\sin(2n + 1)\theta = 0$ 得到；所以在区间 $(0,1)$ 中，我们得到 $p_n$ 的以下 $n$ 个零点

$$\sin^2\xi_{1,n} < \sin^2\xi_{2,n} < \cdots < \sin^2\xi_{n,n}$$

其中 $\xi_{k,n} = \frac{k\pi}{2n + 1} \in \left(0, \frac{\pi}{2}\right)$. 因此

$$\sin(2n + 1)\theta = (2n + 1)\sin\theta \prod_{k=1}^{n}\left(1 - \frac{\sin^2\theta}{\sin^2\xi_{k,n}}\right)$$

代入 $x = \frac{(2n + 1)\theta}{\pi}$，我们得到

$$\frac{\sin \pi x}{\pi x} \cdot \frac{x_n}{\sin x_n} = \prod_{k=1}^{n} \left(1 - \frac{\sin^2 x_n}{\sin^2 \xi_{k,n}}\right)$$

其中 $x_n = \dfrac{\pi x}{2n+1}$.

我们可以假设 $x$ 不是一个整数，否则表达式显然成立. 取满足 $n > m > |x|$ 的任意正整数 $n$ 与 $m$，使得 $|x_n| < \xi_{m,n}$. 记

$$\eta_{m,n} = \prod_{k=m+1}^{n} \left(1 - \frac{\sin^2 x_n}{\sin^2 \xi_{k,n}}\right)$$

我们得到

$$\lim_{n \to \infty} \frac{1}{\eta_{m,n}} = \frac{\pi x}{\sin \pi x} \prod_{k=1}^{m} \left(1 - \frac{x^2}{k^2}\right)$$

另外，我们有

$$1 > \eta_{m,n} \geqslant 1 - \sum_{k=m+1}^{n} \frac{\sin^2 x_n}{\sin^2 \xi_{k,n}}$$

因为对于任意 $0 \leqslant \alpha_k < 1$ 与任意正整数 $n$，都有

$$(1 - \alpha_1) \cdots (1 - \alpha_n) \geqslant 1 - \alpha_1 - \cdots - \alpha_n$$

现在利用不等式

$$\frac{2\theta}{\pi} < \sin \theta < \theta \left(0 < \theta < \frac{\pi}{2}\right)$$

我们有

$$\eta_{m,n} \geqslant 1 - \frac{\pi^2}{4} \sum_{k=m+1}^{n} \frac{x_n^2}{\xi_{k,n}^2} \geqslant 1 - \frac{\pi^2 x^2}{4m}$$

因为

$$\sum_{k=m+1}^{\infty} \frac{1}{k^2} < \frac{1}{m}$$

因此，作为关于 $m$ 的序列，当 $m \to \infty$ 时，$\lim\limits_{n \to \infty} \eta_{m,n}$ 收敛到 1. $\square$

## 问题 2.6 的解答

记

$$b_n = a_1 + 2a_2 + \cdots + na_n$$

并且设 $M$ 为 $|b_n|$ 的上确界. 对于任意 $\epsilon > 0$ 与满足 $p > q > \dfrac{2M}{\epsilon}$ 的任意整数 $p$, $q$，我们有

$$\left|\sum_{n=q}^{p} a_n\right| = \left|\frac{b_q - b_{q-1}}{q} + \frac{b_{q+1} - b_q}{q+1} + \cdots + \frac{b_p - b_{p-1}}{p}\right|$$

27

$$= \left| -\frac{b_{q-1}}{q} + \left( \frac{1}{q} - \frac{1}{q+1} \right) b_q + \cdots + \left( \frac{1}{p-1} - \frac{1}{p} \right) b_{p-1} + \frac{b_p}{p} \right|$$

$$\leqslant \frac{2M}{q}$$

其小于 $\epsilon$. 这是级数 $\sum_{n=1}^{\infty} a_n$ 的收敛性的 Cauchy 准则. $\qquad\square$

## 问题 2.7 的解答

记

$$\frac{a_1}{1} + \frac{a_2}{2} + \cdots + \frac{a_n}{n} = \alpha + \epsilon_n \text{ 且 } \sigma_n = \frac{a_1 + a_2 + \cdots + a_n}{n}$$

其中 $\{\epsilon_n\}$ 是一个序列, 当 $n \to \infty$ 时, $\epsilon_n$ 收敛到 $0$.

现在我们依 $n$ 归纳来证明

$$\sigma_n = \frac{\alpha}{n} - \frac{\epsilon_1 + \epsilon_2 + \cdots + \epsilon_{n-1}}{n} + \epsilon_n \tag{2.2}$$

$n = 1$ 的情形是显然的, 因为 $\sigma_1 = a_1 = \alpha + \epsilon_1$. 接下来假设当 $n = m$ 时, $(2.2)$ 成立. 那么我们有

$$\sigma_{m+1} = \frac{m}{m+1} \sigma_m + \frac{a_{m+1}}{m+1}$$

$$= \frac{m}{m+1} \left( \frac{\alpha}{m} - \frac{\epsilon_1 + \cdots + \epsilon_{m-1}}{m} + \epsilon_m \right) + \epsilon_{m+1} - \epsilon_m$$

$$= \frac{\alpha}{m+1} - \frac{\epsilon_1 + \cdots + \epsilon_m}{m+1} + \epsilon_{m+1}$$

如所要求的那样. 显然 $(2.2)$ 蕴含当 $n \to \infty$ 时, $\sigma_n$ 收敛到 $0$. $\qquad\square$

## 问题 2.8 的解答

记 $s_n = a_1 + a_2 + \cdots + a_n$. 如果 $s_n$ 收敛到 $\alpha > 0$, 那么存在整数 $N$, 使得对于所有 $n \geqslant N$, 都有 $s_n > \frac{\alpha}{2}$; 所以

$$\sum_{n \geqslant N} \frac{a_n}{s_n} < \frac{2}{\alpha} \sum_{n \geqslant N} a_n < \infty$$

接下来假设 $s_n \to \infty$ ($n \to \infty$). 如果对于无穷多个 $n$, 都有 $s_{n-1} < a_n$, 那么对于无穷多个 $n$, 我们有

$$\frac{a_n}{s_n} = \frac{a_n}{a_n + s_{n-1}} > \frac{1}{2}$$

其蕴含 $\sum \frac{a_n}{s_n} = \infty$. 如果对于比某个整数 $N$ 大的所有 $n$, 都有 $s_{n-1} \geqslant a_n$, 那么

$$\frac{a_n}{s_{n-1}} = \frac{1}{s_{n-1}} \int_{s_{n-1}}^{s_n} 1 \, dx > \int_{s_{n-1}}^{s_n} \frac{dx}{x}$$

因此利用 $2s_{n-1} \geqslant s_n$，我们有

$$\sum_{n>N} \frac{a_n}{s_n} \geqslant \frac{1}{2} \sum_{n>N} \frac{a_n}{s_{n-1}} \geqslant \frac{1}{2} \int_{s_N}^{\infty} \frac{dx}{x} = \infty \qquad \square$$

### 问题 2.9 的解答

设 $f(x)$ 和 $\mu(s)$ 与问题 1.11 的解答中定义的函数相同. 由于 $\dfrac{\mu(s)}{s(1-s)}$ 是 $(0,1)$ 上的可积函数，那么我们有

$$\sum_{n=1}^{\infty} a_n = \int_0^1 \frac{\mu(s)}{s(1-s)} \, ds < \infty$$

因此由 Abel 连续性定理可知

$$\sum_{n=1}^{\infty} a_n = \lim_{x \to 1^-} f(x) = 1 + \lim_{x \to 1^-} \frac{1}{\log(1-x)} = 1$$

接下来我们有

$$\sum_{n=1}^{\infty} \frac{a_n}{n} = \int_0^1 f(x) \, dx = \int_0^1 \left( \frac{1}{x} + \frac{1}{\log(1-x)} \right) dx$$

其等于

$$1 + \int_0^1 \left( \frac{x}{1-x} + \frac{1}{\log x} \right) dx = 1 + \sum_{n=1}^{\infty} \int_0^1 x^{n-1} \left( x + \frac{1-x}{\log x} \right) dx$$

$$= 1 + \sum_{n=1}^{\infty} \left( \frac{1}{n+1} + \int_0^1 \frac{x^{n-1} - x^n}{\log x} \, dx \right)$$

由于

$$\int_0^1 \frac{x^{n-1} - x^n}{\log x} \, dx = -\int_0^1 \left. \frac{e^{(n-1+y)\log x}}{\log x} \right|_{y=0}^{y=1} dx = -\int_0^1 \int_0^1 x^{n-1+y} \, dx \, dy$$

$$= -\int_0^1 \frac{dy}{n+y} = -\log\left(1 + \frac{1}{n}\right)$$

那么我们得到

$$\sum_{n=1}^{\infty} \frac{a_n}{n} = 1 + \lim_{N \to \infty} \left( \frac{1}{2} + \frac{1}{3} + \cdots + \frac{1}{N} - \log N \right) = \gamma$$

如所要求的那样. $\qquad \square$

### 问题 2.10 的解答

为简便起见，记 $\sigma_n = \sum_{k=1}^{n} |a_k|^\alpha$. 反之，假设 $\sigma_n$ 发散到 $+\infty$. 我们可以假设

29

对于所有 $n$, 都有 $a_n \neq 0$. 由问题 2.8 可知

$$\sum_{n=1}^{\infty} \frac{|a_n|^{\alpha}}{\sigma_n} = \infty$$

现在记

$$b_n = \frac{|a_n|^{\alpha-1}}{\sigma_n} = \frac{|a_n|^{\alpha/\beta}}{\sigma_n}$$

那么我们有 $\displaystyle\sum_{n=1}^{\infty} |b_n|^{\beta} < \infty$, 因为

$$|b_n|^{\beta} = \frac{|a_n|^{\alpha}}{\sigma_n^{\beta}} = \frac{1}{\sigma_n^{\beta}} \int_{\sigma_{n-1}}^{\sigma_n} 1 \, \mathrm{d}x < \int_{\sigma_{n-1}}^{\sigma_n} \frac{\mathrm{d}x}{x^{\beta}}$$

不过, 这与假设相反, 因为

$$\sum_{n=1}^{\infty} |a_n b_n| = \sum_{n=1}^{\infty} \frac{|a_n|^{\alpha}}{\sigma_n} = \infty \qquad \square$$

## 问题 2.11 的解答

该证明基于 Pólya(1926). 设 $\{b_n\}$ 为任意正序列. 首先我们写作

$$\sum_{n=1}^{m} (a_1 a_2 \cdots a_n)^{1/n} = \sum_{n=1}^{m} \left( \frac{a_1 b_1 a_2 b_2 \cdots a_n b_n}{b_1 b_2 \cdots b_n} \right)^{1/n}$$

利用算术 – 几何平均不等式, 有

$$\sum_{n=1}^{m} \left( \frac{a_1 b_1 a_2 b_2 \cdots a_n b_n}{b_1 b_2 \cdots b_n} \right)^{1/n} \leqslant \sum_{n=1}^{m} \frac{1}{(b_1 b_2 \cdots b_n)^{1/n}} \cdot \frac{a_1 b_1 + a_2 b_2 + \cdots + a_n b_n}{n}$$

$$= \sum_{k=1}^{m} a_k b_k \sum_{n=k}^{m} \frac{1}{n(b_1 b_2 \cdots b_n)^{1/n}}$$

我们现在取

$$b_n = n \left( 1 + \frac{1}{n} \right)^n$$

使得 $(b_1 b_2 \cdots b_n)^{1/n} = n + 1$. 因此

$$\sum_{k=1}^{m} a_k b_k \sum_{n=k}^{m} \frac{1}{n(n+1)} = \sum_{k=1}^{m} a_k b_k \left( \frac{1}{k} - \frac{1}{m+1} \right)$$

$$< \sum_{k=1}^{m} a_k \left( 1 + \frac{1}{k} \right)^k$$

并且该式小于 $e \displaystyle\sum_{k=1}^{m} a_k$. 注意到当 $m \to \infty$ 时, 上述利用算术 – 几何平均不等式得到的不等式等号不成立.

为了看出 e 不能替换为任何更小的数, 例如, 我们取

$$a_n = \begin{cases} n^{-1} & (1 \leq n \leq m) \\ 2^{-n} & (n > m) \end{cases}$$

其中 $m$ 是一个整数参数. 不难看出

$$\sum_{n=1}^{\infty} (a_1 a_2 \cdots a_n)^{1/n} = \sum_{n=1}^{m} (n!)^{-1/n} + O(1) = \mathrm{e}\log m + O(1)$$

并且

$$\sum_{n=1}^{\infty} a_n = 1 + \sum_{n=1}^{m} \frac{1}{n} = \log m + O(1)$$

因此当 $m \to \infty$ 时, 上述两个和式之比收敛到 e. □

### 问题 2.12 的解答

为简便起见, 记 $\alpha = \sum_{n=1}^{\infty} a_n^2$ 且 $\beta = \sum_{n=1}^{\infty} n^2 a_n^2$. 当然我们假设 $\beta$ 是有限的. 引入

两个正参数 $\sigma$ 与 $\tau$, 我们可以写作

$$\left( \sum_{n=1}^{\infty} a_n \right)^2 = \left( \sum_{n=1}^{\infty} \frac{a_n \sqrt{\sigma + \tau n^2}}{\sqrt{\sigma + \tau n^2}} \right)^2$$

按照 Cauchy-Schwarz(施瓦兹) 不等式, 该式小于或等于

$$\sum_{n=1}^{\infty} \frac{1}{\sigma + \tau n^2} \sum_{n=1}^{\infty} a_n^2 (\sigma + \tau n^2) = (\alpha\sigma + \beta\tau) \sum_{n=1}^{\infty} \frac{1}{\sigma + \tau n^2}$$

由于 $\dfrac{1}{\sigma + \tau x^2}$ 在 $x \in [0, \infty)$ 上是一个单调递减函数, 那么我们得到

$$\sum_{n=1}^{\infty} \frac{1}{\sigma + \tau n^2} < \int_0^{\infty} \frac{\mathrm{d}x}{\sigma + \tau x^2} = \frac{\pi}{2\sqrt{\sigma\tau}}$$

这蕴含了

$$\left( \sum_{n=1}^{\infty} a_n \right)^2 < \frac{\pi}{2} \cdot \frac{\alpha\sigma + \beta\tau}{\sqrt{\sigma\tau}}$$

右边, 作为关于 $\sigma$ 与 $\tau$ 的函数, 当 $\dfrac{\sigma}{\tau} = \dfrac{\beta}{\alpha}$ 时取到其最小值 $\pi\sqrt{\alpha\beta}$.

为了看出 $\pi^2$ 不能替换为任何更小的数, 例如, 我们取

$$a_n = \frac{\sqrt{\rho}}{\rho + n^2}$$

其中 $\rho$ 是一个正参数. 那么由

$$\sqrt{\rho} \int_1^{\infty} \frac{\mathrm{d}x}{\rho + x^2} < \sum_{n=1}^{\infty} a_n < \sqrt{\rho} \int_0^{\infty} \frac{\mathrm{d}x}{\rho + x^2}$$

可知

31

$$\sum_{n=1}^{\infty} a_n = \frac{\pi}{2} + O\left(\frac{1}{\sqrt{\rho}}\right) \; (\rho \to \infty)$$

同理可得

$$\sum_{n=1}^{\infty} a_n^2 = \frac{\pi}{4\sqrt{\rho}} + O\left(\frac{1}{\rho}\right)$$

并且

$$\sum_{n=1}^{\infty} n^2 a_n^2 = \sqrt{\rho} \sum_{n=1}^{\infty} a_n - \rho \sum_{n=1}^{\infty} a_n^2 = \frac{\pi}{4}\sqrt{\rho} + O(1)$$

这蕴含了

$$\left(\sum_{n=1}^{\infty} a_n\right)^4 = \frac{\pi^4}{16} + O\left(\frac{1}{\sqrt{\rho}}\right) \; (\rho \to \infty)$$

并且

$$\sum_{n=1}^{\infty} a_n^2 \sum_{n=1}^{\infty} n^2 a_n^2 = \frac{\pi^2}{16} + O\left(\frac{1}{\sqrt{\rho}}\right) \; (\rho \to \infty) \qquad \square$$

**评注**　Carlson(卡尔松,1935)得到了以下更严格的不等式

$$\left(\sum_{n=1}^{\infty} a_n\right)^4 < \pi^2 \sum_{n=1}^{\infty} a_n^2 \sum_{n=1}^{\infty} \left(n^2 - n + \frac{7}{16}\right) a_n^2 \qquad (2.3)$$

为此,考虑函数

$$f_N(x) = \mathrm{e}^{-x/2} \sum_{n=1}^{N} (-1)^{n-1} a_n L_{n-1}(x)$$

其中

$$L_n(x) = \frac{\mathrm{e}^x}{n!} \frac{\mathrm{d}^n}{\mathrm{d}x^n}(x^n \mathrm{e}^{-x}) = \sum_{k=0}^{n} \binom{n}{k} \frac{(-x)^k}{k!}$$

称为 $n$ 次 Laguerre(拉盖尔)多项式,它构成 $(0,\infty)$ 上的权函数为 $\mathrm{e}^{-x}$ 的正交多项式系. 我们将对应的内积写作

$$\langle f,g \rangle = \int_0^{\infty} f(x) g(x) \mathrm{e}^{-x} \mathrm{d}x$$

那么

$$\int_0^{\infty} f_N(x) \mathrm{d}x = 2 \sum_{n=1}^{N} a_n$$

$$\int_0^{\infty} f_N^2(x) \mathrm{d}x = \sum_{m,n=1}^{N} (-1)^{m+n} a_m a_n \langle L_{m-1}, L_{n-1} \rangle = \sum_{n=1}^{N} a_n^2$$

并且

$$\int_0^{\infty} x^2 f^2(x) \mathrm{d}x = \sum_{m,n=1}^{N} (-1)^{m+n} a_m a_n \langle x^2 L_{m-1}, L_{n-1} \rangle$$
$$= 2 \sum_{n=3}^{N} (n-1)(n-2) a_n a_{n-2} +$$

$$8 \sum_{n=2}^{N} (n-1)^2 a_n a_{n-1} +$$

$$2 \sum_{n=1}^{N} (3n^2 - 3n + 1) a_n^2$$

利用问题 2.12 后的评注中的不等式 (2.1), 并且令 $N \to \infty$, 我们就得到一个可以取到等号的不等式.

接下来对于每个 $n$, 我们都利用 Cauchy-Schwarz 不等式, 使得

$$\sum_{n=3}^{\infty} (n-1)(n-2) a_n a_{n-2} < \sum_{n=1}^{\infty} \frac{(n-1)^2 + n^2}{2} a_n^2$$

并且

$$\sum_{n=2}^{\infty} (n-1)^2 a_n a_{n-1} < \sum_{n=1}^{\infty} \frac{(n-1)^2 + n^2}{2} a_n^2$$

这蕴含了 Carlson 改进的不等式 (2.3). 注意到这两个不等式等号都不成立.

(2.3) 中的常数 $\dfrac{7}{16}$ 可以替换为 $\dfrac{3}{8}$, 因为

$$\sum_{n=2}^{\infty} (n-1)^2 a_n a_{n-1} = \sum_{n=2}^{\infty} (n-1)\left(n - \frac{3}{2}\right) a_n a_{n-1} + \frac{1}{2} \sum_{n=2}^{\infty} (n-1) a_n a_{n-1}$$

$$< \sum_{n=1}^{\infty} \left( \frac{(n-1)^2 + \left(n - \frac{1}{2}\right)^2}{2} + \frac{1}{2} \cdot \frac{n-1+n}{2} \right) a_n^2$$

$$= \sum_{n=1}^{\infty} \left( n^2 - n + \frac{3}{8} \right) a_n^2$$

# 连 续 函 数

## 要 点 总 结

1. 定义在区间 $I \subset \mathbf{R}$ 上的函数 $f(x)$ 称为在 $I$ 上是一致连续的, 条件是对于任意 $\epsilon > 0$, 存在正数 $\delta$, 使得每当 $x, x' \in I$ 且 $|x - x'| < \delta$ 时, 都有 $|f(x) - f(x')| < \epsilon$.

2. 定义在开区间 $I$ 上的函数序列 $\{f_n(x)\}$ 称为在紧集上一致收敛到 $f(x)$, 条件是在包含于 $I$ 中的任意紧集 $K$ 上, 它都一致收敛, 即当 $n \to \infty$ 时, 有

$$\sup_{x \in K} |f_n(x) - f(x)|$$

收敛到 0.

3. 如果在 $I$ 中的紧集上, 连续函数序列一致收敛到 $f(x)$, 那么 $f(x)$ 在 $I$ 上是连续的.

4. 连续函数序列的点态收敛一般不蕴含极限函数的连续性. 例如, Dirichlet(狄利克雷) 函数

$$\lim_{n \to \infty}(\lim_{m \to \infty}(\cos(n!\ \pi x))^m)$$

在每个有理点处的取值为 1, 在每个无理点处的取值为 0.

5. 设 $\{f_n(x)\}$ 为定义在区间 $I$ 上的连续函数序列, 其点态收敛到函数 $f(x)$. R. Baire(R. 贝尔, 1874—1932) 证明了 $f(x)$ 的连续点构成的集合在 $I$ 中是稠密的.

6. 区间在连续函数下的像也是区间.

7. 点 $x_0$ 称为 $f(x)$ 的第一类不连续点,条件是右极限与左极限都存在,但在 $f(x_0)$, $f(x_0+)$ 与 $f(x_0-)$ 中至少有两个不同.

8. 如果函数 $f(x)$ 的不连续点构成的集合由有限多个第一类不连续点组成,那么定义在 $I$ 上的函数 $f$ 称为分段连续的. 如果分段连续函数在每个子区间上都是线性的,那么它称为分段线性的.

9. 定义在 $I$ 上的函数 $f(x)$ 称为带有常数 $L>0$ 的 Lipschitz(利普希茨) 函数,条件是对于 $I$ 中的每对 $x,y$,都有

$$| f(x) - f(y) | \leq L | x - y |$$

显然任意 Lipschitz 函数在 $I$ 上都是一致连续的. 使得 $f$ 满足上述 Lipschitz 条件的最小常数 $L$ 称为 $f$ 的 Lipschitz 常数.

10. 对于 $I$ 上的函数 $f(x)$, $f$ 的支集定义为集合 $\{x \in I \mid f(x) \neq 0\}$ 的闭包,并记作 $\mathrm{supp}(f)$.

11. 如果存在常数 $c \neq 0$,使得对于所有 $x \in \mathbf{R}$,定义在 $\mathbf{R}$ 上的函数 $f(x)$ 满足 $f(x+c) = f(x)$,那么 $f(x)$ 称为周期函数,其周期为 $c$. 例如,Dirichlet 函数是一个周期函数,其周期为任意非零有理数.

---

**问题 3.1**

假设定义在 $\mathbf{R}$ 上的 $f(x)$ 不是常值函数,并且有任意小的周期. 证明:$f$ 是处处不连续的.

---

**问题 3.2**

假设 $f \in \mathscr{C}(\mathbf{R})$ 是周期函数,但不是常值函数. 证明:$f$ 有最小正周期 $\tau$,并且 $f$ 的每个周期都是 $\tau$ 的整倍数.

---

**问题 3.3**

假设 $f \in \mathscr{C}(\mathbf{R})$ 满足

$$\lim_{x \to \infty}(f(x+1) - f(x)) = 0$$

证明:当 $x \to \infty$ 时, $\dfrac{f(x)}{x}$ 也收敛到 0.

---

**问题 3.4**

假设 $f \in \mathscr{C}(\mathbf{R})$ 关于 $y \in \mathbf{R}$ 逐点满足

$$\lim_{x \to \infty}(f(x+y) - f(x)) = 0$$

证明:在 $\mathbf{R}$ 中的紧集上,它是一致收敛的.

35

### 问题 3.5

设 $c_1, c_2, \cdots, c_n$ 与 $\lambda_1, \lambda_2, \cdots, \lambda_n$ 为实数,对于所有 $j \neq k$,满足 $\lambda_j \neq \lambda_k$. 证明:如果当 $x \to \infty$ 时,

$$\sum_{k=1}^{n} c_k \exp(\lambda_k \mathrm{i} x)$$

收敛到 $0$,那么 $c_1 = c_2 = \cdots = c_n = 0$.

### 问题 3.6

假设 $f \in \mathscr{C}[0, \infty)$ 并且对于每个 $x > 0$,当 $n \to \infty$ 时,$f(nx)$ 都收敛到 $0$. 当 $x \to \infty$ 时,$f(x)$ 是否收敛到 $0$?

### 问题 3.7

设 $f_n \in \mathscr{C}[a, b]$ 为单调递增序列

$$f_1(x) \leqslant f_2(x) \leqslant \cdots$$

其点态收敛到 $f(x) \in \mathscr{C}[a, b]$. 证明:它在 $[a, b]$ 上是一致收敛的.

这称为 Dini 定理,其见于 Dini(迪尼,1892). 可以将其推广到定义在紧拓扑空间上的连续函数的单调递增序列的情形.

### 问题 3.8

设 $P(x)$ 为一个非常数首一多项式,并且设 $I$ 为长度大于或等于 $4$ 的任意闭区间. 证明:在 $I$ 中至少存在一个点 $x$,满足

$$|P(x)| \geqslant 2$$

### 问题 3.9

假设定义在 $(0, \infty)$ 上的函数 $f, g$ 与定义在 $\mathbf{R}$ 上的函数 $h$ 对于所有 $x, y > 0$,满足

$$h(f(x) + g(y)) = xy$$

例如,对于任意常数 $c > 0$,$f(x) = g(x) = c \log x$ 与 $h(x) = e^{x/c}$ 满足关系式. 证明:如果我们另外假设

$$f(x) = o\left(\log \frac{1}{x}\right) \quad (x \to 0+)$$

那么 $g$ 的不连续点构成的集合在 $(0, \infty)$ 中是稠密的.

12. 首先记 $E_1 = \{0,1\}$,并且给定一个有限序列 $E_n \subset [0,1]$. 通过在 $E_n$ 中的每两个相继分数 $\dfrac{a}{b}$ 与 $\dfrac{c}{d}$ 之间插入新的分数 $\dfrac{a+c}{b+d}$ 来定义 $E_{n+1}$. 当然我们明白 $0 = \dfrac{0}{1}$ 且 $1 = \dfrac{1}{1}$. 序列 $E_n$ 包含 $2^{n-1}+1$ 项. 例如

$$E_2 = \left\{0,\frac{1}{2},1\right\}, E_3 = \left\{0,\frac{1}{3},\frac{1}{2},\frac{2}{3},1\right\}, \cdots$$

由此而论,分母不超过 $n$ 且按从小到大的顺序列出的所有既约分数构成的序列称为 $n$ 阶 Farey(法里)序列或 $n$ 阶 Farey 级数. 例如,详见 Niven(尼文)与 Zuckerman(1960).

13. 设 $\dfrac{a}{b}$ 与 $\dfrac{c}{d}$ 为 $E_n$ 中的两个相继分数. 我们称区间 $J = \left[\dfrac{a}{b}, \dfrac{c}{d}\right]$ 为一个 $n$ 阶 Farey 区间,不过我们并未像 Farey 级数那样,在此对分母的大小施加限制. 我们也定义

$$J_{\mathrm{L}} = \left[\frac{a}{b}, \frac{a+c}{b+d}\right] \text{ 与 } J_{\mathrm{R}} = \left[\frac{a+c}{b+d}, \frac{c}{d}\right]$$

所有 $n$ 阶 Farey 区间构成的集合记作 $\mathscr{T}_n$. 对于每个 Farey 区间 $J = \left[\dfrac{a}{b}, \dfrac{c}{d}\right]$,我们定义

$$\phi_J(x) = \frac{b+d}{2}(\,|\,a-bx\,| + |\,c-dx\,| - |\,a+c-(b+d)x\,|\,)$$

为一个分段线性连续函数,满足 $\mathrm{supp}(\phi_J) = J$ 且

$$\phi_J\left(\frac{a+c}{b+d}\right) = 1$$

显然 $\phi_J(x)$ 在 $J_{\mathrm{L}}$ 与 $J_{\mathrm{R}}$ 上是线性的,如图 3.1 所示.

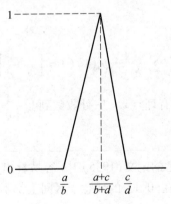

图 3.1  $\phi_J$ 的图像

14. 对于任意 $n$ 阶 Farey 区间 $J = \left[\dfrac{a}{b}, \dfrac{c}{d}\right]$,我们都有 $bc - ad = 1$ 且 $b + d \geqslant n + 1$,依阶归纳容易对其进行证明.

---

**问题 3.10**

对于任意 $f \in \mathscr{C}[0,1]$ 与 Farey 区间 $J = \left[\dfrac{a}{b}, \dfrac{c}{d}\right]$,我们定义

$$c_J(f) = f\left(\frac{a+c}{b+d}\right) - \frac{b}{b+d} f\left(\frac{a}{b}\right) - \frac{d}{b+d} f\left(\frac{c}{d}\right)$$

并且记

$$\Phi_n(x) = \sum_{J \in \mathscr{F}_n} c_J(f) \phi_J(x)$$

证明:级数

$$f(0) + (f(1) - f(0))x + \sum_{n=1}^{\infty} \Phi_n(x)$$

在 $[0,1]$ 上一致收敛到 $f(x)$.

---

这说明分段线性函数系

$$1, x, \{\phi_J(x)\}_{J \in \mathscr{F}_1}, \{\phi_J(x)\}_{J \in \mathscr{F}_2}, \cdots$$

构成 $\mathscr{C}[0,1]$ 的一组 Schauder 基. 详见 Schauder(绍德尔,1928). 另一个分段线性函数系(称为 Faber(法贝尔)-Schauder 系)与 $[0,1]$ 中的二进有理数而非所有有理数相关. 见 Faber(1910).

---

**问题 3.11**

证明:级数

$$\sum_{n=1}^{\infty} \sum_{J \in \mathscr{F}_n} \frac{1}{b+d} \phi_J(x) \left(J = \left[\frac{a}{b}, \frac{c}{d}\right]\right)$$

在满足 $(p,q) = 1$ 的任意有理点 $x = \dfrac{p}{q}$ 处收敛到 $1 - \dfrac{1}{q}$,而在任意无理点 $x$ 处收敛到 1.

---

该展开式出现于作者的论文(1995)中. 容易看出 $f(x)$ 是连续的当且仅当 $x$ 是无理数. 因此展开式在 $[0,1]$ 的任意子区间上都不一致收敛.

**问题 3.12**

记

$$\Psi_n(x) = \sum_{J \in \mathcal{I}_n} \phi_J(x)$$

设 $\alpha$ 为区间 $(0,1)$ 中的一个二次无理数,并设 $Ax^2 + Bx + C$ 为其极小多项式. 证明:

$$\liminf_{n \to \infty} \Psi_n(\alpha) \geq \frac{1}{\sqrt{B^2 - 4AC}}$$

# 第 3 章的解答

## 问题 3.1 的解答

反之,假设 $f(x)$ 在某点 $x_0$ 处是连续的. 由于 $f$ 不是一个常值函数,那么存在满足 $f(x_0) \neq f(x_1)$ 的一个点 $x_1$. 按照 $f$ 在 $x = x_0$ 处的连续性,存在一个 $\delta > 0$,使得对于区间 $(x_0 - \delta, x_0 + \delta)$ 中的任意 $x$,都有

$$| f(x) - f(x_0) | < | f(x_1) - f(x_0) |$$

这说明 $f$ 的任何周期 $c$ 都必定满足 $| c | > 2\delta$,这与假设相反. □

## 问题 3.2 的解答

设 $E$ 为 $f$ 的所有周期构成的集合. 由问题 3.1 的解答可知

$$\tau = \inf_{c \in E} | c | > 0$$

我们首先证明 $E$ 是闭的,其蕴含 $\tau$ 是 $f$ 的最小正周期. 设 $\{c_n\}$ 为 $E$ 中收敛到 $\tau$ 的任意序列. 由于 $f \in \mathcal{C}(\mathbf{R})$,那么对于任意 $x$,我们都有

$$f(x + \tau) = \lim_{n \to \infty} f(x + c_n) = f(x)$$

所以 $\tau \in E$.

对于任意 $c \in E$,取满足 $n\tau \leq c < (n+1)\tau$ 的一个整数 $n$. 如果 $n\tau < c$,那么 $c' = c - n\tau \in E \cap (0, \tau)$,产生矛盾. 因此存在 $n$,使得 $c = n\tau$. □

## 问题 3.3 的解答

对于任意 $\epsilon > 0$,存在一个整数 $N$,使得对于任意 $x > N$,都满足

$$-\epsilon < f(x+1) - f(x) < \epsilon$$

当 $j = 1, \cdots, \ell$ 且 $x \geq N+1$ 时,将 $\ell = [x] - N$ 个不等式

39

$$-\epsilon < f(x - j + 1) - f(x - j) < \epsilon$$

相加,我们得到

$$-\epsilon([x] - N) < f(x) - f(x - \ell) < \epsilon([x] - N)$$

由于 $N \leqslant x - \ell < N + 1$,因此

$$-M_N - \epsilon(x - N + 1) < f(x) < M_N + \epsilon(x - N)$$

其中 $M_N$ 是 $|f(x)|$ 在闭区间 $[N, N+1]$ 上的最大值. 所以

$$\left|\frac{f(x)}{x}\right| < \frac{M_N + \epsilon(x - N + 1)}{x} < \epsilon + \frac{M_N}{x}$$

这蕴含了对于任意 $x > \max\left(N + 1, \dfrac{M_N}{\epsilon}\right)$,都有 $\left|\dfrac{f(x)}{x}\right| < 2\epsilon$. □

## 问题 3.4 的解答

对于任意正整数 $n$,我们记

$$g_n(y) = \sup_{x \geqslant n} |f(x + y) - f(x)|$$

显然 $\{g_n(y)\}$ 是关于 $y \in \mathbf{R}$ 的单调递减序列,当 $n \to \infty$ 时,其点态收敛到 0. 该问题的难点在于我们不知道 $g_n(y)$ 是否连续.

如果存在 $y_0$,使得 $g_n(y_0) > s$,那么存在 $x_0 \geqslant n$,满足

$$|f(x_0 + y_0) - f(x_0)| > s$$

按照 $f$ 的连续性,对于充分接近 $(x_0, y_0)$ 的任意 $(x, y)$,我们都有 $|f(x + y) - f(x)| > s$. 这说明对于充分接近 $y_0$ 的任意 $y$,都有 $g_n(y) > s$;换言之,集合

$$\{y \mid y \in \mathbf{R}, g_n(y) > s\}$$

是开的. 因此 $\{g_n(y)\}$ 是点态收敛到 0 的一个 Borel(博雷尔)可测函数序列. 按照 Egoroff(叶戈罗夫)定理,我们可以在 $[-1, 1]$ 中找出测度大于 $\dfrac{3}{2}$ 的一个可测集 $F$,使得 $g_n(y)$ 在 $F$ 上一致收敛到 0;所以对于任意 $\epsilon > 0$,存在整数 $N$,使得对于所有 $n > N$ 与任意 $y \in F$,都满足 $g_n(y) < \epsilon$. 由于 $E = F \cap (-F)$ 有一个正测度,那么由见于 Steinhaus(施坦豪斯,1920)的定理可知,0 是 $E - E$ 的内点. 因此存在 $r > 0$,使得区间 $I = [-r, r]$ 包含于 $E - E$,并且任意点 $y \in I$ 都可以表示为 $y = u - v \, (u, v \in E)$.

注意到对于任意 $y \geqslant 0$ 与 $y' \in \mathbf{R}$,我们都有

$$\begin{aligned} g_n(y + y') &= \sup_{x \geqslant n} |f(x + y + y') - f(x)| \\ &\leqslant \sup_{x \geqslant n} |f(x + y) - f(x)| + \sup_{x \geqslant n} |f(x + y + y') - f(x + y)| \\ &\leqslant g_n(y) + g_n(y') \end{aligned}$$

对 $y = u - v \in [0, r]$ 应用上述不等式,那么对于所有 $n > N$,我们得到

$$g_n(y) = g_n(u - v) \leqslant g_n(u) + g_n(-v) < 2\epsilon$$

因为要么 $u \in F$ 是非负的，要么 $-v \in F$ 是非负的. 因此 $\{g_n(y)\}$ 在 $[0, r]$ 上一致收敛到 0. 这在任意区间 $[c, c+r]$ 上也成立. □

### 问题 3.5 的解答

记

$$f(x) = \sum_{k=1}^{n} c_k \exp(\lambda_k \mathrm{i}x)$$

对于任意 $\epsilon > 0$，我们都可以找到一个充分大的整数 $N$，使得对于所有大于 $N$ 的 $x$，都满足 $|f(x)| < \epsilon$. 对于每个 $1 \leq k \leq n$，我们都有

$$\frac{1}{T} \int_T^{2T} f(x) \exp(-\lambda_k \mathrm{i}x) \, \mathrm{d}x$$

$$= c_k + \frac{1}{T} \sum_{\ell \neq k} c_\ell \int_T^{2T} \exp((\lambda_\ell - \lambda_k)\mathrm{i}x) \, \mathrm{d}x$$

$$= c_k + \frac{1}{T} \sum_{\ell \neq k} c_\ell \frac{\exp(2(\lambda_\ell - \lambda_k)\mathrm{i}T) - \exp((\lambda_\ell - \lambda_k)\mathrm{i}T)}{(\lambda_\ell - \lambda_k)\mathrm{i}}$$

因此，对于任意 $T > N$，都有

$$|c_k| \leq \frac{1}{T} \int_T^{2T} |f(x)| \, \mathrm{d}x + \frac{2}{T} \sum_{\ell \neq k} \frac{|c_\ell|}{|\lambda_\ell - \lambda_k|} < \epsilon + O\left(\frac{1}{T}\right)$$

这蕴含了 $c_k = 0$，因为 $\epsilon$ 是任意的. □

### 问题 3.6 的解答

我们来证明结论成立. 反之，假设当 $x \to \infty$ 时，$f(x)$ 不收敛到 0. 那么我们找出发散到 $\infty$ 的一个严格单调递增序列 $1 < x_1 < x_2 < \cdots$，并且找出一个常数 $\delta > 0$，使得对于所有 $k$，都满足

$$|f(x_k)| > 2\delta$$

按照 $f$ 的连续性，对于每个 $k$，都存在一个充分小的 $\epsilon_k > 0$，使得在区间 $[x_k - \epsilon_k, x_k + \epsilon_k]$ 上，$|f(x)| \geq \delta$. 对于所有正整数 $n$，记

$$E_n = \bigcup_{k=n}^{\infty} \bigcup_{m=-\infty}^{\infty} \left(\frac{m - \epsilon_k}{x_k}, \frac{m + \epsilon_k}{x_k}\right)$$

它是一个开稠密集，因为当 $k \to \infty$ 时，$x_k$ 发散到 $\infty$. 由于 $\mathbf{R}$ 是一个 Baire 空间，那么交集

$$\bigcap_{n=1}^{\infty} E_n$$

也是稠密的，所以我们可以选取属于所有集合 $E_n$ 的一个点 $x^* > 1$. 也就是说，存在两个整数 $k_n \geq n$ 与 $m_n$，使得对于每个 $n$，都满足

$$\left| x^* - \frac{m_n}{x_{k_n}} \right| < \frac{\epsilon_{k_n}}{x_{k_n}}$$

41

由于当 $n \to \infty$ 时, $m_n$ 发散到 $\infty$, 那么我们得到

$$\left| x_{k_n} - \frac{m_n}{x^*} \right| < \frac{\epsilon_{k_n}}{x^*} < \epsilon_{k_n}$$

这蕴含了 $\left| f\left(\dfrac{m_n}{x^*}\right) \right| \geq \delta$, 这与下述假设相反: 当 $n \to \infty$ 时, $f(nx)$ 在 $x = \dfrac{1}{x^*}$ 处收敛到 0.　　□

## 问题 3.7 的解答

对于任意 $\epsilon > 0$, 定义集合

$$E_n = \{ x \in [a,b] \mid f(x) - f_n(x) \geq \epsilon \}$$

考虑到 $f_n$ 与 $f$ 的连续性, 其为一个单调递减紧集序列. 假设对于任意正整数 $n$, $E_n$ 都是非空的. 由此可得

$$\bigcap_{n=1}^{\infty} E_n \neq \varnothing$$

设 $x_0$ 为属于所有集合 $E_n$ 的一个点. 这说明 $\{f_n(x_0)\}$ 不收敛到 $f(x_0)$, 与假设相反. 因此对于所有充分大的 $n$, $E_n$ 都是空的; 换言之, 对于每个 $x \in [a,b]$, 都有 $|f(x) - f_n(x)| < \epsilon$.　　□

## 问题 3.8 的解答

设 $I$ 是长度为 4 的任意闭区间. 记

$$P(x) = x^n + a_{n-1}x^{n-1} + \cdots + a_0 (a_{n-1}, \cdots, a_0 \in \mathbf{R}, n \geq 1)$$

由于首项系数在平行移动下是不变的, 那么我们可以假设 $I = [-2,2]$. 设 $M$ 为 $P(x)$ 在区间 $I$ 上的最大值与最小值的差. 为了方便, 对以下特殊和式引入一个新的记号

$$\overset{n}{\underset{k=0}{\bigtimes}} b_k = \sum_{k=0}^{n-1} (-1)^k (b_k - b_{k+1})$$

$$= b_0 - 2b_1 + 2b_2 - \cdots + 2(-1)^{n-1}b_{n-1} + (-1)^n b_n$$

它是关于 $b_0, b_1, \cdots, b_n$ 的一个线性函数. 对于任意整数 $0 \leq s < n$, 我们记 $\omega = e^{s\pi i/n} \neq -1$. 那么我们有

$$\overset{n}{\underset{k=0}{\bigtimes}} \omega^k = (1-\omega) \frac{1-(-\omega)^n}{1+\omega} = (1-(-1)^{s+n}) \frac{1-\omega}{1+\omega}$$

由于 $\overline{\omega} = \omega^{-1}$, 那么可以看出, 以上表达式的实部等于零; 换言之,

$$\overset{n}{\underset{k=0}{\bigtimes}} \cos \frac{ks\pi}{n} = 0$$

另外, 显然 $2\cos s\theta = e^{si\theta} + e^{-si\theta}$ 是关于 $2\cos\theta = e^{i\theta} + e^{-i\theta}$ 的一个 $s$ 次首一整

系数多项式. 所以存在多项式 $\tau_s(x)$, 使得

$$2\cos s\theta = \tau_s(2\cos \theta)$$

因此对于所有 $0 \leqslant s < n$, 都有

$$\sum_{k=0}^{n} \alpha_k^s = 0, \alpha_k = 2\cos \frac{k\pi}{n}$$

此外当 $s = n$ 时, 我们有

$$\sum_{k=0}^{n} \alpha_k^n = \sum_{k=0}^{n} \tau_n(\alpha_k) = 2\sum_{k=0}^{n} \cos k\pi = 4n$$

所以

$$4n = \left| \sum_{k=0}^{n} P(\alpha_k) \right| \leqslant \sum_{k=0}^{n-1} | P(\alpha_k) - P(\alpha_{k+1}) | \leqslant nM$$

这蕴含了 $M \geqslant 4$. 因此 $\max_{x \in I} | P(x) | \geqslant 2$. ☐

**评注** $| \tau_n(x) |$ 在区间 $[-2,2]$ 上的最大值显然等于 $2$, 这说明我们一般不能把 $2$ 替换为任何更大的常数.

$$T_n(x) = \frac{1}{2}\tau_n(2x)$$

是一个 $n$ 次整系数多项式, 并且这些多项式构成区间 $[-1,1]$ 上的一个正交多项式系. $T_n(x)$ 称为 $n$ 次第一类 Chebyshev(切比雪夫) 多项式, 并且满足 $T_n(\cos \theta) = \cos n\theta$. 若要了解 Chebyshev 多项式的各种性质, 见第 15 章.

## 问题 3.9 的解答

反之, 假设 $g(x)$ 在某个区间 $[a,b]$ 上是连续的. 因为 $h(f(1) + g(y)) = y$ 对于任意 $y > 0$ 都成立, 所以函数 $g(y)$ 在 $(0, \infty)$ 上是一对一的, 因此 $g$ 在 $[a, b]$ 上是一个严格单调连续函数. 我们可以假设 $g$ 是单调递增的, 因为若我们记 $F(x) = -f(x), G(y) = -g(y)$ 且 $H(x) = h(-x)$, 则有 $H(F(x) + G(y)) = xy$.

我们记 $g(a) = \alpha < g(b) = \beta$. 反函数 $g^{-1}: [\alpha,\beta] \to [a,b]$ 也是严格单调递增且连续的. 为简便起见, 记 $\lambda = \dfrac{b}{a} > 1$. 对于任意整数 $n$, 我们定义 $U_n = [\alpha + f(\lambda^{-n}), \beta + f(\lambda^{-n})]$. 因为当 $\alpha \leqslant s \leqslant \beta$ 时, 有

$$h(f(\lambda^{-n}) + s) = \lambda^{-n}g^{-1}(s)$$

所以函数 $h(x)$ 在每个 $U_n$ 上也都是严格单调递增且连续的. 由于

$$h(U_n) = [\lambda^{-n}a, \lambda^{-n}b] = \left[ \frac{a^{n+1}}{b^n}, \frac{a^n}{b^{n-1}} \right]$$

那么区间序列 $\{h(U_n)\}_{n \in \mathbf{Z}}$ 相邻覆盖 $(0, \infty)$. 因此如果 $i \neq j$, 那么 $U_i \cap U_j$ 是单个点或空的. 对于任意正整数 $N$, 设 $k_N$ 为 $U_n$ 与区间 $[(\alpha - \beta)N, (\beta - \alpha)N]$ 相交的次数. 因为对于所有 $n, U_n$ 的长度都是 $\beta - \alpha$, 那么

43

$$(\beta - \alpha)(k_N - 2) \leqslant 2(\beta - \alpha)N$$

即 $k_N \leqslant 2N + 2$. 这说明在 $U_1, U_2, \cdots, U_{2N+3}$ 中，至少有一个不与 $[(\alpha - \beta)N,$ $(\beta - \alpha)N]$ 相交. 因此存在一个整数 $m_N \in [1, 2N + 3]$，使得

$$|f(\lambda^{-m_N})| > (\beta - \alpha)N - \max(|\alpha|, |\beta|)$$

特别地，当 $N \to \infty$ 时，$m_N$ 趋于 $\infty$. 那么

$$\frac{|f(\lambda^{-m_N})|}{\log \lambda^{m_N}} > \frac{(\beta - \alpha)N - \max(|\alpha|, |\beta|)}{m_N \log \lambda}$$

$$\geqslant \frac{(\beta - \alpha)N - \max(|\alpha|, |\beta|)}{(2N + 3)\log \lambda}$$

因此

$$\limsup_{x \to 0+} \left| \frac{f(x)}{\log x} \right| \geqslant \frac{\beta - \alpha}{2\log \lambda} > 0$$

与假设相反. $\qquad\qquad\qquad\qquad\qquad\qquad\qquad\qquad\qquad\qquad\qquad\Box$

## 问题 3.10 的解答

不妨设 $f(0) = f(1) = 0$，因为对于每个 Farey 区间 $J$，都有 $c_J(f) = c_J(\tilde{f})$，其中

$$\tilde{f}(x) = f(x) - f(0)(1 - x) - f(1)x$$

我们首先依 $n$ 归纳来证明对于每个 $x \in E_{n+1}$，都有 $\sigma_n(x) = f(x)$，其中

$$\sigma_n(x) = \sum_{k=1}^n \Phi_k(x)$$

按照假设，$\sigma_1(0) = \Phi_1(0) = 0 = f(0)$，$\sigma_1(1) = \Phi_1(1) = 0 = f(1)$ 且

$$\sigma_1\left(\frac{1}{2}\right) = \Phi_1\left(\frac{1}{2}\right) = c_{[0,1]} = f\left(\frac{1}{2}\right)$$

所以 $n = 1$ 的情形成立. 接下来我们假设对于每个 $x \in E_{n+1}$，存在 $n \geqslant 1$，使得 $\sigma_n(x) = f(x)$. 由于 $\sigma_{n+1}(x) = \sigma_n(x) + \Phi_{n+1}(x)$，那么对于每个 $x \in E_{n+1}$，我们得到 $\sigma_{n+1}(x) = f(x)$. 设 $J = \left[\frac{a}{b}, \frac{c}{d}\right]$ 为任意 $n + 1$ 阶 Farey 区间. 因为对于任意 $g$（其在 $J$ 上的限制是线性的），都有 $c_J(g) = 0$，所以我们得到 $c_J(\sigma_n) = 0$，因此

$$c_J(\sigma_{n+1}) = c_J(\sigma_n) + c_J(\Phi_{n+1}) = c_J(c_J(f)\phi_J) = c_J(f)$$

这蕴含了

$$\sigma_{n+1}\left(\frac{a+c}{b+d}\right) = f\left(\frac{a+c}{b+d}\right)$$

因为当 $x = \frac{a}{b}, \frac{c}{d}$ 时，$\sigma_{n+1}(x) = f(x)$. 所以对于任意 $x \in E_{n+2}$，都有 $\sigma_{n+1}(x) = f(x)$. 因此 $\sigma_n(x)$ 是锯齿形函数，它在每两个邻点 $(x, f(x))$，$x \in E_{n+1}$ 之间逐次

作一条直线.

由于 $f$ 在 $[0,1]$ 上是一致连续的,那么对于任意 $\epsilon > 0$,存在一个 $\delta > 0$,使得对于满足 $|x - y| < \delta$ 的任意 $x, y \in [0,1]$,都有 $|f(x) - f(y)| < \epsilon$. 取一个充分大的整数 $n$,使得所有 $n$ 阶 Farey 区间的长度都小于 $\delta$. 对于任意 $x \in [0, 1]$,设 $J_x = \left[\dfrac{a}{b}, \dfrac{c}{d}\right]$ 为包含 $x$ 的一个 $n + 1$ 阶 Farey 区间. 那么

$$|f(x) - \sigma_n(x)| \leq \left| f(x) - f\left(\frac{a}{b}\right) \right| + \left| \sigma_n(x) - \sigma_n\left(\frac{a}{b}\right) \right|$$

$$< \epsilon + \left| \sigma_n(x) - \sigma_n\left(\frac{a}{b}\right) \right|$$

由于 $\sigma_n$ 在 $J_x$ 上是线性的,因此

$$\left| \sigma_n(x) - \sigma_n\left(\frac{a}{b}\right) \right| \leq \left| \sigma_n\left(\frac{c}{d}\right) - \sigma_n\left(\frac{a}{b}\right) \right| = \left| f\left(\frac{c}{d}\right) - f\left(\frac{a}{b}\right) \right| < \epsilon$$

所以对于任意 $x \in [0,1]$,都有 $|f(x) - \sigma_n(x)| < 2\epsilon$. $\qquad \square$

## 问题 3.11 的解答

当 $n \geq 1$ 时,记

$$\Phi_n(x) = \sum_{\substack{J \in \mathscr{T}_n \\ J = \left[\frac{a}{b}, \frac{c}{d}\right]}} \frac{1}{b + d} \phi_J(x)$$

我们首先依 $n$ 归纳来证明:对属于 $E_n$ 的任意分数 $\dfrac{p}{q}$,都有

$$\sum_{k=1}^{\infty} \Phi_k\left(\frac{p}{q}\right) = 1 - \frac{1}{q} \qquad\qquad (3.1)$$

注意到左边的和只是有限的. 显然当 $\dfrac{p}{q} = \dfrac{0}{1}, \dfrac{1}{1}$ 时,$(3.1)$ 成立,因为对于所有 $k$,都有 $\Phi_k(0) = \Phi_k(1) = 0$. 接下来假设存在 $n \geq 1$,使得对于 $E_n$ 中的每个 $\dfrac{p}{q}$,$(3.1)$ 都成立. 所以

$$\Phi_1\left(\frac{p}{q}\right) + \Phi_2\left(\frac{p}{q}\right) + \cdots + \Phi_{n-1}\left(\frac{p}{q}\right) = 1 - \frac{1}{q}$$

因为对于所有 $k \geq n$,都有 $\dfrac{p}{q} \in E_k$.

设 $\dfrac{a}{b}$ 与 $\dfrac{c}{d}$ 为 $E_n$ 中的任意相邻分数,并且考虑 Farey 区间 $J = \left[\dfrac{a}{b}, \dfrac{c}{d}\right]$. 由于

$$\tau_{n-1}(x) = \Phi_1(x) + \cdots + \Phi_{n-1}(x)$$

在 $J$ 上是线性的,那么我们得到

45

$$\tau_{n-1}\left(\frac{a+c}{b+d}\right) = \frac{\frac{c}{d} - \frac{a+c}{b+d}}{\frac{c}{d} - \frac{a}{b}}\tau_{n-1}\left(\frac{a}{b}\right) + \frac{\frac{a+c}{b+d} - \frac{a}{b}}{\frac{c}{d} - \frac{a}{b}}\tau_{n-1}\left(\frac{c}{d}\right)$$

$$= \frac{b}{b+d}\left(1 - \frac{1}{b}\right) + \frac{d}{b+d}\left(1 - \frac{1}{d}\right)$$

$$= 1 - \frac{2}{b+d}$$

因此

$$\sum_{k=1}^{\infty} \Phi_k\left(\frac{a+c}{b+d}\right) = \tau_{n-1}\left(\frac{a+c}{b+d}\right) + \Phi_n\left(\frac{a+c}{b+d}\right) = 1 - \frac{1}{b+d}$$

并且对属于 $E_{n+1}$ 的任意分数 $\frac{p}{q}$,(3.1) 都成立.

设 $m$ 为任意正整数. 由于 $\tau_m(x)$ 是分段线性连续函数,并且在属于 $E_{m+1}$ 的任意点 $x$ 处,都有 $\tau_m(x) < 1$,由此可得对于所有 $x \in [0,1]$,显然都有 $\tau_m(x) < 1$. 因此级数

$$\sum_{n=1}^{\infty} \Phi_n(x)$$

在每个无理点 $x$ 处都收敛. 设 $\frac{a}{b}$ 与 $\frac{c}{d}$ 为 $E_{m+1}$ 中满足 $\frac{a}{b} < x < \frac{c}{d}$ 的任意相邻分数. 我们有

$$\tau_m(x) \geq \min\left(\tau_m\left(\frac{a}{b}\right), \tau_m\left(\frac{c}{d}\right)\right) = \min\left(1 - \frac{1}{b}, 1 - \frac{1}{d}\right)$$

由于 $x$ 是无理数,那么当 $m \to \infty$ 时,$b$ 与 $d$ 必定都发散到 $+\infty$;因此我们有 $f(x) = 1$,如所要求的那样. $\square$

### 问题 3.12 的解答

记 $P(x) = Ax^2 + Bx + C$. 对于任意有理数 $\frac{p}{q}$,由中值定理可知,在 $\alpha$ 与 $\frac{p}{q}$ 之间存在 $\theta$,使得

$$\left|P\left(\frac{p}{q}\right)\right| = \left|P(\alpha) - P\left(\frac{p}{q}\right)\right| = |P'(\theta)| \cdot \left|\alpha - \frac{p}{q}\right|$$

对于任意 $\epsilon > 0$,存在一个 $\delta > 0$,使得对于任意 $|x - \alpha| < \delta$,都有 $|P'(x) - P'(\alpha)| < \epsilon$. 那么对于满足 $\left|\alpha - \frac{p}{q}\right| < \delta$ 的所有 $\frac{p}{q}$,都有

$$\left|\alpha - \frac{p}{q}\right| = \left|\frac{P\left(\frac{p}{q}\right)}{P'(\theta)}\right| \geq \frac{1}{q^2|P'(\theta)|} > \frac{1}{q^2(|P'(\alpha)| + \epsilon)}$$

因为 $P\left(\dfrac{p}{q}\right) \neq 0$ 且 $q^2 P\left(\dfrac{p}{q}\right) \in \mathbf{Z}$.

取一个充分大的整数 $N$,使得所有 $N$ 阶 Farey 区间的长度都小于 $\delta$. 设 $J = \left[\dfrac{a}{b}, \dfrac{c}{d}\right]$ 为包含 $\alpha$ 的一个 $n \geqslant N$ 阶 Farey 区间. 如果 $\alpha \in J_L$,那么

$$\Psi_n(\alpha) = \frac{\alpha - \dfrac{a}{b}}{\dfrac{a+c}{b+d} - \dfrac{a}{b}} = b(b+d)\left(\alpha - \frac{a}{b}\right) > \frac{1}{\mid P'(\alpha) \mid + \epsilon}$$

同样地,如果 $\alpha \in J_R$,那么

$$\Psi_n(\alpha) = \frac{\dfrac{c}{d} - \alpha}{\dfrac{c}{d} - \dfrac{a+c}{b+d}} = d(b+d)\left(\frac{c}{d} - \alpha\right) > \frac{1}{\mid P'(\alpha) \mid + \epsilon}$$

由于 $\epsilon$ 是任意的,那么我们得到

$$\liminf_{n \to \infty} \Psi_n(\alpha) \geqslant \frac{1}{\mid P'(\alpha) \mid} = \frac{1}{\sqrt{B^2 - 4AC}} \qquad \square$$

# 微　分

## 要 点 总 结

1. 定义在开区间 $I$ 上的函数 $f(x)$ 在 $a \in I$ 处是可微的当且仅当存在 $I$ 上的函数 $\varphi_a(x)$，它在 $a$ 处是连续的，并且满足

$$f(x) - f(a) = \varphi_a(x)(x - a)$$

显然函数 $\varphi_a(x)$ 在 $I\backslash\{a\}$ 上是唯一确定的，并且 $f'(a)$ 由 $\varphi_a(a)$ 给出. 此定义见于 Carathéodory（卡拉西奥多里，1954）. 另见 Kuhn（库恩，1991）的综述.

2. 如果 $f(x)$ 在闭区间 $[a,b]$ 上是连续的，并且在开区间 $(a,b)$ 上是可微的，那么在 $(a,b)$ 中存在一个点 $c$，使得当 $f(a) = f(b)$ 时，满足

$$f'(c) = 0$$

这称为 Rolle（罗尔）定理，其等价于以下中值定理：$(a,b)$ 中存在一个点 $c$，无论 $f(a)$ 与 $f(b)$ 是多少，都满足

$$\frac{f(b) - f(a)}{b - a} = f'(c)$$

3. 如果 $f(x)$ 与 $g(x)$ 在闭区间 $[a,b]$ 上都是连续的，在满足 $g(a) \neq g(b)$ 的开区间 $(a,b)$ 上都是可微的，并且 $f'(x)$ 与 $g'(x)$ 同时恒不等于零，那么存在一个点 $c \in (a,b)$，使得

$$\frac{f(b) - f(a)}{g(b) - g(a)} = \frac{f'(c)}{g'(c)}$$

这称为 Cauchy 中值定理.

4. 对于区间 $I$ 上的任意可微函数 $f(x)$, 导数 $f'(I)$ 的像总是一个区间. 换言之, 如果 $f(x)$ 在 $[a,b]$ 上是可微的, $f'(a) = \alpha$, $f'(b) = \beta$, 并且 $\eta$ 位于 $\alpha$ 与 $\beta$ 之间, 那么在 $(a,b)$ 中存在一个 $\xi$, 使得 $f'(\xi) = \eta$. 这个定理出于 J. G. Darboux(达布, 1842—1917).

5. 如果 $f(x)$ 在开区间 $I$ 上是 $n$ 次可微的, 那么对于 $I$ 中固定的 $a$, 有

$$f(x) = f(a) + \frac{f'(a)}{1!}(x-a) + \cdots + \frac{f^{(n-1)}(a)}{(n-1)!}(x-a)^{n-1} + R_n$$

这称为 $n$ 阶 Taylor 公式, $R_n$ 称为余项.

6. J. L. Lagrange(1736—1813) 证明了 $a$ 与 $x$ 之间存在 $c$, 使得

$$R_n = \frac{f^{(n)}(c)}{n!}(x-a)^n$$

这称为余项的 Lagrange 形式, 或简称为 Lagrange 余项.

7. 此外如果 $f^{(n)}(x)$ 在 $I$ 上是连续的, 那么余项可以用积分形式表示为

$$R_n = \frac{1}{(n-1)!} \int_a^x (x-t)^{n-1} f^{(n)}(t)\,\mathrm{d}t$$

---

**问题 4.1**

假设定义在开区间 $I$ 上的函数 $f(x)$ 在 $a \in I$ 处是可微的. 证明:

$$\lim_{\substack{(h,h') \to (0,0) \\ h>0, h'>0}} \frac{f(a+h) - f(a-h')}{h+h'} = f'(a)$$

---

**问题 4.2**

假设定义在开区间 $I$ 上的函数 $f(x)$ 在 $I$ 上是连续可微的. 证明:

$$\lim_{\substack{(h,h') \to (0,0) \\ h+h' \neq 0}} \frac{f(a+h) - f(a-h')}{h+h'} = f'(a)$$

---

**问题 4.3**

假设 $f \in \mathscr{C}^{n+1}[0,1]$ 满足

$$f(0) = f'(0) = \cdots = f^{(n)}(0) = f'(1) = \cdots = f^{(n)}(1) = 0$$

且 $f(1) = 1$. 证明:

$$\max_{0 \leqslant x \leqslant 1} |f^{(n+1)}(x)| \geqslant 4^n n!$$

## 问题 4.4

证明:任意 $f \in \mathscr{C}^2(\mathbf{R})$ 都满足不等式

$$\left(\sup_{x \in \mathbf{R}} |f'(x)|\right)^2 \leqslant 2 \sup_{x \in \mathbf{R}} |f(x)| \cdot \sup_{x \in \mathbf{R}} |f''(x)|$$

此外证明:不等式右边的常数 2 一般不能替换为任何更小的数.

Hadamard(阿达马,1914)证明了这一问题,Kolmogorov(柯尔莫戈洛夫, 1939)将其推广到 $f \in \mathscr{C}^n(\mathbf{R})$ 的不等式:当 $0 < k < n$ 时,有

$$\left(\sup_{x \in \mathbf{R}} |f^{(k)}(x)|\right)^n \leqslant C_{k,n} \left(\sup_{x \in \mathbf{R}} |f(x)|\right)^{n-k} \left(\sup_{x \in \mathbf{R}} |f^{(n)}(x)|\right)^k$$

其有最佳可能常数 $C_{k,n}$,这是一个可以用 Euler 数表示的有理数. de Boor 与 Schoenberg(1976)利用样条函数给出了一个证明. 我们给出 $C_{k,n}$ 的前几个值, 如表 4.1.

**表 4.1**

| $n$ | $k$ | | | |
|---|---|---|---|---|
| | 1 | 2 | 3 | 4 |
| 2 | 2 | | | |
| 3 | $\dfrac{9}{8}$ | 3 | | |
| 4 | $\dfrac{512}{375}$ | $\dfrac{36}{25}$ | $\dfrac{24}{5}$ | |
| 5 | $\dfrac{1\,953\,125}{1\,572\,864}$ | $\dfrac{125}{72}$ | $\dfrac{225}{128}$ | $\dfrac{15}{2}$ |

Landau(1913)证明了任意 $f \in \mathscr{C}^2(0, \infty)$ 都满足

$$\left(\sup_{x>0} |f'(x)|\right)^2 \leqslant 4 \sup_{x>0} |f(x)| \cdot \sup_{x>0} |f''(x)|$$

其有最佳可能常数 4. 在该情形中,一般 $C_{k,n}$ 的显式公式还未可知.

## 问题 4.5

设 $Q_n(x)$ 为一个 $n$ 次实系数多项式,并且设 $M$ 为 $|Q_n(x)|$ 在区间 $[-1, 1]$ 上的最大值. 证明:对于任意 $-1 \leqslant x \leqslant 1$,都有

$$\sqrt{1-x^2} |Q'_n(x)| \leqslant nM$$

随后证明:对于任意 $-1 \leqslant x \leqslant 1$,都有

$$|Q'_n(x)| \leqslant n^2 M$$

后者称为 Markov(马尔可夫)不等式,始见于 A. A. Markov(1889). 他因对

实分析中的问题与解答

Markov 链的研究而闻名. 对于第一类 Chebyshev 多项式 $T_n(x)$, 该不等式等号成立.

关于高阶导数, A. A. Markov 的弟弟 V. A. Markov(1892) 证明了

$$\max_{-1 \leqslant x \leqslant 1} | Q_n^{(k)}(x) | \leqslant \frac{n^2(n^2 - 1^2) \cdots (n^2 - (k-1)^2)}{1 \cdot 3 \cdot 5 \cdots (2k-1)} \max_{-1 \leqslant x \leqslant 1} | Q_n(x) |$$

注意到不等式右边 $\|Q_n\|$ 的系数等于 $T_n^{(k)}(1)$(见问题 15.5). V. A. Markov 的论文在他 21 岁时发表, 那时他是圣彼得堡大学的一名学生, 但他却在 25 岁时过早离去. Duffin 与 Schaeffer(薛华, 1941) 对此给出了另一个证明. Rogosinski(1955) 仅利用经典的 Lagrange 插值多项式讨论过这个问题.

---

**问题 4.6**

假设 $f \in \mathscr{C}^{\infty}(\mathbf{R})$ 满足 $f(0)f'(0) \geqslant 0$, 并且当 $x \to \infty$ 时, $f(x)$ 收敛到 0. 证明: 存在一个递增序列 $0 \leqslant x_1 < x_2 < x_3 < \cdots$, 满足

$$f^{(n)}(x_n) = 0$$

---

**问题 4.7**

证明: $| Q^{(n)}(x) |$ 在 $[-1, 1]$ 上的最大值等于 $2^n n!$, 其中

$$Q(x) = (1 - x^2)^n$$

---

对 $Q^{(n)}(x)$ 乘以

$$\frac{(-1)^n}{2^n n!}$$

我们就得到了 $n$ 次 Legendre(勒让德) 多项式 $P_n(x)$. 关于 Legendre 多项式的各种性质, 见第 14 章.

---

**问题 4.8**

定义一个分段线性连续函数

$$\psi(x) = \begin{cases} x & \left(0 \leqslant x < \frac{1}{2}\right) \\ 1 - x & \left(\frac{1}{2} \leqslant x < 1\right) \end{cases}$$

并依周期将其扩充到 $\mathbf{R}$. 证明:

$$T(x) = \sum_{n=0}^{\infty} \frac{1}{2^n} \psi(2^n x)$$

是连续的, 却是无处可微的.

---

Takagi(高木贞治,1903)推导出的这个函数可以看作一个比 Weierstrass(魏尔斯特拉斯)的无处可微函数

$$W(x) = \sum_{n=0}^{\infty} a^n \cos b^n \pi x$$

更简单的例子. Weierstrass 在 1874 年发现了许多类型的无处可微连续函数. Lerch(赖尔希,1888)考察了各种三角级数,如 $W(x)$. 不过,Takagi 函数在当时的欧洲数学界似乎并不出名. Takagi 用区间 $[0,1)$ 中的 $x$ 的二进展开来构造他的函数,如下一个问题所述. Cesàro(1906)也用它们来定义许多这样的函数.

Faber(1907)用该问题中的分段线性函数 $\psi(x) = \mathrm{dist}(\{x\}, \mathbf{Z})$ 来定义

$$f(x) = \sum_{n=1}^{\infty} \frac{1}{10^n} \psi(2^{n!} x)$$

Landsberg(兰茨贝格,1908)也使用了函数 $\psi(x)$ 与 $x$ 的二进展开. 后来 van der Waerden(范德瓦尔登,1930)发现了同一类函数

$$f(x) = \sum_{n=1}^{\infty} \frac{1}{10^n} \psi(10^n x)$$

最终 Takagi 函数本身由 de Rham(德拉姆,1957)重新发现.

---

**问题 4.9**

设 $x = \sum_{n=1}^{\infty} \dfrac{a_n}{2^n}$ 为 $x \in [0,1)$ 的二进展开,并记 $v_n = a_1 + a_2 + \cdots + a_n (a_n \in \{0,1\})$. 证明:

$$T(x) = \sum_{n=1}^{\infty} \frac{(1 - a_n)v_n + a_n(n - v_n)}{2^n}$$

---

这是 Takagi(1903)给出的 $T(x)$ 的原始定义,如图 4.1.

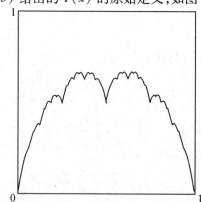

图 4.1　Takagi 函数 $T(x)$ 在 $[0,1]$ 上的图像

### 问题 4.10

证明: $T(x)$ 的最大值等于 $\dfrac{2}{3}$. 设 $E$ 为 $[0,1]$ 中所有点构成的集合, 在这些点处取到 $T$ 的最大值. 接着证明:

$$E = \left\{ x \in [0,1] \,\middle|\, x = \sum_{n=1}^{\infty} \frac{c_n}{4^n}, c_n \in \{1,2\} \right\}$$

因此集合 $E$ 与所谓的 Cantor(康托尔) 三分点集是同胚的.

### 问题 4.11

设 $f,g \in \mathscr{C}^1(0,\infty)$. 假设 $f(x) > 0$, 并且 $g(x)$ 是上有界的. 证明:

$$\liminf_{x \to \infty} g'(f(x))f'(x) \leq 0$$

### 问题 4.12

假设当 $x \to \infty$ 时, $f \in \mathscr{C}^2(0,\infty)$ 收敛到 $\alpha$, 并且

$$f''(x) + \lambda f'(x)$$

是上有界的, 其中 $\lambda$ 是某个常数. 证明: 当 $x \to \infty$ 时, $f'(x)$ 收敛到 0.

### 问题 4.13

假设代数方程 $x^n + a_{n-1}x^{n-1} + \cdots + a_0 = 0$ 的所有根都有负实部, 并且 $f \in \mathscr{C}^n(0,\infty)$. 证明: 如果当 $x \to \infty$ 时,

$$f^{(n)}(x) + a_{n-1}f^{(n-1)}(x) + \cdots + a_0 f(x)$$

收敛到 0, 那么对于所有 $0 \leq k \leq n$, 当 $x \to \infty$ 时, $f^{(k)}(x)$ 也收敛到 0.

如果代数方程有非负实部的根 $\xi$, 这就不成立, 因为 $e^{\xi x}$ 是微分方程

$$f^{(n)}(x) + a_{n-1}f^{(n-1)}(x) + \cdots + a_0 f(x) = 0$$

的一个解, 并且当 $x \to \infty$ 时, 其不收敛到 0.

# 第 4 章的解答

## 问题 4.1 的解答

按照 Carathéodory 关于导数的定义,存在 $I$ 上的函数 $\varphi(x)$,使得
$$f(x) - f(a) = \varphi_a(x)(x - a)$$
其满足 $f'(a) = \varphi_a(a)$. 因此对于任何充分小的 $h, h' > 0$,我们都有
$$\left| \frac{f(a+h) - f(a-h')}{h+h'} - f'(a) \right|$$
$$= \left| \frac{h}{h+h'}(\varphi_a(a+h) - \varphi_a(a)) + \frac{h'}{h+h'}(\varphi_a(a-h') - \varphi_a(a)) \right|$$
$$\leq |\varphi_a(a+h) - \varphi_a(a)| + |\varphi_a(a-h') - \varphi_a(a)|$$
当 $h \to 0+$ 且 $h' \to 0+$ 时,不等式右边收敛到 0. □

## 问题 4.2 的解答

对于满足 $h + h' \neq 0$ 的任何充分小的 $h, h'$,由中值定理可知
$$f(a+h) - f(a-h') = f'(\xi_{h,h'})(h+h')$$
其中 $\xi_{h,h'}$ 是 $a+h$ 与 $a-h'$ 之间的某个点. 因此
$$\left| \frac{f(a+h) - f(a-h')}{h+h'} - f'(a) \right| = |f'(\xi_{h,h'}) - f'(a)|$$
并且当 $h, h' \to 0$ 时,等式右边收敛到 0,因为
$$|\xi_{h,h'} - a| \leq \max(|h|, |h'|)$$
□

## 问题 4.3 的解答

设
$$P(x) = x^n + a_{n-1}x^{n-1} + \cdots + a_0$$
为实系数多项式. 利用 $f(1) = 1$,重复分部积分,我们有
$$\int_0^1 P(x) f^{(n+1)}(x)\,\mathrm{d}x = -\int_0^1 P'(x) f^{(n)}(x)\,\mathrm{d}x$$
$$= \cdots = (-1)^n \int_0^1 P^{(n)}(x) f'(x)\,\mathrm{d}x$$
$$= (-1)^n n!$$
现在取 $P$ 为问题 15.7 中取到最小值的多项式,我们得到
$$n! = \left| \int_0^1 P(x) f^{(n+1)}(x)\,\mathrm{d}x \right| \leq \max_{0 \leq x \leq 1} |f^{(n+1)}(x)| \int_0^1 |P(x)|\,\mathrm{d}x$$

$$= \frac{1}{4^n} \max_{0 \le x \le 1} |f^{(n+1)}(x)| \qquad \square$$

## 问题 4.4 的解答

记

$$\alpha = \sup_{x \in \mathbf{R}} |f(x)| \ \text{且} \ \beta = \sup_{x \in \mathbf{R}} |f''(x)|$$

我们当然可以假设 $\alpha$ 与 $\beta$ 都是有限的. 如果 $\beta = 0$, 那么 $\alpha$ 是有限的当且仅当 $f(x)$ 处处等于零, 因此我们也可以假设 $\beta$ 是正的. 对于每个 $x \in \mathbf{R}$ 与 $y > 0$, 由 Taylor 公式可知, 存在一个 $\xi_{x,y}$, 满足

$$f(x + y) = f(x) + f'(x)y + f''(\xi_{x,y}) \frac{y^2}{2}$$

因此

$$f(x + y) - f(x - y) = 2f'(x)y + (f''(\xi_{x,y}) - f''(\xi_{x,-y})) \frac{y^2}{2}$$

其蕴含了

$$2|f'(x)|y = \left| f(x + y) - f(x - y) + (f''(\xi_{x,-y}) - f''(\xi_{x,y})) \frac{y^2}{2} \right|$$

$$\le 2\alpha + \beta y^2$$

所以

$$\sup_{x \in \mathbf{R}} |f'(x)| \le \frac{\alpha}{y} + \frac{\beta y}{2}$$

当 $y = \sqrt{\dfrac{2\alpha}{\beta}}$ 时, 不等式右边取到其最小值 $\sqrt{2\alpha\beta}$.

为了看出 2 是最佳可能常数, 我们首先考虑一个偶阶梯函数

$$\phi''(x) = \begin{cases} 0 & (|x| > 2) \\ 1 & (1 \le |x| \le 2) \\ -1 & (|x| < 1) \end{cases}$$

那么

$$\phi'(x) = \int_{-2}^{x} \phi''(t)\,\mathrm{d}t$$

是一个奇分段线性连续函数, 相应地

$$\phi(x) = \int_{-2}^{x} \phi'(t)\,\mathrm{d}t - \frac{1}{2}$$

是一个偶 $\mathscr{C}^1$ 函数 (图 4.2). 显然 $|\phi(x)|$, $|\phi'(x)|$ 与 $|\phi''(x)|$ 的最大值分别为 $\dfrac{1}{2}$, 1 与 1, 并且 $\phi(x)$ 当然可以使问题等号成立, 不过它不属于 $\mathscr{C}^2(\mathbf{R})$. 为

55

了克服这一困难,只需在$\phi''$的不连续点的邻域中将$\phi''$轻微变换为连续函数,使得其对$\phi$与$\phi'$的影响变得任意小.  □

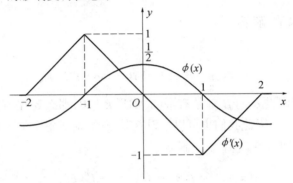

图 4.2　$\phi(x)$ 与 $\phi'(x)$ 的图像

### 问题 4.5 的解答

该证明是基于 Cheney(1966),第 89 ~ 91 页. 我们首先来证明任意 $n-1$ 次复系数多项式 $Q(x)$ 满足不等式

$$\max_{-1\leqslant x\leqslant 1}|Q(x)|\leqslant n\max_{-1\leqslant x\leqslant 1}\sqrt{1-x^2}|Q(x)|$$

记不等式右边为 $M$. 对于满足 $x^2\leqslant 1-\dfrac{1}{n^2}$ 的任意 $x$,上述不等式是显然的,所以我们可以假设

$$|x|>\sqrt{1-\frac{1}{n^2}}$$

因此 $|x|>\cos\dfrac{\pi}{2n}$,因为对于任意 $|s|\leqslant 1$,都有

$$\sqrt{1-s^2}\geqslant\cos\frac{\pi s}{2}$$

第一类 $n$ 次 Chebyshev 多项式 $T_n(x)$(见第 15 章)可分解为

$$T_n(x)=(x-\xi_1)\cdots(x-\xi_n)$$

其中

$$\xi_k=\cos\frac{2k-1}{2n}\pi(1\leqslant k\leqslant n)$$

带有结点 $\xi_1,\cdots,\xi_n$ 的 $Q(x)$ 的 Lagrange 插值多项式为

$$\sum_{k=1}^{n}\frac{Q(\xi_k)}{T'_n(\xi_k)}\cdot\frac{T_n(x)}{x-\xi_k}=\frac{1}{n}\sum_{k=1}^{n}(-1)^{k-1}Q(\xi_k)\sqrt{1-\xi_k^2}\frac{T_n(x)}{x-\xi_k}$$

其为次数小于 $n$ 的关于 $x$ 的多项式,因此它与多项式 $Q(x)$ 相同. 考虑到 $\xi_1<|x|\leqslant 1$,利用 $\mathrm{sgn}(x-\xi_k)$ 与 $k$ 无关这一事实,我们得到

实分析中的问题与解答

$$| Q(x) | \leqslant \frac{M}{n^2} \sum_{k=1}^{n} \left| \frac{T_n(x)}{x - \xi_k} \right| = \frac{M}{n^2} \left| \sum_{k=1}^{n} \frac{T_n(x)}{x - \xi_k} \right| = \frac{M}{n^2} | T'_n(x) |$$

由于

$$| T'_n(\cos \theta) | = n \left| \frac{\sin n\theta}{\sin \theta} \right| \leqslant n^2$$

我们得到 $| Q(x) | \leqslant M$，如所要求的那样.

代入 $x = \cos \theta$，我们可以看出，我们的不等式等价于

$$\max_{\theta} | Q(\cos \theta) | \leqslant n \max_{\theta} | \sin \theta Q(\cos \theta) |$$

这对于所有 $n - 1$ 次复系数多项式 $Q$ 都成立. 设 $S(\theta)$ 为 $\mathbf{C}$ 上的 $1, \cos \theta,$ $\cos 2\theta, \cdots, \cos n\theta$ 与 $\sin \theta, \sin 2\theta, \cdots, \sin n\theta$ 的一个线性组合. 对于任意 $\omega$ 与 $\theta$，我们记

$$S_0(\theta) = \frac{S(\omega + \theta) - S(\omega - \theta)}{2}$$

由于 $S_0(\theta)$ 是一个奇函数，那么这只是 $1, \sin \theta, \cdots, \sin n\theta$ 的一个线性组合. 因此 $\frac{S_0(\theta)}{\sin \theta}$ 是关于 $\cos \theta$ 的次数小于 $n$ 的多项式，因为 $\frac{\sin k\theta}{\sin \theta}$ 可以表示为关于 $\cos \theta$ 的 $k - 1$ 次多项式. 将我们的不等式应用到关于 $\cos \theta$ 的这个多项式，我们有

$$\max_{\theta} \left| \frac{S_0(\theta)}{\sin \theta} \right| \leqslant n \max_{\theta} | S_0(\theta) | \leqslant n \max_{\theta} | S(\theta) |$$

因此

$$\lim_{\theta \to 0} \frac{S_0(\theta)}{\sin \theta} = \lim_{\theta \to 0} \frac{S_0(\theta)}{\theta} = S'_0(0) = S'(\omega)$$

这蕴含了

$$\max_{\theta} | S'(\theta) | \leqslant n \max_{\theta} | S(\theta) |$$

因为 $\omega$ 是任意的. 这称为 Bernstein(伯恩斯坦) 不等式(1912b).

问题中陈述的两个不等式可以用 Bernstein 不等式来求解. 设 $P(x)$ 为任意 $n$ 次复系数多项式. 那么 $P(\cos \theta)$ 是 $1, \cos \theta, \cdots, \cos n\theta$ 的一个线性组合，由 Bernstein 不等式可知

$$\max_{-1 \leqslant x \leqslant 1} \sqrt{1 - x^2} | P'(x) | = \max_{\theta} | \sin \theta P'(\cos \theta) |$$

$$\leqslant n \max_{\theta} | P(\cos \theta) | = nM$$

因此，由于 $P'(x)$ 是 $n - 1$ 次多项式，那么我们得到

$$\max_{-1 \leqslant x \leqslant 1} | P'(x) | \leqslant n \max_{-1 \leqslant x \leqslant 1} \sqrt{1 - x^2} | P'(x) | \leqslant n^2 M$$

问题得证. □

### 问题 4.6 的解答

首先我们假设对于所有 $x \geq 0$，都有 $f'(x) > 0$。那么 $f(x)$ 是严格单调递增的，并且 $f(0) \geq 0$，因为 $f'(0) > 0$。这就产生了矛盾，因为当 $x \to \infty$ 时，$f(x)$ 收敛到 0。如果对所有 $x \geq 0$，都有 $f'(x) < 0$，那么我们同样得到一个矛盾。因此至少存在一个点 $x_1 \geq 0$，在该点处 $f'(x)$ 等于零。

接下来假设我们可以找到 $n$ 个点 $x_1 < \cdots < x_n$，当 $1 \leq k \leq n$ 时，其满足 $f^{(k)}(x_k) = 0$。如果对于所有 $x > x_n$，都有 $f^{(n+1)}(x) > 0$，那么对于所有 $x \geq x_n + 1$，显然都有 $f^{(n)}(x) \geq f^{(n)}(x_n + 1) > 0$，因为 $f^{(n)}(x_n) = 0$。因此

$$f(x) \geq \frac{1}{n!} f^{(n)}(x_n + 1) x^n + （某个次数小于 n 的多项式）$$

这与以下假设相反：当 $x \to \infty$ 时，$f(x)$ 收敛到 0。同样地，如果对于所有 $x > x_n$，都有 $f^{(n+1)}(x) < 0$，那么我们也会得到一个矛盾。因此至少存在一个大于 $x_n$ 的点 $x_{n+1}$，其满足 $f^{(n+1)}(x_{n+1}) = 0$。 ◻

### 问题 4.7 的解答

按照 Cauchy 积分公式，我们得到

$$Q^{(n)}(x) = \frac{n!}{2\pi i} \int_C \frac{(1 - z^2)^n}{(z - x)^{n+1}} dz$$

其中 $C$ 是以 $z = x$ 为中心且半径 $r > 0$ 的逆时针定向的圆。当 $0 \leq \theta < 2\pi$ 时，记

$$z = x + re^{i\theta}$$

我们得到

$$Q^{(n)}(x) = \frac{n!}{2\pi} \int_0^{2\pi} \frac{(1 - (x + re^{i\theta})^2)^n}{r^{n+1} e^{(n+1)i\theta}} re^{i\theta} d\theta$$

$$= \frac{n!}{2\pi} \int_0^{2\pi} \left( \frac{1 - (x + re^{i\theta})^2}{re^{i\theta}} \right)^n d\theta$$

观察到大括号中的表达式可以写作

$$\left( \frac{1 - x^2}{r} - r \right) \cos\theta - 2x - i \left( \frac{1 - x^2}{r} + r \right) \sin\theta$$

那么当 $|x| < 1$ 时，我们取 $r = \sqrt{1 - x^2}$，使得 $|P^{(n)}(x)| \leq 2^n n!$。显然这个不等式即便当 $x = \pm 1$ 时也成立。 ◻

### 问题 4.8 的解答

$T(x)$ 的连续性是显然的，因为它被定义为一致收敛的连续函数的级数。为了证明不可微性，只需考虑区间 $(0, 1]$ 中的任意点 $x$，因为 $T(x)$ 是周期为 1 的

周期函数.

我们首先考虑这样的点 $x$,它可以用某个奇数 $k$ 与非负整数 $m$ 表示为 $\frac{k}{2^m}$. 为简便起见,对于任意整数 $n \geqslant m$,记 $h_n = \frac{1}{2^n}$. 那么对于 $[0,n)$ 中的任意整数 $\ell$,区间 $(2^\ell x, 2^\ell(x+h_n))$ 中既没有整数也没有半整数. 因为如果存在整数 $p$,使得 $2^\ell x < \frac{p}{2} < 2^\ell x + 2^{\ell-n}$,那么我们将得到

$$2^n x = k2^{n-m} < 2^{n-\ell-1}p < k2^{n-m} + 1$$

产生矛盾. 这蕴含了在该子区间上,$g(x)$ 是斜率为 1 或 $-1$ 的线性函数. 因此

$$\frac{T(x+h_n) - T(x)}{h_n} = \sum_{\ell=0}^{\infty} \frac{g(2^\ell(x+h_n)) - g(2^\ell x)}{2^\ell h_n}$$
$$= \sum_{\ell=0}^{n-1} \frac{g(2^\ell x + 2^{\ell-n}) - g(2^\ell x)}{2^{\ell-n}}$$

是 1 或 $-1$ 的有限和,当 $n \to \infty$ 时,其不收敛.

接下来考虑这样的点 $x$,对于所有正整数 $n$,$2^n x$ 都不是整数. 由于 $2^n x$ 不是整数,那么我们可以找到两个正数 $h_n$ 与 $h'_n$,满足

$$[2^n x] = 2^n(x - h'_n) \text{ 且 } [2^n x] + 1 = 2^n(x + h_n)$$

注意到 $h_n + h'_n = 2^{-n}$. 那么对于 $[0,n)$ 中的任意整数 $\ell$,在区间 $(2^\ell(x-h'_n), 2^\ell(x+h_n))$ 中既没有整数也没有半整数. 因为如果存在整数 $p$,使得 $\frac{p}{2}$ 包含于这个区间,那么我们有 $[2^n x] < 2^{n-\ell-1}p < [2^n x] + 1$,产生矛盾. 因此

$$\frac{T(x+h_n) - T(x-h'_n)}{h_n + h'_n} = \sum_{\ell=0}^{\infty} \frac{g(2^\ell(x+h_n)) - g(2^\ell(x-h'_n))}{2^\ell(h_n + h'_n)}$$
$$= \sum_{\ell=0}^{n-1} \frac{g(2^\ell(x+h_n)) - g(2^\ell(x-h'_n))}{2^{\ell-n}}$$

是 1 或 $-1$ 的有限和,当 $n \to \infty$ 时,其不收敛. 所以 $T(x)$ 在 $x$ 处不是可微的. (见问题 4.1) $\qquad\square$

### 问题 4.9 的解答

为简便起见,记 $\sigma_n(x) = a_n + (1 - 2a_n)x$. 因为对于任意 $m \geqslant 0$,都有

$$2^m x = \sum_{n=1}^{\infty} \frac{a_n}{2^{n-m}} = (\text{某个整数}) + \sum_{n=1}^{\infty} \frac{a_{m+n}}{2^n}$$

所以

$$\psi(2^m x) = \psi\left(\sum_{n=1}^{\infty} \frac{a_{m+n}}{2^n}\right) = \begin{cases} \displaystyle\sum_{n=1}^{\infty} \frac{a_{m+n}}{2^n} & (a_{m+1} = 0) \\ \displaystyle\sum_{n=1}^{\infty} \frac{1 - a_{m+n}}{2^n} & (a_{m+1} = 1) \end{cases}$$

所以我们可以写作

$$\psi(2^m x) = \sum_{n=1}^{\infty} \frac{\sigma_{m+1}(a_{m+n})}{2^n}$$

因此

$$T(x) = \sum_{m=0}^{\infty} \frac{1}{2^m}\psi(2^m x) = \sum_{m \geqslant 0} \sum_{n \geqslant 1} \frac{\sigma_{m+1}(a_{m+n})}{2^{m+n}} = \sum_{\ell=1}^{\infty} \frac{1}{2^\ell} \sum_{k=1}^{\ell} \sigma_k(a_\ell)$$

其中

$$\sum_{k=1}^{\ell} \sigma_k(a_\ell) = \sum_{k=1}^{\ell} (a_k + (1 - 2a_k)a_\ell) = v_\ell + (\ell - 2v_\ell)a_\ell \qquad \Box$$

### 问题 4.10 的解答

设 $M$ 为 $T(x)$ 的最大值,并且设 $\Gamma$ 为 $T(x)$ 在单位区间 $[0,1]$ 上的图像,即 $\Gamma = \{(x, T(x)) \mid 0 \leqslant x \leqslant 1\}$. 由于 $T(x)$ 满足函数方程

$$T(x) = \begin{cases} 2x + \dfrac{T(4x)}{4} & (0 \leqslant x < \dfrac{1}{4}) \\[2mm] \dfrac{1}{2} + \dfrac{T(4x - 1)}{4} & (\dfrac{1}{4} \leqslant x < \dfrac{1}{2}) \\[2mm] \dfrac{1}{2} + \dfrac{T(4x - 2)}{4} & (\dfrac{1}{2} \leqslant x < \dfrac{3}{4}) \\[2mm] 2 - 2x + \dfrac{T(4x - 3)}{4} & (\dfrac{3}{4} \leqslant x \leqslant 1) \end{cases}$$

那么在 $\mathbf{R}^2$ 上的以下四个仿射收缩的弱意义下,集合 $\Gamma$ 是自相似集.

$$\Phi_0\begin{pmatrix} x \\ y \end{pmatrix} = \begin{pmatrix} \dfrac{1}{4} & 0 \\ \dfrac{1}{2} & \dfrac{1}{4} \end{pmatrix}\begin{pmatrix} x \\ y \end{pmatrix}$$

$$\Phi_1\begin{pmatrix} x \\ y \end{pmatrix} = \begin{pmatrix} \dfrac{1}{4} & 0 \\ 0 & \dfrac{1}{4} \end{pmatrix}\begin{pmatrix} x \\ y \end{pmatrix} + \begin{pmatrix} \dfrac{1}{4} \\ \dfrac{1}{2} \end{pmatrix}$$

$$\Phi_2\begin{pmatrix} x \\ y \end{pmatrix} = \begin{pmatrix} \dfrac{1}{4} & 0 \\ 0 & \dfrac{1}{4} \end{pmatrix}\begin{pmatrix} x \\ y \end{pmatrix} + \begin{pmatrix} \dfrac{1}{2} \\ \dfrac{1}{2} \end{pmatrix}$$

$$\Phi_3\begin{pmatrix}x\\y\end{pmatrix} = \begin{pmatrix}\dfrac{1}{4} & 0 \\[2mm] -\dfrac{1}{2} & \dfrac{1}{4}\end{pmatrix}\begin{pmatrix}x\\y\end{pmatrix} + \begin{pmatrix}\dfrac{3}{4}\\[2mm]\dfrac{1}{2}\end{pmatrix}$$

我们记 $S_0$ 为单位正方形 $[0,1] \times [0,1]$，并且当 $n \geqslant 0$ 时，定义

$$S_{n+1} = \bigcup_{k=0}^{3} \Phi_k(S_n)$$

显然 $\{S_n\}$ 是紧集的单调递减序列，并且我们有

$$\Gamma = \bigcap_{n=0}^{\infty} S_n$$

因为满足集方程 $X = \Phi_0(X) \cup \Phi_1(X) \cup \Phi_2(X) \cup \Phi_3(X)$ 的非空紧集 $X$ 是唯一的. 集合 $S_1$ 与 $S_2$ 如图 4.3 所示.

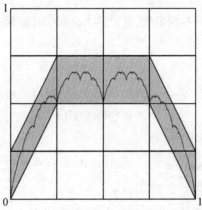

（a）阴影部分表示集合 $S_1$，其位于直线 $y = \dfrac{3}{4}$ 下方

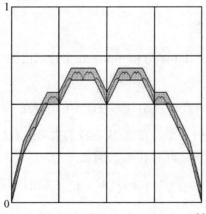

（b）阴影部分表示集合 $S_2$，其位于直线 $y = \dfrac{11}{16}$ 下方

图 4.3

61

不难看出集合 $S_n$ 位于水平线

$$y = 1 - \frac{1}{4} - \frac{1}{16} - \cdots - \frac{1}{4^n}$$

下方,因此我们有 $M \leqslant \frac{2}{3}$,当 $n \to \infty$ 时,其为右边和式的极限. 由于

$$T\left(\frac{2}{3}\right) = \frac{1}{3} + \frac{1}{3 \cdot 2} + \frac{1}{3 \cdot 2^2} + \cdots = \frac{2}{3}$$

那么我们得到 $M = \frac{2}{3}$,如所要求的那样. 容易从图 4.3(b) 看出,$T$ 的最大值不在 $\left[0, \frac{1}{4}\right] \cup \left[\frac{3}{4}, 1\right]$ 上取到. 对于每个 $S_{2n}$,这都成立,所以 $T$ 的最大值在 $x$ 处取到当且仅当在 $x$ 的四进制展开中,每个系数要么是 1,要么是 2. 其实,对于两个收缩 $\Phi_1$ 与 $\Phi_2$,集合 $E \times \left\{\frac{2}{3}\right\}$ 是自相似的,并且其 Hausdorff(豪斯多夫) 维数是 $\frac{1}{2}$. $\square$

## 问题 4.11 的解答

与结论相反,假设存在 $\delta > 0$ 与 $N > 0$,使得对于所有 $x \geqslant N$,满足
$$\delta < g'(f(x))f'(x)$$
从 $N$ 到 $M$ 进行积分,我们有

$$
\begin{aligned}
\delta(M - N) &< \int_N^M g'(f(x))f'(x)\,\mathrm{d}x = g(f(M)) - g(f(N)) \\
&\leqslant K - g(f(N))
\end{aligned}
$$

其中 $K$ 是 $g$ 的一个上界. 这就产生了矛盾,因为当 $M \to \infty$ 时,左边趋于 $+\infty$.

$\square$

## 问题 4.12 的解答

这一证明主要见于 Hardy 与 Littlewood(李特尔伍德,1914). 我们利用带有积分余项的 Taylor 公式

$$f(x + y) = f(x) + yf'(x) + y^2 \int_0^1 (1 - t)f''(x + yt)\,\mathrm{d}t$$

其对于任意 $x > 1$ 与 $|y| < 1$ 都成立. 现在我们来考虑右边的积分,用 $f'$ 替换 $f''$. 按照中值定理,在 0 与 $y$ 之间存在 $\xi_{x,y}$,满足

$$
\begin{aligned}
y^2 \int_0^1 (1 - t)f'(x + yt)\,\mathrm{d}t &= \int_x^{x+y} f(s)\,\mathrm{d}s - yf(x) \\
&= yf(x + \xi_{x,y}) - yf(x)
\end{aligned}
$$

由于存在一个常数 $K > 0$,满足 $f''(x) + \lambda f'(x) \leqslant K$,那么

$$f(x + y) - f(x) - yf'(x) + \lambda yf(x + \xi_{x,y}) - \lambda yf(x)$$

$$= y^2 \int_0^1 (1-t)\left(f''(x+yt) + \lambda f'(x+yt)\right) \mathrm{d}t$$

$$\leqslant Ky^2 \int_0^1 (1-t)\,\mathrm{d}t = \frac{K}{2}y^2$$

对于 $0 < y < 1$ 的情形,我们由此得到

$$f'(x) \geqslant \frac{f(x+y) - f(x)}{y} + \lambda f(x+\xi_{x,y}) - \lambda f(x) - \frac{K}{2}y$$

所以

$$\liminf_{x \to \infty} f'(x) \geqslant -\frac{K}{2}y$$

因此 $f'(x)$ 的下极限必定大于或等于 0,因为 $y$ 是任意的.

同样地,对于 $-1 < y < 0$ 的情形,我们有

$$f'(x) \leqslant \frac{f(x) - f(x-|y|)}{|y|} + \lambda f(x+\xi_{x,y}) - \lambda f(x) + \frac{K}{2}|y|$$

这蕴含了

$$\limsup_{x \to \infty} f'(x) \leqslant \frac{K}{2}|y|$$

所以当 $x \to \infty$ 时,$f'(x)$ 的上极限小于或等于 0,因为 $y$ 是任意的. 因此当 $x \to \infty$ 时,$f'(x)$ 收敛到 0. $\qquad \square$

## 问题 4.13 的解答

我们首先来考虑 $n=1$ 的情形. 假设 $f \in \mathscr{C}^1(0, \infty)$ 为一个复值函数,并且当 $x \to \infty$ 时,$f'(x) + zf(x)$ 收敛到 0,其中 $z$ 是满足 $\lambda = \mathrm{Re}\, z > 0$ 的一个复数. 对 $g(x) = \mathrm{e}^{zx} f(x)$ 求微分,我们有

$$g'(x) = \mathrm{e}^{zx}(f'(x) + zf(x))$$

因此当 $x \to \infty$ 时,$g'(x)\mathrm{e}^{-zx}$ 收敛到 0. 这说明对于任意 $\epsilon > 0$,存在一个 $x_\epsilon$,使得对于所有 $x \geqslant x_\epsilon$,满足 $|g'(x)|\,\mathrm{e}^{-\lambda x} < \epsilon$. 我们有

$$\mathrm{e}^{\lambda x}\,|f(x)| = |g(x)| \leqslant |g(x_\epsilon)| + \int_{x_\epsilon}^x |g'(t)|\,\mathrm{d}t$$

$$< \mathrm{e}^{\lambda x_\epsilon}\,|f(x_\epsilon)| + \epsilon \int_{-\infty}^x \mathrm{e}^{\lambda t}\,\mathrm{d}t$$

$$= \mathrm{e}^{\lambda x_\epsilon}\,|f(x_\epsilon)| + \frac{\epsilon}{\lambda}\mathrm{e}^{\lambda x}$$

于是

$$|f(x)| < \mathrm{e}^{\lambda(x_\epsilon - x)}\,|f(x_\epsilon)| + \frac{\epsilon}{\lambda}$$

因此对于所有充分大的 $x$,都有 $|f(x)| < \dfrac{2\epsilon}{\lambda}$;所以当 $x \to \infty$ 时,$f(x)$ 收敛到 0.

接下来我们通过假设 $n$ 的情形成立来证明 $n+1$ 的情形. 设 $-\xi$ 为满足 $\operatorname{Re}\xi > 0$ 的

$$x^{n+1} + a_n x^n + \cdots + a_0 = 0$$

的一个根. 由于左边关于 $x$ 的多项式可以写作

$$(x + \xi)(x^n + b_{n-1}x^{n-1} + \cdots + b_0)$$

我们可以写成

$$f^{(n+1)}(x) + a_n f^{(n)}(x) + \cdots + a_0 f(x) = \phi'(x) + \xi\phi(x)$$

其中

$$\phi(x) = f^{(n)}(x) + b_{n-1}f^{(n-1)}(x) + \cdots + b_0 f(x)$$

按照归纳假设, $\phi(x)$ 收敛到 $0$, 因此对于每个整数 $0 \leqslant k \leqslant n$, 当 $x \to \infty$ 时, $f^{(k)}(x)$ 也都收敛到 $0$. 于是 $f^{(n+1)}(x)$ 也收敛到 $0$. $\qquad\square$

实分析中的问题与解答

# 积　分

## 要 点 总 结

1. 对于给定点 $a = x_0 < x_1 < \cdots < x_{n-1} < x_n = b$,我们将 $I$ 分成 $n$ 个子区间 $I_k = [x_{k-1}, x_k]$. 该分割记作 $\Delta$,并且 $x_k - x_{k-1}$ 中的最大值记作 $|\Delta|$. 设 $f(x)$ 为定义在区间 $I = [a, b]$ 上的有界函数. 有限和

$$\sum_{k=1}^{n} f(\xi_k)(x_k - x_{k-1})$$

其中每个 $\xi_k \in I_k$ 是任取的,称为关于分割 $\Delta$ 的 Riemann( 黎曼) 和. 特别地,如果当 $1 \leq k \leq n$ 时,$x_k - x_{k-1} = \dfrac{b-a}{n}$,那么对应和称为等分 Riemann 和.

2. 函数 $f(x)$ 称为在 $I$ 上 Riemann 意义下是可积的(或简称为 R – 可积的),条件是当 $|\Delta| \to \infty$ 时,关于任意分割的具有任选 $\{\xi_k\}$ 的 Riemann 和收敛到唯一值. 这个值记作

$$\int_a^b f(x)\,\mathrm{d}x$$

3. 有界函数 $f(x)$ 在 $I$ 上是 R – 可积的当且仅当 $f$ 在 $I$ 中的不连续点构成的集合是空集. 集合 $X \subset \mathbf{R}$ 称为空集,条件是对于任意 $\epsilon > 0$,我们都可以找到一个区间序列 $\{J_n\}$,满足

$$X \subset \bigcup_{n=1}^{\infty} J_n$$

并且 $J_n$ 的长度之和小于 $\epsilon$.

65

4. 定义在 $I = [a,b]$ 上的函数 $f(x)$ 称为 $I$ 上的有界变差函数,如果

$$\sup_{\Delta} \mid f(x_{k+1}) - f(x_k) \mid$$

是有限的,其中上确界控制了 $I$ 的所有分割 $\Delta$. 任意有界变差函数都是 R – 可积的.

5. 如果 $f(x)$ 在 $[0,1]$ 上是 R – 可积的,那么等分 Riemann 和当然收敛,即

$$\frac{1}{n} \sum_{k=1}^{n} f\left(\frac{k}{n}\right) \to \int_0^1 f(x)\,\mathrm{d}x \, (n \to \infty)$$

这给出了连续函数的 Riemann 积分的一个简单定义. 那么自然引出以下问题:关于给定序列 $\{a_n\} \subset [0,1]$,在什么条件下,对于 $[0,1]$ 上的每个连续函数 $f(x)$ 有

$$\frac{1}{n} \sum_{k=1}^{n} f(a_k) \to \int_0^1 f(x)\,\mathrm{d}x \, (n \to \infty)$$

如果你对这个问题感兴趣,那么你需要了解一致分布理论(见第 12 章).

6. 对于任意 $f(x) \in \mathscr{C}[a,b]$ 与 $[a,b]$ 上的非负 R – 可积函数 $g(x)$,存在一个 $c \in (a,b)$,满足

$$\int_a^b f(x) g(x)\,\mathrm{d}x = f(c) \int_a^b g(x)\,\mathrm{d}x$$

这称为第一中值定理.

7. 如果在 $[a,b]$ 上,$f(x)$ 是一个正单调递减函数,而 $g(x)$ 是一个 R – 可积函数,那么存在一个 $c \in (a,b)$,满足

$$\int_a^b f(x) g(x)\,\mathrm{d}x = f(a+) \int_a^c g(x)\,\mathrm{d}x$$

这称为第二中值定理.

8. 对于 $[a,b]$ 上的任意 R – 可积函数 $f(x)$,

$$\frac{1}{b-a} \int_a^b f(x)\,\mathrm{d}x$$

称为 $f$ 在 $[a,b]$ 上的均值,并记作 $\mathscr{M}_{[a,b]}(f)$. 如无歧义,有时我们简写为 $\mathscr{M}(f)$.

9. 设 $\alpha, \beta > 1$ 为满足 $\frac{1}{\alpha} + \frac{1}{\beta} = 1$ 的常数. 对于任意非负函数 $f, g \in \mathscr{C}[a, b]$,不等式

$$\mathscr{M}(fg) \leqslant \mathscr{M}^{\frac{1}{\alpha}}(f^{\alpha}) \mathscr{M}^{\frac{1}{\beta}}(g^{\beta})$$

都成立,并且不等式等号成立当且仅当 $f^{\alpha}$ 与 $f^{\beta}$ 是线性无关的. 这称为 Hölder(赫尔德)不等式,并且 $\alpha = \beta = 2$ 的情形称为 Cauchy-Schwarz 不等式.

10. 某些超越数的有理逼近的余项有时可以用相对简单的积分来表示. 例如,在 le Lionais(1983) 中可以找到以下例子

$$\frac{22}{7} - \pi = \int_0^1 \frac{x^4 (1-x)^4}{1+x^2} \mathrm{d}x$$

历史上,祖冲之(429—501)发现了 $\pi$ 的两个好的有理逼近: $\frac{22}{7}$ 与 $\frac{355}{113}$. 因此,为 $\frac{355}{113} - \pi$ 寻找一个类似的积分公式是有意思的. 后者精确到了小数点后 6 位, Delahaye(1997)指出,这相当于欧洲直到 16 世纪才能达到的精度.

问题 6.11 给出了 Euler 常数的余项的类似积分表示,与该问题相比,我们不知道它是否是超越的.

---

**问题 5.1**

对于任意 $f \in \mathscr{C}[a,b]$ 与任意分割 $\Delta : x_0 = a, x_1, \cdots, x_n = b$,证明:在每个子区间 $(x_{i-1}, x_i)$ 中都存在一个点 $\xi_i$,使得 $f$ 的对应 Riemann 和恰好等于 $\int_a^b f(x) \mathrm{d}x$.

---

**问题 5.2**

利用积分

$$\int_0^\pi x^{2n} (\pi - x)^{2n} \sin x \mathrm{d}x$$

证明: $\pi^2$ 是无理数.

这见于 Niven(1947),其给出了 $\pi$ 是无理数的一个非常简单的证明.

---

**问题 5.3**

假设 $f \in \mathscr{C}[a,b]$,并且 $g \in \mathscr{C}(\mathbf{R})$ 是周期为 $r > 0$ 的周期函数. 证明:

$$\lim_{n \to \infty} \int_a^b f(x) g(nx) \mathrm{d}x = \mathscr{M}_{[0,r]}(g) \int_a^b f(x) \mathrm{d}x$$

---

取 $g(x) = \sin 2\pi x$,我们有

$$\lim_{n \to \infty} \int_0^1 f(x) \sin 2\pi n x \mathrm{d}x = 0$$

其实, 这对于每个 Lebesgue 意义下的可积函数 $f(x)$ 都成立, 称为 Riemann-Lebesgue 引理.

## 问题 5.4

证明：

$$\int_0^{\pi/2} \prod_{k=1}^{n} |\cos kx| \, dx = O\left(\frac{1}{n}\right) \quad (n \to \infty)$$

## 问题 5.5

对于任意整数 $n \geq 1$，证明：如果 $f(0) = 0$，那么不等式

$$\int_0^1 |f(x)|^n |f'(x)| \, dx \leq \frac{1}{n+1} \int_0^1 |f'(x)|^{n+1} dx$$

对于任意 $f \in \mathscr{C}^1[0,1]$ 都成立. 验证不等式等号成立当且仅当 $f(x)$ 是线性函数.

Opial(1960) 证明了该不等式在 $n = 1$ 的情形. 华罗庚(1965) 证明了一般情形.

## 问题 5.6

假设 $f(x)$ 与 $g(x)$ 都是定义在 $[a,b]$ 上的单调递增连续函数. 证明：

$$\mathscr{M}(fg) \geq \mathscr{M}(f)\mathscr{M}(g)$$

根据 Franklin(富兰克林,1885)，Hermite(埃尔米特) 在他的课程中叙述了这个定理，正如 Chebyshev 所传达的那样.

## 问题 5.7

设 $\theta \in [0,1]$ 为一个常数，且 $f \in \mathscr{C}^1[0,1]$. 证明：当 $n \to \infty$ 时，

$$\sum_{k=0}^{n-1} f\left(\frac{k+\theta}{n}\right) - n \int_0^1 f(x) \, dx$$

收敛到 $\left(\theta - \frac{1}{2}\right)(f(1) - f(0))$.

## 问题 5.8

证明：对于所有整数 $m \geq 1$ 与任意 $\theta \in [0,\pi]$，都有

$$\sum_{n=1}^{m} \frac{\sin n\theta}{n} < \int_0^{\pi} \frac{\sin x}{x} dx = 1.851\,9\cdots$$

此外证明：等式右边不能替换为任何更小的数.

该问题由 Fejér(1910) 猜想,并由 Jackson(1911) 与 Gronwall(1912) 独立证明. 另见问题 1.7 与问题 7.12.

一般地,如果 $f(x)$ 在区间 $(-\pi,\pi)$ 上是有界变差函数,那么当 $n\to\infty$ 时,其 Fourier 级数

$$\frac{a_0}{2} + \sum_{n=1}^{\infty}(a_n\cos nx + b_n\sin nx)$$

的第 $n$ 部分和 $s_n(x)$ 在每个点 $x$ 处都收敛到

$$\frac{f(x+)+f(x-)}{2}$$

(例如,见 Zygmund(齐格蒙德,1979),第57页). 由于问题中不等式的左边对于

$$f_0(x) = \begin{cases} (\pi-x)/2 & (0<x<\pi) \\ 0 & (x=0) \\ -(\pi+x)/2 & (-\pi<x<0) \end{cases}$$

都等于 $s_n(\theta)$,可见 $s_n(\theta)$ 点态收敛到 $f_0(\theta)$. 因此收敛不是一致的(为什么?). 以下事实

$$\lim_{n\to\infty} s_n\left(\frac{\pi}{n}\right) = \int_0^\pi \frac{\sin x}{x}dx > \frac{\pi}{2} = f_0(0+)$$

称为 Gibbs(吉布斯) 现象,即,当 $n$ 增大时,曲线 $y=s_n(x)$ 在 $y$ 轴上压缩到一个比 $\left[-\frac{\pi}{2},\frac{\pi}{2}\right]$ 更长的区间(可见图 13.1). Gibbs(1899) 在《自然》杂志上公布了该现象,以回应 Michelson(1898),此人在 1887 年以测量光速而闻名,并于 1907 年成为第一位获得诺贝尔物理学奖的美国人.

---

**问题 5.9**

证明:对于满足 $f(0)=f(1)=0$ 的任意 $f\subset\mathscr{C}^1[0,1]$,都有

$$\max_{0\leqslant x\leqslant 1}|f'(x)| \geqslant 4\int_0^1 |f(x)|\,dx$$

此外证明:系数 4 一般不能替换为任何更大的数.

---

**问题 5.10**

将问题 3.10 中叙述的展开式应用于

$$f(x) = x\left\{\frac{1}{x}\right\}\left(1-\left\{\frac{1}{x}\right\}\right)$$

证明:Euler 常数 $\gamma$ 可以表示为

$$\gamma = \frac{1}{2} + \frac{1}{2} \sum \frac{1}{abcd(a+c)(b+d)}$$

其中,和式扩充到满足 $a \geq 1$ 的所有 Farey 区间 $\left[\frac{a}{b}, \frac{c}{d}\right]$. 此处,符号 $\{x\}$ 表示 $x$ 的分数部分,即 $\{x\} = x - [x]$.

11. 当 $n \geq 0$ 时,记

$$A_n = \left\{ a_{j,n} = \frac{2j-1}{2 \cdot 3^n} \mid 1 \leq j \leq 3^n \right\}$$

集合 $A_n$ 构成 $[0,1]$ 中的子集的一个单调递增序列,并且 $A = \bigcup_{n=0}^{\infty} A_n$ 在 $[0,1]$ 中是稠密的. 那么存在两个序列,$(0,1)$ 中的 $\{c_{j,n}\}$ $(1 \leq j \leq 3^n$ 且 $n \geq 0)$ 与 $\{\lambda_n\}$ $(n \geq 0$ 且 $\lambda_n \geq 3^{4n})$,使得

$$\sigma_n(x) = \sum_{k=0}^{n} \psi_k(x)$$

其中

$$\psi_k(x) = \sum_{j=1}^{3^k} c_{j,k} \phi(\lambda_k(x - a_{j,k}))$$

满足以下两个条件:

$$\max_{0 \leq x \leq 1} \sigma_n(x) < 1 - \frac{1}{n+2} \tag{5.1}$$

与

$$\min_{1 \leq j \leq 3^n} \sigma_n(a_{j,n}) > 1 - \frac{1}{n+1} \tag{5.2}$$

其中 $\phi(x) = (1 + |x|)^{-\frac{1}{2}}$ 是一个单峰函数. 所以每个 $\sigma_n$ 的图像有多个尖峰,如图 5.1 所示.

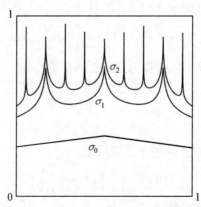

图 5.1　$\sigma_0, \sigma_1$ 与 $\sigma_2$ 在 $[0,1]$ 上的图像

70

其实,我们可以如下归纳构造这些序列. 如果我们定义 $c_{1,0} = \dfrac{1}{3}$ 且 $\lambda_0 = 1$,
那么 $n = 0$ 的情形成立. 接下来假设当 $n \geqslant 0$ 时,(5.1)成立. 那么我们可以取
$(0,1)$ 中的一个常数 $c_{j,n+1}$,对于每个 $1 \leqslant j \leqslant 3^{n+1}$,都满足

$$1 - \frac{1}{n+2} < c_{j,n+1} + \sigma_n(a_{j,n+1}) < 1 - \frac{1}{n+3}$$

由于当 $x = a_{j,n+1}$ 时,

$$\psi(x,\lambda) = \sum_{j=1}^{3^{n+1}} c_{j,n+1} \phi(\lambda(x - a_{j,n+1}))$$

收敛到 $c_{j,n+1}$,此外当 $\lambda \to \infty$ 时,其收敛到 0,我们可以取一个充分大的 $\lambda_{n+1} \geqslant$
$3^{4n+4}$,使得当 $1 \leqslant j \leqslant 3^{n+1}$ 时,有

$$1 - \frac{1}{n+2} < \sigma_{n+1}(a_{j,n+1}) < 1 - \frac{1}{n+3}$$

并且

$$\max_{0 \leqslant x \leqslant 1} \sigma_{n+1}(x) < 1 - \frac{1}{n+3}$$

其中 $\sigma_{n+1}(x) = \sigma_n(x) + \psi(x,\lambda_{n+1})$. 因此(5.1)与(5.2)对于 $n + 1$ 成立.

---

**问题 5.11**

（ⅰ）显然级数 $f(x) = \displaystyle\sum_{n=0}^{\infty} \psi_n(x)$ 在每个点 $x \in [0,1]$ 处都收敛. 证明:$f$ 的
所有不连续点构成的集合在 $[0,1]$ 中是稠密的.

（ⅱ）证明:对于 $(0,1)$ 中的所有 $x$,

$$F(x) = \sum_{n=0}^{\infty} \int_0^x \psi_n(t)\,\mathrm{d}t$$

都是可微的,并且满足 $F'(x) = f(x)$.

（ⅲ）利用函数 $F(x)$ 构造一个处处可微但无处单调的函数.

---

这主要见于 Katznelson 与 Stromberg(1974). Köpcke 在一系列论文(1887,
1889,1890)中通过图解构造来构造第一个处处可微但无处单调的函数.
Pereno(1897)通过相似的方法给出了一个更简单的例子,其转载于 Hobson(霍
布森,1957)一书第 412 ~ 421 页.

这类例子说明了"导数"的一个特殊的方面. Darboux 证明了每个导数都必
定满足介值定理,而与它是否连续是无关的. 此外 Baire 定理蕴含了导数有许多
连续点,因为当 $n \to \infty$ 时,$\varphi'(x)$ 是连续函数

$$n\left(\varphi\left(x + \frac{1}{n}\right) - \varphi(x)\right)$$

71

的极限. 人们可能会认为导数具有良好的性质. 然而以上例子表明导数可以处处振荡.

读者可能会注意到,在(iii)中构造的例子 $g(x)$ 是绝对连续的. 那么导数 $g'(x)$ 在任意子区间上都不是 R - 可积的. 为此,反之,假设 $g'(x)$ 在某个子区间上是几乎处处连续的. 那么 $g'(x)$ 几乎处处都等于零,因为它在每个连续点处都等于零. 由于 $g(x)$ 是绝对连续的,那么 $g'(x)$ 在 Lebesgue 意义下是可积的,因此

$$g(x) = g(c) + \int_c^x g'(t) \mathrm{d}t = g(c)$$

所以 $g(x)$ 在该子区间上是一个常值函数,产生矛盾.

---

**问题 5.12**

对于每个整数 $n \geqslant 1$,设 $\mu_n$ 为最大正常数,对于任意实多项式 $P(x) = a_0 + a_1 x + \cdots + a_n x^n$,都满足

$$\int_0^1 P^2(x) \mathrm{d}x \geqslant \mu_n \sum_{k=0}^n a_k^2$$

证明:

$$\limsup_{n \to \infty} \frac{1}{n} \log \mu_n \leqslant -4 \log(\sqrt{2} + 1)$$

---

# 第 5 章的解答

### 问题 5.1 的解答

由第一中值定理可知,在 $(x_{i-1}, x_i)$ 中存在一个 $\xi_i$,满足

$$\int_{x_{i-1}}^{x_i} f(x) \mathrm{d}x = f(\xi_i)(x_i - x_{i-1})$$

把从 $i = 1, \cdots, n$ 的 $n$ 个等式相加,我们看到对应 Riemann 和等于 $\int_a^b f(x) \mathrm{d}x$. □

### 问题 5.2 的解答

记

$$P(x) = \frac{1}{(2n)!} x^{2n} (\pi - x)^{2n}$$

重复分部积分, 我们有

$$I_n = \int_0^\pi P(x) e^{ix} dx = -iP(x) e^{ix} \Big|_0^\pi + i\int_0^\pi P'(x) e^{ix} dx$$

$$= \cdots$$

$$= i(P(0) + P(\pi)) + i^2(P'(0) + P'(\pi)) + \cdots + $$
$$i^{4n+1}(P^{(4n)}(0) + P^{(4n)}(\pi))$$

因为对于所有 $0 \leqslant k < 2n$, 都有 $P^{(k)}(0) = P^{(k)}(\pi) = 0$, 并且 $P(x) = P(\pi - x)$, 那么我们得到

$$\operatorname{Im} I_n = \sum_{k=n}^{2n} (-1)^k (P^{(2k)}(0) + P^{(2k)}(\pi)) = 2\sum_{k=n}^{2n} (-1)^k P^{(2k)}(0)$$

另外, 当 $n \leqslant k \leqslant 2n$ 时, 有

$$P^{(2k)}(x) = \frac{1}{(2n)!} \sum_{j=0}^{2n} (-1)^j \binom{2n}{j} \pi^{2n-j} (x^{2n+j})^{(2k)}$$

$$= \sum_{j=2k-2n}^{2n} (-1)^j \frac{(2n+j)!}{j!\,(2n-j)!\,(2n+j-2k)!} \pi^{2n-j} x^{2n+j-2k}$$

这蕴含了

$$P^{(2k)}(0) = \frac{(2k)!}{(2k-2n)!\,(4n-2k)!} \pi^{4n-2k}$$

因此

$$\operatorname{Im} I_n = 2\sum_{\ell=0}^{n} (-1)^\ell \frac{(4n-2\ell)!}{(2\ell)!\,(2n-2\ell)!} \pi^{2\ell}$$

现在假设存在整数 $p, q \geqslant 1$, 使得 $\pi^2 = \dfrac{p}{q}$. 由于 $\operatorname{Im} I_n$ 是正的, 那么 $q^n I_n$ 是一个正整数, 并且小于

$$\frac{q^n}{(2n)!} \int_0^\pi x^{2n} (\pi - x)^{2n} dx < \frac{q^n \pi^{4n}}{2^{4n}(2n)!}$$

显然当 $n \to \infty$ 时, 上式右边收敛到 0, 产生矛盾. $\qquad\square$

**评注** 上述证明中用到的公式可以通过对 Padé 逼近中的 $e^z$ 代入 $z = \pi i$ 而得到. 我们可以用同样的方法证明 $\log \alpha\,(\alpha \in \mathbf{Q}$ 且 $\alpha \neq 1)$ 的无理性.

### 问题 5.3 的解答

对于任意常数 $c$, 不妨用 $g(x) + c$ 替换 $g(x)$, 因此我们可以假设 $g(x)$ 是正的. 利用 $g$ 的周期性, 我们有

$$\int_a^b f(x) g(nx) dx = \frac{1}{n} \int_{na}^{nb} f\Big(\frac{y}{n}\Big) g(y) dy$$

$$= \frac{1}{n} \sum_{k=[na/r]+1}^{[nb/r]-1} \int_{kr}^{(k+1)r} f\Big(\frac{y}{n}\Big) g(y) dy + O\Big(\frac{1}{n}\Big)$$

73

$$= \frac{1}{n} \sum_{k=[na/r]+1}^{[nb/r]-1} \int_0^r f\!\left(\frac{kr+s}{n}\right) g(s)\,\mathrm{d}s + O\!\left(\frac{1}{n}\right)$$

由第一中值定理可知,在区间 $(0,r)$ 中存在 $s_k$,使得右边的每个积分都可以写作

$$\mathscr{M}_{[0,r]}(g) \times rf\!\left(\frac{kr+s_k}{n}\right)$$

由于

$$\frac{r}{n} \sum_{k=[na/r]+1}^{[nb/r]-1} f\!\left(\frac{kr+s_k}{n}\right)$$

是 $f$ 在 $[a,b]$ 上的 Riemann 和,那么当 $n \to \infty$ 时,其收敛到 $\int_a^b f(x)\,\mathrm{d}x$. $\qquad\square$

**评注** 可以看出,该公式对于 Lebesgue 意义下的任意可积函数 $f$ 都成立. 为此,对于任意 $\epsilon > 0$,取 $\phi \in \mathscr{C}[a,b]$,满足

$$\int_a^b |f(x) - \phi(x)|\,\mathrm{d}x < \epsilon$$

那么

$$\limsup_{n \to \infty} \left| \int_a^b f(x) g(nx)\,\mathrm{d}x - \mathscr{M}(g) \int_a^b f(x)\,\mathrm{d}x \right| \leqslant (M + |\mathscr{M}(g)|)\epsilon$$

其中 $M$ 是 $|g|$ 在区间 $[0,r]$ 上的最大值.

### 问题 5.4 的解答

当 $n \geqslant 3$ 时,我们定义

$$\ell = \left[\frac{\log(2n)}{\log 2}\right] \quad \text{与} \quad m = \left[\frac{\log(2n/3)}{\log 2}\right]$$

使得 $2^{\ell-1} \leqslant n < 2^\ell$ 与 $3 \cdot 2^{m-1} \leqslant n < 3 \cdot 2^m$ 成立. 接下来定义

$$f(x) = \prod_{k=0}^{\ell-1} \cos 2^k x = \frac{\sin 2^\ell x}{2^\ell \sin x} \quad \text{与} \quad g(x) = \prod_{k=0}^{m-1} \cos 3 \cdot 2^k x = \frac{\sin 3 \cdot 2^m x}{2^m \sin 3x}$$

显然我们有

$$I_n \leqslant \int_0^{\pi/2} |f(x) g(x)|\,\mathrm{d}x$$

设 $\delta \in \left(0, \frac{\pi}{6}\right)$ 为一个待定常数. 在区间 $[0,\delta]$ 上,由平凡估计 $|f(x)g(x)| \leqslant 1$ 可知

$$\int_0^\delta |f(x) g(x)|\,\mathrm{d}x \leqslant \delta$$

接下来在区间 $\left[\delta, \frac{\pi}{6}\right]$ 上,利用 $\frac{\sin 3x}{3x}$ 是单调递减的这一事实,我们有

$$\frac{\sin x}{x} \cdot \frac{\sin 3x}{3x} \geqslant \frac{\sin \pi/6}{\pi/6} \cdot \frac{\sin \pi/2}{\pi/2} = \frac{6}{\pi^2}$$

即

$$\sin x \sin 3x \geq \left(\frac{18}{\pi^2}\right) x^2 > x^2$$

在 $\left[\delta, \dfrac{\pi}{6}\right]$ 上成立. 所以

$$\int_\delta^{\pi/6} \mid f(x)g(x) \mid \mathrm{d}x \leq \frac{1}{2^{\ell+m}} \int_\delta^{\pi/6} \frac{\mathrm{d}x}{\sin x \sin 3x} < \frac{1}{2^{\ell+m}} \int_\delta^{\pi/6} \frac{\mathrm{d}x}{x^2}$$

$$< \frac{1}{2^{\ell+m}\delta} < \frac{3}{\delta n^2}$$

最后在区间 $\left[\dfrac{\pi}{6}, \dfrac{\pi}{2}\right]$ 上, 利用 $\mid g(x) \mid \leq 1$ 与 $\sin x \geq \dfrac{1}{2}$, 我们得到

$$\int_{\pi/6}^{\pi/2} \mid f(x)g(x) \mid \mathrm{d}x \leq \frac{1}{2^\ell} \int_{\pi/6}^{\pi/2} \frac{\mathrm{d}x}{\sin x} < \frac{2\pi}{3 \cdot 2^\ell} < \frac{3}{n}$$

因此

$$\int_0^{\pi/2} \prod_{k=1}^n \mid \cos kx \mid \mathrm{d}x \leq \delta + \frac{3}{\delta n^2} + \frac{3}{n}$$

当 $\delta = \dfrac{\sqrt{3}}{n}$ 时, 右边取到其最小值 $\dfrac{2\sqrt{3}+3}{n}$. $\qquad\square$

### 问题 5.5 的解答

我们引入辅助函数

$$\phi(x) = \frac{x^n}{n+1} \int_0^x \mid f'(s) \mid^{n+1} \mathrm{d}s - \int_0^x \mid f(s) \mid^n \mid f'(s) \mid \mathrm{d}s$$

显然 $\phi(0) = 0$ 且

$$\phi'(x) = \frac{nx^{n-1}}{n+1} \int_0^x \mid f'(s) \mid^{n+1} \mathrm{d}s + \frac{x^n}{n+1} \mid f'(x) \mid^{n+1} - \mid f(x) \mid^n \mid f'(x) \mid$$

对 $1$ 与 $\mid f'(x) \mid$ 应用 Hölder 不等式, 我们得到

$$\mid f(x) \mid = \left| \int_0^x f'(s) \, \mathrm{d}s \right| \leq \int_0^x 1 \cdot \mid f'(s) \mid \mathrm{d}s$$

$$\leq x^{n/(n+1)} \left( \int_0^x \mid f'(s) \mid^{n+1} \mathrm{d}s \right)^{1/(n+1)}$$

所以

$$\int_0^x \mid f'(s) \mid^{n+1} \mathrm{d}s \geq \frac{\mid f(x) \mid^{n+1}}{x^n}$$

由此

$$\phi'(x) \geq \frac{n}{n+1} \cdot \frac{\mid f(x) \mid^{n+1}}{x} + \frac{x^n}{n+1} \mid f'(x) \mid^{n+1} - \mid f(x) \mid^n \mid f'(x) \mid$$

右边的表达式乘以 $(n+1)x$, 我们看到, 它可以写作 $\sigma(\mid f(x) \mid, x \mid f'(x) \mid)$,

其中
$$\sigma(u,v) = nu^{n+1} + v^{n+1} - (n+1)u^n v$$

由于 $\sigma(u,0) \geqslant 0$，那么我们可以假设 $v > 0$. 为简便起见，记 $t = \dfrac{a}{b} \geqslant 0$. 那么

$$\frac{\sigma(u,v)}{v^{n+1}} = nt^{n+1} + 1 - (n+1)t^n$$

在 $t = 1$ 时取到其最小值 $0$，这蕴含了 $\phi(x)$ 是单调递增的. 特别地，我们有 $\phi(1) \geqslant 0$，如所要求的那样.

Hölder 不等式等号成立当且仅当 $f(x)$ 是线性的. 其实，问题中的不等式等号成立. □

## 问题 5.6 的解答

只需证明

$$\int_a^b f(x)\phi(x)\,\mathrm{d}x \geqslant 0$$

其中

$$\phi(x) = g(x) - \mathscr{M}_{[a,b]}(g)$$

按照中值定理，在 $(a,b)$ 中存在一个 $\xi$，满足 $g(\xi) = \mathscr{M}_{[a,b]}(g)$. 因为当 $a \leqslant x \leqslant \xi$ 时，$\phi(x) \leqslant 0$，并且当 $\xi \leqslant x \leqslant b$ 时，$\phi(x) \geqslant 0$，所以

$$\int_a^b f(x)\phi(x)\,\mathrm{d}x = \int_a^\xi f(x)\phi(x)\,\mathrm{d}x + \int_\xi^b f(x)\phi(x)\,\mathrm{d}x$$

$$\geqslant f(\xi)\int_a^\xi \phi(x)\,\mathrm{d}x + f(\xi)\int_\xi^b \phi(x)\,\mathrm{d}x$$

$$= f(\xi)\int_a^b \phi(x)\,\mathrm{d}x = 0 \qquad\qquad\square$$

**评注** 以下是见于 Franklin(1885) 的另一个证明，利用了二重积分. 因为对于 $[a,b]$ 中的任意 $x,y$，

$$(f(x) - f(y))(g(x) - g(y))$$

都是非负的，所以

$$\iint_S (f(x) - f(y))(g(x) - g(y))\,\mathrm{d}x\mathrm{d}y \geqslant 0$$

其中 $S$ 是正方形 $[a,b]^2$. 观察到上述二重积分等于

$$2(b-a)^2(\mathscr{M}(fg) - \mathscr{M}(f)\mathscr{M}(g))$$

由此可见等式 $\mathscr{M}(fg) = \mathscr{M}(f)\mathscr{M}(g)$ 成立当且仅当 $f$ 或 $g$ 为常值函数. 为此，反之，假设 $f$ 与 $g$ 都不是常值函数. 那么存在满足 $f(x_0) \neq f(x_1)$ 的两个点 $x_0, x_1 \in [a,b]$. 由于 $(f(x) - f(y))(g(x) - g(y))$ 恒等于零，那么我们得到 $g(x_0) = g(x_1)$. 接下来取满足 $g(x_0) \neq g(x_2)$ 的第三个点 $x_2 \in [a,b]$. 那么 $f(x_2) =$

$f(x_0)$ 且 $f(x_2) = f(x_1)$,产生矛盾.

## 问题 5.7 的解答

我们有

$$S_n = \sum_{k=0}^{n-1} f\left(\frac{k+\theta}{n}\right) - n\int_0^1 f(x)\,\mathrm{d}x$$

$$= n\sum_{k=0}^{n-1} \int_{k/n}^{(k+1)/n} \left(f\left(\frac{k+\theta}{n}\right) - f(x)\right)\,\mathrm{d}x$$

$$= n\sum_{k=0}^{n-1} \int_{k/n}^{(k+1)/n} \int_x^{(k+\theta)/n} f'(s)\,\mathrm{d}s\mathrm{d}x$$

$$= n\sum_{k=0}^{n-1} \left(\int_{k/n}^{(k+\theta)/n} \int_x^{(k+\theta)/n} - \int_{(k+\theta)/n}^{(k+1)/n} \int_{(k+\theta)/n}^x\right) f'(s)\,\mathrm{d}s\mathrm{d}x$$

变换积分顺序,我们得到

$$\int_{k/n}^{(k+\theta)/n} \int_x^{(k+\theta)/n} f'(s)\,\mathrm{d}s\mathrm{d}x = \int_{k/n}^{(k+\theta)/n} \int_{k/n}^s f'(s)\,\mathrm{d}x\mathrm{d}s$$

$$= \int_{k/n}^{(k+\theta)/n} f'(s)\left(s - \frac{k}{n}\right)\,\mathrm{d}s$$

并且

$$\int_{(k+\theta)/n}^{(k+1)/n} \int_{(k+\theta)/n}^x f'(s)\,\mathrm{d}s\mathrm{d}x = \int_{(k+\theta)/n}^{(k+1)/n} \int_s^{(k+1)/n} f'(s)\,\mathrm{d}x\mathrm{d}s$$

$$= \int_{(k+\theta)/n}^{(k+1)/n} f'(s)\left(\frac{k+1}{n} - s\right)\,\mathrm{d}s$$

因此

$$S_n = \sum_{k=0}^{n-1} \int_{k/n}^{(k+1)/n} f'(s)\phi_k(s)\,\mathrm{d}s$$

其中

$$\phi_k(s) = ns - k - \begin{cases} 0 & (k \leqslant ns < k+\theta) \\ 1 & (k+\theta \leqslant ns < k+1) \end{cases}$$

记 $x$ 的分数部分为 $\{x\}$,并且注意到当 $k \leqslant ns < k+1$ 时,$k = [ns]$,我们看到 $\phi_k(s) = g(ns)$,其中

$$g(x) = \{x\} - \begin{cases} 0 & (\{x\} < \theta) \\ 1 & (\{x\} \geqslant \theta) \end{cases} = \{x-\theta\} + \theta - 1$$

是周期为 1 的分段线性周期函数. 由于问题 5.3 的解答对于任意分段连续周期函数 $g(x)$ 都成立,那么我们得到

$$S_n = \int_0^1 f'(x)g(nx)\,\mathrm{d}x \to \mathscr{M}_{[0,1]}(g) \times \int_0^1 f'(x)\,\mathrm{d}x$$

77

$$= \left( \theta - \frac{1}{2} \right) \left( f(1) - f(0) \right) \left( n \to \infty \right)$$

因为 $f' \in \mathscr{C}[0,1]$.

**评注** 这一公式对于每个绝对连续函数 $f$ 都成立,因为 $f'$ 在 Lebesgue 意义下是可积的. 见问题 5.3 的解答之后的评注.

不过,它一般对于 $f \in \mathscr{C}[0,1]$ 不成立. 例如,考虑问题 4.8 中定义的满足 $\theta = 0$ 的 Takagi 函数 $T(x)$. 当 $0 \leq k < 2^n$ 时,我们记

$$\frac{k}{2^n} = \frac{a_1^{(k)}}{2} + \frac{a_2^{(k)}}{2^2} + \cdots + \frac{a_n^{(k)}}{2^n}, a_j^{(k)} \in \{0,1\}$$

那么由问题 4.9 可知

$$T\left( \frac{k}{2^n} \right) = \sum_{m=1}^{\infty} \frac{v_m^{(k)} - 2a_m^{(k)} v_m^{(k)} + m a_m^{(k)}}{2^m}$$

其中 $v_m^{(k)} = a_1^{(k)} + \cdots + a_m^{(k)}$. 由于

$$\sum_{0 \leq k < 2^n} a_i^{(k)} = \begin{cases} 2^{n-1} & (i \leq n) \\ 0 & (i > n) \end{cases}$$

且

$$\sum_{0 \leq k < 2^n} a_i^{(k)} a_j^{(k)} = \begin{cases} 2^{n-2} & (i \neq j \leq n) \\ 0 & (\min(i,j) > n) \end{cases}$$

我们可以看到

$$\sum_{0 \leq k < 2^n} T\left( \frac{k}{2^n} \right) = \sum_{m=1}^{n} (m-1) 2^{n-m-1} + \sum_{m>n} n 2^{n-m-1} = 2^{n-1} - \frac{1}{2}$$

所以

$$S_{2^n} = 2^{n-1} - \frac{1}{2} - 2^n \int_0^1 T(x) \, \mathrm{d}x = -\frac{1}{2}$$

同时 $T(1) = T(0) = 0$.

### 问题 5.8 的解答

正如在问题 1.7 的解答中所见,函数

$$s_m(\theta) = \sin \theta + \frac{\sin 2\theta}{2} + \cdots + \frac{\sin m\theta}{m}$$

在区间 $[0, \pi]$ 中的最大值在 $\left[ \frac{m+1}{2} \right]$ 个点: $\frac{\pi}{m+1}, \frac{3\pi}{m+1}, \cdots$ 处取到. 为简便起见,记 $\vartheta = \frac{\theta}{2}$. 由于

$$s'_m(\theta) = \frac{1}{2} \sin 2(m+1)\vartheta \cot \vartheta - \cos^2 (m+1)\vartheta$$

那么我们得到对于任意 $0 < \alpha < \beta < \pi$,都有

$$s_m(\beta) - s_m(\alpha) < \int_{\alpha/2}^{\beta/2} \sin 2(m+1)\vartheta \cot \vartheta \, d\vartheta$$

代入

$$t = 2(m+1)\vartheta - 2\ell\pi, \quad \alpha = \frac{2\ell-1}{m+1}\pi \text{ 与 } \beta = \frac{2\ell+1}{m+1}\pi$$

我们看到,上述右边的积分可以写作

$$\frac{1}{2(m+1)} \int_0^\pi \sin t \left( \cot \frac{2\ell\pi + t}{2(m+1)} - \cot \frac{2\ell\pi - t}{2(m+1)} \right) dt$$

由于函数 $\cot s$ 在区间 $\left(0, \dfrac{\pi}{2}\right)$ 上是严格单调递减的,那么上述积分显然是负的.

这蕴含了 $s_m(\theta)$ 在区间 $[0, \pi]$ 上的最大值在 $\theta = \dfrac{\pi}{m+1}$ 处取到. 此外由于

$$s_{m+1}\left(\frac{\pi}{m+2}\right) > s_{m+1}\left(\frac{\pi}{m+1}\right) = s_m\left(\frac{\pi}{m+1}\right)$$

那么序列 $\left\{ s_m\left(\dfrac{\pi}{m+1}\right) \right\}$ 是严格单调递增的,并且当 $m \to \infty$ 时,

$$s_m\left(\frac{\pi}{m+1}\right) = \frac{\pi}{m+1} \sum_{n=1}^{m+1} \frac{m+1}{n\pi} \sin \frac{n\pi}{m+1}$$

收敛到积分 $\displaystyle\int_0^\pi \frac{\sin x}{x} dx$. $\qquad\square$

## 问题 5.9 的解答

设 $g(x)$ 为四个函数 $f(x)$, $-f(x)$, $f(1-x)$ 与 $-f(1-x)$ 中的一个. 设 $\alpha$ 为 $|g'(x)|$ 在区间 $[0,1]$ 上的最大值. 它也等于 $|f'(x)|$ 在 $[0,1]$ 上的最大值. 我们可以假设 $\alpha > 0$;否则 $f(x)$ 将恒等于零. 现在假设在 $(0,1)$ 中存在满足 $g(x_0) > \alpha x_0$ 的一个点 $x_0$. 按照中值定理,在 $(0, x_0)$ 中存在满足 $g(x_0) = g'(\xi)x_0 > \alpha x_0$ 的一个点 $\xi$. 不过,这蕴含了 $g'(\xi) > \alpha$,与 $\alpha$ 的定义相反. 因此对于所有 $0 < x < 1$,我们都有 $g(x) \leqslant \alpha x$,使得 $|f(x)| \leqslant \alpha \max\{x, 1-x\}$. 所以

$$\int_0^1 |f(x)| \, dx \leqslant \alpha \int_0^1 \max\{x, 1-x\} \, dx = \frac{\alpha}{4}$$

它等号不成立,因为函数 $\max\{x, 1-x\}$ 不在 $\mathscr{C}^1$ 类中. 不过,我们可以对其稍作变形,使其在 $x = \dfrac{1}{2}$ 的邻域内变为一个连续可微函数,使得 $\displaystyle\int_0^1 |f(x)| \, dx$ 与 $\dfrac{\alpha}{4}$ 的差变得充分小. $\qquad\square$

## 问题 5.10 的解答

设 $c_j(f)$ 为问题 3.10 中对于

$$f(x) = x\left\{\frac{1}{x}\right\}\left(1 - \left\{\frac{1}{x}\right\}\right) \in \mathscr{C}[0,1]$$

定义的系数. 显然对于任意 Farey 区间 $J = \left[\frac{0}{1}, \frac{c}{d}\right]$, 都有 $c_J(f) = 0$, 因为存在 $k$,

使得这样的区间必定是 $\left[\frac{0}{1}, \frac{1}{k}\right]$. 接下来我们注意到满足 $a \neq 0$ 的任意 Farey 区

间 $J$ 并不包含 $\frac{1}{k}$ 这样的内点. 否则, 存在 $k$, 使得 $\frac{a}{b} < \frac{1}{k} < \frac{c}{d}$, 由此

$$\frac{1}{bd} = \frac{c}{d} - \frac{1}{k} + \frac{1}{k} - \frac{a}{b} \geq \frac{1}{dk} + \frac{1}{bk}$$

即 $k \geq b + d$. 这就产生了矛盾, 因为 $k < \frac{b}{a} \leq b$. 因此满足 $a \neq 0$ 的任意 Farey

区间 $J$ 都包含于某个区间 $\left[\frac{1}{k+1}, \frac{1}{k}\right]$, 并且我们有

$$f(x) = 2k + 1 - k(k+1)x - \frac{1}{x}$$

因为如果 $g$ 在 $J$ 上是线性的, 则有 $c_J(g) = 0$, 那么

$$c_J(f) = c_J\left(-\frac{1}{x}\right) = -\frac{b+d}{a+c} + \frac{b}{b+d} \cdot \frac{b}{a} + \frac{d}{b+d} \cdot \frac{d}{c}$$

$$= \frac{1}{ac(a+c)(b+d)}$$

由问题 3.10 可知

$$\sum_{n=1}^{\infty} \sum_{J \in \mathscr{T}_n} c_J(f) \phi_J(x)$$

在 $[0,1]$ 上一致收敛到 $f(x)$. 所以

$$\int_0^1 f(x)\,\mathrm{d}x = \sum_{n=1}^{\infty} \sum_{J \in \mathscr{T}_n} c_J(f) \int_0^1 \phi_J(x)\,\mathrm{d}x = \frac{1}{2} \sum \frac{1}{abcd(a+c)(b+d)}$$

其中, 最后的和式可以扩充到满足 $a \geq 1$ 的所有 Farey 区间 $\left[\frac{a}{b}, \frac{c}{d}\right]$ 上. 另外, 我

们得到

$$\int_0^1 f(x)\,\mathrm{d}x = \int_1^{\infty} \frac{\{x\}(1 - \{x\})}{x^3}\,\mathrm{d}x = \sum_{n=1}^{\infty} \int_n^{n+1} \frac{(x-n)(n+1-x)}{x^3}\,\mathrm{d}x$$

$$= \sum_{n=1}^{\infty} \left(\frac{1}{2n} + \frac{1}{2n+2} - \log\left(1 + \frac{1}{n}\right)\right)$$

最后的和式等于

$$\lim_{N \to \infty} \left(1 + \cdots + \frac{1}{N+1} - \log(N+1) - \frac{1}{2} - \frac{1}{2N+2}\right) = \gamma - \frac{1}{2} \qquad \square$$

实分析中的问题与解答

### 问题 5.11 的解答

（ⅰ）由(5.1)与(5.2)可知，$0 < f(x) \le 1$，并且对于任意 $x \in A$，都有 $f(x) = 1$. 为了证明 $f$ 的不连续性，我们记

$$B_n = \left\{ b_{k,n} = \frac{k}{3^n} \,\middle|\, 0 \le k \le 3^n \right\} \text{ 且 } B = \bigcup_{n=0}^{\infty} B_n$$

序列 $\{B_n\}$ 是单调递增的，并且 $B$ 是 $[0,1]$ 的一个稠密子集. 观察到 $A \cap B = \varnothing$. 因为当 $m \ge n$ 时，

$$|a_{j,m} - b_{k,n}| = \left| \frac{2j-1}{2 \cdot 3^m} - \frac{k}{3^n} \right| \ge \frac{1}{2 \cdot 3^m}$$

那么

$$\psi_m(b_{k,n}) = \sum_{j=1}^{3^m} c_{j,m} \phi(\lambda_m(b_{k,n} - a_{j,m})) < 3^m \phi\left(\frac{\lambda_m}{2 \cdot 3^m}\right) < \frac{\sqrt{2}}{3^{m/2}}$$

因此

$$f(b_{k,n}) = \sum_{\ell=0}^{n-1} \psi_\ell(b_{k,n}) + \sum_{m=n}^{\infty} \psi_m(b_{k,n}) < 1 - \frac{1}{n+1} + \sum_{m=n}^{\infty} \frac{\sqrt{2}}{3^{m/2}}$$

对于充分大的 $n$，它显然小于 1. 显然 $f$ 在每个 $b_{k,n}$ 处都是不连续的.

（ⅱ）我们首先证明，函数 $\phi(x) = (1 + |x|)^{-\frac{1}{2}}$ 在 $\mathbf{R}$ 上有这样的性质：对于任意 $a < b$，都有

$$\mathscr{M}_{[a,b]}(\phi) < 4\min(\phi(a), \phi(b)) \tag{5.3}$$

为此，只需考虑两种情形：$0 \le a < b$ 与 $a < 0 < b, |a| \le b$，因为 $\phi$ 是一个偶函数. 当 $0 \le a < b$ 时，

$$\mathscr{M}_{[a,b]}(\phi) = \frac{2}{\sqrt{1+a} + \sqrt{1+b}} < 2\phi(b)$$

同样地，当 $a < 0 < b$ 且 $|a| \le b$ 时，

$$\mathscr{M}_{[a,b]}(\phi) = \frac{2}{|a| + b}\left(\sqrt{1 + |a|} + \sqrt{1+b} - 2\right)$$

其小于

$$\frac{4}{b}\left(\sqrt{1+b} - 1\right) = \frac{4}{\sqrt{1+b} + 1} < 4\phi(b)$$

如所要求的那样. 对于任意 $\lambda > 0$，考虑到

$$\mathscr{M}_{[a,b]}(\widetilde{\phi}) = \mathscr{M}_{[\lambda a, \lambda b]}(\phi) < 4\min(\phi(\lambda a), \phi(\lambda b))$$

$$= 4\min(\widetilde{\phi}(a), \widetilde{\phi}(b))$$

函数 $\widetilde{\phi}(x) = \phi(\lambda x)$ 也满足(5.3). 因为 $\mathscr{M}_t(f)$ 是一个线性泛函，并且对于任意

81

$a, b, c, d$, 都有
$$\min(a, b) + \min(c, d) \leqslant \min(a + c, b + d)$$
因此, 如果 $f$ 与 $g$ 都满足 (5.3), 那么当 $\alpha, \beta > 0$ 时, $\alpha f + \beta g$ 也满足 (5.3). 从而在第 70 页定义的每个 $\psi_n(x)$ 也满足 (5.3). 所以注意到当 $0 \leqslant x \leqslant 1$ 时,
$$\left| \int_0^x \psi_n(t) \, dt \right| \leqslant 4x\psi_n(0) \leqslant 4\psi_n(0)$$
我们断定级数
$$F(x) = \sum_{n=0}^{\infty} \int_0^x \psi_n(t) \, dt$$
在 $[0, 1]$ 上绝对且一致收敛. 因此我们有 $F \in \mathscr{C}[0, 1]$. 对于任意固定的 $x \in (0, 1)$ 与 $\epsilon > 0$, 我们可以取一个整数 $N = N(x, \epsilon)$, 满足
$$\sum_{n=N}^{\infty} \psi_n(x) < \epsilon$$
接下来我们取一个充分小的 $\delta > 0$, 使得对于任意整数 $0 \leqslant k < N$ 与满足 $|x - t| < \delta$ 的所有 $t$, 都有
$$|\psi_k(t) - \psi_k(x)| < \frac{\epsilon}{N}$$
那么对于任意 $0 < |h| < \delta$, 我们得到
$$\left| \frac{F(x + h) - F(x)}{h} - \sum_{n=0}^{\infty} \psi_n(x) \right| = \left| \sum_{n=0}^{\infty} \frac{1}{h} \int_x^{x+h} (\psi_n(t) - \psi_n(x)) \, dt \right|$$
$$\leqslant \epsilon + \sum_{n=N}^{\infty} (\mathscr{M}_{[x, x+h]}(\psi_n) + \psi_n(x))$$
$$\leqslant \epsilon + 5 \sum_{n=N}^{\infty} \psi_n(x) < 6\epsilon$$
因此 $F(x)$ 是可微的, 并且对于所有 $x \in (0, 1)$, 都有
$$F'(x) = \sum_{n=0}^{\infty} \psi_n(x) = f(x)$$

（iii）最后, 我们来构造一个处处可微但无处单调的函数. 当 $\frac{1}{6} < x < 1$ 时, 记
$$g(x) = F(x) - F\left(x - \frac{1}{6}\right)$$
因为当 $k = j - \frac{3^{n-1} + 1}{2} \geqslant 0$ 时, $a_{j,n} - \frac{1}{6} = b_{k,n}$, 所以
$$g'(a_{j,n}) = f(a_{j,n}) - f(b_{k,n}) > 0$$
同样地, 因为当 $j = k - \frac{3^{n-1} - 1}{2} \geqslant 1$ 时, $b_{k,n} - \frac{1}{6} = a_{j,n}$, 所以

$$g'(b_{k,n}) = f(b_{k,n}) - f(a_{j,n}) < 0$$

由于 $A$ 与 $B$ 都是 $[0,1]$ 的稠密子集,那么 $g(x)$ 是无处单调的. □

### 问题 5.12 的解答

常数 $\mu_n$ 是函数

$$f(a_0, a_1, \cdots, a_n) = \int_0^1 (a_0 + a_1 x + \cdots + a_n x^n)^2 \, \mathrm{d}x$$

在条件

$$g(a_0, a_1, \cdots, a_n) = \sum_{k=0}^{n} a_k^2 - 1 = 0$$

下的最小值. 由于约束曲面 $g = 0$ 是光滑的且是紧的,那么函数 $f$ 可在曲面上的某个点处取到其最小值. 设 $\lambda$ 为一个 Lagrange 乘子. 那么

$$0 = \frac{\partial f}{\partial a_k} - \lambda \frac{\partial g}{\partial a_k} = 2 \int_0^1 (a_0 + a_1 x + \cdots + a_n x^n) x^k \, \mathrm{d}x - 2\lambda a_k$$

因此当 $0 \leq k \leq n$ 时,

$$\frac{a_0}{k+1} + \frac{a_1}{k+2} + \cdots + \frac{a_n}{k+n+1} = \lambda a_k \tag{5.4}$$

所以 $\lambda$ 是对称矩阵

$$A = \begin{pmatrix} 1 & \dfrac{1}{2} & \cdots & \dfrac{1}{n+1} \\ \dfrac{1}{2} & \dfrac{1}{3} & \cdots & \dfrac{1}{n+2} \\ \vdots & \vdots & & \vdots \\ \dfrac{1}{n+1} & \dfrac{1}{n+2} & \cdots & \dfrac{1}{2n+1} \end{pmatrix}$$

的一个特征值. 由于每个前主子式都有正的行列式,那么由 Sylvester(西尔维斯特) 准则可知,$A$ 的所有特征值都是正的. 根据 (5.4),我们有

$$f(a_0, a_1, \cdots, a_n) = \sum_{0 \leq j, k \leq n} \frac{a_j a_k}{j+k+1} = \lambda \sum_{k=0}^{n} a_k^2 = \lambda$$

这蕴含了 $\mu_n$ 是 $A$ 的最小特征值. 不过,我们并不容易从 $A$ 的特征多项式得到 $\mu_n$ 的一个好的上估计.

为了得到 $\mu_n$ 的一个上估计,我们利用以下多项式

$$Q(x) = \frac{1}{n!} \left( x^n (1 - x^n) \right)^{(n)}$$

由于

$$Q(x) = (-1)^n P_n(2x - 1)$$

其中 $P_n(x)$ 是 $n$ 次 Legendre 多项式,那么按照问题 14.1,我们有

$$\int_0^1 Q^2(x)\,\mathrm{d}x = \frac{1}{2}\int_{-1}^1 \left(P_n(x)\right)^2 \mathrm{d}x = \frac{1}{2n+1}$$

因此

$$\mu_n \leqslant \frac{1}{(2n+1)A_n}$$

其中

$$A_n = \sum_{k=0}^n \binom{n}{k}^2 \binom{n+k}{n}^2$$

现在当 $0 \leqslant k \leqslant n$ 时，设 $M_n$ 为 $\binom{n}{k}\binom{n+k}{n}$ 的最大值. 显然我们有

$$M_n \leqslant B_n = \sum_{k=0}^n \binom{n}{k}\binom{n+k}{n} \leqslant (n+1)M_n$$

因为 $B_n = Q(-1) = (-1)^n P_n(-3)$，所以由 (14.1) 可知

$$\lim_{n\to\infty} M_n^{1/n} = \lim_{n\to\infty} B_n^{1/n} = \lim_{n\to\infty} |P_n(-3)|^{1/n}$$

$$= \max_{0\leqslant\theta\leqslant\pi}(3+2\sqrt{2}\cos\theta) = (\sqrt{2}+1)^2$$

同样地，利用不等式 $M_n^2 \leqslant A_n \leqslant (n+1)M_n^2$，我们最终得到

$$\lim_{n\to\infty} A_n^{1/n} = \lim_{n\to\infty} M_n^{2/n} = (\sqrt{2}+1)^4$$

这蕴含了

$$\limsup_{n\to\infty} \frac{1}{n}\log\mu_n \leqslant -4\log(\sqrt{2}+1) \qquad \square$$

# 反 常 积 分

在第5章中我们定义了有界闭区间上的有界函数的积分. 积分的概念可以扩充到定义在(无界) 开区间上的(无界) 函数.

## 要 点 总 结

1. 假设对于 $(0, b-a)$ 中的任意 $\epsilon$, 定义在区间 $[a, b)$ 上的函数 $f(x)$ 在区间 $[a, b-\epsilon]$ 上都是 R - 可积的. 如果当 $\epsilon \to 0+$ 时, Riemann 积分

$$\int_a^{b-\epsilon} f(x)\,\mathrm{d}x$$

收敛, 那么这个极限记作 $\int_a^b f(x)\,\mathrm{d}x$, 并称为 $f(x)$ 在 $[a, b)$ 上的反常积分. 我们可以同样地定义有界区间(如 $(a, b]$ 或 $(a, b)$)上的反常积分.

2. 如果对于任意 $b > a$, 定义在区间 $[a, \infty)$ 上的函数 $f(x)$ 在 $[a, b]$ 上是 R - 可积的, 那么我们将 $\int_a^\infty f(x)\,\mathrm{d}x$ 定义为当 $b \to \infty$ 时 $\int_a^b f(x)\,\mathrm{d}x$ 的极限(如果存在). 同样地, 我们可以定义无界区间(如 $(-\infty, b]$ 或 $(-\infty, \infty)$)上的反常积分.

3. 如果定义在 $[1, \infty)$ 上的连续函数 $f(x)$ 是正的且是单调递减的, 那么 $\sum_{n=1}^\infty f(n)$ 收敛当且仅当 $\int_1^\infty f(x)\,\mathrm{d}x$ 收敛.

第

6

章

85

4.$f(x)$ 的反常积分的收敛性一般并不蕴含 $|f(x)|$ 的反常积分的收敛性. 例如,Fresnel(菲涅尔) 积分

$$\int_0^\infty \frac{\sin x}{\sqrt{x}}\mathrm{d}x = \sqrt{\frac{\pi}{2}}$$

收敛,而 $\int_0^\infty \frac{|\sin x|}{\sqrt{x}}\mathrm{d}x$ 发散. 如果 $\int_a^b |f(x)|\mathrm{d}x$ 收敛,那么我们称 $\int_a^b f(x)\mathrm{d}x$ 绝对收敛.

---

**问题 6.1**

找出 $f \in \mathscr{C}^\infty(0,1]$ 的一个例子,使得

$$\int_0^1 |f(x)|\mathrm{d}x$$

收敛,而当 $n \to \infty$ 时,Riemann 和

$$\frac{1}{n}\sum_{k=1}^n f\left(\frac{k}{n}\right)$$

发散.

---

**问题 6.2**

找出 $\alpha \in \mathbf{R}$ 构成的集合 $A$,反常积分

$$\int_0^\infty \sin x^\alpha \mathrm{d}x$$

在 $\alpha$ 处收敛. 此外,找出 $\alpha$ 构成的集合 $B \subset A$,上述积分在 $\alpha$ 处绝对收敛.

---

**问题 6.3**

设 $f,g \in \mathscr{C}(\mathbf{R})$. 假设

$$\int_{-\infty}^\infty |f(x)|\mathrm{d}x$$

收敛,并且 $g(x)$ 是周期为 $r > 0$ 的周期函数. 证明:

$$\lim_{n\to\infty}\int_{-\infty}^\infty f(x)g(nx)\mathrm{d}x = \mathscr{M}_{[0,r]}(g)\int_{-\infty}^\infty f(x)\mathrm{d}x$$

**问题 6.4**

证明：

$$\int_0^1 \frac{\mathrm{d}x}{x^x} = \frac{1}{1^1} + \frac{1}{2^2} + \frac{1}{3^3} + \cdots + \frac{1}{n^n} + \cdots$$

尽管在证明中没有用到什么技巧，但这个表述是有意思的，因为当 $f(x) = x^{-x}$ 时，关系式

$$\int_0^1 f(x)\,\mathrm{d}x = \sum_{n=1}^{\infty} f(n)$$

成立. 另一个例子为 $f(x) = a^{-x}$，其中

$$a = 2.536\ 591\ 355\cdots$$

是方程

$$a - 2 + \frac{1}{a} = \log a$$

的唯一大于 1 的实根. 值得注意的是

$$\int_0^1 x^x\,\mathrm{d}x = \frac{1}{1^1} - \frac{1}{2^2} + \frac{1}{3^3} - \frac{1}{4^4} + \cdots$$

Johannis Bernoulli(1697) 已经注意到了这一点. 这也出现在 William Lowell Putnam 数学竞赛(1970) 与 Klamkin(1970) 在《美国数学月刊》上发表的初等问题与解法中. 另见 Berndt(1994) 编辑的《拉马努金笔记(第 4 卷)》第 308 页 (哈尔滨工业大学出版社于 2019 年出版了这套书的影印版).

**问题 6.5**

证明：

$$\lim_{n \to \infty} \sqrt{n} \int_{-\infty}^{\infty} \frac{\mathrm{d}x}{(1 + x^2)^n} = \sqrt{\pi}$$

**问题 6.6**

证明：

$$\int_0^{\infty} \frac{\mathrm{e}^{-x/s - 1/x}}{x}\mathrm{d}x \sim \log s\,(s \to \infty)$$

**问题 6.7**

假设 $g \in \mathscr{C}[0, \infty)$ 是单调递减的，并且

$$\int_0^\infty g(x)\,\mathrm{d}x$$

收敛（注意到 $g(x)$ 是非负的）. 那么证明：对于满足 $|f(x)| \leq g(x)\,(x \geq 0)$ 的任意 $f \in \mathscr{C}[0, \infty)$，都有

$$\lim_{h \to 0+} h \sum_{n=1}^\infty f(nh) = \int_0^\infty f(x)\,\mathrm{d}x$$

---

**问题 6.8**

当 $s > 0$ 时，估计

$$\int_0^\infty \mathrm{e}^{-(x-s/x)^2}\,\mathrm{d}x$$

---

**问题 6.9**

证明：对于使得

$$\int_{-\infty}^\infty f(x)\,\mathrm{d}x$$

存在的所有分段连续函数 $f(x)$，有理函数 $R(x)$ 满足

$$\int_{-\infty}^\infty f(R(x))\,\mathrm{d}x = \int_{-\infty}^\infty f(x)\,\mathrm{d}x$$

当且仅当存在整数 $m \geq 0$，满足 $\alpha_1 < \cdots < \alpha_m$ 的实常数 $\alpha_0, \alpha_1, \cdots, \alpha_m$，与常数 $c_1, \cdots, c_m > 0$，使得

$$R(x) = \pm \left( x - \alpha_0 - \sum_{k=1}^m \frac{c_k}{x - \alpha_k} \right)$$

该问题由 Pólya(1931) 提出，并由 Szegö(1934) 解决.

### 问题 6.10

证明:

$$\gamma = \int_0^1 \frac{1 - \cos x}{x} dx - \int_1^\infty \frac{\cos x}{x} dx$$

其中 $\gamma$ 是 Euler 常数.

这个公式将用于 $\log \Gamma(s)$ 的 Kummer 级数的证明. 见问题 16.11. 通过微分容易验证, 对于所有 $s > 0$, 都有

$$\log s + \gamma = \int_0^s \frac{1 - \cos x}{x} dx - \int_s^\infty \frac{\cos x}{x} dx$$

### 问题 6.11

证明:

$$\frac{7}{12} - \gamma = \int_0^\infty \frac{\{x\}^2 (1 - \{x\})^2}{(1 + x)^5} dx$$

其中 $\gamma$ 是 Euler 常数, $\{x\}$ 表示 $x$ 的分数部分.

# 第 6 章的解答

## 问题 6.1 的解答

设 $\{a_n\}_{n \geq 2}$ 为一个正序列, 满足

$$a_n + a_{n+1} < \frac{1}{n(n+1)} \quad \text{且} \quad \sum_{n=2}^\infty n^2 a_n < \infty$$

此外, 对于所有 $n \geq 2$, 我们定义

$$\phi_n(x) = \begin{cases} \exp\left(\dfrac{1}{a_n^2} + \dfrac{1}{x^2 - a_n^2}\right) & (-a_n < x < a_n) \\ 0 & (\text{其余情形}) \end{cases}$$

显然 $\phi_n \in \mathscr{C}^\infty(\mathbf{R})$, $\phi_n(x) \geq 0$, $\mathrm{supp}(\phi_n) = [-a_n, a_n]$, 并且 $\phi_n(0) = 1$ 是 $\phi_n$ 在 $\mathbf{R}$ 上的最大值. 考虑级数

$$f(x) = \sum_{n=2}^\infty n^2 \phi_n\left(x - \frac{1}{n}\right)$$

89

由于 $f(x)$ 是 $\mathscr{C}^\infty$ 函数的和,其支集是互不相交的,那么我们看到 $f \in \mathscr{C}^\infty (0,1]$, $f(x) \geqslant 0$ 且 $f\left(\dfrac{1}{n}\right) = n^2$. 此外,我们有

$$\int_0^1 f(x)\,\mathrm{d}x = \sum_{n=2}^\infty n^2 \int_0^1 \phi_n\left(x - \frac{1}{n}\right)\,\mathrm{d}x < 2\sum_{n=2}^\infty n^2 a_n < \infty$$

不过

$$\frac{1}{n}\sum_{k=1}^n f\left(\frac{k}{n}\right) \geqslant \frac{1}{n} f\left(\frac{1}{n}\right) = n \qquad\qquad \square$$

### 问题 6.2 的解答

显然 $A$ 不包含 $\alpha = 0$. 我们首先考虑 $\alpha > 0$ 的情形.

假设反常积分收敛. 我们有

$$\alpha \int_{(2n\pi)^{1/\alpha}}^{((2n+1)\pi)^{1/\alpha}} \sin x^\alpha\,\mathrm{d}x = \int_{2n\pi}^{(2n+1)\pi} \frac{\sin t}{t^{1-1/\alpha}}\,\mathrm{d}t = \int_0^\pi \frac{\sin t}{(t + 2n\pi)^{1-1/\alpha}}\,\mathrm{d}t$$

$$> \frac{2}{\pi^{1-1/\alpha}}\,(2n + \delta)^{1/\alpha - 1}$$

其中,当 $\alpha > 1$ 时, $\delta = 1$,而当 $0 < \alpha \leqslant 1$ 时, $\delta = 0$. 由于当 $n \to \infty$ 时,左边收敛到 0,我们必定有 $\alpha > 1$. 因此,当 $0 < \alpha \leqslant 1$ 时,反常积分发散. 当 $\alpha > 1$ 时,由分部积分法可知

$$\int_1^a \sin x^\alpha\,\mathrm{d}x = -\frac{\cos x^\alpha}{\alpha x^{\alpha-1}}\bigg|_1^a - \frac{\alpha - 1}{\alpha}\int_1^a \frac{\cos x^\alpha}{x^\alpha}\,\mathrm{d}x$$

这就证明了 $\int_1^\infty \sin x^\alpha\,\mathrm{d}x$ 的收敛性. 不过,对于每个 $\alpha > 1$,它不是绝对收敛的,因为

$$\alpha \int_0^{(n\pi)^{1/\alpha}} |\sin x^\alpha|\,\mathrm{d}x = \int_0^{n\pi} \frac{|\sin t|}{t^{1-1/\alpha}}\,\mathrm{d}t = \sum_{k=0}^{n-1} \int_0^\pi \frac{\sin t}{(t + k\pi)^{1-1/\alpha}}\,\mathrm{d}t$$

$$> \frac{2}{\pi^{1-1/\alpha}}\sum_{k=0}^{n-1} \frac{1}{(k+1)^{1-1/\alpha}}$$

并且最后的和发散到 $+\infty$.

当 $\alpha < 0$ 时,我们有

$$\int_1^a \sin x^\alpha\,\mathrm{d}x = \int_{1/a}^1 \frac{\sin t^{|\alpha|}}{t^2}\,\mathrm{d}t$$

由于 $t^{-2}\sin t^{|\alpha|} \sim t^{|\alpha|-2}\,(t \to 0+)$,那么当 $a \to \infty$ 时,上述积分收敛当且仅当 $|\alpha| > 1$. 此外,在这种情形中,它绝对收敛. 同样地,当 $\epsilon \to 0+$ 时,无论 $\alpha$ 是多少,

$$\int_\epsilon^1 \sin x^\alpha\,\mathrm{d}x = \int_1^{1/\epsilon} \frac{\sin t^{|\alpha|}}{t^2}\,\mathrm{d}t$$

都绝对收敛. 因此我们有 $A = \{|\alpha| > 1\}$ 与 $B = \{\alpha < -1\}$. $\qquad\qquad \square$

### 问题 6.3 的解答

这是问题 5.3 的反常积分版本. 设 $M$ 为 $|g(x)|$ 在 $[0,r]$ 上的最大值. 对于任意 $\epsilon > 0$, 我们可以取一个充分大的数 $L$, 满足

$$\int_{-\infty}^{-L} |f(x)| \, \mathrm{d}x + \int_{L}^{\infty} |f(x)| \, \mathrm{d}x < \epsilon$$

另外, 应用问题 5.3 中的结果, 我们有

$$\lim_{n\to\infty} \int_{-L}^{L} f(x) g(nx) \, \mathrm{d}x = \mathscr{M}_{[0,r]}(g) \int_{-L}^{L} f(x) \, \mathrm{d}x$$

因此

$$\limsup_{n\to\infty} \left| \int_{-\infty}^{\infty} f(x) g(nx) \, \mathrm{d}x - \mathscr{M}_{[0,r]}(g) \int_{-\infty}^{\infty} f(t) \, \mathrm{d}t \right| \leq 2M\epsilon$$

由于 $\epsilon$ 是任意的, 问题得证. $\qquad\square$

### 问题 6.4 的解答

我们有

$$\int_{0}^{1} x^{-x} \mathrm{d}x = \int_{0}^{1} \mathrm{e}^{-x\log x} \mathrm{d}x = \sum_{n=0}^{\infty} \frac{(-1)^n}{n!} \int_{0}^{1} x^n \log^n x \, \mathrm{d}x$$

其中允许逐项积分, 因为级数

$$\sum_{n=0}^{\infty} \frac{(-1)^n}{n!} x^n \log^n x$$

在区间 $(0,1]$ 上一致收敛. 代入 $x = \mathrm{e}^{-s}$, 按照 $\Gamma$ 函数的定义 (见第 16 章), 我们得到

$$\int_{0}^{1} x^n \log^n x \, \mathrm{d}x = (-1)^n \int_{0}^{\infty} \mathrm{e}^{-(n+1)s} s^n \mathrm{d}s = (-1)^n \frac{n!}{n^n} \qquad\square$$

### 问题 6.5 的解答

我们把 $(-\infty, \infty)$ 分成三部分

$$(-\infty, -n^{-1/3}) \cup [-n^{-1/3}, n^{-1/3}] \cup (n^{-1/3}, \infty)$$

分别记作 $A_1, A_2, A_3$. 当 $1 \leq k \leq 3$ 时, 我们记

$$I_k = \sqrt{n} \int_{A_k} \frac{\mathrm{d}x}{(1+x^2)^n}$$

代入 $t = \sqrt{n}x$, 我们有

$$I_2 = \sqrt{n} \int_{A_2} \exp(-n\log(1+x^2)) \, \mathrm{d}x$$

$$= \int_{-n^{1/6}}^{n^{1/6}} \exp\left(-n\log\left(1 + \frac{t^2}{n}\right)\right) \, \mathrm{d}t$$

91

因为关于 $|t| \leqslant n^{1/6}$，一致有

$$n\log\left(1 + \frac{t^2}{n}\right) = t^2 + O\left(\frac{1}{n^{1/3}}\right)$$

所以我们得到

$$I_2 = \left(1 + O\left(\frac{1}{n^{1/3}}\right)\right)\left(\sqrt{\pi} - \int_{-\infty}^{-n^{1/6}} e^{-t^2}\mathrm{d}t - \int_{n^{1/6}}^{\infty} e^{-t^2}\mathrm{d}t\right)$$

$$= \sqrt{\pi} + O\left(\frac{1}{n^{1/3}}\right)\ (n \to \infty)$$

另外，由此可知

$$0 < I_1 + I_3 < \frac{\sqrt{n}}{(1 + n^{-2/3})^{n-1}}\int_{-\infty}^{\infty} \frac{\mathrm{d}x}{1 + x^2}$$

并且当 $n \to \infty$ 时，右边收敛到 0. $\qquad\qquad\square$

## 问题 6.6 的解答

设 $I(s)$ 为问题中的反常积分，它在代换 $t = \dfrac{s}{x}$ 下是不变的，因此我们可以写作

$$I(s) = 2\int_{\sqrt{s}}^{\infty} \frac{e^{-x/s - 1/x}}{x}\mathrm{d}x$$

由于当 $s \to \infty$ 时，关于 $x \geqslant \sqrt{s}$ 一致有 $e^{-1/x} = 1 + O(s^{-\frac{1}{2}})$，那么我们有

$$I(s) = 2\left(1 + O\left(\frac{1}{\sqrt{s}}\right)\right)\int_{\sqrt{s}}^{\infty} \frac{e^{-x/s}}{x}\mathrm{d}x = 2\left(1 + O\left(\frac{1}{\sqrt{s}}\right)\right)\int_{s-(1/2)}^{\infty} \frac{e^{-t}}{t}\mathrm{d}t$$

对最后一个积分进行分部积分，我们得到

$$\int_{s-(1/2)}^{\infty} \frac{e^{-t}}{t}\mathrm{d}t = \left.e^{-t}\log t\right|_{s-(1/2)}^{\infty} + \int_{s-(1/2)}^{\infty} e^{-t}\log t\,\mathrm{d}t = \frac{1}{2}\log s + O(1)$$

因此

$$I(s) = \log s + O(1)\,(s \to \infty) \qquad\qquad\square$$

## 问题 6.7 的解答

对于任意 $\epsilon > 0$，我们可以取一个充分大的数 $L > 1$，满足

$$\int_{L-1}^{\infty} g(x)\,\mathrm{d}x < \epsilon$$

对于任意 $h \in (0,1)$，取一个正整数 $N$，满足

$$Nh \leqslant L < (N+1)h$$

那么对于所有整数 $1 \leqslant n \leqslant N$，都有

$$nh \in \left(\frac{Ln}{N+1}, \frac{Ln}{N}\right] \subset \left(\frac{L(n-1)}{N}, \frac{Ln}{N}\right]$$

因此

$$\frac{L}{N}\sum_{n=1}^{N}f(nh)$$

是 $f$ 在 $[0,L]$ 上的 Riemann 和,并且当 $N\to\infty$ 时,它收敛到积分

$$\int_{0}^{L}f(x)\,\mathrm{d}x$$

由于 $N\to\infty\,(h\to0+)$,那么存在一个充分小的 $h_0>0$,使得

$$\left|\frac{L}{N}\sum_{n=1}^{N}f(nh)-\int_{0}^{L}f(x)\,\mathrm{d}x\right|<\epsilon \qquad (6.1)$$

并且对于任意 $0<h<h_0$,都有

$$\frac{1}{N}\int_{0}^{\infty}g(x)\,\mathrm{d}x<\epsilon$$

另外,我们有

$$\left|\left(\frac{L}{N}-h\right)\sum_{n=1}^{N}f(nh)\right|\leqslant\left|\frac{L}{N}-h\right|\sum_{n=1}^{N}g(nh)\leqslant\frac{h}{N}\sum_{n=1}^{N}g(nh)$$

按照 $g(x)$ 的单调性,不等式右边小于或等于

$$\frac{1}{N}\int_{0}^{L}g(x)\,\mathrm{d}x$$

它显然小于 $\epsilon$,由此

$$\left|\left(\frac{L}{N}-h\right)\sum_{n=1}^{N}f(nh)\right|<\epsilon \qquad (6.2)$$

此外,我们有

$$h\left|\sum_{n>N}f(nh)\right|\leqslant h\sum_{n>N}g(nh)\leqslant\int_{L-1}^{\infty}g(x)\,\mathrm{d}x<\epsilon \qquad (6.3)$$

因此按照 $(6.1)$,$(6.2)$ 与 $(6.3)$,

$$\left|h\sum_{n=1}^{\infty}f(nh)-\int_{0}^{\infty}f(x)\,\mathrm{d}x\right|<3\epsilon+\int_{L}^{\infty}|f(x)|\,\mathrm{d}x<4\epsilon$$

由于 $\epsilon$ 是任意的,问题得证. $\qquad\qquad\Box$

**评注** Pólya 与 Szegö(1972)中证明了 $f(x)=g(x)$ 的特殊情形.

## 问题 6.8 的解答

设 $f(s)$ 为问题中的积分. 容易看出

$$\mathrm{e}^{-4s}f(s)=\int_{0}^{\infty}\exp\left(-\left(x+\frac{s}{x}\right)^{2}\right)\mathrm{d}x$$

对两边求微分,我们得到

$$(f'(s)-4f(s))\,\mathrm{e}^{-4s}=-2\int_{0}^{\infty}\left(1+\frac{s}{x^{2}}\right)\exp\left(-\left(x+\frac{s}{x}\right)^{2}\right)\mathrm{d}x$$

93

其中允许在积分符号下进行微分(见第11章的要点总结). 代入 $t = x - \dfrac{s}{x}$, 我们由此得到

$$f'(s) - 4f(s) = -2\int_0^\infty \left(1 + \frac{s}{x^2}\right) \exp\left(-\left(x + \frac{s}{x}\right)^2\right) \mathrm{d}x$$

$$= -2\int_{-\infty}^\infty e^{-t^2}\mathrm{d}t = -2\sqrt{\pi}$$

解这个线性微分方程,我们得到存在常数 $c$,使得

$$f(s) = ce^{4s} + \frac{\sqrt{\pi}}{2}$$

由于 $0 < f(s) < \left(\dfrac{\sqrt{\pi}}{2}\right)e^{2s}$,那么我们有 $c = 0$;所以

$$f(s) = \frac{\sqrt{\pi}}{2} \qquad\qquad \square$$

**评注**　这也可以通过应用问题 6.9 来解决. 注意到函数 $f(s)$ 可以对于所有 $s \in \mathbf{R}$ 来定义,并且当 $s = 0$ 时, $f(s) = \dfrac{\sqrt{\pi}}{2}$ 也成立. 即使当 $s < 0$ 时,上述方法也是有效的,那么我们得到微分方程

$$f'(s) = 4f(s)$$

由此可得,当 $s < 0$ 时,

$$f(s) = \frac{\sqrt{\pi}}{2}e^{4s}$$

## 问题 6.9 的解答

该证明基于 Szegö(1934).

对于任意 $0 < \epsilon < 1$,我们都可以找到一个常数 $M > 0$,使得对于所有 $|x - x_0| \leqslant \epsilon$,都满足

$$|R(x) - R(x_0)| \leqslant |R'(x_0)|\epsilon + M\epsilon^2$$

除非 $x_0$ 是 $R(x)$ 的实极点. 设 $f_\epsilon(x)$ 为由

$$f_\epsilon(x) = \begin{cases} 1 & (|x - R(x_0)| \leqslant |R'(x_0)|\epsilon + M\epsilon^2) \\ 0 & (\text{其余情形}) \end{cases}$$

定义的阶梯函数. 那么我们有

$$2\epsilon(|R'(x_0)| + M\epsilon) = \int_{-\infty}^\infty f_\epsilon(x)\mathrm{d}x \geqslant \int_{x_0-\epsilon}^{x_0+\epsilon} f_\epsilon(R(x))\mathrm{d}x = 2\epsilon$$

因此 $|R'(x_0)| \geqslant 1$,因为 $\epsilon$ 是任意的. 这说明 $R(x)$ 把由 $R(x)$ 的实极点(比如 $\alpha_1 < \alpha_2 < \cdots < \alpha_m$)分成的每个区间双射映射到 $\mathbf{R}$ 上. 如果 $R(x)$ 没有实极

点,那么当然有 $m = 0$. 因此对于任意 $s \in \mathbf{R}$,方程 $R(x) = s$ 在每个区间$(-\infty,$ $\alpha_1), (\alpha_1, \alpha_2), \cdots, (\alpha_m, \infty)$ 中都有唯一解,比如 $x_k(s) (0 \leqslant k \leqslant m)$.

接下来对于任意固定的 $s$,设 $g_\epsilon(x)$ 为由

$$g_\epsilon(x) = \begin{cases} 1 & (|x - s| \leqslant \epsilon) \\ 0 & (\text{其余情形}) \end{cases}$$

定义的阶梯函数. 那么我们有

$$2\epsilon = \int_{-\infty}^{\infty} g_\epsilon(x) \mathrm{d}x = \int_{-\infty}^{\infty} g_\epsilon(R(x)) \mathrm{d}x \tag{6.4}$$

其中右边等于满足 $|R(x) - s| \leqslant \epsilon$ 的 $m + 1$ 个区间的长度之和. 这些区间中的每一个恰好包含一个 $x_k(s)$,并且长度为

$$\frac{2\epsilon}{|R'(x_k(s))|} + O(\epsilon^2)$$

所以在$(6.4)$ 中,令 $\epsilon$ 趋于 $0 +$,我们得到

$$\sum_{k=0}^{m} \frac{1}{|R'(x_k(s))|} = 1 \tag{6.5}$$

在 $m = 0$ 的情形中,函数 $R(x)$ 将 $\mathbf{R}$ 同胚映射到 $\mathbf{R}$ 上,并且 $R'(x_0(s)) = \pm 1$ 蕴含了

$$x'_0(s) = (R^{-1})'(s) = \frac{1}{R'(R^{-1}(s))} = \frac{1}{R'(x_0(s))} = \pm 1$$

因此,存在常数 $\alpha_0$,使得 $R(x) = \pm(x - \alpha_0)$.

以下假设 $m \geqslant 1$. 因为对于每个 $1 \leqslant k < m$,当 $|s| \to \infty$ 时,$|R'(x_k(s))|$ 发散到 $\infty$,所以由$(6.5)$ 可知,在$(-\infty, \alpha_1) \cup (\alpha_m, \infty)$ 上,

$$R'(x) \geqslant 1$$

$$\lim_{s \to -\infty} x_0(s) = -\infty, \lim_{s \to -\infty} x_m(s) = \alpha_m$$

$$\lim_{s \to \infty} x_0(s) = \alpha_1, \lim_{s \to \infty} x_m(s) = \infty$$

或者在$(-\infty, \alpha_1) \cup (\alpha_m, \infty)$ 上,

$$R'(x) \leqslant -1$$

$$\lim_{s \to -\infty} x_0(s) = \alpha_1, \lim_{s \to -\infty} x_m(s) = \infty$$

$$\lim_{s \to \infty} x_0(s) = -\infty, \lim_{s \to \infty} x_m(s) = \alpha_m$$

成立. 我们分别称它们为第一种情形与第二种情形.

有理函数 $R(x)$ 现在可以表示为

$$R(x) = P(x) - \sum_{k, \ell} \frac{c_{k, \ell}}{(x - \alpha_k)^{d_{k, \ell}}} + Q(x)$$

其中 $P(x)$ 是满足整数 $r \geqslant 1$ 的 $r$ 次多项式,$c_{k, \ell}$ 是非零实常数,$d_{k, \ell}$ 是正整数,而 $Q(x)$ 是一个没有实极点的有理函数,当 $|x| \to \infty$ 时,其收敛到 $0$. 设 $\beta x^r$ 为

$P(x)$ 的首项，其中 $\beta$ 是非零常数. 由于 $R'(x) \sim \beta r x^{r-1}(\mid x \mid \to \infty)$，那么我们必定有 $r=1$，因此按照 $(6.5)$，$\beta = \pm 1$. 所以存在常数 $\alpha_0$，使得 $P(x) = \pm(x - \alpha_0)$.

我们首先处理第一种情形. 由于 $R'(x) = 1 + O(x^{-2})(\mid x \mid \to \infty)$，那么我们有：

$$\sum_{k=0}^{m-1} \frac{1}{\mid R'(x_k(s)) \mid} = O(s^{-2})\,(s \to \infty) \tag{6.6a}$$

$$\sum_{k=1}^{m} \frac{1}{\mid R'(x_k(s)) \mid} = O(s^{-2})\,(s \to -\infty) \tag{6.6b}$$

对于每个 $0 \leqslant k \leqslant m$，设 $d_k^*$ 为 $d_{k,\ell}$ 中的最大整数，并且 $c_k^*$ 为对应系数 $c_{k,\ell}$. 显然对于每个 $1 \leqslant k \leqslant m$，$x_k(s) \to \alpha_k (s \to \infty$ 或 $s \to -\infty)$. 那么

$$R(x) \sim -\frac{c_k^*}{(x - \alpha_k)^{d_k^*}}(x \to \alpha_k)$$

特别地，

$$s = R(x_k(s)) \sim -\frac{c_k^*}{(x_k(s) - \alpha_k)^{d_k^*}}$$

因此，关于 $x_k(s) - \alpha_k$ 进行求解，并且代入

$$R'(x_k(s)) \sim \frac{c_k^* d_k^*}{(x_k(s) - \alpha_k)^{d_k^*+1}}(x \to \alpha_k)$$

我们得到

$$\frac{1}{\mid R'(x_k(s)) \mid} \sim \frac{\mid c_k^* \mid^{1/d_k^*}}{d_k^*} \cdot \frac{1}{\mid s \mid^{1+1/d_k^*}}(s \to \infty \text{ 或 } s \to -\infty)$$

所以考虑到 $(6.6a, b)$，我们有 $d_k^* = 1$，并且存在实常数 $c_k$，使得 $R(x)$ 可以写作

$$R(x) = x - \alpha_0 - \sum_{k=1}^{m} \frac{c_k}{x - \alpha_k} + Q(x) \tag{6.7}$$

由于 $R(x)$ 在 $(\alpha_m, \infty)$ 上是单调递增的，那么我们有 $c_m > 0$，因此所有系数 $c_k$ 必定都是正的；特别地，

$$\sum_{k=0}^{m} \frac{1}{R'(x_k(s))} = 1 \tag{6.8}$$

对 $s = R(x_k(s))$ 关于 $s$ 求微分，并且代入 $(6.8)$，我们得到

$$\sum_{k=0}^{m} x'_k(s) = 1$$

由此可得，存在常数 $c'$，使得

$$\sum_{k=0}^{m} x_k(s) = s + c'$$

因为对于每个 $0 \leqslant k < m$，都有 $x_m(s) = s + \alpha_0 + O(s^{-1})$ 且 $x_k(s) = \alpha_{k+1} +$

实分析中的问题与解答

$O(s^{-1})(s \to \infty)$, 那么我们有

$$\sum_{k=0}^{m} x_k(s) = s + \sum_{k=0}^{m} \alpha_k \qquad (6.9)$$

以下证明 $Q$ 恒等于零. (找到关于这一部分更容易的实解析证明是很有意思的.)

反之, 假设 $Q(x)$ 不恒等于零. 考虑到 (6.7), 我们可以写出 $R(x) = \dfrac{V(x)}{U(x)}$, 满足

$$U(x) = A(x) \prod_{k=1}^{m} (x - \alpha_k)$$

其中, 存在整数 $p \geqslant 1$ 与常数 $c''$, 使得

$$A(x) = x^{2p} - c'' x^{2p-1} + O(x^{2p-2})$$

$$V(x) = x^{m+2p+1} - \left(c'' + \sum_{k=0}^{m} \alpha_k\right) x^{m+2p} + O(x^{m+2p-1})$$

都是实系数多项式. 我们可以假设 $U(x)$ 与 $V(x)$ 是互素的; 即, 除了常数之外, 它们没有公因数. 设 $w_1, \overline{w_1}, \cdots, w_p, \overline{w_p}$ 为 $A(z)$ 的非实零点. 代数方程

$$V(z) = sU(z)$$

恰有 $m+1$ 个实单根 $x_0(s), \cdots, x_m(s)$, 并且对于每个 $s \in \mathbf{R}$, 按重数计数, 有 $2p$ 个非实根 $z_1(s), \overline{z_1(s)}, \cdots, z_p(s), \overline{z_p(s)}$. 由 (6.9) 可得

$$z_1(s) + \overline{z_1(s)} + \cdots + z_p(s) + \overline{z_p(s)} = c'' \qquad (6.10)$$

设 $C$ 为包围了 $U(z)$ 的所有零点的一个圆. 取一个充分大的 $s$, 使得

$$s \min_{z \in C} | U(z) | > \max_{z \in C} | V(z) |$$

并且 $x_m(s)$ 位于 $C$ 的外部. 由于在 $C$ 上, 有 $| V(z) | < s | U(z) |$, 那么由 Rouché 定理可知 $V(z) = sU(z)$ 在 $C$ 的内部恰有 $m + 2p$ 个根, 其当然是 $x_1(s), \cdots, x_m(s)$ 与 $z_1(s), \overline{z_1(s)}, \cdots, z_p(s), \overline{z_p(s)}$. 这缊含了当 $s \to \infty$ 时, 所有的非实根都是有界的.

作为二元多项式, $V(z) - sU(z)$ 是不可约的, 即它不能表示为不是常数多项式的两个多项式之积. 那么我们将 $x_k(s)$ 与 $z_k(s)$ 看作由 $V(z) - sU(z) = 0$ 唯一确定的代数函数的函数元素. 由于 $V(z) - sU(z) = 0$ 的所有解都是同一代数函数的分支, 因此特别地, $x_m(s)$ 可以沿着这一代数函数的 Riemann 曲面上的一条弧延拓到 $z_1(s)$. 这就产生了矛盾, 因为关系式 (6.10) 全局成立, 除了可能的孤立奇点, 并且 $x_m(s)$ 是唯一解, 当 $s \to \infty$ 时, 它是无界的. 因此 $p = 0$, 故 $Q(x)$ 必定恒等于零, 第一部分得证. 相似的论证也可用于第二种情形.

反之, 存在满足 $\alpha_1 < \cdots < \alpha_m$ 的实数 $\alpha_0, \cdots, \alpha_m$, 与常数 $c_1, \cdots, c_m > 0$, 使得

$$R(x) = \pm\left( x - \alpha_0 - \sum_{k=1}^{m} \frac{c_k}{x - \alpha_k} \right)$$

那么显然 $\sum_{k=0}^{m} x'_k(s) = \pm 1$，因此

$$\int_{-\infty}^{\infty} f(R(x))\,\mathrm{d}x = \int_{-\infty}^{\alpha_1} f(R(x))\,\mathrm{d}x + \cdots + \int_{\alpha_m}^{\infty} f(R(x))\,\mathrm{d}x$$

$$= \pm \sum_{k=0}^{m} \int_{-\infty}^{\infty} f(s)\,x'_k(s)\,\mathrm{d}s$$

它等于 $\int_{-\infty}^{\infty} f(x)\,\mathrm{d}x$. $\qquad\qquad\qquad\square$

## 问题 6.10 的解答

这一证明主要见于 Gronwall(1918). 对于任意正整数 $n$，记

$$c_n = \int_0^{n\pi} \frac{1 - \cos x}{x}\,\mathrm{d}x - \log(n\pi)$$

那么显然

$$c_n = \int_0^1 \frac{1 - \cos x}{x}\,\mathrm{d}x - \int_1^{n\pi} \frac{\cos x}{x}\,\mathrm{d}x$$

我们将证明当 $n \to \infty$ 时，$c_n$ 收敛到 Euler 常数 $\gamma$.

代入 $x = 2n\pi s$，我们有

$$\int_0^{n\pi} \frac{1 - \cos x}{x}\,\mathrm{d}x = \int_0^{1/2} \frac{1 - \cos 2n\pi s}{s}\,\mathrm{d}s$$

它等于

$$\pi \int_0^{1/2} \frac{1 - \cos 2n\pi s}{\sin \pi s}\,\mathrm{d}s + \int_0^{1/2} \phi(s)\,\mathrm{d}s - \int_0^{1/2} \phi(s) \cos 2n\pi s\,\mathrm{d}s \qquad (6.11)$$

其中，如果我们定义 $\phi(0) = 0$，那么

$$\phi(s) = \frac{1}{s} - \frac{\pi}{\sin \pi s}$$

在区间 $\left[0, \dfrac{1}{2}\right]$ 上是一个连续函数. 因此，按照问题 5.3 之后的评注，当 $n \to \infty$ 时，(6.11) 中的第三个积分收敛到 0. (6.11) 中的第二个积分等于

$$\log \frac{s}{\tan(\pi s/2)}\bigg|_{0+}^{1/2} = \log \pi - 2\log 2$$

最后，容易验证

$$\frac{1 - \cos 2n\pi s}{\sin \pi s} = 2 \sum_{k=1}^{n} \sin(2k - 1)\pi s$$

所以 (6.11) 中的第一个积分等于

实分析中的问题与解答

$$2\pi \sum_{k=1}^{n} \int_{0}^{1/2} \sin(2k-1)\pi s \, ds = \sum_{k=1}^{n} \frac{2}{2k-1}$$

它是 $\log n + 2\log 2 + \gamma + o(1)\ (n \to \infty)$. 因此我们得到 $c_n = \gamma + o(1)$, 问题得证. □

### 问题 6.11 的解答

设 $I$ 为问题内右边的积分. 我们有

$$I = \sum_{k=1}^{\infty} \int_{k-1}^{k} \frac{\{x\}^2 (1-\{x\})^2}{(1+x)^5} dx = \int_{0}^{1} t^2 (1-t)^2 H_5(t) \, dt$$

其中, 对于任意整数 $m > 1$, 都有

$$H_m(x) = \sum_{k=1}^{\infty} \frac{1}{(x+k)^m}$$

那么按照分部积分法, 我们得到

$$I = \int_{0}^{1} t(1-t)\left(\frac{1}{2}-t\right) H_4(t) \, dt = \int_{0}^{1} \left(\frac{1}{6} - t(1-t)\right) H_3(t) \, dt$$

因为

$$\int_{0}^{1} H_3(t) \, dt = -\frac{1}{2}(H_2(1) - H_2(0)) = \frac{1}{2}$$

由此可得

$$I = \frac{1}{12} + \int_{0}^{1}\left(t - \frac{1}{2}\right) H_2(t) \, dt$$

因此

$$I = \frac{1}{12} + \lim_{n \to \infty} \sum_{k=1}^{n} \int_{0}^{1} \frac{t - \frac{1}{2}}{(t+k)^2} dt$$

$$= \frac{1}{12} - \lim_{n \to \infty} \sum_{k=1}^{n} \left(\frac{1}{2k} + \frac{1}{2(k+1)} - \log\frac{k+1}{k}\right)$$

根据 Euler 常数的定义, 它等于 $\frac{7}{12} - \gamma$. □

# 函数项级数

## 要 点 总 结

1. 如果每个函数 $f_n(x)$ 在闭区间 $[a,b]$ 上都是连续的, 并且级数 $\sum_{n=1}^{\infty} f_n(x)$ 在 $[a,b]$ 上一致收敛, 那么我们有

$$\sum_{n=1}^{\infty} \int_a^b f_n(x)\,\mathrm{d}x = \int_a^b \sum_{n=1}^{\infty} f_n(x)\,\mathrm{d}x \qquad (7.1)$$

换言之, 可以逐项积分.

2. 一致收敛的一个简单而有用的检验, 称为 Dirichlet 判别法, 如下所示: 假设 $\sum_{n=1}^{\infty} f_n(x)$ 的第 $N$ 部分和在区间 $I$ 上 (关于 $N$ 与 $x$) 是一致有界的, 并且 $g_n(x)$ 是一致收敛到 0 的单调递减序列. 那么级数

$$\sum_{n=1}^{\infty} f_n(x) g_n(x)$$

在 $I$ 上一致收敛.

3. 如果每个函数 $f_n(x)$ 在闭区间 $[a,b]$ 上都是 R – 可积的, 并且级数 $\sum_{n=1}^{\infty} f_n(x)$ 的第 $n$ 部分和在 $[a,b]$ 上是一致有界的, 并且点态收敛到极限函数, 其在 $[a,b]$ 上也是 R – 可积的, 那么 (7.1) 成立. 这称为 Arzelà(阿尔泽拉) 定理.

4. 如果每个函数 $f_n(x)$ 在开区间 $(a,b)$ 中的任意点 $x$ 处都有导数 $f'_n(x)$,级数 $\sum_{n=1}^{\infty} f_n(x)$ 在 $(a,b)$ 中的至少一个点 $c$ 处收敛,并且 $\sum_{n=1}^{\infty} f'_n(x)$ 在 $(a,b)$ 上一致收敛到一个函数 $g(x)$,那么 $\sum_{n=1}^{\infty} f_n(x)$ 在 $(a,b)$ 上一致收敛,并且在 $(a,b)$ 中的任意点 $x$ 处都是可微的,其导数等于 $g(x)$. 即

$$\left( \sum_{n=1}^{\infty} f_n(x) \right)' = \sum_{n=1}^{\infty} f'_n(x)$$

也就是说,可以逐项微分.

5. 含有复数 $z_0$,复变量 $z$ 与复序列 $\{a_n\}$ 的形如

$$\sum_{n=0}^{\infty} a_n (z - z_0)^n$$

的无穷级数称为关于 $z = z_0$ 的幂级数.

6. 给定一个幂级数,设

$$\frac{1}{\rho} = \limsup_{n \to \infty} |a_n|^{1/n} \tag{7.2}$$

当然,根据等式右边的上极限分别等于 $\infty$ 或 $0$,我们选定 $\rho = 0$ 或 $\rho = \infty$. $\rho$ 称为幂级数的收敛半径,(7.2) 称为 Hadamard 公式.

7. 圆 $|z| = \rho$ 称为收敛圆,其有以下性质:

（ⅰ）级数在 $|z| < \rho$ 中的紧集上绝对收敛且一致收敛.

（ⅱ）和式是一个解析函数,导数是通过在 $|z| < \rho$ 中逐项微分得到的. 导出列有相同的收敛半径.

（ⅲ）如果 $|z| > \rho$,那么级数的项是无界的,并且级数是发散的.

注意到我们未对圆上的收敛做任何要求. Tauber 定理(问题7.9)描述了收敛圆上的行为.

8. 如果 $f(x)$ 在开区间 $I$ 中的一个点 $a$ 处有各阶导数,那么关于 $x = a$ 的幂级数

$$\sum_{n=0}^{\infty} \frac{f^{(n)}(a)}{n!} (x - a)^n$$

称为由 $f$ 生成的 Taylor 级数. 那么由 Taylor 公式可知,这个级数表示给定函数 $f(x)$ 当且仅当 $n \to \infty$ 时,余项 $R_n(x,a)$ 收敛到 $0$. 对于 Lagrange 余项,见问题7.6 的解答. 如果 $f$ 的 Taylor 级数在某个邻域中表示 $f(x)$,那么 $f$ 称为实解析函数.

9. 设 $f(x)$ 为定义在区间 $[0,2\pi]$ 上的 R - 可积函数. 对于所有整数 $n \geqslant 0$,我们定义

$$a_n = \frac{1}{\pi} \int_0^{2\pi} f(x) \cos nx \, dx \ \text{与} \ b_n = \frac{1}{\pi} \int_0^{2\pi} f(x) \sin nx \, dx$$

级数

$$\frac{a_0}{2} + \sum_{n=1}^{\infty} (a_n \cos nx + b_n \sin nx)$$

称为函数 $f(x)$ 的 Fourier 级数. 如果 $f(x)$ 是 $(0, 2\pi)$ 上的有界变差函数, 那么 $f$ 的 Fourier 级数在每个点 $x$ 处都收敛到

$$\frac{f(x+) + f(x-)}{2}$$

这称为 Dirichlet-Jordan 判别法. 特别地, 它在每个连续点处都收敛到 $f(x)$. 见 Zygmund(1979) 第 57 页.

另外, Kolmogorov(柯尔莫哥洛夫, 1926) 证明了存在 Fourier 级数处处发散的 Lebesgue 可积函数.

---

**问题 7.1**

设 $\sum_{n=1}^{\infty} a_n x^n$ 为代数函数

$$f(x) = \frac{1 - \sqrt{1 - 4x}}{2}$$

关于 $x = 0$ 的 Taylor 级数. 证明: 每个 $a_n$ 都是正奇数当且仅当 $n$ 是 2 的幂.

---

**问题 7.2**

证明:

$$\lim_{x \to 1-} \sqrt{1 - x} \sum_{n=1}^{\infty} x^{n^2} = \frac{\sqrt{\pi}}{2}$$

---

当 $z \to -1$ 时, 级数

$$\sum_{n=1}^{\infty} z^{n^2}$$

的行为以某种方式由 Hardy(1914) 用来证明 Riemann $\zeta$ 函数 $\zeta(z)$ 在临界线上有无穷多个零点. Landau(1915) 对这一证明做了实质性的简化, 他证明除了上估计 $O((1 - |z|)^{-\frac{1}{2}})$ 之外, 不需要用到该级数的性质来证明.

---

**问题 7.3**

证明:

$$\lim_{x \to 1-} (1 - x)^2 \sum_{n=1}^{\infty} \frac{nx^n}{1 - x^n} = \frac{\pi^2}{6}$$

---

形如

$$\sum_{n=1}^{\infty} \frac{a_n x^n}{1 - x^n}$$

的级数称为 Lambert(兰伯特) 级数, 并且可以形式上变换为

$$\sum_{n=1}^{\infty} \left( \sum_{d \mid n} a_d \right) x^n$$

其中 $d$ 取遍 $n$ 的所有除数. 读者可能由此找到这样的简单幂级数 $f(x)$ 的其他例子, 当 $x \to 1 -$ 时, $(1 - x)^{\alpha} f(x)$ 的极限等于 $\pi^{\alpha}$ 的有理倍数.

---

**问题 7.4**

证明:

$$1 + \sum_{n=1}^{\infty} \frac{1}{n!} \left( 1 - \frac{1}{e} \right)^n x(x + 1) \cdots (x + n - 1)$$

在 **R** 中的任意紧集上都一致收敛到 $e^x$.

---

该级数的部分和称为逼近 $e^x$ 的 Newton(牛顿) 向后插值公式.

---

**问题 7.5**

证明: 级数

$$f(x) = \sum_{n=0}^{\infty} e^{-n} \cos n^2 x$$

是处处无穷次可微的, 但是关于 $x = 0$ 的 Taylor 级数

$$\sum_{n=0}^{\infty} \frac{f^{(n)}(0)}{n!} x^n$$

除原点之外都不收敛.

---

这给出了 $\mathscr{C}^{\infty}$ 函数的一个例子, 其 Taylor 级数的收敛半径 $\rho = 0$.

---

**问题 7.6**

假设对于所有整数 $n \geqslant 0$ 与任意 $x \in \mathbf{R}, f \in \mathscr{C}^{\infty}(\mathbf{R})$ 都满足 $f^{(n)}(x) \geqslant 0$. 证明: 对于任意 $x$, 由 $f$ 生成的关于 $x = 0$ 的 Taylor 级数都收敛.

---

这是 Bernstein(1928) 得出的结果的一个特例. 有限区间上的 Bernstein 定理在 Apostol(1957) 一书第 418 页做了阐述. 例如, 当 $a > 1$ 时, 函数 $f(x) = a^x$ 满足问题中叙述的条件.

**问题 7.7**

假设幂级数

$$f(x) = \sum_{n=0}^{\infty} a_n x^n$$

的收敛半径为 $\rho > 0$,并且 $\sum_{n=0}^{\infty} a_n \rho^n$ 收敛到 $\alpha$. 证明:当 $x \to \rho -$ 时,$f(x)$ 收敛到 $\alpha$.

这称为 Abel 连续性定理(1826),它发表在 *Crelle* 期刊第一卷. 这是除《科学院院刊》(*proceedings of academies*) 以外的首个核心数学期刊,其由 August Leopold Crelle 创立.

**问题 7.8**

假设幂级数

$$g(x) = \sum_{n=0}^{\infty} b_n x^n$$

的收敛半径为 $\rho > 0$,所有 $b_n$ 都是正的,并且

$$\sum_{n=0}^{\infty} b_n \rho^n = \infty$$

那么证明:对于使得当 $n \to \infty$ 时,$\dfrac{a_n}{b_n}$ 收敛到 $\alpha$ 的任意幂级数

$$f(x) = \sum_{n=0}^{\infty} a_n x^n$$

当 $x \to \rho -$ 时,$\dfrac{f(x)}{g(x)}$ 收敛到 $\alpha$.

Abel 连续性定理的这一推广见于 Cesàro(1893). 其实,对于收敛级数 $\sum_{n=0}^{\infty} c_n$,将 Cesàro 定理应用于 $a_n = c_0 + c_1 + \cdots + c_n$ 与 $b_n = 1$,当 $x \to 1 -$ 时,我们得到

$$\sum_{n=0}^{\infty} c_n x^n = \frac{a_0 + a_1 x + \cdots + a_n x^n + \cdots}{1 + x + \cdots + x^n + \cdots} \longrightarrow \sum_{n=0}^{\infty} c_n$$

Cesàro 定理可以用于计算问题 7.2 中的极限,过程如下.

记

$$f(x) = \sum_{n=1}^{\infty} x^{n^2} = (1 - x) \sum_{n=1}^{\infty} [\sqrt{n}] x^n = (1 - x) F(x)$$

且

$$G(x) = (1 - x)^{-3/2} = 1 + \sum_{n=1}^{\infty} b_n x^n$$

其中

$$b_n = \frac{1}{n!} \cdot \frac{3}{2} \cdot \cdots \cdot \left(n + \frac{1}{2}\right) \sim 2\sqrt{\frac{n}{\pi}} \ (n \to \infty)$$

这一渐近公式可由问题 16.1 与 $\Gamma\left(\frac{1}{2}\right) = \sqrt{\pi}$ 得到，其中 $\Gamma(s)$ 是 $\Gamma$ 函数. 那么我们有

$$\lim_{x \to 1-} \sqrt{1 - x} f(x) = \lim_{x \to 1-} \frac{F(x)}{G(x)} = \frac{\sqrt{\pi}}{2}$$

因为当 $n \to \infty$ 时, $\dfrac{[\sqrt{n}]}{b_n}$ 收敛到 $\dfrac{\sqrt{\pi}}{2}$.

---

**问题 7.9**

假设

$$f(x) = \sum_{n=0}^{\infty} a_n x^n$$

的收敛半径为 $\rho > 0$, 当 $n \to \infty$ 时, $na_n$ 收敛到 0, 并且当 $x \to \rho -$ 时, $f(x)$ 收敛到 $\alpha$. 证明:

$$\sum_{n=0}^{\infty} a_n \rho^n = \alpha$$

---

这称为 Tauber 定理 (Tauber's theorem, 1897). Abel 连续性定理的部分逆一般称为 Tauber 定理 (Tauberian theorem). 见问题 7.9 的解答之后的评注.

---

**问题 7.10**

假设

$$f(x) = \sum_{n=0}^{\infty} a_n x^n$$

的收敛半径为 1, 所有 $a_n$ 都是非负的, 并且当 $x \to 1-$ 时, $(1-x)f(x)$ 收敛到 1. 证明:

$$\lim_{n \to \infty} \frac{a_0 + a_1 + a_2 + \cdots + a_n}{n} = 1$$

---

Karamata (卡拉马塔, 1930) 利用 Weierstrass 逼近定理给出了一个简洁的证明, 这是 7.9 的解答中所述的 Littlewood 的相当困难的定理 (1910) 的一个新

证明. 根据 Nikolić(2002) 的说法, Karamata 的两页论文在数学界引起了轰动. 另见 Wielandt(维兰特, 1952).

> **问题 7.11**
>
> 设 $\{a_n\}$ 为收敛到 0 的单调递减序列. 证明: 三角级数
> $$\sum_{n=1}^{\infty} a_n \sin n\theta$$
> 在 **R** 上一致收敛当且仅当 $n \to \infty$ 时, $na_n$ 收敛到 0.

这是在 Zygmund(1979) 第 182 页提出的. 特别地, 如果三角级数表示不连续函数, 那么 $na_n$ 不收敛到 0. 以下例子说明了这一点.

> **问题 7.12**
>
> 证明: 对于任意 $\delta > 0$, 三角级数
> $$\sum_{n=1}^{\infty} \frac{\sin n\theta}{n}$$
> 在区间 $[\delta, 2\pi - \delta]$ 上一致收敛到 $\frac{\pi - \theta}{2}$.

这是由 $\overline{B}_1(x) = x - [x] - \frac{1}{2} (x \notin \mathbf{Z})$ 定义的第一周期 Bernoulli 多项式的 Fourier 展开. 另见问题 1.7 与问题 5.8.

> **问题 7.13**
>
> 假设 $f \in \mathscr{C}^1(0, 2\pi)$, 并且 $\int_0^{2\pi} f(x) \, dx$ 绝对收敛. 证明: Fourier 级数在区间 $(0, 2\pi)$ 中收敛到 $f(x)$.

# 第 7 章的解答

## 问题 7.1 的解答

由于
$$\left(1 - 2\sum_{n=1}^{\infty} a_n x^n\right)^2 = 1 - 4x$$
那么我们有 $a_1 = 1$, 并且递归公式

$$a_{n+1} = a_1 a_n + a_2 a_{n-1} + \cdots + a_n a_1$$

对于所有 $n \geqslant 1$ 都成立. 这蕴含了每个 $a_n$ 都是正整数；因此对于所有 $k \geqslant 1$,

$$a_{2k+1} = 2(a_1 a_{2k} + \cdots + a_k a_{k+1})$$

都是偶数.

现在假设存在一个整数 $\ell \geqslant 0$, 使得对于每个 $n = 2^\ell (2k+1) \, (k \geqslant 1)$, $a_n$ 都是偶数. 那么

$$a_{2n} = 2(a_1 a_{2n-1} + a_2 a_{2n-2} + \cdots + a_{n-1} a_{n+1}) + a_n^2$$

蕴含了对于每个 $n = 2^\ell (2k+1) \, (k \geqslant 1)$, $a_{2n}$ 也是偶数. 因此按照归纳法, 除 $n$ 是 2 的幂的情形之外, 每个 $a_n$ 都是偶数. 不过, 如果 $n$ 是 2 的幂, 那么我们可以同样地证明 $a_n$ 是奇数, 因为 $a_1$ 是奇数. $\square$

**评注** 根据 $\sqrt{1+x}$ 的 Taylor 展开, 容易看出

$$a_n = \frac{1}{n}\binom{2n-2}{n-1}$$

当然, 我们采用约定 $0! = 1$. 因此上述结果可以给出关于中心二项式系数的整除性的某些信息.

## 问题 7.2 的解答

将问题 6.7 应用于 $f(x) = \mathrm{e}^{-x^2}$, 我们有

$$h \sum_{n=0}^{\infty} \exp(-n^2 h^2) \to \int_0^{\infty} \mathrm{e}^{-x^2} \mathrm{d}x = \frac{\sqrt{\pi}}{2} \, (h \to 0+)$$

代入 $h = \sqrt{-\log x}$, 注意到 $h$ 收敛到 $0+$ 当且仅当 $x$ 收敛到 $1-$；因此利用 $-\log x \sim 1 - x \, (x \to 1-)$, 我们得到

$$\lim_{x \to 1-} \sqrt{1-x} \sum_{n=0}^{\infty} x^{n^2} = \lim_{x \to 1-} \sqrt{-\log x} \sum_{n=0}^{\infty} x^{n^2} = \lim_{h \to 0+} h \sum_{n=0}^{\infty} \exp(-n^2 h^2) = \frac{\sqrt{\pi}}{2} \quad \square$$

## 问题 7.3 的解答

将问题 6.7 应用于 $f(x) = \dfrac{x}{\mathrm{e}^x - 1}$, 我们得到

$$h \sum_{n=1}^{\infty} \frac{nh}{\mathrm{e}^{nh} - 1} \to \int_0^{\infty} \frac{x \mathrm{d}x}{\mathrm{e}^x - 1} = \frac{\pi^2}{6} \, (h \to 0+)$$

代入 $h = -\log x$, 注意到 $h$ 收敛到 $0+$ 当且仅当 $x$ 收敛到 $1-$；因此利用 $-\log x \sim 1 - x \, (x \to 1-)$, 我们得到

$$\lim_{x \to 1-} (1-x)^2 \sum_{n=1}^{\infty} \frac{nx^n}{1 - x^n} = \lim_{x \to 1-} \log^2 x \sum_{n=1}^{\infty} \frac{nx^n}{1 - x^n}$$

$$= \lim_{h \to 0+} h \sum_{n=1}^{\infty} \frac{nh}{\mathrm{e}^{nh} - 1} = \frac{\pi^2}{6}$$

107

注意到如果我们定义$f(0) = 1$,那么函数$f(x) = \dfrac{x}{\mathrm{e}^x - 1}$在区间$[0, \infty)$上是连续的. $\qquad\blacksquare$

## 问题 7.4 的解答

对于任意固定的$s \in \mathbf{R}$,至少当$|z| < 1$时,级数

$$\sum_{n=0}^{\infty} \binom{s}{n} z^n$$

收敛到$(1 + z)^s$,称为"二项级数". 记$z = \dfrac{1}{\mathrm{e}} - 1$且$s = -x$,我们有

$$\mathrm{e}^x = 1 + \sum_{n=1}^{\infty} \left(\frac{1}{\mathrm{e}} - 1\right)^n \binom{-x}{n}$$

$$= 1 + \sum_{n=1}^{\infty} \frac{1}{n!} \left(1 - \frac{1}{\mathrm{e}}\right)^n x(x+1)\cdots(x+n-1) \qquad (7.3)$$

即,对于所有$x \in \mathbf{R}$,级数$(7.3)$点态收敛. 此外,其在$|x| \leqslant r$上一致收敛,因为$(7.3)$有强级数

$$1 + \sum_{n=1}^{\infty} \frac{1}{n!} \left(1 - \frac{1}{\mathrm{e}}\right)^n r(r+1)\cdots(r+n-1)$$

按照$(7.3)$,它收敛到$\mathrm{e}^r$. $\qquad\blacksquare$

**评注** 这一展开的余项不过是二项级数的余项. 因此应用第4章要点总结第 7 条中所述余项的积分形式,我们有

$$R_{N+1} = \mathrm{e}^x - 1 - \sum_{n=1}^{N} \frac{1}{n!} \left(1 - \frac{1}{\mathrm{e}}\right)^n x(x+1)\cdots(x+n-1)$$

$$= \frac{x(x+1)\cdots(x+N)}{N!} \mathrm{e}^x \int_0^1 (1 - \mathrm{e}^{-s})^N \mathrm{e}^{-sx} \mathrm{d}s$$

## 问题 7.5 的解答

通过给定级数的$k$次逐项微分,我们得到

$$\sum_{n=1}^{\infty} n^{2k} \mathrm{e}^{-n} \mathrm{Re}\,(\mathrm{i}^k \mathrm{e}^{\mathrm{i}n^2 x})$$

它在$\mathbf{R}$上显然一致收敛. 所以这个级数表示$f^{(k)}(x)$;特别地,

$$f^{(k)}(0) = \mathrm{Re}\,(\mathrm{i}^k) \sum_{n=1}^{\infty} n^{2k} \mathrm{e}^{-n}$$

因此对于所有整数$\ell \geqslant 1$,仅考虑第$4\ell$项,我们有

$$|f^{(2\ell)}(0)| \geqslant \left(\frac{4\ell}{\mathrm{e}}\right)^{4\ell}$$

设$\rho$为$f(x)$的收敛半径. 那么由 Hadamard 公式$(7.2)$可知

$$\frac{1}{\rho} \geq \limsup_{\ell \to \infty} \left( \frac{(4\ell)^{4\ell}}{(2\ell)! \, \mathrm{e}^{4\ell}} \right)^{1/(2\ell)} \geq \limsup_{\ell \to \infty} \frac{(4\ell)^2}{2\mathrm{e}^2 \ell} = \infty$$

这说明 $\rho = 0$. □

### 问题 7.6 的解答

由带有 Lagrange 余项的关于 $x = a$ 的 Taylor 公式可知，在 $x$ 与 $a$ 之间存在 $\xi$，使得

$$f(x) = \sum_{k=0}^{n} \frac{f^{(k)}(a)}{k!} (x - a)^k + \frac{f^{(n+1)}(\xi)}{(n+1)!} (x - a)^{n+1}$$

如果我们取 $x = 2a > 0$，那么

$$f(2a) = \sum_{k=0}^{n} \frac{f^{(k)}(a)}{k!} a^k + \frac{f^{(n+1)}(\xi)}{(n+1)!} a^{n+1} \geq \sum_{k=0}^{n} \frac{f^{(k)}(a)}{k!} a^k$$

这蕴含了级数

$$\sum_{n=0}^{\infty} \frac{f^{(n)}(a)}{n!} a^n$$

的收敛性. 特别地，对于任意 $a > 0$，当 $n \to \infty$ 时，$\dfrac{f^{(n)}(a) a^n}{n!}$ 收敛到 0. 因此

$$\left| f(x) - \sum_{k=0}^{n} \frac{f^{(k)}(0)}{k!} x^k \right| = \frac{f^{(n+1)}(\xi)}{(n+1)!} |x|^{n+1}$$

$$\leq \frac{f^{(n+1)}(|x|)}{(n+1)!} |x|^{n+1} \to 0 \, (n \to \infty)$$

因为 $f(x)$ 的所有导数在 $\mathbf{R}$ 上都是单调递增的. □

### 问题 7.7 的解答

用 $\rho x$ 替换 $x$，不妨设 $\rho = 1$. 记

$$s_n = a_0 + a_1 + \cdots + a_n$$

由于当 $n \to \infty$ 时，$s_n$ 收敛到 $\alpha$，那么对于任意 $\epsilon > 0$，我们可以取一个充分大的整数 $N$，使得对于所有 $n > N$，都满足 $|s_n - \alpha| < \epsilon$. 当 $0 < x < 1$ 时，我们有

$$\frac{f(x)}{1-x} = \sum_{n=0}^{\infty} s_n x^n = \frac{\alpha}{1-x} + \sum_{n=0}^{\infty} (s_n - \alpha) x^n$$

因此

$$|f(x) - \alpha| \leq (1-x) \sum_{n=0}^{N} |s_n - \alpha| x^n + (1-x) \sum_{n>N} |s_n - \alpha| x^n$$

$$< (1-x) \sum_{n=0}^{N} |s_n - \alpha| + (1-x) \sum_{n=0}^{\infty} \epsilon x^n$$

$$= (1-x) \sum_{n=0}^{N} |s_n - \alpha| + \epsilon$$

通过令 $x$ 充分接近 $1-$,右边可以小于 $2\epsilon$. 这说明当 $x \to 1-$ 时,$f(x)$ 收敛到 $\alpha$. □

### 问题 7.8 的解答

与问题 7.7 一样,我们可以假设 $\rho = 1$. 对于任意 $\epsilon > 0$,存在一个整数 $N \geqslant 1$,使得对于所有 $n > N$,都有 $|a_n - \alpha b_n| < \epsilon b_n$. 由于

$$f(x) = \sum_{n=0}^{\infty} a_n x^n = \alpha g(x) + \sum_{n=0}^{\infty} (a_n - \alpha b_n) x^n$$

那么对于任意 $0 < x < 1$,我们都有

$$\left| \frac{f(x)}{g(x)} - \alpha \right| \leqslant \frac{1}{g(x)} \Big( \sum_{n=0}^{N} |a_n - \alpha b_n| + \epsilon \sum_{n > N} b_n x^n \Big)$$

$$< \frac{1}{g(x)} \sum_{n=0}^{N} |a_n - \alpha b_n| + \epsilon \qquad (7.4)$$

现在当 $x \to 1-$ 时,$g(x)$ 发散到 $\infty$,因为对于所有整数 $n \geqslant 1$,都有

$$\liminf_{x \to 1-} g(x) \geqslant \sum_{k=0}^{n} b_k$$

因此如果我们取充分接近 $1$ 的 $x$,那么 (7.4) 的右边可以小于 $2\epsilon$. □

### 问题 7.9 的解答

与问题 7.7 一样,我们可以假设 $\rho = 1$. 记

$$s_n = a_0 + a_1 + \cdots + a_n$$

对于任意 $\epsilon > 0$,存在一个整数 $N \geqslant 1$,使得对于所有 $n > N$,都有 $n |a_n| < \epsilon$. 对于任意 $0 < x < 1$ 与所有 $n > N$,我们得到

$$|s_n - f(x)| \leqslant \sum_{k=1}^{n} |a_k| (1 - x^k) + \sum_{k > n} k |a_k| \frac{x^k}{k}$$

$$\leqslant (1 - x) \sum_{k=1}^{n} k |a_k| + \frac{\epsilon}{n(1 - x)}$$

代入 $x = 1 - \dfrac{1}{n}$,我们推出

$$\left| s_n - f\Big(1 - \frac{1}{n}\Big) \right| \leqslant \frac{|a_1| + 2|a_2| + \cdots + n|a_n|}{n} + \epsilon$$

因此如果我们取充分大的 $n$,那么右边可以小于 $2\epsilon$. 这说明当 $n \to \infty$ 时,$s_n$ 收敛到 $\alpha$. □

**评注** Pringsheim(普林斯海姆,1900) 将 Tauber 条件 $na_n = o(1)$ 弱化为

$$a_1 + 2a_2 + \cdots + na_n = o(n) \, (n \to \infty)$$

为此,我们记 $\tau_0 = 0$ 且 $\tau_n = a_1 + 2a_2 + \cdots + na_n$. 由于当 $n \to \infty$ 时,

$$a_n = \frac{\tau_n - \tau_{n-1}}{n}$$

收敛到 $0$,那么给定级数 $f(x)$ 在 $|x| < 1$ 中收敛. 此外,对于任意 $0 < x < 1$,我们得到

$$f(x) = a_0 + \sum_{n=1}^{\infty} \frac{\tau_n - \tau_{n-1}}{n} x^n = a_0 + \sum_{n=1}^{\infty} \tau_n \left( \frac{x^n}{n} - \frac{x^{n+1}}{n+1} \right)$$

$$= a_0 + (1-x) \sum_{n=1}^{\infty} \frac{\tau_n}{n+1} x^n + \sum_{n=1}^{\infty} \frac{\tau_n}{n(n+1)} x^n$$

由于 $\tau_n = o(n)$,那么当 $x \to 1-$ 时,右边的第二项显然收敛到 $0$. 这蕴含了当 $x \to 1-$ 时,第三项收敛到 $\alpha - a_0$. 由于 $\frac{\tau_n}{n(n+1)} = o\left(\frac{1}{n}\right)$ $(n \to \infty)$,那么我们可以将 Tauber 定理应用于这个幂级数,使得

$$\alpha - a_0 = \lim_{n \to \infty} \sum_{k=1}^{n} \frac{\tau_k}{k(k+1)}$$

$$= \lim_{n \to \infty} \left( \tau_1 + \frac{\tau_2 - \tau_1}{2} + \cdots + \frac{\tau_n - \tau_{n-1}}{n} - \frac{\tau_n}{n+1} \right) = \sum_{n=1}^{\infty} a_n$$

如所要求的那样.

此外,Littlewood(1910) 已经证明,如果序列 $na_n$ 是有界的,那么 Tauber 定理成立. 最后,Hardy 与 Littlewood(1914) 证明了,即使 $na_n$ 是上有界的或下有界的,Tauber 定理也成立. 为此,我们需要以下结果.

### 问题 7.10 的解答

由假设可知,对于所有整数 $k \geqslant 0$,当 $x \to 1-$ 时,

$$(1-x) \sum_{n=0}^{\infty} a_n x^{(k+1)n} = \frac{1}{1+x+\cdots+x^k}(1-x^{k+1}) \sum_{n=0}^{\infty} a_n \left( x^{k+1} \right)^n$$

收敛到

$$\frac{1}{k+1} = \int_0^1 t^k \mathrm{d}t$$

因此对于任意多项式 $P(t)$,我们都有

$$\lim_{x \to 1-} (1-x) \sum_{n=0}^{\infty} a_n x^n P(x^n) = \int_0^1 P(t)\mathrm{d}t$$

现在我们引入由

$$\phi(x) = \begin{cases} 0 & \left( 0 \leqslant x < \frac{1}{\mathrm{e}} \right) \\ \dfrac{1}{x} & \left( \dfrac{1}{\mathrm{e}} \leqslant x \leqslant 1 \right) \end{cases}$$

定义的不连续函数 $\phi(x)$. 对于任意 $\epsilon > 0$,我们都可以找到定义在区间 $[0,1]$ 上的两个连续函数 $\phi_{\pm}(x)$,使得对于 $[0,1]$ 中的任意 $x$,都有 $\phi_{-}(x) \leqslant \phi(x) \leqslant \phi_{+}(x)$ 与 $\phi_{+}(x) - \phi_{-}(x) < \epsilon$. 按照 Weierstrass 逼近定理,存在分别满足 $|\phi_{\pm}(x) \pm \epsilon - P_{\pm}(x)| < \epsilon$ 的两个多项式 $P_{\pm}(x)$. 由此可知,$P_{-}(x) < \phi(x) < P_{+}(x)$ 且 $P_{+}(x) - P_{-}(x) < 5\epsilon$. 由于 $a_n$ 都是非负的,那么对于任意 $0 < x < 1$,我们得到

$$\sum_{n=0}^{\infty} a_n x^n P_{-}(x^n) \leqslant \sum_{n=0}^{\infty} a_n x^n \phi(x^n) \leqslant \sum_{n=0}^{\infty} a_n x^n P_{+}(x^n)$$

如果我们记 $x = \mathrm{e}^{-1/N}$,那么 $x \to 1-$ 当且仅当 $N \to \infty$;所以,利用 $1 - \mathrm{e}^{-1/N} \sim \dfrac{1}{N}$,我们有

$$\int_0^1 P_{-}(t)\,\mathrm{d}t \leqslant \liminf_{N \to \infty} \frac{1}{N} \sum_{n=0}^{N} a_n$$

与

$$\limsup_{N \to \infty} \frac{1}{N} \sum_{n=0}^{N} a_n \leqslant \int_0^1 P_{+}(t)\,\mathrm{d}t$$

由于 $P_{+}(x) - P_{-}(x) < 5\epsilon$ 且

$$\int_0^1 \phi(x)\,\mathrm{d}x = \int_{1/\mathrm{e}}^1 \frac{\mathrm{d}x}{x} = 1$$

因此

$$1 < \int_0^1 P_{+}(t)\,\mathrm{d}t < \int_0^1 P_{-}(t)\,\mathrm{d}t + 5\epsilon < 1 + 5\epsilon$$

所以当 $N \to \infty$ 时,序列 $\dfrac{1}{N} \sum_{n=0}^{N} a_n$ 收敛到 1. $\qquad\square$

**评注**　利用这个结果,我们现在可以证明 $\tau_n = o(n)\,(n \to \infty)$,即使存在常数 $K > 0$,使得 $na_n < K$,其中 $\tau_n$ 在问题 7.9 的解答之后的评注中做了定义. 这给出了见于 Hardy 与 Littlewood(1914) 的定理的一个更简单的证明.

首先,对于任意 $0 < x < 1$,我们都有

$$f''(x) = \sum_{n=2}^{\infty} n(n-1)a_n x^{n-2} \leqslant K \sum_{n=2}^{\infty} (n-1)x^{n-2} = \frac{K}{(1-x)^2}$$

为简便起见,记

$$g(t) = f(1 - \mathrm{e}^{-t}) \in \mathscr{C}^{\infty}(0, \infty)$$

按照假设,当 $t \to \infty$ 时,$g(t)$ 收敛到 $\alpha$. 此外,当 $t > 0$ 时,

$$g''(t) + g'(t) = \mathrm{e}^{-2t} f''(1 - \mathrm{e}^{-t}) \leqslant K$$

成立. 由问题 4.12 可知当 $t \to \infty$ 时,$g'(t)$ 收敛到 0. 这说明当 $x \to 1-$ 时,$(1-x)f'(x)$ 收敛到 0. 那么幂级数

实分析中的问题与解答

$$\sum_{n=1}^{\infty}\left(1-\frac{na_n}{K}\right)x^{n-1}=\frac{1}{1-x}-\frac{f'(x)}{K}$$

满足问题 7.10 中规定的所有条件；因此当 $N\to\infty$ 时，

$$\frac{1}{N}\sum_{n=1}^{N}\left(1-\frac{na_n}{K}\right)=1-\frac{\tau_N}{KN}$$

收敛到 1. 所以 $\tau_n=o(n)\,(n\to\infty)$.

### 问题 7.11 的解答

首先假设给定级数在 **R** 上一致收敛. 对于任意 $\epsilon>0$，我们可以取一个整数 $N\geqslant1$，使得对于所有整数 $q>p\geqslant N$，都有

$$\max_{\theta\in\mathbf{R}}\mid a_p\sin p\theta+a_{p+1}\sin(p+1)\theta+\cdots+a_q\sin q\theta\mid<\epsilon$$

我们选取 $\theta=\dfrac{\pi}{4p}$ 与 $q=2p$，使得当 $p\leqslant k\leqslant 2p$ 时，$a_k\sin k\theta\geqslant0$. 那么我们有

$$\epsilon>\sum_{n=p}^{2p}a_n\sin\frac{n\pi}{4p}\geqslant\frac{1}{\sqrt{2}}\sum_{n=p}^{2p}a_n\geqslant\frac{p+1}{\sqrt{2}}a_{2p}$$

因此

$$\max(2pa_{2p},(2p+1)a_{2p+1})\leqslant2(p+1)a_{2p}<2\sqrt{2}\,\epsilon$$

所以 $na_n\to0\,(n\to\infty)$.

反之，假设当 $n\to\infty$ 时，$na_n$ 收敛到 0. 对于任意 $\epsilon>0$，我们可以取一个正整数 $N$，使得对于任意大于 $N$ 的整数 $n$，都有 $na_n<\epsilon$. 对于任意 $\theta\in(0,\pi]$，设 $m_\theta$ 为满足 $\dfrac{\pi}{m+1}<\theta\leqslant\dfrac{\pi}{m}$ 的唯一正整数. 对于任意整数 $q>p\geqslant N$，设 $S_0(\theta)$ 与 $S_1(\theta)$ 分别为 $a_n\sin n\theta$ 当 $n=p,\cdots,r$ 时的和与当 $n=r+1,\cdots,q$ 时的和，其中

$$r=\min(q,p+m_\theta-1)$$

对于 $S_0(\theta)$，我们利用一个几乎平凡的估计 $\sin x<x\,(x>0)$ 来得到

$$\mid S_0(\theta)\mid\leqslant\theta\sum_{n=p}^{r}na_n<\theta m_\theta\epsilon\leqslant\pi\epsilon$$

接下来对于 $S_1(\theta)$，我们可以假设 $q\geqslant p+m_\theta$；所以 $r=p+m_\theta-1$. 通过部分求和，我们有

$$\mid S_1(\theta)\mid=\mid\sum_{n=r+1}^{q}a_n(\sigma_n-\sigma_{n-1})\mid$$
$$\leqslant a_{r+1}\mid\sigma_r\mid+a_q\mid\sigma_q\mid+(a_{r+1}-a_q)\max_{r<k<q}\mid\sigma_k\mid$$

其中

$$\sigma_n=\sin\theta+\sin2\theta+\cdots+\sin n\theta$$

利用在 $\left[0,\dfrac{\pi}{2}\right]$ 上成立的 Jordan 不等式 $\pi\sin x\geqslant2x$，我们得到

$$| \sigma_n | = \left| \frac{\cos \vartheta - \cos(2n+1)\vartheta}{\sin \vartheta} \right| \leqslant \frac{2}{\sin \vartheta} \leqslant \frac{\pi}{\theta} < m_\theta + 1$$

其中 $\theta = 2\vartheta$；因此

$$| S_1(\theta) | \leqslant (m_\theta + 1)(a_{r+1} + a_q + a_{r+1} - a_q) \leqslant 2(r+1)a_{r+1} < 2\epsilon$$

那么我们有

$$\left| \sum_{n=p}^{q} a_n \sin n\theta \right| \leqslant | S_0(\theta) | + | S_1(\theta) | < (\pi + 2)\epsilon$$

其在区间 $[0,\pi]$ 上一致成立；由此，按照对称性与周期性，其在 $\mathbf{R}$ 上一致成立. $\qquad\square$

## 问题 7.12 的解答

任意区间 $[\delta, 2\pi - \delta]\,(\delta > 0)$ 上的一致收敛容易从 Dirichlet 判别法（见第 100 页的第 2 个要点）推出来. 因此，只需证明极限函数是 $\frac{\pi - \theta}{2}$.

为简便起见，记 $\theta = 2\vartheta$. 对公式

$$\frac{1}{2} + \sum_{n=1}^{m} \cos n\theta = \frac{\sin(2m+1)\vartheta}{2\sin \vartheta}$$

从 0 到 $\omega \in [\delta, 2\pi - \delta]$ 进行积分，我们得到

$$\frac{\omega}{2} + \sum_{n=1}^{m} \frac{\sin n\omega}{n} = \int_0^\omega \frac{\sin(2m+1)\vartheta}{2\sin \vartheta}\mathrm{d}\theta = \int_0^\eta \frac{\sin(2m+1)\vartheta}{\sin \vartheta}\mathrm{d}\vartheta$$

其中 $\omega = 2\eta$. 我们把最后一个积分分成两部分：

$$\int_0^\eta \frac{\sin(2m+1)t}{t}\mathrm{d}t + \int_0^\eta \phi(t)\sin(2m+1)t\,\mathrm{d}t$$

分别称为 $I_m(\eta)$ 与 $J_m(\eta)$，其中

$$\phi(t) = \frac{1}{\sin t} - \frac{1}{t}$$

注意到如果我们定义 $\phi(0) = 0$，那么 $\phi \in \mathscr{C}^1(-\pi, \pi)$.

作分部积分，我们将得到

$$J_m(\eta) = -\frac{\phi(\eta)}{2m+1}\cos(2m+1)\eta + \frac{1}{2m+1}\int_0^\eta \phi'(t)\cos(2m+1)t\,\mathrm{d}t$$

由此容易看出

$$| J_m(\eta) | < \frac{M_0 + \pi M_1}{2m+1}$$

其中 $M_0$ 与 $M_1$ 分别是 $| \phi |$ 与 $| \phi' |$ 在区间 $\left[0, \pi - \frac{\delta}{2}\right]$ 上的最大值. 因此当 $m \to \infty$ 时, $J_m(\eta)$ 在 $\left[0, \pi - \frac{\delta}{2}\right]$ 上一致收敛到 0.

114

接下来我们处理积分 $I_m(\eta)$. 代入 $s = (2m+1)t$, 我们有

$$I_m(\eta) = \int_0^{(2m+1)\eta} \frac{\sin s}{s} ds$$

由于 $\frac{\pi}{2} = I_m\left(\frac{\pi}{2}\right) + J_m\left(\frac{\pi}{2}\right)$, 那么对于任意 $x > \pi$, 我们都有

$$\left| \frac{\pi}{2} - \int_0^x \frac{\sin s}{s} ds \right| \leq \left| J_{m_x}\left(\frac{\pi}{2}\right) \right| + \int_{(2m_x+1)\pi/2}^x \frac{ds}{s}$$

$$\leq \left| J_{m_x}\left(\frac{\pi}{2}\right) \right| + \frac{1}{2m_x+1}$$

其中 $m_x$ 是满足 $(2m+1)\pi \leq 2x$ 的最大整数. 由于当 $x \to \infty$ 时, 右边收敛到 $0$, 那么反常积分

$$\int_0^\infty \frac{\sin s}{s} ds$$

存在且等于 $\frac{\pi}{2}$. 因此

$$\left| \frac{\omega - \pi}{2} + \sum_{n=1}^m \frac{\sin n\omega}{n} \right| \leq |J_m(\eta)| + \left| I_m(\eta) - \frac{\pi}{2} \right|$$

$$= |J_m(\eta)| + \left| \int_{(2m+1)\eta}^\infty \frac{\sin s}{s} ds \right|$$

当 $m \to \infty$ 时, 右边关于 $\eta \in \left[ \frac{\delta}{2}, \pi - \frac{\delta}{2} \right]$ 显然一致收敛到 $0$. □

## 问题 7.13 的解答

对于任意 $x \in (0, 2\pi)$, 设 $s_n(x)$ 为 Fourier 级数的第 $n$ 部分和. 那么

$$s_n(x) = \frac{a_0}{2} + \sum_{k=1}^n (a_k \cos kx + b_k \sin kx)$$

$$= \frac{1}{2\pi} \int_0^{2\pi} f(t)\left(1 + 2\sum_{k=1}^n \cos k(t-x)\right) dt$$

现在, 如在问题 7.12 的解答中所见, 大的括号中的三角和可以表示为正弦之比, 所以我们得到

$$s_n(x) = \frac{1}{\pi} \int_{-x/2}^{\pi-x/2} f(x+2y) \frac{\sin(2n+1)y}{\sin y} dy$$

当 $f(x) = 1$ 时, 那么显然有 $a_0 = 2$ 且对于所有 $n \geq 1, a_n = b_n = 0$; 因此

$$1 = \frac{1}{\pi} \int_{-x/2}^{\pi-x/2} \frac{\sin(2n+1)y}{\sin y} dy$$

由此

$$s_n(x) - f(x) = \frac{1}{\pi} \int_{-x/2}^{\pi-x/2} \phi_x(y) \sin(2n+1)y \, dy$$

115

其中

$$\phi_x(y) = \frac{f(x+2y) - f(x)}{\sin y}$$

显然 $\phi_x \in \mathscr{C}\left(-\dfrac{x}{2}, \pi - \dfrac{x}{2}\right)$，并且反常积分

$$\int_{-x/2}^{\pi-x/2} \mid \phi_x(y) \mid \mathrm{d}y$$

收敛，因为 $f \in \mathscr{C}^1(0, 2\pi)$ 且 $\int_0^{2\pi} \mid f(x) \mid \mathrm{d}x < \infty$. 因此，考虑到

$$\int_{-x/2}^{\pi-x/2} \sin 2y \mathrm{d}y = \int_{-x/2}^{\pi-x/2} \cos 2y \mathrm{d}y = 0$$

由问题 5.3 的解答之后的评注可知

$$\lim_{n \to \infty} s_n(x) = f(x)$$

$\square$

# 多项式逼近

## 要 点 总 结

1. 有界闭区间$[a,b]$上的任意连续函数$f(x)$都可以用多项式一致逼近；即对于任意$\epsilon > 0$，存在多项式$P(x)$，使得对于$[a,b]$中的所有$x$，都满足

$$| f(x) - P(x) | < \epsilon$$

这称为 Weierstrass 逼近定理(1885)，利用 Bernstein 多项式容易以初等方式证明(见问题8.1).

2. 周期为$2\pi$的任意连续周期函数$f(x)$都可以用三角多项式一致逼近；即对于任意$\epsilon > 0$，存在三角多项式

$$P(\theta) = \sum_{n=0}^{m} (a_n \cos n\theta + b_n \sin n\theta)$$

使得对于所有$\theta$，都满足$| f(\theta) - P(\theta) | < \epsilon$(另见问题8.3). 该定理称为三角多项式逼近定理. 这可能源于 Fejér 可和性定理，它是 Fourier 级数理论中的一个非常重要的结果. 此外，它为我们展示了此类三角多项式的一种构造方法，如下所示：

$$P(\theta) = \frac{s_0(\theta) + s_1(\theta) + \cdots + s_{m-1}(\theta)}{m}$$

其中$s_n(\theta)$是$f(x)$的 Fourier 级数的第$n$部分和.

**问题 8.1**

对于任意 $f \in \mathscr{C}[0,1]$，由

$$B_n(f;x) = \sum_{k=0}^{n} f\left(\frac{k}{n}\right)\binom{n}{k} x^k (1-x)^{n-k}$$

定义的 $n$ 次多项式称为 Bernstein 多项式. 证明：$B_n(f;x)$ 在 $[0,1]$ 上一致收敛到 $f(x)$.

Runge(龙格,1885a,b) 几乎同时给出了 Weierstrass 逼近定理(1885) 的证明,但他的论文没有明确包含 Weierstrass 定理. 由 Mittag-Leffler(1900) 的论文得知 L. E. Phragmén(弗拉格门) 指出了这一事实.

在 Weierstrass 之后不久,出现了逼近定理的许多其他证明. Picard(皮卡,1891) 利用的是 Poisson(泊松) 积分,Volterra(沃尔泰拉,1897) 利用的是 Dirichlet 原理. Lebesgue(1898) 主要利用的是以下在区间 $[-1,1]$ 上的一致收敛级数(而非关于 $x$ 的 Taylor 级数):

$$|x| = 1 - \frac{1}{2}(1-x^2) - \frac{1}{2 \cdot 4}(1-x^2)^2 - \frac{1 \cdot 3}{2 \cdot 4 \cdot 6}(1-x^2)^3 - \cdots$$

这是 Lebesgue 的第一篇论文.

在给 É. Picard 的一封信中,Mittag-Leffler(1900) 利用不连续性质

$$\lim_{n \to \infty} \chi_n(x) = \begin{cases} 1 & (x > 0) \\ 0 & (x = 0) \\ -1 & (-2 < x < 0) \end{cases}$$

给出了一个初等证明,其中 $\chi_n(x) = 1 - 2^{1-(1+x)^n}$.

Fejér(1900) 证明了有界可积函数的 Fourier 级数是一阶一致 Cesàro 可和的,其所在区间上的函数是连续的. Fejér 写这篇论文时年仅 20 岁,两年后他在 H. A. Schwarz 的指导下于布达佩斯大学完成了博士论文.

Lerch(1903) 利用特殊但简单的分段线性函数的 Fourier 级数给出了一个证明. Landau(1908) 利用了以下公式:

$$\lim_{n \to \infty} \frac{\int_0^1 f(x)(1-(x-y)^2)^n \mathrm{d}x}{\int_0^1 (1-x^2)^n \mathrm{d}x} = f(y)$$

Bernstein(1912a) 通过引入 Bernstein 多项式给出了 Weierstrass 逼近定理的一个概率证明. Carleman(1927) 证明了对于任意 $f \in \mathscr{C}(\mathbf{R})$,都存在一个在 $\mathbf{R}$ 上一致收敛到 $f(x)$ 的整函数序列.

**问题 8.2**

证明:如果 $f(0) = f(1) = 0$,那么存在一个整系数多项式序列,其在 $[0,1]$ 上一致收敛到 $f \in \mathscr{C}[0,1]$.

Pál(1914) 注意到如果 $f(0) = 0$,那么对于任意 $\epsilon > 0$,都存在一个整系数多项式序列,其一致收敛到 $f \in \mathscr{C}[\epsilon - 1, 1 - \epsilon]$. Kakeya(挂谷宗一,1914) 发现了 $f \in \mathscr{C}[-1,1]$ 的充要条件,其可用整系数多项式逼近. Pál 的工作由 Kakeya(1914) 和 Okada(冈田良知,1923) 扩充到更大的区间.

**问题 8.3**

从 Weierstrass 多项式逼近定理推出三角多项式逼近定理.

**问题 8.4**

对于任意 $f \in \mathscr{C}^1[0,1]$,证明:$B'_n(f;x)$ 在区间 $[0,1]$ 上一致收敛到 $f'(x)$,其中 $B_n(f;x)$ 是 Bernstein 多项式.

**问题 8.5**

证明:对于所有整数 $n \geq 0, f \in \mathscr{C}[0,1]$ 满足

$$\int_0^1 x^n f(x)\, \mathrm{d}x = 0$$

当且仅当 $f(x)$ 在 $[0,1]$ 上处处等于零.

我们可以用一个更弱的条件 $f \in \mathscr{C}(0,1)$ 替换 $f \in \mathscr{C}[0,1]$,另外假设反常积分

$$\int_0^1 f(x)\, \mathrm{d}x$$

绝对收敛. 为此,考虑

$$F(x) = \int_0^x f(t)\, \mathrm{d}t$$

显然 $F \in \mathscr{C}[0,1]$,$F(0) = 0$,并且对于所有整数 $n \geq 0$,都有

$$\int_0^1 x^n F(x)\, \mathrm{d}x = \frac{x^{n+1} - 1}{n+1} F(x) \bigg|_0^1 - \frac{1}{n+1}\int_0^1 (x^{n+1} - 1) f(x)\, \mathrm{d}x = 0$$

这蕴含了 $f$ 处处等于零. 容易看出可以利用合适的仿射变换将区间 $[0,1]$ 替换

为任意紧区间. 不过, 我们不能用区间 $[0,\infty)$ 替换 $[0,1]$, 以下问题表明了这一点.

---

**问题 8.6**

对于所有整数 $n \geqslant 0$, 证明:

$$\int_0^\infty x^n (\sin x^{\frac{1}{4}}) \exp(-x^{\frac{1}{4}}) \, dx = 0$$

---

**问题 8.7**

记 $a_0 = 0$, 并且设 $\{a_n\}_{n \geqslant 1}$ 为一个严格递增正数序列, 使得

$$\frac{1}{a_1} + \frac{1}{a_2} + \cdots + \frac{1}{a_n} + \cdots$$

发散. 那么证明: 对于所有 $n \geqslant 0, f \in \mathscr{C}[0,1]$ 满足

$$\int_0^1 x^{a_n} f(x) \, dx = 0$$

当且仅当 $f(x)$ 在 $[0,1]$ 上处处等于零.

---

该问题由 S. N. Bernstein(1880—1968) 提出, 并由 Müntz(1914) 肯定地解决. Carleman(1922) 利用复变函数理论给出了另一个简洁的证明.

# 第 8 章的解答

## 问题 8.1 的解答

对于任意 $\epsilon > 0$, 由 $f$ 的一致连续性可知, 存在一个 $\delta > 0$, 使得对于满足 $|x - y| < \delta$ 的任意 $x, y \in [0,1]$, 都有 $|f(x) - f(y)| < \epsilon$. 设 $M$ 为 $|f(x)|$ 在 $[0,1]$ 上的最大值, 并且设 $\{d_n\}$ 为任意单调正整数序列, 当 $n \to \infty$ 时, 它发散到 $\infty$, 并且满足 $d_n = o(n)$. 我们将以下的差分成两部分:

$$B_n(f;x) - f(x) = \sum_{k=0}^n \left( f\left(\frac{k}{n}\right) - f(x) \right) \binom{n}{k} x^k (1-x)^{n-k}$$

$$= S_0(x) + S_1(x)$$

其中 $S_0(x)$ 是取遍满足 $\left| x - \dfrac{k}{n} \right| \leqslant \dfrac{d_n}{n}$ 的 $k \in [0,n]$ 对应的和, $S_1(x)$ 是取遍 $k$ 的剩余值对应的和.

我们考虑满足 $\dfrac{d_n}{n} < \delta$ 的任意充分大的 $n$. 对于 $S_0(x)$, 利用

$\left| f(x) - f\left(\dfrac{k}{n}\right) \right| < \epsilon$, 我们得到

$$| S_0(x) | \leqslant \epsilon \sum_{k=0}^{n} \binom{n}{k} x^k (1-x)^{n-k} = \epsilon$$

接下来对于 $S_1(x)$, 利用 $| k - nx | > d_n$, 我们得到

$$| S_1(x) | < 2M \sum_{k=0}^{n} \left(\dfrac{k - nx}{d_n}\right)^2 \binom{n}{k} x^k (1-x)^{n-k}$$

$$= \dfrac{2M}{d_n^2}(n^2 x^2 + nx(1-x) - 2n^2 x^2 + n^2 x^2)$$

$$= \dfrac{2M}{d_n^2} nx(1-x) \leqslant \dfrac{nM}{2d_n^2}$$

其中我们使用了这些事实: $B_n(1;x) = 1$, $B_n(x;x) = x$ 且

$$B_n(x^2;x) = x^2 + \dfrac{x(1-x)}{n}$$

现在我们取 $d_n = \left[ n^{\frac{2}{3}} \right]$, 使得当 $n \to \infty$ 时, $\dfrac{d_n}{\sqrt{n}}$ 发散. 因此对于任意充分大的 $n$, 我们有

$$| S_0(x) + S_1(x) | < 2\epsilon \qquad \square$$

**评注** Bohman(1952) 与 Korovkin(1953) 给出了一个惊人的证明, 仅利用了 $B_n$ 作为算子的几个基本性质: $1, x, x^2$ 的线性、单调性与一致收敛性.

我们来说明一下. 对于任意 $\epsilon > 0$, 取上述证明中那样的 $\delta$ 与 $M$, 并且记

$$c = \sup_{|x-y| \geqslant \delta} \dfrac{| f(x) - f(y) |}{(x-y)^2}$$

那么对于单位正方形 $[0,1]^2$ 中的任意 $(x,y)$, 我们有

$$-\epsilon - c(x-y)^2 \leqslant f(x) - f(y) \leqslant \epsilon + c(x-y)^2$$

将算子 $B_n$ 应用于参数为 $y$ 的函数 $\phi_y(x) = (x-y)^2$, 由 $B_n$ 的线性与单调性可知

$$-\epsilon B_n(1;x) - cB_n(\phi_y;x) \leqslant B_n(f;x) - f(y)B_n(1;x)$$
$$\leqslant \epsilon B_n(1;x) + cB_n(\phi_y;x)$$

设 $\varphi_n(x)$ 为通过代换 $y = x$ 从 $B_n(\phi_y;x)$ 得到的函数. 由于

$$B_n(\phi_y;x) = B_n(x^2;x) - 2yB_n(x;x) + y^2 B_n(1;x)$$

那么我们有

$$\varphi_n(x) = (B_n(x^2;x) - x^2) - 2x(B_n(x;x) - x) + x^2(B_n(1;x) - 1)$$

当 $n \to \infty$ 时, 其在区间 $[0,1]$ 上一致收敛到 0. 因此

$$| B_n(f;x) - f(x) | \leqslant | B_n(f;x) - f(x)B_n(1;x) | + M | B_n(1;x) - 1 |$$

$$\leqslant \epsilon + c \mid \varphi_n(x) \mid + (M + \epsilon) \mid B_n(1;x) - 1 \mid$$

对于所有充分大的 $n$ ,其关于 $x$ 一致小于 $3\epsilon$ .

在上述证明中,我们之所以不使用 $B_n(1;x),B_n(x;x)$ 与 $B_n(x^2;x)$ 的精确表达式,是为了阐明 $B_n$ 作为算子的作用;因此,该证明对于满足 $1,x,x^2$ 的单调性与一致收敛性的任意线性算子都成立.

### 问题 8.2 的解答

问题 8.1 中定义的 $f$ 的 Bernstein 多项式是

$$B_n(f;x) = \sum_{k=1}^{n-1} f\left(\frac{k}{n}\right) \binom{n}{k} x^k (1-x)^{n-k}$$

因为 $f(0) = f(1) = 0$ . 如果 $n = p$ 是素数,那么对于每个整数 $1 \leqslant k < p$ ,二项式系数 $\binom{p}{k}$ 显然是 $p$ 的倍数;因此

$$\widetilde{B}_p(f;x) = \sum_{k=1}^{p-1} \frac{1}{p} \binom{p}{k} \left[f\left(\frac{k}{p}\right) p\right] x^k (1-x)^{p-k}$$

是一个整系数多项式. 由于我们有

$$\mid B_p(f;x) - \widetilde{B}_p(f;x) \mid \leqslant \frac{1}{p} \sum_{k=1}^{p-1} \binom{p}{k} x^k (1-x)^{p-k} < \frac{1}{p}$$

那么当 $p \to \infty$ 时, $\widetilde{B}_p(f;x)$ 显然在 $[0,1]$ 上也一致收敛到 $f(x)$ . □

### 问题 8.3 的解答

对于周期为 $2\pi$ 的任意连续周期函数,我们写作

$$f(x) = f_+(x) + f_-(x)$$

其中

$$f_\pm(x) = \frac{f(x) \pm f(-x)}{2}$$

函数 $f_\pm(x)$ 也是具有相同周期的连续周期函数,满足 $f_+(x) = f_+(-x)$ 且 $f_-(x) + f_-(-x) = 0$ . 注意到对于所有整数 $k$ ,都有 $f_-(k\pi) = 0$ .

对于任意 $\epsilon > 0$ ,我们可以取周期为 $2\pi$ 的连续奇周期函数 $\phi(x)$ ,使得对于任意 $x \in \mathbf{R}$ ,都有 $\mid f_-(x) - \phi(x) \mid < \epsilon$ ,并且在 $k\pi$ 的每个小邻域上, $\phi(x)$ 都等于零. 由于 $x = \arccos y$ 将区间 $[-1,1]$ 同胚映射到 $[0,\pi]$ 上,那么函数

$$f_+(\arccos y) \text{ 与 } \frac{\phi(\arccos y)}{\sin(\arccos y)}$$

在区间 $[-1,1]$ 上都是连续的. 因此,将 Weierstrass 逼近定理应用于这些函数,我们可以找出两个多项式 $P(y)$ 与 $Q(y)$ ,对于任意 $0 \leqslant x \leqslant \pi$ ,满足

$$| f_+(x) - P(\cos x) | < \epsilon$$

且

$$| \phi(x) - Q(\cos x)\sin x | < \epsilon$$

此外,按照 $f_+(x)$ 与 $P(\cos x)$ 的偶性,$\phi(x)$ 与 $Q(\cos x)\sin x$ 的奇性,以及这些函数的周期性,这些不等式对于任意 $x \in \mathbf{R}$ 都成立. 因此,对于任意 $x \in \mathbf{R}$,我们得到

$$| f(x) - P(\cos x) - Q(\cos x)\sin x |$$
$$\leq | f_+(x) - P(\cos x) | + | f_-(x) - \phi(x) | +$$
$$| \phi(x) - Q(\cos x)\sin x |$$
$$< 3\epsilon$$

最后容易验证每个 $\cos^k x$ 都可以写作 $1, \cos x, \cdots, \cos kx$ 的一个线性组合,并且每个 $\cos^k x \sin x$ 都可以表示为 $\sin x, \sin 2x, \cdots, \sin kx$ 的一个线性组合. 问题得证. □

**评注**　这可能比 Achieser(1956) 第 32 页上的证明更简单.

### 问题 8.4 的解答

由于

$$B'_n(f;x) = \sum_{k=0}^{n} f\left(\frac{k}{n}\right)\binom{n}{k}\left(kx^{k-1}(1-x)^{n-k} - (n-k)x^k(1-x)^{n-k-1}\right)$$

$$= n\sum_{k=0}^{n-1}\left(f\left(\frac{k+1}{n}\right) - f\left(\frac{k}{n}\right)\right)\binom{n-1}{k}x^k(1-x)^{n-k-1}$$

那么由中值定理可知,存在 $\xi_k \in \left(\dfrac{k}{n}, \dfrac{k+1}{n}\right)$,使得

$$B'_n(f;x) = \sum_{k=0}^{n-1} f'\left(\frac{k+\xi_k}{n}\right)\binom{n-1}{k}x^k(1-x)^{n-k-1}$$

对于任意 $\epsilon > 0$,存在一个整数 $N$,使得对于满足 $| x - y | \leq \dfrac{1}{N}$ 的所有 $x, y \in [0, 1]$,都有 $| f'(x) - f'(y) | < \epsilon$;所以对于所有 $n > N$,我们有

$$| B'_n(f;x) - B_{n-1}(f';x) |$$
$$\leq \sum_{k=0}^{n-1}\left| f'\left(\frac{k+\xi_k}{n}\right) - f'\left(\frac{k}{n}\right)\right|\binom{n-1}{k}x^k(1-x)^{n-k-1}$$
$$< \epsilon\sum_{k=0}^{n-1}\binom{n-1}{k}x^k(1-x)^{n-k-1} = \epsilon$$ □

### 问题 8.5 的解答

按照 Weierstrass 逼近定理,对于任意 $\epsilon > 0$,在区间 $[0, 1]$ 上存在满足

123

$|f(x) - P(x)| < \epsilon$ 的一个多项式 $P(x)$. 设 $M$ 为 $|f(x)|$ 在 $[0,1]$ 上的最大值，我们得到

$$\int_0^1 f^2(x)\mathrm{d}x = \int_0^1 (f(x) - P(x))f(x)\mathrm{d}x + \int_0^1 P(x)f(x)\mathrm{d}x$$

$$\leqslant \int_0^1 |f(x) - P(x)| \cdot |f(x)|\,\mathrm{d}x$$

$$< \epsilon M$$

由于 $\epsilon$ 是任意的，那么我们有 $\int_0^1 f^2(x)\mathrm{d}x = 0$；所以 $f(x)$ 处处等于零。 $\square$

### 问题 8.6 的解答

为简便起见，对于任意整数 $n \geqslant 0$，记

$$I_n = \int_0^\infty x^n \mathrm{e}^{-x}\sin x\,\mathrm{d}x$$

且

$$J_n = \int_0^\infty x^n \mathrm{e}^{-x}\cos x\,\mathrm{d}x$$

代入 $t = x^{\frac{1}{4}}$，我们看到问题中的积分等于 $4I_{4n+3}$。通过部分积分，对于任意 $n \geqslant 1$，我们容易得到

$$I_n = \frac{n}{2}(I_{n-1} + J_{n-1})$$

且

$$J_n = \frac{n}{2}(J_{n-1} - I_{n-1})$$

解满足初始条件 $I_0 = J_0 = \dfrac{1}{2}$ 的这些递归公式，对于满足 $n \equiv 3 \pmod 4$ 的任意整数 $n$，我们得到 $I_n = 0$。 $\square$

**评注** 对于满足 $n \equiv 1 \pmod 4$ 的任意整数 $n$，我们同样得到 $J_n = 0$。这说明对于所有整数 $n \geqslant 0$，都有

$$\int_0^\infty x^n \frac{(\cos x^{\frac{1}{4}})\exp(-x^{\frac{1}{4}})}{\sqrt{x}}\mathrm{d}x = 0$$

### 问题 8.7 的解答

由于 $\{a_n\} = \{n\}$ 的情形可以划归到问题 8.5，那么对于所有 $n \geqslant 1$，我们可以假设存在满足 $m \neq a_n$ 的一个整数 $m \geqslant 1$. 对于这样的 $m$ 与任意 $n \geqslant 1$，我们首先考虑定积分

实分析中的问题与解答

$$I_n = \int_0^1 \left( x^m - c_0 - c_1 x^{a_1} - c_2 x^{a_2} - \cdots - c_n x^{a_n} \right)^2 \mathrm{d}x$$

显然 $I_n$ 是关于 $c_0, c_1, \cdots, c_n$ 的正二次型,并且在某个点 $(s_0, s_1, \cdots, s_n) \in \mathbf{R}^{n+1}$ 处取到其最小值 $I_n^*$,当 $0 \leq j \leq n$ 时,它是满足 $a_0 = 0$ 的 $n+1$ 个线性方程的方程组

$$\sum_{i=0}^n \frac{s_i}{a_i + a_j + 1} = \frac{1}{m + a_j + 1} \tag{8.1}$$

的唯一解. 此处系数矩阵

$$A = \left( \frac{1}{a_i + a_j + 1} \right)_{0 \leq i, j \leq n}$$

是对称的,并且利用 Cauchy 行列式,其行列式可以显式写作

$$\det A = \frac{\prod_{0 \leq i < j \leq n} (a_i - a_j)^2}{\prod_{0 \leq i, j \leq n} (a_i + a_j + 1)} \neq 0$$

那么由(8.1)可知

$$I_n^* = \int_0^1 \left( x^m - s_0 - s_1 x^{a_1} - s_2 x^{a_2} - \cdots - s_n x^{a_n} \right)^2 \mathrm{d}x$$

$$= \frac{1}{2m+1} - 2 \sum_{j=0}^n \frac{s_j}{m + a_j + 1} + \sum_{i \neq j} \frac{s_i s_j}{a_i + a_j + 1}$$

$$= \frac{1}{2m+1} - \sum_{j=0}^n \frac{s_j}{m + a_j + 1} \tag{8.2}$$

结合(8.1)与(8.2),我们有

$$\begin{pmatrix} & & 0 \\ A & & \vdots \\ & & 0 \\ a & & 1 \end{pmatrix} \begin{pmatrix} s_0 \\ \vdots \\ s_n \\ I_n^* \end{pmatrix} = \begin{pmatrix} {}^t a \\ \\ (2m+1)^{-1} \end{pmatrix}$$

其中

$$a = \left( \frac{1}{m + a_0 + 1}, \frac{1}{m + a_1 + 1}, \cdots, \frac{1}{m + a_n + 1} \right)$$

所以按照 Cramer 法则,我们得到

$$I_n^* = \frac{\det B}{\det A}$$

其中

$$B = \begin{pmatrix} A & {}^t a \\ \\ a & (2m+1)^{-1} \end{pmatrix}$$

125

也是对称的,并且通过形式上用 $m$ 代换 $a_{n+1}$, $\det \boldsymbol{B}$ 可以从 Cauchy 行列式得到. 因此我们有

$$I_n^* = \frac{1}{2m+1} \prod_{k=0}^{n} \left( \frac{a_k - m}{a_k + m + 1} \right)^2$$

$$\leqslant \frac{1}{2m+1} \left( \frac{m}{m+1} \right)^{2\sigma_n} \exp\left( -2 \sum_{a_k > m} \frac{m}{a_k} \right)$$

因为当 $a_k < m$ 时,

$$\frac{m - a_k}{a_k + m + 1} < \frac{m}{m+1}$$

而当 $a_k > m$ 时,

$$\frac{a_k - m}{a_k + m + 1} < \exp\left( -\frac{m}{a_k} \right)$$

其中 $\sigma_n$ 是满足 $a_k < m\,(0 \leqslant k \leqslant n)$ 的 $k$ 的个数. 如果 $\sigma_n \to \infty\,(n \to \infty)$, 那么 $I_n^*$ 显然收敛到 0. 另外, 如果 $\sigma_n$ 是有界的, 那么存在一个整数 $N$, 使得对于所有 $k > N$, 都有 $a_k > m$; 所以 $I_n^*$ 也收敛到 0, 因为按照假设, $m \neq 0$ 且 $\sum \dfrac{1}{a_k} = \infty$.

对于任意 $\epsilon > 0$, 我们可以取一个充分大的 $n$ 与 $(c_0, c_1, \cdots, c_n) \in \mathbf{R}^{n+1}$, 使得

$$\int_0^1 (x^m - c_0 - c_1 x^{a_1} - c_2 x^{a_2} - \cdots - c_n x^{a_n})^2 \, dx < \epsilon$$

按照 Cauchy-Schwarz 不等式, 我们有

$$\left( \int_0^1 x^m f(x) \, dx \right)^2 = \left( \int_0^1 (x^m - c_0 - c_1 x^{a_1} - c_2 x^{a_2} - \cdots - c_n x^{a_n}) f(x) \, dx \right)^2$$

$$\leqslant M \int_0^1 (x^m - c_0 - c_1 x^{a_1} - c_2 x^{a_2} - \cdots - c_n x^{a_n})^2 \, dx$$

$$< \epsilon M$$

其中 $M = \int_0^1 f^2(x) \, dx$. 由于 $\epsilon$ 是任意的, 那么对于满足 $m \neq a_n\,(n \geqslant 0)$ 的任意整数 $m$, 都有 $\int_0^1 x^m f(x) \, dx = 0$. 按照问题 8.5, 这说明对于所有整数 $m \geqslant 0$, 都有 $\int_0^1 x^m f(x) \, dx = 0$, 并且 $f(x)$ 在 $[0,1]$ 上处处等于零. $\qquad \square$

**评注** 对于满足 $a_k \neq m\,(k \geqslant 1)$ 的任意整数 $m, n \geqslant 1$, 定义

$$d_{n,m} = \inf_{c_0, \cdots, c_n} \max_{0 \leqslant x \leqslant 1} | x^m - c_0 - c_1 x^{a_1} - \cdots - c_n x^{a_n} |$$

其中下确界在实数 $c_0, \cdots, c_n$ 内变化. 上述证明中的论证可以用来证明如果 $a_1 \geqslant 1$, 那么对于任意固定的 $m \geqslant 2$, 当 $n \to \infty$ 时, $d_{n,m}$ 收敛到 0. 为此, 通过利用 Cauchy-Schwarz 不等式

$$| x^m - c_1 x^{a_1} - \cdots - c_n x^{a_n} |^2$$

$$= \left| \int_0^x (mt^{m-1} - a_1 c_1 t^{a_1-1} - \cdots - a_n c_n t^{a_n-1}) \, \mathrm{d}t \right|^2$$

$$\leqslant m^2 \int_0^1 (t^{m-1} - c'_1 t^{a_1-1} - \cdots - c'_n t^{a_n-1})^2 \, \mathrm{d}t$$

其中 $c'_k = \dfrac{a_k c_k}{m}$. 我们现在可以适当地取 $n$ 与 $c'_1, \cdots, c'_n$, 使得右边变得任意小.

127

# 凸 函 数

本章的某些结果出于 J. L. W. V. Jensen(琴生,1859—1925),他在 Jensen(1906)中引入了凸函数的概念.

## 要 点 总 结

1. 定义在区间 $I$ 上的函数 $f(x)$ 称为 Jensen 意义下凸的,条件是对于 $I$ 中的任意 $x$ 与 $y$,都有

$$f\left(\frac{x+y}{2}\right) \leqslant \frac{f(x)+f(y)}{2}$$

注意到 $f(x)$ 在 $I$ 上不必是连续的.

2. 定义在 $I$ 上的所有凸函数构成的集合形成一个正锥;也就是说,如果 $f_1(x)$ 与 $f_2(x)$ 在 $I$ 上都是凸函数,那么对于任意常数 $c_1, c_2 > 0$,

$$c_1 f_1(x) + c_2 f_2(x)$$

也是凸的.

3. 例如,函数 $|x|$ 在 $\mathbf{R}$ 上显然是凸的;因此对于任意常数 $c_1, c_2, \cdots, c_n > 0$,分段线性函数

$$\sum_{k=1}^{n} c_k |x - x_k|$$

在 $\mathbf{R}$ 上也是凸的.

4. 如果 $-g(x)$ 在 $I$ 上是凸的,那么函数 $g(x)$ 在 $I$ 上称为凹的.

128

5. 如果 $\log f(x)$ 在 $I$ 上是凸的,那么正函数 $f(x)$ 在 $I$ 上称为对数凸的.

**问题 9.1**

假设 $f(x)$ 在区间 $I$ 上是凸的. 证明:对于 $I$ 中的任意 $n$ 个点 $x_1, x_2, \cdots, x_n$,都有

$$f\left(\frac{x_1 + x_2 + \cdots + x_n}{n}\right) \leqslant \frac{f(x_1) + f(x_2) + \cdots + f(x_n)}{n}$$

**问题 9.2**

证明:$f(x)$ 在区间 $I$ 上是凸的当且仅当对于任意 $\lambda > 0, e^{\lambda f(x)}$ 在 $I$ 上是凸的.

**问题 9.3**

假设 $f(x)$ 在开区间 $(a, b)$ 上是凸的,并且是上有界的. 证明:$f(x)$ 在 $(a, b)$ 上是连续的.

**问题 9.4**

假设 $f \in \mathscr{C}(I)$ 是凸的. 证明:对于 $I$ 中的任意 $n$ 个点 $x_1, \cdots, x_n$ 与任意正数 $\lambda_1, \cdots, \lambda_n$,都有

$$f\left(\frac{\lambda_1 x_1 + \cdots + \lambda_n x_n}{\lambda_1 + \cdots + \lambda_n}\right) \leqslant \frac{\lambda_1 f(x_1) + \cdots + \lambda_n f(x_n)}{\lambda_1 + \cdots + \lambda_n}$$

**问题 9.5**

假设 $g, p \in \mathscr{C}[a, b], p(x) \geqslant 0$ 且

$$\sigma = \int_a^b p(x)\,\mathrm{d}x > 0$$

设 $m$ 与 $M$ 分别为 $g(x)$ 在 $[a, b]$ 上的最小值与最大值. 此外假设 $f \in \mathscr{C}[m, M]$ 是凸的. 那么证明

$$f\left(\frac{1}{\sigma}\int_a^b g(x) p(x)\,\mathrm{d}x\right) \leqslant \frac{1}{\sigma}\int_a^b f(g(x)) p(x)\,\mathrm{d}x$$

**问题 9.6**

证明:任意连续凸函数 $f(x)$ 在开区间 $I$ 上除了至多可数点外都具有有限导数.

**问题 9.7**

证明:$f \in \mathscr{C}[a,b]$ 是凸的当且仅当对于满足 $s < t$ 的任意 $s, t \in [a,b]$,都有

$$\mathscr{M}_{[s,t]}(f) \leqslant \frac{f(s) + f(t)}{2}$$

**问题 9.8**

假设 $f(x)$ 在开区间 $I$ 中是二次可微的. 证明:$f(x)$ 是凸的当且仅当在 $I$ 上,$f''(x) \geqslant 0$.

注意到我们未假设 $f''(x)$ 的连续性.

**问题 9.9**

假设 $f \in \mathscr{C}^2[0,\infty)$ 是凸的,并且是有界的. 证明:反常积分

$$\int_0^\infty x f''(x) \, \mathrm{d}x$$

收敛.

**问题 9.10**

设 $I$ 为形如 $[0,a]$ 或 $[0,\infty)$ 的闭区间. 假设 $f \in \mathscr{C}(I)$ 满足 $f(0) = 0$. 证明:$f$ 是凸的当且仅当对于所有整数 $n \geqslant 2$ 与 $I$ 中的任意 $n$ 个点 $x_1 \geqslant x_2 \geqslant \cdots \geqslant x_{n-1} \geqslant x_n$,都有

$$\sum_{k=1}^n (-1)^{k-1} f(x_k) \geqslant f\left( \sum_{k=1}^n (-1)^{k-1} x_k \right)$$

Wright(1954) 给出了一个简单的证明,并且注意到这是 Hardy, Littlewood 与 Pólya(1934) 中的定理 108 的一个特例.

### 问题 9.11

设 $s > -1$ 为一个常数. 假设 $f \in \mathscr{C}[0,\infty)$ 是一个凸函数, 并且满足 $f(0) \geq 0$. 并假设 $f(x)$ 在 $(0,\infty)$ 上除了离散点以外都是可微的, 并且 $f'(x)$ 是分段连续的. 另外假设当 $f(0) = 0$ 时, $f'(0+)$ 存在. 那么证明:

$$\int_0^\infty x^s \exp\left(-\frac{f(x)}{x}\right) dx \leq \int_0^\infty x^s \exp\left(-f'\left(\frac{x}{e}\right)\right) dx$$

此外证明: 不等式右边分母中的常数 $e$ 一般不能替换为任何更小的数.

这见于 Carleson(1954). 他在 $s = 0$ 的情形中利用了这个不等式, 以如下方式证明了问题 2.11 中所述的 Carleman 不等式. 首先观察到给定级数可以按递减顺序排列. 然后, 他将 $f(x)$ 的图像定义为一个多边形, 对于所有整数 $n \geq 1$, 其顶点是原点与点

$$\left(n, \sum_{k=1}^n \log \frac{1}{a_k}\right)$$

# 第 9 章的解答

### 问题 9.1 的解答

应用 $f$ 的凸性 $m$ 次, 我们容易得到对于 $I$ 中的任意 $2^m$ 个点 $x_1, \cdots, x_{2^m}$, 都有

$$f\left(\frac{x_1 + x_2 + \cdots + x_{2^m}}{2^m}\right) \leq \frac{f(x_1) + f(x_2) + \cdots + f(x_{2^m})}{2^m}$$

对于任意整数 $n \geq 3$, 我们选取满足 $n < 2^m$ 的 $m$. 现在, 对 $x_1, \cdots, x_n$ 加上 $I$ 中的以下新的 $2^m - n$ 个点

$$x_{n+1} = \cdots = x_{2^m} = \frac{x_1 + x_2 + \cdots + x_n}{n}$$

我们有

$$2^m f(y) \leq f(x_1) + \cdots + f(x_n) + (2^m - n)f\left(\frac{x_1 + x_2 + \cdots + x_n}{n}\right)$$

其中

$$y = \frac{1}{2^m}\left[x_1 + x_2 + \cdots + x_n + (2^m - n)\frac{x_1 + x_2 + \cdots + x_n}{n}\right]$$
$$= \frac{x_1 + x_2 + \cdots + x_n}{n}$$

131

即

$$f\left(\frac{x_1 + x_2 + \cdots + x_n}{n}\right) \leqslant \frac{f(x_1) + f(x_2) + \cdots + f(x_n)}{n} \qquad \square$$

## 问题 9.2 的解答

首先假设 $f(x)$ 在区间 $I$ 上是凸的. 由于 $e^{\lambda x}$ 在 $\mathbf{R}$ 上是凸的,并且是单调递增的,那么对于 $I$ 中的任意 $x, y$,我们有

$$\exp\left(\lambda f\left(\frac{x + y}{2}\right)\right) \leqslant \exp\left(\lambda \frac{f(x) + f(y)}{2}\right) \leqslant \frac{e^{\lambda f(x)} + e^{\lambda f(y)}}{2}$$

因此对于任意 $\lambda > 0, e^{\lambda f(x)}$ 在 $I$ 上是凸的.

反之,假设对于任意 $\lambda > 0, e^{\lambda f(x)}$ 在 $I$ 上是凸的. 对于 $I$ 中的任意 $x, y$,当 $\lambda \to 0+$ 时,

$$\exp\left(\lambda f\left(\frac{x + y}{2}\right)\right) \leqslant \frac{e^{\lambda f(x)} + e^{\lambda f(y)}}{2}$$

两边的渐近展开给出

$$1 + \lambda f\left(\frac{x + y}{2}\right) + O(\lambda^2) \leqslant 1 + \lambda \frac{f(x) + f(y)}{2} + O(\lambda^2)$$

这蕴含了 $f(x)$ 在 $I$ 上是凸的. $\qquad \square$

## 问题 9.3 的解答

假设存在常数 $K$,使得 $f(x) < K$. 对于区间 $(a, b)$ 中任意固定的 $y$ 与任意整数 $n \geqslant 1$,对于所有充分小的 $\delta > 0$,都有 $y \pm n\delta \in (a, b)$. 当然,$\delta$ 依赖于 $n$. 将问题 9.1 中描述的不等式应用于 $n$ 个点 $x_1 = y \pm n\delta, x_2 = \cdots = x_n = y$,我们分别得到

$$f(y \pm \delta) \leqslant \frac{f(y \pm n\delta) + (n - 1)f(y)}{n}$$

因此

$$f(y + \delta) - f(y) \leqslant \frac{f(y + n\delta) - f(y)}{n} \leqslant \frac{K - f(y)}{n}$$

且

$$f(y) - f(y - \delta) \geqslant \frac{f(y) - f(y - n\delta)}{n} \geqslant \frac{f(y) - K}{n}$$

由于

$$f(y) - f(y - \delta) \leqslant f(y + \delta) - f(y)$$

并且 $n$ 是任意的,那么我们得出 $f(x)$ 在点 $y$ 处是连续的. $\qquad \square$

### 问题 9.4 的解答

按照问题 9.1 中的不等式, 容易看出对于 $I$ 中的任意点 $x_1, \cdots, x_n$ 与任意正整数 $k_1, \cdots, k_n$, 都有

$$f\left(\frac{k_1 x_1 + \cdots + k_n x_n}{k_1 + \cdots + k_n}\right) \leqslant \frac{k_1 f(x_1) + \cdots + k_n f(x_n)}{k_1 + \cdots + k_n}$$

对于任意充分大的整数 $N$ 与每个 $1 \leqslant j \leqslant n$, 我们取

$$k_j = \left[\frac{\lambda_j N}{\lambda_1 + \cdots + \lambda_n}\right]$$

由于

$$\frac{k_j}{k_1 + \cdots + k_n} \to \frac{\lambda_j}{\lambda_1 + \cdots + \lambda_n} \quad (N \to \infty)$$

那么由 $f$ 的连续性可得所要求的不等式. $\qquad\square$

### 问题 9.5 的解答

我们把区间 $[a, b]$ 分成 $n$ 等份, 并且对于任意子区间 $[t_{k-1}, t_k]$, 记

$$\lambda_k = \int_{t_{k-1}}^{t_k} p(x) \,\mathrm{d}x \geqslant 0$$

使得 $\sigma = \sum_{k=1}^{n} \lambda_k$. 由第一中值定理可知在 $(t_{k-1}, t_k)$ 中存在 $\xi_k$, 使得

$$\int_{t_{k-1}}^{t_k} g(x) p(x) \,\mathrm{d}x = \lambda_k g(\xi_k)$$

将问题 9.4 中的不等式应用于 $n$ 个点 $x_k = g(\xi_k) \in [m, M]$, 我们得到在 $(t_{k-1}, t_k)$ 中存在 $\eta_k$, 使得

$$f\left(\frac{1}{\sigma} \int_a^b g(x) p(x) \,\mathrm{d}x\right) = f\left(\frac{1}{\sigma} \sum_{k=1}^{n} \lambda_k g(\xi_k)\right) \leqslant \frac{1}{\sigma} \sum_{k=1}^{n} \lambda_k f(g(\xi_k))$$

$$= \frac{b-a}{\sigma n} \sum_{k=1}^{n} f(g(\xi_k)) p(\eta_k)$$

按照 $p(x)$ 的一致连续性, 只要 $n$ 充分大, 右边的表达式与用 $p(\xi_k)$ 替换 $p(\eta_k)$ 的表达式之差就充分小. 因此当 $n \to \infty$ 时, 右边收敛到

$$\frac{1}{\sigma} \int_a^b f(g(x)) p(x) \,\mathrm{d}x \qquad\square$$

### 问题 9.6 的解答

设 $f'_+(x)$ 与 $f'_-(x)$ 分别为 $f$ 在 $x$ 处的右导数与左导数. 首先我们将证明 $f'_{\pm}(x)$ 在开区间 $I$ 中的每个点 $x$ 处都存在. 对于 $I$ 中的任意 $x \neq y$, 记 $\Delta(x, y)$ 为

差商

$$\frac{f(x) - f(y)}{x - y}$$

设 $x < y < z$ 为 $I$ 中的任意三个点. 应用满足 $\lambda_1 = z - y, x_1 = x$ 与 $\lambda_2 = y - x, x_2 = z$ 的问题 9.4 中所述的不等式, 我们得到 $y = \frac{\lambda_1 x_1 + \lambda_2 x_2}{\lambda_1 + \lambda_2}$ 且

$$f(y) \leqslant \frac{z - y}{z - x}f(x) + \frac{y - x}{z - x}f(z)$$

因此我们有 $\Delta(x, y) \leqslant \Delta(y, z)$. 注意到上述不等式也可以写作 $\Delta(x, y) \leqslant \Delta(x, z)$ 或 $\Delta(x, z) \leqslant \Delta(y, z)$. 特别地, $\Delta(x - h, x)$ 与 $\Delta(x, x + h)$ 关于 $h > 0$ 是单调递增的, 并且 $\Delta(x - h, x) \leqslant \Delta(x, x + h)$ 对于满足 $x \pm h \in I$ 的任意 $h > 0$ 都成立. 这说明 $f'_+(x)$ 与 $f'_-(x)$ 显然都存在, 并且满足 $f'_-(x) \leqslant f'_+(x)$.

接下来对于 $I$ 中的任意点 $x < y$, 我们取满足 $x + h < y - h$ 的一个充分小的 $h > 0$. 那么

$$\Delta(x, x + h) \leqslant \Delta(x + h, y - h) \leqslant \Delta(y - h, y)$$

所以令 $h \to 0 +$, 我们得到 $f'_+(x) \leqslant f'_-(y)$. 因此, 如果 $f(x)$ 在 $x_0$ 处不具有有限微分系数, 那么 $f'_-(x_0) < f'_+(x_0)$. 此外, 如果我们将点 $x_0$ 指定给开区间 $(f'_-(x_0), f'_+(x_0))$, 那么这些区间是互不相交的. 因此, 我们可以通过对所有此类开区间标号来枚举它们, 例如, 可以这样来做: 计算包含于 $(-n, n)$ 的这样的开区间, 对于每个正整数 $n$, 其长度大于 $\frac{1}{n}$. □

## 问题 9.7 的解答

首先假设连续函数 $f(x)$ 在区间 $[a, b]$ 上是凸的. 我们把子区间 $[s, t]$ 分成 $n$ 等份, 并且当 $0 \leqslant k \leqslant n$ 时, 记

$$x_k = \frac{n - k}{n}s + \frac{k}{n}t$$

由问题 9.1 中的不等式可知

$$f(x_k) \leqslant \frac{n - k}{n}f(s) + \frac{k}{n}f(t)$$

因此

$$\mathscr{M}_{[s, t]}(f) = \lim_{n \to \infty} \frac{1}{n} \sum_{k=0}^{n} f(x_k) \leqslant \limsup_{n \to \infty} \frac{n(n + 1)}{2n^2}(f(s) + f(t))$$

$$= \frac{f(s) + f(t)}{2}$$

反之, 假设对于 $[a, b]$ 中的任意 $s < t$, 都有

$$\mathscr{M}_{[s,t]}(f) \leqslant \frac{f(s) + f(t)}{2}$$

反之, 假设在区间 $[a,b]$ 中存在两个点 $s < t$, 满足

$$f\left(\frac{s+t}{2}\right) > \frac{f(s) + f(t)}{2}$$

那么我们考虑集合

$$E = \left\{ x \in [s,t] \,\middle|\, f(x) > f(s) + \frac{f(t) - f(s)}{t - s}(x - s) \right\}$$

按照 $f$ 的连续性, $E$ 显然是开的, 并且 $E \neq \varnothing$, 因为它包含点 $\frac{s+t}{2}$. 注意到 $E$ 是区间 $[s,t]$ 上的点构成的集合, $f(x)$ 在该区间上的图像位于过两点 $(s, f(s))$ 与 $(t, f(t))$ 的直线的上方. 设 $(u,v)$ 为包含点 $\frac{s+t}{2}$ 的 $E$ 的连通分支. 由于端点 $(u, f(u))$ 与 $(v, f(v))$ 必定在那条直线上, 那么我们有

$$f(u) = f(s) + \frac{f(t) - f(s)}{t - s}(u - s)$$

$$f(v) = f(s) + \frac{f(t) - f(s)}{t - s}(v - s)$$

这蕴含了

$$\frac{f(u) + f(v)}{2} = f(s) + \frac{f(t) - f(s)}{t - s}\left(\frac{u+v}{2} - s\right)$$

因此

$$\mathscr{M}_{[u,v]}(f) > \frac{1}{v - u}\int_u^v \left(f(s) + \frac{f(t) - f(s)}{t - s}(x - s)\right) \mathrm{d}x$$

$$= f(s) + \frac{f(t) - f(s)}{t - s}\left(\frac{u+v}{2} - s\right)$$

$$= \frac{f(u) + f(v)}{2}$$

与假设相反. ◻

### 问题 9.8 的解答

假设 $f(x)$ 在 $I$ 上是凸的. 我们已经在问题 9.6 的证明中看到, 对于 $I$ 中任意两点 $x < y$, 都有 $f'_+(x) \leqslant f'_-(y)$. 由于 $f(x)$ 是二次可微的, 那么导数 $f'(x)$ 在 $I$ 上是单调递增的, 由此 $f''(x) \geqslant 0$.

反之, 假设 $f''(x) \geqslant 0$. 设 $x$ 与 $y$ 为 $I$ 中任意两点. 按照以 $\frac{x+y}{2}$ 为中心的 Taylor 公式, 我们得到存在 $c$ 与 $c'$, 使得

$$f(x) = f\left(\frac{x+y}{2}\right) + f'\left(\frac{x+y}{2}\right)\frac{x-y}{2} + f''(c)\frac{(x-y)^2}{8}$$

$$f(y) = f\left(\frac{x+y}{2}\right) + f'\left(\frac{x+y}{2}\right)\frac{y-x}{2} + f''(c')\frac{(x-y)^2}{8}$$

两式相加,我们得到

$$f(x) + f(y) = 2f\left(\frac{x+y}{2}\right) + (f''(c) + f''(c'))\frac{(x-y)^2}{8}$$

$$\geq 2f\left(\frac{x+y}{2}\right)$$

因此 $f(x)$ 在 $I$ 上是凸的. □

### 问题 9.9 的解答

假设存在 $x_0 > 0$,使得 $\delta = f'(x_0) > 0$. 由于 $f'(x)$ 是单调递增的,那么对于所有 $x \geq x_0$,我们都有 $f'(x) \geq \delta$,因此

$$f(x) = f(x_0) + \int_{x_0}^{x} f'(t)\,dt \geq f(x_0) + \delta(x - x_0)$$

与 $f$ 是有界的这一假设相反. 所以对于所有 $x > 0$,都有 $f'(x) \leq 0$,由此得出 $f(x)$ 是单调递减的,并且当 $x \to \infty$ 时,其收敛到某个 $\lambda$. 因此

$$\lambda - f(x) = \int_{x}^{\infty} f'(t)\,dt$$

并且特别地,当 $x \to \infty$ 时,$f'(x)$ 收敛到 0. 按照 Cauchy 准则,对于任意 $\epsilon > 0$ 与所有充分大的 $\alpha$ 与 $\beta > \alpha$,我们有

$$0 < -\int_{\alpha}^{\beta} f'(t)\,dt < \epsilon$$

由于 $f'(x)$ 是非正的,并且是单调递增的,那么我们得到 $(\beta - \alpha)\,|\,f'(\beta)\,| < \epsilon$;因此

$$\beta\,|\,f'(\beta)\,| < \epsilon + \alpha\,|\,f'(\beta)\,|$$

如果我们取充分大的 $\beta$,那么右边可以小于 $2\epsilon$. 因此当 $x \to \infty$ 时,$xf'(x)$ 收敛到 0. 所以当 $x \to \infty$ 时,

$$\int_{0}^{x} tf''(t)\,dt = xf'(x) - f(x) + f(0)$$

收敛到 $f(0) - \lambda$. □

### 问题 9.10 的解答

首先假设 $f$ 在闭区间 $I$ 上是凸的. 设 $x_1 > x_2 > x_3$ 为 $I$ 中的任意三个点,并且定义满足 $x_2 = \lambda x_1 + (1 - \lambda)x_3$ 的一个正数 $\lambda$. 由于 $f$ 是凸的,那么由问题 9.4 可知

$$f(x_2) = f(\lambda x_1 + (1 - \lambda)x_3) \leq \lambda f(x_1) + (1 - \lambda)f(x_3)$$

且

$$f(x_1 - x_2 + x_3) = f((1 - \lambda)x_1 + \lambda x_3) \leq (1 - \lambda)f(x_1) + \lambda f(x_3)$$

所以我们有

$$f(x_2) + f(x_1 - x_2 + x_3) \leq f(x_1) + f(x_3)$$

按照 $f$ 的连续性,它对于 $I$ 中的任意 $x_1 \geq x_2 \geq x_3$ 也成立. 如果我们取 $x_3 = 0$,那么根据 $f(0) = 0$,显然 $f(x_1 - x_2) \leq f(x_1) - f(x_2)$. 因此,当 $n = 2,3$ 时,我们得到问题中的不等式. 现在假设不等式对于 $n = m \geq 2$ 成立. 那么对于 $I$ 中的任意 $m + 2$ 个点 $x_1 \geq x_2 \geq \cdots \geq x_{m+2}$,都有

$$\sum_{k=1}^{m+2} (-1)^{k-1} f(x_k) \geq f(x_1) - f(x_2) + f\left(\sum_{k=3}^{m+2} (-1)^{k-1} x_k\right)$$

$$\geq f\left(\sum_{k=1}^{m+2} (-1)^{k-1} x_k\right)$$

这说明问题中的不等式对于 $n = m + 2$ 成立;因此对于每个 $n \geq 2$ 都成立.

反之,假设问题中的不等式对于 $n = 3$ 成立:对于 $I$ 中的任意点 $x_1 \geq x_2 \geq x_3$,都有

$$f(x_2) + f(x_1 - x_2 + x_3) \leq f(x_1) + f(x_3)$$

取 $x_2 = \dfrac{x_1 + x_3}{2}$,我们得到

$$f\left(\frac{x_1 + x_3}{2}\right) \leq \frac{f(x_1) + f(x_3)}{2}$$

这说明 $f$ 在 $I$ 上是凸的. □

### 问题 9.11 的解答

如问题 9.6 的解答所示,当 $h > 0$ 时,差商

$$\Delta(x + h, x) = \frac{f(x + h) - f(x)}{h}$$

是单调递增的;因此,如果对于任意 $\alpha > 1$ 与 $x > 0$,都有 $(\alpha - 1)x \geq h$,那么

$$\Delta(\alpha x, x) \geq \Delta(x + h, x)$$

所以,如果导数存在,那么令 $h \to 0+$,我们得到 $\Delta(\alpha x, x) \geq f'(x)$;换言之,

$$f(\alpha x) \geq f(x) + (\alpha - 1)x f'(x)$$

为简便起见,记

$$F(x) = x^s \exp\left(-\frac{f(x)}{x}\right)$$

且

$$G(x) = x^s \exp(-f'(x))$$

137

注意到如果 $f(0) > 0$,那么反常积分

$$\int_0^\infty F(x)\,\mathrm{d}x$$

在 $x = 0$ 处收敛. 当 $f(0) = 0$ 并且 $f'(0+)$ 存在时,根据 $f'(0+) \leqslant \dfrac{f(x)}{x}$,它也收敛. 代入 $x = \alpha t$,对于任意 $L > 0$,我们都有

$$\int_0^L F(x)\,\mathrm{d}x = \alpha^{s+1}\int_0^{L/\alpha} t^2 \exp\Big(-\frac{f(\alpha t)}{\alpha t}\Big)\,\mathrm{d}t$$

$$\leqslant \alpha^{s+1}\int_0^{L/\alpha} F^{1/\alpha}(t)\, G^{(\alpha-1)/\alpha}(t)\,\mathrm{d}t$$

按照 Hölder 不等式,不等式右边小于或等于

$$\alpha^{s+1}\Big(\int_0^{L/\alpha} F(x)\,\mathrm{d}x\Big)^{1/\alpha}\Big(\int_0^{L/\alpha} G(x)\,\mathrm{d}x\Big)^{(\alpha-1)/\alpha}$$

用 $L$ 替换 $L/\alpha$,我们有

$$\int_0^L F(x)\,\mathrm{d}x < \phi^{s+1}(\alpha)\int_0^L G(x)\,\mathrm{d}x$$

其中 $\phi(\alpha) = \alpha^{\alpha/(\alpha-1)}$ 在 $(1,\infty)$ 上是严格单调递增的. 令 $\alpha \to 1+$,我们得到

$$\int_0^L F(x)\,\mathrm{d}x \leqslant \mathrm{e}^{s+1}\int_0^L G(x)\,\mathrm{d}x = \int_0^{\mathrm{e}L} t^s \exp\Big(-f'\Big(\frac{t}{\mathrm{e}}\Big)\Big)\,\mathrm{d}t$$

通过令 $L \to \infty$,我们就得到了题目中要求的不等式.

为了看出常数 $\mathrm{e}$ 是最佳可能的,当 $\beta > 1$ 时,我们取 $f(x) = x^\beta$. 那么不难看出

$$\int_0^\infty F(x)\,\mathrm{d}x = \frac{1}{\beta-1}\Gamma\Big(\frac{s+1}{\beta-1}\Big)$$

且

$$\int_0^\infty G(x)\,\mathrm{d}x = \frac{1}{(\beta-1)\beta^{(s+1)/(\beta-1)}}\Gamma\Big(\frac{s+1}{\beta-1}\Big)$$

其中 $\Gamma(s)$ 是 $\Gamma$ 函数. 那么当 $\beta \to 1+$ 时,两个积分之比收敛到 $\mathrm{e}^{s+1}$.  $\square$

**评注**  Carleson(1954) 在 $f(0) = 0$ 的条件下得到了该不等式. 他还断言等号不成立,但我们不会坚持这一点.

$\zeta(2) = \dfrac{\pi^2}{6}$ 的各种证明

## 要 点 总 结

1. 求

$$\zeta(2) = \sum_{n=1}^{\infty} \frac{1}{n^2}$$

的标准方法可以是利用 cot πz 的部分分式展开:

$$\pi\cot \pi z = \frac{1}{z} + \sum_{n=1}^{\infty} \frac{2z}{z^2 - n^2}$$

这种方法的优点是可以同时求所有 $\zeta(2n)$，但通过部分分式或因式分解来表示亚纯函数需要某些论证，在 Ahlfors(阿尔福斯,1966) 中对此作了详细描述. 另见 Kanemitsu 与 Tsukada(2007)，其中证明了余切函数的部分分式展开是 Riemann $\zeta$ 函数的函数方程的一种形式.

2. 还有一种方法是利用合适的周期连续函数的 Fourier 级数来求 $\zeta(2)$. 例如，以下三角级数出现在问题 7.13 中:

$$\sum_{n=1}^{\infty} \frac{\sin n\theta}{n}$$

其在 $(0, 2\pi)$ 中有界收敛到 $\dfrac{\pi - \theta}{2}$. 因此，做分部积分，我们得到

$$\sum_{n=1}^{\infty} \frac{1 - (-1)^n}{n^2} = \int_0^\pi \frac{\pi - \theta}{2}\mathrm{d}\theta = \frac{\pi^2}{4}$$

这蕴含了 $\zeta(2) = \dfrac{\pi^2}{6}$. 但要应用部分积分,需要对 Fourier 级数的好收敛进行某些论证. 一般地,利用 Bernoulli 多项式的三角级数,我们可以得到 $\zeta(2n)$ 的闭形式,在 Dieudonné(迪厄多内,1971) 中对此作了详细描述.

3. Choi 与 Rathie(1997) 利用超几何级数求出了 $\zeta(2)$. 另见 Choi,Rathie 与 Srivastava(1999).

在本章中,我们将求级数

$$\sum_{n=1}^{\infty} \frac{1}{n^2}$$

在此收集了 $\zeta(2) = \dfrac{\pi^2}{6}$ 的各种相对容易的证明,以便读者欣赏.

---

**问题 10.1**

由 Gregory-Leibniz 级数

$$\sum_{n=0}^{\infty} \frac{(-1)^n}{2n+1} = \frac{\pi}{4}$$

可知,当 $n \to \infty$ 时,序列

$$a_n = \sum_{k=-n}^{n} \frac{(-1)^k}{2k+1}$$

收敛到 $\dfrac{\pi}{2}$. 对 $a_n$ 平方.

---

这见于 J. M. Borwein 与 P. B. Borwein(1987). Denquin(1912) 与 Estermann(1947) 之前已经发现了利用 Gregory-Leibniz 级数的类似算法.

---

**问题 10.2**

函数 $\sin\theta$ 的倒数记作 $\csc\theta$[①]. 当 $0 < \theta < \dfrac{\pi}{2}$ 时,利用

$$\frac{1}{\theta^2} < \csc^2\theta < 1 + \frac{1}{\theta^2}$$

与公式

$$\csc^2\theta = \frac{1}{4}\left(\csc^2\frac{\theta}{2} + \csc^2\frac{\theta+\pi}{2}\right)$$

---

① 原书是 cosec,现更常用 csc. ——译者注

实分析中的问题与解答

这见于 Hofbauer(2002).

---

**问题 10.3**

函数 $\tan \theta$ 的倒数记作 $\cot \theta$. 当 $0 < \theta < \dfrac{\pi}{2}$ 时,利用

$$\cot^2\theta < \frac{1}{\theta^2} < 1 + \cot^2\theta$$

与公式

$$\cot^2 \frac{\pi}{2n+1} + \cdots + \cot^2 \frac{n\pi}{2n+1} = \frac{n(2n-1)}{3}$$

---

这 见 于 A. M. Yaglom 与 I. M. Yaglom(1953). 在 Holme(1970) 与 Papadimitriou(1973) 中也可以发现同样的论证. Kortram(1996) 给出了一个类似但稍微复杂的证明. Arratia(1999) 也用同样的方法作了讨论.

---

**问题 10.4**

将以下公式乘以 $\theta$,并从 $0$ 到 $\dfrac{\pi}{2}$ 进行积分:

$$\frac{1}{2} + \cos 2\theta + \cos 4\theta + \cdots + \cos 2n\theta = \frac{\sin(2n+1)\theta}{2\sin \theta}$$

---

这见于 Giesy(1972). Stark(1969) 也给出了类似的证明,他对所谓的 Fejér 核

$$\frac{\sin^2(n+1)\theta}{2(n+1)\sin^2\theta} = \frac{1}{2} + \sum_{k=1}^{n}\left(1 - \frac{k}{n+1}\right)\cos 2k\theta$$

乘以 $\theta$,并从 $0$ 到 $\dfrac{\pi}{2}$ 进行积分.

---

**问题 10.5**

在对 $|x| \leqslant 1$ 成立的 Taylor 级数

$$\arcsin x = x + \sum_{n=1}^{\infty} \frac{1 \cdot 3 \cdot 5 \cdot \cdots \cdot (2n-1)}{2 \cdot 4 \cdot 6 \cdot \cdots \cdot (2n)} \cdot \frac{x^{2n+1}}{2n+1}$$

中代入 $x = \sin \theta$,并且利用公式

$$\int_0^{\pi/2} \sin^{2n+1}\theta \mathrm{d}\theta = \frac{2 \cdot 4 \cdot \cdots \cdot (2n)}{3 \cdot 5 \cdot \cdots \cdot (2n+1)}$$

---

这见于 Choe(1987),他主要利用了 $(\arcsin 1)^2$ 的值. 不过,这与

Ayoub(1974) 中描述的 Euler 的证明非常接近,Kimble(1987) 不用文字便再现了这个证明.

---

**问题 10.6**

首先证明:

$$\zeta(2) = 3 \sum_{n=1}^{\infty} \frac{(n-1)!^2}{(2n)!}$$

利用 Taylor 级数

$$\arcsin^2 x = \sum_{n=1}^{\infty} \frac{2^{2n-1}(n-1)!^2}{(2n)!} x^{2n}$$

求该级数.

---

这见于 Knopp 与 Schur(1918).

---

**问题 10.7**

对于所有整数 $n \geqslant 0$,记

$$I_n = \int_0^{\pi/2} \cos^{2n}\theta \mathrm{d}\theta$$

$$J_n = \int_0^{\pi/2} \theta^2 \cos^{2n}\theta \mathrm{d}\theta$$

证明递归公式

$$I_n = n(2n-1)J_{n-1} - 2n^2 J_n$$

然后利用

$$\int_0^{\pi/2} \cos^{2n}\theta \mathrm{d}\theta = \frac{1 \cdot 3 \cdot \cdots \cdot (2n-1)}{2 \cdot 4 \cdot \cdots \cdot (2n)} \cdot \frac{\pi}{2}$$

---

这见于 Matsuoka(1961). 见问题 18.6 之后的评注.

---

**问题 10.8**

在反常积分

$$\int_0^{\pi/2} \log(2\cos\theta) \mathrm{d}\theta$$

中代入

$$2\cos\theta = \mathrm{e}^{\theta i} + \mathrm{e}^{-\theta i}$$

---

这见于 Russell(罗素,1991).

实分析中的问题与解答

**问题 10.9**

对于任意固定的 $x \in (0,1]$，在反常累次积分

$$\int_0^1 \int_{-1}^1 \frac{1}{1+xy} \mathrm{d}y\mathrm{d}x$$

中代入

$$\cos \theta = y + \frac{x}{2}(y^2 - 1)$$

这见于 Goldscheider(1913)，他回答了该问题，其为 Stäckel(斯特克尔，1913) 以题目(Aufgabe)208 提出的.

**问题 10.10**

互换反常累次积分

$$\int_0^\infty \int_0^1 \frac{x}{(1+x^2)(1+x^2y^2)} \mathrm{d}y\mathrm{d}x$$

的积分顺序.

这见于 Harper(2003).

**问题 10.11**

在反常二重积分

$$\zeta(2) = \iint_S \frac{\mathrm{d}x\mathrm{d}y}{1-xy}$$

中作仿射变换

$$u = \frac{x+y}{\sqrt{2}}, v = \frac{y-x}{\sqrt{2}}$$

其中 $S$ 是单位正方形 $[0,1) \times [0,1)$，以证明：

$$\zeta(2) = 4\int_0^{1/\sqrt{2}} \arctan \frac{t}{\sqrt{2-t^2}} \frac{\mathrm{d}t}{\sqrt{2-t^2}} + 4\int_{1/\sqrt{2}}^{\sqrt{2}} \arctan \frac{\sqrt{2}-t}{\sqrt{2-t^2}} \frac{\mathrm{d}t}{\sqrt{2-t^2}}$$

然后在前一个积分中代入 $t = \sqrt{2}\sin\theta$，并在后一个积分中代入 $t = \sqrt{2}\cos 2\theta$.

这见于 Apostol(1983).

**问题 10. 12**

在反常二重积分

$$\frac{3}{4}\zeta(2) = \iint_S \frac{\mathrm{d}x\mathrm{d}y}{1 - x^2 y^2}$$

中关于三角形区域 $\left\{(\theta,\varphi);\theta,\varphi > 0, \theta + \varphi < \frac{\pi}{2}\right\}$ 作变换

$$x = \frac{\sin\theta}{\cos\varphi}, \quad y = \frac{\sin\varphi}{\cos\theta}$$

其中 $S$ 是单位正方形 $[0,1) \times [0,1)$.

根据 Kalman(1993) 的说法,这一证明是 Don B. Zagier 在 1989 年的一次讲座中给出的,他提到这是一位同事私下向他展示的. Elkies(2003) 已经报告了这个证明以及更高维数的推广出于 Calabi,并且唯一包含这个证明的论文是 Beukers,Calabi 与 Kolk(1993). 见问题 18.8.

**问题 10. 13**

幂级数

$$D(z) = \sum_{n=1}^{\infty} \frac{z^n}{n^2}$$

在 $|z| \leq 1$ 上绝对收敛,其收敛半径为 1,并且满足关系式 $D(1) = \zeta(2)$ 与 $D(-1) = -\frac{\zeta(2)}{2}$. 我们有

$$D(z) = -\int_0^z \frac{\log(1 - z)}{z}\mathrm{d}z$$

由此,通过取对数 $\log(1 - z)$ 的主支,$D(z)$ 可以解析延拓到除了射线 $[1,\infty)$ 的整个复平面. 证明函数方程

$$D\left(-\frac{1}{z}\right) + D(-z) = 2D(-1) - \frac{1}{2}\log^2 z$$

并在上半平面中考虑当 $z \to -1$ 时的极限.

函数 $D(z)$ 称为二重对数. 这取自 Levin 的书(1981).

# 第 10 章的解答

## 问题 10.1 的解答

为简便起见,记

$$b_n = \sum_{k=-n}^{n} \frac{1}{(2k+1)^2}$$

那么我们有

$$a_n^2 - b_n = \sum_{-n \leqslant k \neq m \leqslant n} \frac{(-1)^{k+m}}{(2k+1)(2m+1)} = \sum_{-n \leqslant k \neq m \leqslant n} \frac{(-1)^{k+m}}{2(m-k)} \left( \frac{1}{2k+1} - \frac{1}{2m+1} \right)$$

$$= \sum_{-n \leqslant k \neq m \leqslant n} \frac{(-1)^{k+m}}{(m-k)(2k+1)}$$

最后一个表达式可以写作

$$\sum_{k=-n}^{n} \frac{(-1)^k}{2k+1} c_{k,n}$$

其中

$$c_{k,n} = \sum \frac{(-1)^m}{m-k}$$

并且在求和时, $m$ 取遍 $[-n, n]$,除了 $k$. $c_{k,n}$ 包含几个待消去的项. 其实,对于正的 $k$,有

$$c_{k,n} = (-1)^{k+1} \sum_{\ell=n-k+1}^{k+n} \frac{(-1)^\ell}{\ell}$$

此外显然 $c_{0,n} = 0$ 且 $c_{-k,n} = -c_{k,n}$;所以

$$|c_{k,n}| \leqslant \frac{1}{n + |k| + 1}$$

因此

$$|a_n^2 - b_n| \leqslant \sum_{k=-n}^{n} \frac{1}{|2k+1|(n-|k|+1)}$$

$$< \frac{1}{n} + \frac{6}{2n+1} \left( 1 + \frac{1}{2} + \cdots + \frac{1}{2n+1} \right)$$

当 $n \to \infty$ 时,右边收敛到 $0$,因此 $b_n$ 收敛到 $\dfrac{\pi^2}{4}$,它等于 $\dfrac{3\zeta(2)}{2}$.  □

## 问题 10.2 的解答

从 $1 = \csc^2\left(\dfrac{\pi}{2}\right)$ 开始,重复应用问题中描述的公式,我们得到

$$1 = \frac{1}{4}\left(\csc^2\frac{\pi}{4} + \csc^2\frac{3\pi}{4}\right)$$

$$= \frac{1}{16}\left(\csc^2\frac{\pi}{8} + \csc^2\frac{3\pi}{8} + \csc^2\frac{5\pi}{8} + \csc^2\frac{7\pi}{8}\right)$$

$$= \cdots = \frac{1}{4^n}\sum_{k=0}^{2^n-1}\csc^2\frac{2k+1}{2^{n+1}}\pi$$

另外,当 $0 < \theta < \frac{\pi}{2}$ 时,我们有

$$\theta > \sin\theta > \theta - \frac{\theta^3}{6} > \frac{\theta}{\sqrt{1+\theta^2}}$$

这蕴含了问题中所述的关于"csc"的不等式. 利用该不等式,我们有

$$4^{n+1}s_n < 2^{2n-1} < 2^n + 4^{n+1}s_n$$

其中

$$s_n = \frac{1}{\pi^2}\sum_{k=0}^{2^{n-1}-1}\frac{1}{(2k+1)^2}$$

两边同时除以 $4^{n+1}$,令 $n \to \infty$,我们发现序列 $s_n$ 收敛到 $\frac{1}{8}$,它等于 $\frac{3}{4\pi^2}\zeta(2)$. □

### 问题 10.3 的解答

当 $0 < \theta < \frac{\pi}{2}$ 时,记

$$\phi(\theta) = \sin\theta - \theta\cos\theta$$

我们有 $\phi(0+) = 0, \phi'(\theta) = \theta\sin\theta > 0$;所以 $\theta < \tan\theta$,因此

$$\cot^2\theta < \frac{1}{\theta^2} < 1 + \cot^2\theta$$

对于整数 $k \geq 1$,记

$$\xi_k = \cot^2\frac{k\pi}{2n+1}$$

那么

$$\frac{c_n}{(2n+1)^2} < \sum_{k=1}^{n}\frac{1}{(k\pi)^2} < \frac{n}{(2n+1)^2} + \frac{c_n}{(2n+1)^2}$$

其中 $c_n = \xi_1 + \xi_2 + \cdots + \xi_n$. 因此,只需证明当 $n \to \infty$ 时,$\frac{c_n}{n^2}$ 收敛到 $\frac{2}{3}$.

为此,我们引入在 $\xi_k(1 \leq k \leq n)$ 处等于零的一个 $n$ 次多项式. 我们现在有

$$\sin(2n+1)\theta = \text{Im } e^{(2n+1)\theta i} = \text{Im }\sum_{k=0}^{2n+1}i^k\binom{2n+1}{k}\cos^{2n+1-k}\theta\sin^k\theta$$

$$= \sum_{\ell=0}^{n} (-1)^{\ell} \binom{2n+1}{2\ell+1} \cos^{2n-2\ell}\theta \sin^{2\ell+1}\theta$$

两边同时除以 $\sin^{2n+1}\theta$，我们看到

$$\frac{\sin(2n+1)\theta}{\sin^{2n+1}\theta} = \sum_{\ell=0}^{n} (-1)^{\ell} \binom{2n+1}{2\ell+1} \cot^{2n-2\ell}\theta$$

右边是关于 $\cot^2\theta$ 的 $n$ 次多项式，我们记作 $Q(\cot^2\theta)$. 解满足 $\sin\theta \neq 0$ 的方程 $\sin(2n+1)\theta = 0$，我们看到 $\xi_1, \cdots, \xi_n$ 是 $Q(x)$ 的 $n$ 个实单零点. 由于

$$Q(x) = (2n+1)x^n - \frac{n}{3}(4n^2-1)x^{n-1} + \cdots$$

那么我们有 $c_n = \dfrac{n(2n-1)}{3}$，由此 $\dfrac{c_n}{n^2} \to \dfrac{2}{3}$（$n \to \infty$），如所要求的那样. $\qquad\square$

## 问题 10.4 的解答

问题中的公式可以用与问题 1.7 的证明中相同的方式进行证明. 利用

$$\int_0^{\pi/2} \theta \cos 2k\theta \, d\theta = -\frac{1}{2k} \int_0^{\pi/2} \sin 2k\theta \, d\theta = \frac{(-1)^k - 1}{4k^2}$$

可以看出，当 $n = 2m+1$ 时，问题中左边的值等于

$$\frac{\pi^2}{16} - \frac{1}{2}\left(\frac{1}{1^2} + \frac{1}{3^2} + \cdots + \frac{1}{(2m+1)^2}\right)$$

当 $m \to \infty$ 时，其收敛到 $\dfrac{\pi^2}{16} - \dfrac{3\zeta(2)}{8}$. 另外，由问题 5.3 可知当 $m \to \infty$ 时，

$$\frac{1}{2}\int_0^{\pi/2} \frac{\theta}{\sin\theta}\sin(4m+3)\theta \, d\theta$$

收敛到 0. 注意到函数 $\dfrac{\theta}{\sin\theta}$ 可以连续扩充到 $\theta = 0$，而函数 $\dfrac{1}{\sin\theta}$ 在 $\left(0, \dfrac{\pi}{2}\right]$ 上不是可积的. $\qquad\square$

## 问题 10.5 的解答

函数 $(1-x^2)^{-\frac{1}{2}}$ 关于 $x = 0$ 的 Taylor 级数为

$$1 + \frac{1}{2}x^2 + \frac{1 \cdot 3}{2 \cdot 4}x^4 + \frac{1 \cdot 3 \cdot 5}{2 \cdot 4 \cdot 6}x^6 + \cdots$$

其收敛半径等于 1. 逐项积分得到 $\arcsin x$ 的 Taylor 级数，如下所示.

$$\arcsin x = x + \sum_{n=1}^{\infty} \frac{1 \cdot 3 \cdot 5 \cdot \cdots \cdot (2n-1)}{2 \cdot 4 \cdot 6 \cdot \cdots \cdot (2n)} \cdot \frac{x^{2n+1}}{2n+1}$$

这对于 $|x| < 1$ 是成立的. 此外，它在区间 $[-1, 1]$ 上一致收敛，因为 Stirling（斯特林）逼近蕴含了

$$\frac{1 \cdot 3 \cdot 5 \cdot \cdots \cdot (2n-1)}{2 \cdot 4 \cdot 6 \cdot \cdots \cdot (2n)} = \binom{2n}{n} 4^{-n} = O\left(\frac{1}{\sqrt{n}}\right) \ (n \to \infty)$$

在 arcsin $x$ 的 Taylor 级数中代入 $x = \sin\theta$，并从 0 到 $\frac{\pi}{2}$ 进行积分，我们得到

$$\int_0^{\pi/2} \theta \mathrm{d}\theta = 1 + \sum_{n=1}^{\infty} \frac{1}{(2n+1)^2}$$

这蕴含了 $\frac{\pi^2}{8} = \frac{3\zeta(2)}{4}$. $\quad\square$

## 问题 10.6 的解答

首先对于任意整数 $m \geq 1$，我们记

$$\sigma_m = \sum_{n \geq m} \frac{m!}{n^2(n+1)\cdots(n+m)}$$

这个序列的第一个差是

$$\sigma_m - \sigma_{m+1}$$
$$= \frac{(m-1)!^2}{(2m)!} + \sum_{n>m}\left(\frac{m!}{n^2(n+1)\cdots(n+m)} - \frac{(m+1)!}{n^2(n+1)\cdots(n+m+1)}\right)$$

容易看出右边的和式可以写作

$$\sum_{n>m} \frac{m!}{n(n+1)\cdots(n+m+1)}$$

它可以变换为

$$\frac{1}{m+1} \sum_{n>m} \sum_{k=0}^{m+1} (-1)^k \binom{m+1}{k} \frac{1}{n+k} = \frac{1}{m+1} \int_0^1 t^m (1-t)^m \mathrm{d}t$$
$$= \frac{m!^2}{(m+1)(2m+1)!}$$

另外，由于

$$\sigma_1 = \sum_{n=1}^{\infty} \frac{1}{n^2(n+1)} = \sum_{n=1}^{\infty} \frac{1}{n}\left(\frac{1}{n} - \frac{1}{n+1}\right) = \zeta(2) - 1$$

那么对于任意整数 $k \geq 1$，我们得到

$$\zeta(2) - \sigma_k = 1 + \sigma_1 - \sigma_k = 1 + \sum_{m=1}^{k-1} (\sigma_m - \sigma_{m+1})$$
$$= 1 + \sum_{m=1}^{k-1}\left(\frac{(m-1)!^2}{(2m)!} - \frac{m!^2}{(m+1)(2m+1)!}\right)$$

它等于

$$\sum_{m=1}^{k-1} \frac{(m-1)!^2}{(2m)!} + 2 \sum_{m=1}^{k} \frac{(m-1)!^2}{(2m)!}$$

因此注意到

实分析中的问题与解答

$$0 < \sigma_k < \int_0^1 t^{k-1}(1-t)^{k-1}\mathrm{d}t$$

并且当 $k \to \infty$ 时,右边收敛到 0,于是我们有

$$\zeta(2) = 3\sum_{n=1}^\infty \frac{(n-1)!^{\,2}}{(2n)!}$$

为了求这个级数,我们注意到问题中所述的幂级数满足带有初始条件 $y(0)=y'(0)=0$ 的微分方程

$$(1-x^2)y'' - xy' - 2 = 0$$

以及函数 $\arcsin^2 x$;所以它们相等. 因此我们有

$$\zeta(2) = 6\arcsin^2\frac{1}{2} = \frac{\pi^2}{6} \qquad \square$$

## 问题 10.7 的解答

对于任意整数 $n \geqslant 1$,由分部积分法可知

$$I_n = \theta\cos^{2n}\theta\,\Big|_0^{\pi/2} + 2n\int_0^{\pi/2}\theta\sin\theta\cos^{2n-1}\theta\mathrm{d}\theta$$

$$= n\theta^2\sin\theta\cos^{2n-1}\theta\,\Big|_0^{\pi/2} - n\int_0^{\pi/2}\theta^2(\cos^{2n}\theta - (2n-1)\sin^2\theta\cos^{2n-2}\theta)\mathrm{d}\theta$$

因此

$$I_n = n(2n-1)J_{n-1} - 2n^2 J_n$$

两边同时乘以 $2^{2n-1}(n-1)!^{\,2}/(2n)!$,我们得到

$$\frac{\pi}{4n^2} = \frac{4^{n-1}(n-1)!^{\,2}}{(2n-2)!}J_{n-1} - \frac{4^n n!^{\,2}}{(2n)!}J_n$$

将从 $n=1,\cdots,m$ 时的这 $m$ 个公式相加,我们得到

$$\frac{\pi}{4}\sum_{n=1}^m \frac{1}{n^2} = J_0 - \frac{4^m m!^{\,2}}{(2m)!}J_m$$

由于 $J_0 = \dfrac{\pi^3}{24}$,那么只需证明当 $m \to \infty$ 时,上述表达式右边的第二项收敛到 0. 为此,利用在 $\left[0, \dfrac{\pi}{2}\right]$ 上成立的 Jordan 不等式 $\pi\sin\theta \geqslant 2\theta$,我们得到

$$J_m < \frac{\pi^2}{4}\int_0^{\pi/2}\sin^2\theta\,\cos^{2m}\theta\mathrm{d}\theta = \frac{\pi^2}{4}(I_m - I_{m-1}) = \frac{\pi^2}{4(m+1)}I_m$$

因此

$$0 < \frac{4^m m!^{\,2}}{(2m)!}J_m < \frac{4^m m!^{\,2}}{(2m)!}\cdot\frac{\pi^2}{4(m+1)}\cdot\frac{(2m)!}{m!^{\,2}2^{2m+1}}\pi = \frac{\pi^3}{8(m+1)}$$

并且当 $m \to \infty$ 时,右边收敛到 0,如所要求的那样. $\qquad \square$

### 问题 10.8 的解答

设 $I$ 为问题中所述的反常积分. 由于当 $\theta$ 在区间 $\left[0, \dfrac{\pi}{2}\right)$ 中变化时, 复数 $e^{i\theta}$ 与 $1 + e^{i\theta}$ 都不触及负实轴, 那么通过取对数的主值, 我们可以写作

$$\log(2\cos\theta) = i\theta + \log(1 + e^{-2i\theta})$$

因此我们有

$$I = \frac{\pi^2}{8}i + \int_0^{\pi/2} \log(1 + e^{-2i\theta})\,d\theta$$

$\log(1 + z)$ 的 Taylor 级数在 $\{|z| = 1 \mid z \neq -1\}$ 中的紧集上收敛, $\{|z| = 1 \mid z \neq -1\}$ 是以原点为中心的单位圆, 除去点 $z = -1$. 因此对于任意充分小的 $\epsilon > 0$, 我们有

$$\int_0^{\pi/2 - \epsilon} \log(1 + e^{-2i\theta})\,d\theta = \sum_{n=1}^{\infty} \frac{(-1)^{n-1}}{n} \cdot \frac{1 - (-1)^n e^{2n\epsilon i}}{2ni}$$

由于当 $\epsilon \to 0+$ 时, 右边现在绝对收敛到 $-\dfrac{3\zeta(2)i}{4}$, 那么我们得到

$$I = \frac{i}{8}(\pi^2 - 6\zeta(2))$$

不过, $I$ 显然是实的, 所以我们有 $I = 0$; 即 $\zeta(2) = \dfrac{\pi^2}{6}$. $\qquad\square$

### 问题 10.9 的解答

对于区间 $(-1, 1)$ 中的任意 $x$, 我们记

$$\phi(x) = \int_{-1}^{1} \frac{dy}{1 + xy} = \frac{1}{x}\log\frac{1+x}{1-x}$$

将函数 $\dfrac{1}{1 + xy}$ 展开为关于 $y$ 的 Taylor 级数, 我们得到

$$\phi(x) = \sum_{n=0}^{\infty} (-1)^n x^n \int_{-1}^{1} y^n dy = 2\sum_{n=0}^{\infty} \frac{x^{2n}}{2n + 1}$$

因此对于 $(0, 1)$ 中的任意 $\epsilon$, 我们有

$$I_\epsilon = \int_0^{1 - \epsilon} \phi(x)\,dx = 2\sum_{n=0}^{\infty} \frac{(1 - \epsilon)^{2n+1}}{(2n + 1)^2}$$

当 $\epsilon \to 0+$ 时, 右边的级数显然收敛到 $\dfrac{3\zeta(2)}{2}$.

另外, 关系式

$$\cos\theta = y + \frac{x}{2}(y^2 - 1)$$

给出了关于 $y$ 的区间 $[-1, 1]$ 与关于 $\theta$ 的区间 $[0, \pi]$ 之间的光滑——对应. 因

此我们得到

$$\phi(x) = \int_\pi^0 \frac{1}{1+xy} \cdot \frac{dy}{d\theta} d\theta = \int_0^\pi \frac{\sin\theta}{(1+xy)^2} d\theta = \int_0^\pi \frac{\sin\theta}{1+2x\cos\theta+x^2} d\theta$$

由于

$$\frac{\sin\theta}{1+2x\cos\theta+x^2} = \frac{d}{dx}\left(\arctan\frac{x+\cos\theta}{\sin\theta}\right)$$

那么互换积分顺序可知

$$I_\epsilon = \int_0^\pi \left(\arctan\frac{1+\cos\theta-\epsilon}{\sin\theta} - \arctan\cot\theta\right) d\theta$$

$$= \int_0^\pi \arctan\frac{(1-\epsilon)\sin\theta}{1+(1-\epsilon)\cos\theta} d\theta$$

当 $\epsilon \to 0+$ 时，它收敛到

$$\int_0^\pi \arctan\frac{\sin\theta}{1+\cos\theta} d\theta = \int_0^\pi \frac{\theta}{2} d\theta = \frac{\pi^2}{4}$$

因为被积函数是一致有界的. $\qquad\square$

### 问题 10.10 的解答

设 $I$ 为问题中的反常累次积分的值. 首先关于 $y$ 进行积分，我们有

$$I = \int_0^\infty \frac{1}{1+x^2}\arctan xy \Big|_{y=0}^{y=1} dx = \int_0^\infty \frac{\arctan x}{1+x^2} dx$$

它等于

$$\frac{1}{2}\arctan^2 x \Big|_0^\infty = \frac{\pi^2}{8}$$

接下来首先关于 $x$ 进行积分，我们有

$$I = \frac{1}{2}\int_0^1 \frac{dy}{1-y^2}\int_0^\infty \left(\frac{2x}{1+x^2} - \frac{2xy^2}{1+x^2y^2}\right) dx$$

$$= \frac{1}{2}\int_0^1 \frac{1}{1-y^2}\log\frac{1+x^2}{1+x^2y^2} \Big|_{x=0}^{x=\infty} dy$$

它等于

$$-\int_0^1 \frac{\log y}{1-y^2} dy$$

那么通过逐项积分，我们得到

$$I = -\sum_{n=0}^\infty \int_0^1 y^{2n}\log y\, dy = \sum_{n=0}^\infty \frac{1}{(2n+1)^2} = \frac{3}{4}\zeta(2) \qquad\square$$

### 问题 10.11 的解答

问题中描述的仿射变换显然将单位正方形 $(0,1)\times(0,1)$ 旋转 $-45°$，使得

四个顶点 $(0,0),(1,0),(1,1)$ 与 $(0,1)$ 分别变换为 $(0,0)$，$\left(\dfrac{1}{\sqrt{2}},-\dfrac{1}{\sqrt{2}}\right)$，$(\sqrt{2}$,

$0)$ 与 $\left(\dfrac{1}{\sqrt{2}},\dfrac{1}{\sqrt{2}}\right)$. 由于

$$1-xy=1-\frac{u^2-v^2}{2}$$

是关于 $v$ 的偶函数，那么我们有

$$\frac{\zeta(2)}{4}=\int_0^{1/\sqrt{2}}\int_0^u\frac{\mathrm{d}v\mathrm{d}u}{2-u^2+v^2}+\int_{1/\sqrt{2}}^{\sqrt{2}}\int_0^{\sqrt{2}-u}\frac{\mathrm{d}v\mathrm{d}u}{2-u^2+v^2} \tag{10.1}$$

因此，利用

$$\int_0^x\frac{\mathrm{d}v}{2-u^2+v^2}=\frac{1}{\sqrt{2-u^2}}\arctan\frac{x}{\sqrt{2-u^2}}$$

我们可以得到问题中要求的不等式. (10.1) 中的第一个积分与第二个积分中的 $u$ 分别用 $\sqrt{2}\sin\theta$ 与 $\sqrt{2}\cos 2\theta$ 代换，我们得到

$$\frac{\zeta(2)}{4}=\int_0^{\pi/6}\theta\mathrm{d}\theta+2\int_0^{\pi/6}\theta\mathrm{d}\theta=\frac{\pi^2}{24} \qquad\square$$

### 问题 10.12 的解答

设 $\Phi$ 与 $\Delta$ 分别为问题中所述的变换与三角形区域. 显然 $\Phi$ 将 $\Delta$ 映射到 $xy$ 平面中的单位开正方形 $(0,1)\times(0,1)$ 中. 反之，对于区间 $(0,1)$ 中的任意 $x$ 与 $y$，我们有

$$\sin^2\theta=\frac{x^2(1-y^2)}{1-x^2y^2}$$

与

$$\sin^2\varphi=\frac{y^2(1-x^2)}{1-x^2y^2}$$

由此我们可以分别确定 $\left(0,\dfrac{\pi}{2}\right)$ 中的 $\theta$ 与 $\varphi$. 此外

$$\cos(\theta+\varphi)=\frac{\sqrt{(1-x^2)(1-y^2)}}{1+xy}>0$$

蕴含了 $\theta+\varphi<\dfrac{\pi}{2}$；因此 $(\theta,\varphi)\in\Delta$，所以 $\Phi$ 是满射的. 由于 Jacobi（雅可比）行列式

$$\begin{vmatrix}\dfrac{\partial x}{\partial\theta} & \dfrac{\partial x}{\partial\varphi}\\[2mm]\dfrac{\partial y}{\partial\theta} & \dfrac{\partial y}{\partial\varphi}\end{vmatrix}=\begin{vmatrix}\dfrac{\cos\theta}{\cos\varphi} & \dfrac{\sin\theta}{\cos\varphi}\tan\varphi\\[2mm]\dfrac{\sin\varphi}{\cos\theta}\tan\theta & \dfrac{\cos\varphi}{\cos\theta}\end{vmatrix}$$

等于 $1 - x^2y^2 > 0$,那么我们得出

$$\frac{3}{4}\zeta(2) = \iint_{\Delta} d\theta d\varphi = \frac{\pi^2}{8}$$

□

### 问题 10.13 的解答

因为对于任意复数 $z \in \mathbf{C}\backslash(-\infty, 0]$,都有

$$\left(D\left(-\frac{1}{z}\right) + D(-z)\right)' = \frac{\log(1 + 1/z) - \log(1 + z)}{z} = -\frac{\log z}{z}$$

那么存在常数 $c$,使得我们有函数方程

$$D\left(-\frac{1}{z}\right) + D(-z) = c - \frac{1}{2}\log^2 x$$

为了确定 $c$ 的值,我们仅将 $z = 1$ 代入上式,使得

$$c = 2D(-1) = -\zeta(2)$$

另外,当 $\epsilon \to 0+$ 时,记 $z = -1 + \epsilon i$,并取 $D\left(-\frac{1}{z}\right)$ 的极限,我们看到 $D\left(-\frac{1}{z}\right)$ 与 $D(-z)$ 一起收敛到 $D(1) = \zeta(2)$. 因此,由函数方程可知

$$2\zeta(2) = -\zeta(2) - \frac{1}{2}(-\pi i)^2$$

即 $\zeta(2) = \dfrac{\pi^2}{6}$,如所要求的那样.

□

153

# 多 元 函 数

## 要 点 总 结

1. 定义在开集 $U \subset \mathbf{R}^2$ 上的函数 $f(x,y)$ 在 $(a,b) \in U$ 处是（完全）可微的，当且仅当在 $U$ 上存在两个函数 $\alpha(x,y)$，$\beta(x,y)$，其在 $(a,b)$ 处是连续的，满足

$$f(x,y) = f(a,b) + \alpha(x,y)(x-a) + \beta(x,y)(y-b)$$

那么显然有

$$\frac{\partial f}{\partial x}(a,b) = \alpha(a,b) \text{ 与 } \frac{\partial f}{\partial y}(a,b) = \beta(a,b)$$

"可微性"的这一定义是以 Carathéodory 的方式给出的. 见第 4 章的第 1 条要点. 不同于一元的情形, 函数 $\alpha(x,y)$, $\beta(x,y)$ 不是唯一确定的, 因为对于在 $(a,b)$ 处连续的任意 $\phi$, 我们可以用 $\alpha(x,y) + (y-b)\phi(x,y)$ 与 $\beta(x,y) - (x-a)\phi(x,y)$ 分别替换 $\alpha(x,y)$ 与 $\beta(x,y)$.

2. 设 $f(x,y)$ 与 $\frac{\partial f}{\partial y}(x,y)$ 在 $[a,b] \times (c,d)$ 上是连续的. 那么对于任意 $y \in (c,d)$, 都有

$$\frac{\mathrm{d}}{\mathrm{d}y} \int_a^b f(x,y)\,\mathrm{d}x = \int_a^b \frac{\partial f}{\partial y}(x,y)\,\mathrm{d}x$$

这说明我们可以互换微分与积分的顺序；换言之，我们可以在积分符号下求微分.

154

3. 如果 $f(x,y)$ 与 $\dfrac{\partial f}{\partial y}(x,y)$ 在 $[a,\infty)\times(c,d)$ 上都是连续的

$$\int_a^\infty f(x,y)\,\mathrm{d}x$$

存在,并且

$$\int_a^\infty \frac{\partial f}{\partial y}(x,y)\,\mathrm{d}x$$

在关于 $y$ 的紧集上一致收敛,那么对于 $(c,d)$ 中的任意 $y$

$$\frac{\mathrm{d}}{\mathrm{d}y}\int_a^\infty f(x,y)\,\mathrm{d}x = \int_a^\infty \frac{\partial f}{\partial y}(x,y)\,\mathrm{d}x$$

都成立.

4. 对于非负整数的 $n$ 元组 $\boldsymbol{m}=(m_1,m_2,\cdots,m_n)$,偏微分算子

$$\frac{\partial^{|\boldsymbol{m}|}}{\partial x_1^{m_1}\partial x_2^{m_2}\cdots\partial x_n^{m_n}}$$

记作 $D^{\boldsymbol{m}}$,其中 $|\boldsymbol{m}|=m_1+m_2+\cdots+m_n$ 称为 $D^{\boldsymbol{m}}$ 的阶.

5. 设 $f$ 在 $\mathbf{R}^n$ 中的开集 $U$ 的每个点处都有 $s$ 阶连续偏导数. 如果联结两点 $\boldsymbol{x}=(x_1,\cdots,x_n)$ 与 $\boldsymbol{a}=(a_1,\cdots,a_n)$ 的线段包含于 $U$,那么在区间 $(0,1)$ 中存在 $\theta$,使得

$$f(\boldsymbol{x})=f(\boldsymbol{a})+\sum_{k=1}^{s-1}\frac{1}{k!}\left(\sum_{j=1}^n (x_j-a_j)\frac{\partial}{\partial x_j}\right)^k f(\boldsymbol{a})+$$

$$\frac{1}{s!}\left(\sum_{j=1}^n (x_j-a_j)\frac{\partial}{\partial x_j}\right)^s f((1-\theta)\boldsymbol{a}+\theta\boldsymbol{x})$$

其称为多元函数的 Taylor 公式.

6. 对于任意多项式 $P(x_1,\cdots,x_n)$,它可以简便地表示为

$$P(\boldsymbol{x})=\sum_{k_1=0}^{r_1}\cdots\sum_{k_n=0}^{r_n}\frac{1}{\boldsymbol{k}!}D^{\boldsymbol{k}}P(\boldsymbol{a})\,(\boldsymbol{x}-\boldsymbol{a})^{\boldsymbol{k}}$$

其中

$$\boldsymbol{k}=(k_1,\cdots,k_n),\boldsymbol{k}!=k_1!\,k_2!\cdots k_n!$$
$$(\boldsymbol{x}-\boldsymbol{a})^{\boldsymbol{k}}=(x_1-a_1)^{k_1}\cdots(x_n-a_n)^{k_n}$$

并且 $r_j$ 是 $P$ 关于 $x_j$ 的次数.

7. 设 $u_k(x_1,\cdots,x_n),1\leqslant k\leqslant n$ 为从 $\mathbf{R}^n$ 中的开区域 $U$ 到 $V$ 的光滑变换. 假设 Jacobi 行列式

$$J=\begin{vmatrix} \dfrac{\partial u_1}{\partial x_1} & \cdots & \dfrac{\partial u_1}{\partial x_n} \\ \vdots & & \vdots \\ \dfrac{\partial u_n}{\partial x_1} & \cdots & \dfrac{\partial u_n}{\partial x_n} \end{vmatrix}$$

在 $U$ 上不等于零. 如果下式左边的积分存在,那么对于任意 $f \in \mathscr{C}(V)$ ,都有

$$\int \cdots \int_V f(u_1, \cdots, u_n) \mathrm{d}u_1 \cdots \mathrm{d}u_n = \int \cdots \int_U f(u_1(\boldsymbol{x}), \cdots, u_n(\boldsymbol{x})) \mid J \mid \mathrm{d}x_1 \cdots \mathrm{d}x_n$$

8. 在 Apéry(1978) 发现 $\zeta(3)$ 的无理性之后,Beukers(1978) 利用反常三重积分

$$\zeta(3) = \iiint_B \frac{\mathrm{d}x\mathrm{d}y\mathrm{d}z}{1 - (1 - xy)z}$$

给出了另一个简洁的证明,其中 $B$ 是单位立方体 $(0,1)^3$ .

---

**问题 11.1**

证明:

$$\iint_{0 < x < y < \pi} \log \mid \sin(x - y) \mid \mathrm{d}x\mathrm{d}y = -\frac{\pi^2}{2} \log 2$$

---

**问题 11.2**

设 $f(x,y)$ 为定义在开区域 $U \in \mathbf{R}^2$ 上的函数,假设在 $U$ 上 $\frac{\partial f}{\partial x}(x,y)$ 与 $\frac{\partial f}{\partial y}(x,y)$ 都存在,并且它们在点 $(a,b) \in U$ 处都是完全可微的. 那么证明:

$$\frac{\partial^2 f}{\partial x \partial y}(a,b) = \frac{\partial^2 f}{\partial y \partial x}(a,b)$$

---

这见于 Young(1909) ,称为微分基本定理. 注意到偏导数的连续性不是必需的.

---

**问题 11.3**

设 $\phi(x,y)$ 为定义在穿孔区域 $U = \{(x,y) \mid 0 < x^2 + y^2 < 1\}$ 上的有界 $\mathscr{C}^\infty$ 函数. 假设当 $h \to 0$ 时,$\phi(h,0)$ 与 $\phi(0,h)$ 分别收敛到 $\alpha$ 与 $\beta$. 此外假设

$$\lim_{(x,y) \to (0,0)} xy \frac{\partial \phi}{\partial x}(x,y) = \lim_{(x,y) \to (0,0)} xy \frac{\partial \phi}{\partial y}(x,y) = 0$$

那么证明:

$$f(x,y) = \begin{cases} xy\phi(x,y) & ((x,y) \in U) \\ 0 & (x = y = 0) \end{cases}$$

在 $(0,0)$ 处是可微的,并且满足

$$\frac{\partial^2 f}{\partial x \partial y}(0,0) = \alpha \quad 与 \quad \frac{\partial^2 f}{\partial y \partial x}(0,0) = \beta$$

---

Peano 在 Genocchi(1884) 第 174 页给出了满足 $\alpha = 1$ 与 $\beta = -1$ 的一个例子

$$\phi(x,y) = \frac{x^2 - y^2}{x^2 + y^2}$$

这本书是由 Peano 基于 Genocchi 在都灵大学的讲课内容撰写而成的,并由 Peano 自己做了许多重要的补充. 我们可以观察到满足 $\alpha = \frac{\pi}{2}$ 与 $\beta = 0$ 的函数

$$\phi(x,y) = \arctan \frac{x^2}{y^2}$$

也满足问题中的假设.

---

**问题 11.4**

证明:当 $n \to \infty$ 时,

$$\int \cdots \int_{[0,1]^n} \frac{n}{\dfrac{1}{x_1} + \dfrac{1}{x_2} + \cdots + \dfrac{1}{x_n}} dx_1 dx_2 \cdots dx_n$$

收敛.

---

被积函数称为 $x_1, x_2, \cdots, x_n$ 的调和平均,并且对于任意 $x_i > 0$,满足

$$\frac{n}{\dfrac{1}{x_1} + \cdots + \dfrac{1}{x_n}} \leqslant \sqrt[n]{x_1 \cdots x_n} \leqslant \frac{x_1 + \cdots + x_n}{n}$$

这些不等式不过是函数 $e^{-x}$ 与 $-\log x$ 的凸性.

---

**问题 11.5**

设 $\Delta$ 为满足 $0 \leqslant x_1 \leqslant x_2 \leqslant \cdots \leqslant x_n \leqslant 1$ 的所有点 $(x_1, x_2, \cdots, x_n)$ 构成的集合. 对于任意 $f \in \mathscr{C}[0,1]$,证明:

$$\int \cdots \int_{\Delta} f(x_1) \cdots f(x_n) dx_1 \cdots dx_n = \frac{1}{n!} \left( \int_0^1 f(x) dx \right)^n$$

---

**问题 11.6**

假设对于所有整数 $n \geqslant 1, \phi_n(x_1, \cdots, x_n) \in \mathscr{C}[0,1]^n$ 在 $[0,1]^n$ 上满足 $0 \leqslant \phi_n(x_1, \cdots, x_n) \leqslant 1$,并且当 $n \to \infty$ 时,

$$\int \cdots \int_{[0,1]^n} \phi_n(x_1, \cdots, x_n) dx_1 \cdots dx_n$$

与

$$\int\limits_{[0,1]^n}\!\cdots\!\int \phi_n^2(x_1,\cdots,x_n)\,\mathrm{d}x_1\cdots\mathrm{d}x_n$$

分别收敛到 $\alpha$ 与 $\alpha^2$. 那么证明:对于任意 $f \in \mathscr{C}[0,1]$,都有

$$\lim_{n\to\infty}\int\limits_{[0,1]^n}\!\cdots\!\int f(\phi_n(x_1,\cdots,x_n))\,\mathrm{d}x_1\cdots\mathrm{d}x_n = f(\alpha)$$

满足 $\alpha = \dfrac{1}{2}$ 的算术平均 $\phi_n = \dfrac{x_1 + x_2 + \cdots + x_n}{n}$ 的情形是在 Kac 的书(1959)

中给出的. 满足 $\alpha = \dfrac{1}{e}$ 的几何平均 $\phi_n = \sqrt[n]{x_1 x_2 \cdots x_n}$ 也满足以上假设.

---

**问题 11.7**

设 $n \geqslant 1$ 为一个整数. 我们将复数 $\lambda_m$ 任意指定给每个非负整数的 $n$ 元组 $\boldsymbol{m} = (m_1,\cdots,m_n)$. 证明:存在一个 $f(x_1,\cdots,x_n) \in \mathscr{C}^\infty(\mathbf{R}^n)$,使得对于所有 $\boldsymbol{m}$,满足

$$D^m f(\mathbf{0}) = \lambda_m$$

其中 $\mathbf{0} = (0,\cdots,0)$.

---

一元的情形 $n = 1$ 由 Borel(1895)证明. 其后,Rosenthal(1953)通过考虑

$$g(x) = \sum_{n=0}^{\infty} a_n \mathrm{e}^{-|a_n|n!\,x^2} x^n$$

给出了一个更简单的证明. 根据给定的 $\{g^{(k)}(0)\}$,其中的 $a_n$ 是确定的. Mirkil(1956)给出了 $n$ 维情形的一个证明.

---

**问题 11.8**

对于所有整数 $n \geqslant 2$,证明:

$$\int\limits_{[0,1]^n}\!\cdots\!\int \prod_{1 \leqslant j < k \leqslant n} \sin^2 \pi(x_k - x_j)\,\mathrm{d}x_1\cdots\mathrm{d}x_n = \frac{n!}{2^{n(n-1)}}$$

---

因为对于任意置换 $\sigma$,被积函数

$$f(x_1,\cdots,x_n) = \prod_{1 \leqslant j < k \leqslant n} \sin^2 \pi(x_k - x_j)$$

满足 $f(x_1,\cdots,x_n) = f(x_{\sigma(1)},\cdots,x_{\sigma(n)})$,所以我们可以对上述积分应用与问题 11.5 的解答相同的方法,使得

$$\int\cdots\int_{\Delta} f(x_1,\cdots,x_n)\,\mathrm{d}x_1\cdots\mathrm{d}x_n = \frac{1}{2^{n(n-1)}}$$

其中

$$\Delta = \left\{\,(x_1,x_2,\cdots,x_n)\mid 0\leqslant x_1\leqslant x_2\leqslant\cdots\leqslant x_n\leqslant 1\,\right\}.$$

# 第 11 章的解答

## 问题 11.1 的解答

仿射变换

$$\binom{x}{y} = \begin{pmatrix} -\dfrac{1}{2} & \dfrac{1}{2} \\[2mm] \dfrac{1}{2} & \dfrac{1}{2} \end{pmatrix}\binom{u}{v}$$

将 $D = \{0 < u < v < 2\pi - u\}$ 映射到三角形区域 $\{0 < x < y < \pi\}$ 上, 其 Jacobi 行列式是 $-\dfrac{1}{2}$. 因此, 问题中的二重积分是

$$\frac{1}{2}\iint_D \log|\sin u|\,\mathrm{d}u\mathrm{d}v = \int_0^\pi (\pi - u)\log|\sin u|\,\mathrm{d}u$$

记作 $J$. 由于 $\left(\dfrac{\pi}{2} - u\right)\log|\sin u|$ 是关于 $u = \dfrac{\pi}{2}$ 的奇函数, 那么对应积分在区间 $(0,\pi)$ 上等于零; 所以

$$J = \pi\int_0^{\pi/2}\log|\sin u|\,\mathrm{d}u$$

并且我们得到

$$\begin{aligned}
\frac{2}{\pi}J &= \int_0^{\pi/2}\log|\sin u|\,\mathrm{d}u + \int_0^{\pi/2}\log|\cos u|\,\mathrm{d}u \\
&= \int_0^{\pi/2}\log|\sin 2u|\,\mathrm{d}u - \frac{\pi}{2}\log 2 \\
&= \frac{J}{\pi} - \frac{\pi}{2}\log 2
\end{aligned}$$

这蕴含了 $J = -\dfrac{\pi^2}{2}\log 2$.  $\square$

**评注** $J$ 的这一求法出于 Euler. 另外, Pólya 与 Szegö(1972) 利用了所谓的 Vandermonde 行列式

$$\begin{vmatrix} 1 & 1 & 1 & \cdots & 1 \\ 1 & z & z^2 & \cdots & z^{n-1} \\ 1 & z^2 & z^4 & \cdots & z^{2(n-1)} \\ \vdots & \vdots & \vdots & & \vdots \\ 1 & z^{n-1} & z^{2(n-1)} & \cdots & z^{(n-1)^2} \end{vmatrix} = \prod_{0 \leqslant j < k < n} (z^k - z^j)$$

来求 $J$ 的值,计算满足 $z = \exp\left(\dfrac{2\pi i}{n}\right)$ 及其共轭的行列式之积,他们得到

$$\prod_{0 \leqslant j < k < n} \left(2\sin\frac{j-k}{n}\pi\right)^2 = n^n$$

等式右边直接来自于计算两个矩阵的积. 因此

$$\frac{\pi^2}{n^2}\sum_{0 \leqslant j < k < n} \log\left| \sin\left(\frac{j\pi}{n} - \frac{k\pi}{n}\right) \right| = \frac{\pi^2}{2n}\log n - \left(1 - \frac{1}{n}\right)\frac{\pi^2}{2}\log 2$$

等式左边可以是函数 $\log|\sin(x-y)|$ 的二维等分 Riemann 和,尽管我们必须对反常二重积分验证 Riemann 和的收敛性.

### 问题 11.2 的解答

由于 $\dfrac{\partial f}{\partial x}$ 在 $(a,b)$ 处是完全可微的,那么存在在 $(a,b)$ 处连续并且满足

$$\alpha(a,b) = \frac{\partial^2 f}{\partial x^2}(a,b) \text{ 与 } \beta(a,b) = \frac{\partial^2 f}{\partial y \partial x}(a,b)$$

的函数 $\alpha(x,y)$ 与 $\beta(x,y)$,使得

$$\frac{\partial f}{\partial x}(a+\epsilon, b+\eta) = \frac{\partial f}{\partial x}(a,b) + \epsilon\alpha(a+\epsilon, b+\eta) + \eta\beta(a+\epsilon, b+\eta)$$

$$(11.1)$$

同样地,存在在 $(a,b)$ 处连续并且满足

$$\gamma(a,b) = \frac{\partial^2 f}{\partial x \partial y}(a,b) \text{ 与 } \delta(a,b) = \frac{\partial^2 f}{\partial y^2}(a,b)$$

的函数 $\gamma(x,y)$ 与 $\delta(x,y)$,使得

$$\frac{\partial f}{\partial y}(a+\epsilon, b+\eta) = \frac{\partial f}{\partial y}(a,b) + \epsilon\gamma(a+\epsilon, b+\eta) + \eta\delta(a+\epsilon, b+\eta)$$

现在我们考虑二重增量

$$\Delta = f(a+\epsilon, b+\eta) - f(a+\epsilon, b) - f(a, b+\eta) + f(a,b)$$

由于 $\Delta = \phi(a+\epsilon) - \phi(a)$,其中 $\phi(x) = f(x, b+\eta) - f(x,b)$,那么由中值定理与 (11.1) 可知存在 $\theta \in (0,1)$,使得

$$\Delta = \epsilon\phi'(a+\theta\epsilon) = \epsilon\left(\frac{\partial f}{\partial x}(a+\theta\epsilon, b+\eta) - \frac{\partial f}{\partial x}(a+\theta\epsilon, b)\right)$$

$$= \epsilon\eta\beta(a+\theta\epsilon, b+\eta) + \theta\epsilon^2(\alpha(a+\theta\epsilon, b+\eta) - \alpha(a+\theta\epsilon, b))$$

同样地,由于 $\Delta = \psi(b+\eta) - \psi(b)$,其中 $\psi(y) = f(a+\epsilon,y) - f(a,y)$,那么存在 $\widetilde{\theta} \in (0,1)$,使得

$$\Delta = \eta\psi'(b+\widetilde{\theta}\eta) = \eta\Big(\frac{\partial f}{\partial y}(a+\epsilon,b+\widetilde{\theta}\eta) - \frac{\partial f}{\partial y}(a,b+\widetilde{\theta}\eta)\Big)$$

$$= \epsilon\eta\gamma(a+\epsilon,b+\widetilde{\theta}\eta) + \widetilde{\theta}\eta^2(\delta(a+\epsilon,b+\widetilde{\theta}\eta) - \delta(a,b+\widetilde{\theta}\eta))$$

注意到 $\theta,\widetilde{\theta}$ 依赖于 $\epsilon$ 与 $\eta$. 取 $\epsilon = \eta$,我们因此得到

$$|\beta(a+\theta\epsilon,b+\epsilon) - \gamma(a+\epsilon,b+\widetilde{\theta}\epsilon)|$$
$$\leqslant |\alpha(a+\theta\epsilon,b+\epsilon) - \alpha(a+\theta\epsilon,b)| +$$
$$|\delta(a+\epsilon,b+\widetilde{\theta}\epsilon) - \delta(a,b+\widetilde{\theta}\epsilon)|$$

所以

$$|\beta(a,b) - \gamma(a,b)| \leqslant |\beta(a+\theta\epsilon,b+\epsilon) - \beta(a,b)| +$$
$$|\gamma(a+\epsilon,b+\widetilde{\theta}\epsilon) - \gamma(a,b)| +$$
$$|\alpha(a+\theta\epsilon,b+\epsilon) - \alpha(a+\theta\epsilon,b)| +$$
$$|\delta(a+\epsilon,b+\widetilde{\theta}\epsilon) - \delta(a,b+\widetilde{\theta}\epsilon)|$$

并且按照 $\alpha,\beta,\gamma$ 与 $\delta$ 在 $(a,b)$ 处的连续性,当 $\epsilon \to \infty$ 时,右边收敛到 $0$. 问题得证. $\square$

### 问题 11.3 的解答

我们可以写作 $f(x,y) = x\gamma(x,y)$,其中

$$\gamma(x,y) = \begin{cases} y\phi(x,y) & ((x,y) \in U) \\ 0 & (x=y=0) \end{cases}$$

按照 $\phi$ 的有界性,我们看到当 $(x,y) \to (0,0)$ 时,$\gamma(x,y)$ 趋于 $0$;因此 $\gamma(x,y)$ 在 $(0,0)$ 处是连续的. 按照以 Carathéodory 的方式给出的定义,$f(x,y)$ 在 $(0,0)$ 处是可微的,并且

$$\frac{\partial f}{\partial x}(0,0) = \frac{\partial f}{\partial y}(0,0) = 0$$

由于在 $U$ 中,$\frac{\partial f}{\partial x}(x,y) = \gamma(x,y) + xy\frac{\partial \phi}{\partial x}(x,y)$,那么我们看到 $\frac{\partial f}{\partial x}$ 在 $(0,0)$ 处是连续的,$\frac{\partial f}{\partial y}$ 也一样. 因此

$$\frac{\partial^2 f}{\partial y\partial x}(0,0) = \lim_{h\to 0}\frac{1}{h}\Big(\frac{\partial f}{\partial x}(0,h) - \frac{\partial f}{\partial x}(0,0)\Big) = \lim_{h\to 0}\phi(0,h) = \beta$$

且

$$\frac{\partial^2 f}{\partial x \partial y}(0,0) = \lim_{h \to 0} \frac{1}{h}\left(\frac{\partial f}{\partial y}(h,0) - \frac{\partial f}{\partial y}(0,0)\right) = \lim_{h \to 0} \phi(h,0) = \alpha \qquad \square$$

## 问题 11.4 的解答

容易看出

$$\frac{(m+n)^2}{s+t} \leqslant \frac{m^2}{s} + \frac{n^2}{t}$$

对于任意 $s, t > 0$ 与任意整数 $m, n$ 都成立. 这说明 $a_{m+n} \leqslant a_m + a_n$, 其中

$$a_n = \int \cdots \int_{[0,1]^n} \frac{n^2}{\dfrac{1}{x_1} + \cdots + \dfrac{1}{x_n}} \mathrm{d}x_1 \cdots \mathrm{d}x_n$$

因此, 按照问题 1.5, 当 $n \to \infty$ 时, 正序列 $\left\{\dfrac{a_n}{n}\right\}$ 收敛. $\qquad \square$

## 问题 11.5 的解答

对于 $n$ 次对称群 $\mathfrak{S}_n$ 中的每个置换 $\sigma$, 超立方体 $[0,1]^n$ 可以分成 $n!$ 个多胞腔:

$$\Delta_\sigma = \{(x_1, \cdots, x_n) \mid 0 \leqslant x_{\sigma(1)} \leqslant \cdots \leqslant x_{\sigma(n)} \leqslant 1\}$$

由于

$$\int \cdots \int_{\Delta_\sigma} f(x_1) \cdots f(x_n) \, \mathrm{d}x_1 \cdots \mathrm{d}x_n$$

$$= \int \cdots \int_{\Delta_\sigma} f(x_{\sigma(1)}) \cdots f(x_{\sigma(n)}) \, \mathrm{d}x_{\sigma(1)} \cdots \mathrm{d}x_{\sigma(n)}$$

$$= \int \cdots \int_{\Delta} f(x_1) \cdots f(x_n) \, \mathrm{d}x_1 \cdots \mathrm{d}x_n$$

那么积分在 $\Delta_\sigma$ 上与 $\sigma$ 无关; 所以我们得到

$$n! \int \cdots \int_{\Delta} f(x_1) \cdots f(x_n) \, \mathrm{d}x_1 \cdots \mathrm{d}x_n$$

$$= \sum_\sigma \int \cdots \int_{\Delta_\sigma} f(x_1) \cdots f(x_n) \, \mathrm{d}x_1 \cdots \mathrm{d}x_n$$

$$= \int \cdots \int_{[0,1]^n} f(x_1) \cdots f(x_n) \, \mathrm{d}x_1 \cdots \mathrm{d}x_n$$

$$= \left(\int_0^1 f(x) \, \mathrm{d}x\right)^n \qquad \square$$

## 问题 11.6 的解答

为简便起见, 我们记 $B_n = [0,1]^n$. 注意到当 $n \to \infty$ 时,

$$c_n = \int\cdots\int_{B_n}(\phi_n(x_1,\cdots,x_n)-\alpha)^2\,dx_1\cdots dx_n$$

收敛到 $0$. 如果 $c_n = 0$,那么 $\phi_n = \alpha$ 是一个常值函数;所以我们有

$$\int\cdots\int_{B_n}f(\phi_n(x_1,\cdots,x_n))\,dx_1\cdots dx_n = f(\alpha)$$

因此,以下假设 $c_n > 0$. 设 $A_n$ 为 $B_n$ 中满足以下条件的点 $(x_1,\cdots,x_n)$ 构成的集合:

$$|\phi_n(x_1,\cdots,x_n)-\alpha| \geq c_n^{1/3}$$

那么

$$c_n \geq \int\cdots\int_{A_n}(\phi_n(x_1,\cdots,x_n)-\alpha)^2\,dx_1\cdots dx_n$$

$$\geq c_n^{2/3}\int\cdots\int_{A_n}dx_1\cdots dx_n$$

这蕴含了

$$\int\cdots\int_{A_n}dx_1\cdots dx_n \leq c_n^{1/3}$$

对于任意 $\epsilon > 0$,我们可以找到一个充分大的整数 $N$,使得对于所有 $n > N$,在 $B_n\backslash A_n$ 上都有

$$|f(\phi_n(x_1,\cdots,x_n))-f(\alpha)| < \epsilon$$

因为在集合 $B_n\backslash A_n$ 上,

$$|\phi_n(x_1,\cdots,x_n)-\alpha| < c_n^{1/3}$$

因此

$$\left|\int\cdots\int_{B_n}f(\phi_n(x_1,\cdots,x_n))\,dx_1\cdots dx_n - f(\alpha)\right|$$

$$\leq \int\cdots\int_{A_n} + \int\cdots\int_{B_n\backslash A_n}|f(\phi_n(x_1,\cdots,x_n))-f(\alpha)|\,dx_1\cdots dx_n$$

$$\leq 2Mc_n^{1/3}+\epsilon$$

其中 $M$ 是 $|f(x)|$ 在区间 $[0,1]$ 上的最大值. 如有必要,我们可以取一个更大的 $N$,使得 $2Mc_n^{1/3} < \epsilon$ 对于所有 $n > N$ 都成立. $\qquad\square$

### 问题 11.7 的解答

设 $\|x\|$ 为向量 $x = (x_1,\cdots,x_n) \in \mathbf{R}^n$ 的 Euclid(欧几里得)范数. 取定义在 $\mathbf{R}^n$ 上的一个 $\mathscr{C}^\infty$ 函数 $\phi(x)$,满足

$$\phi(x) = \begin{cases} 1 & (\|x\| \leq 1) \\ 0 & (\|x\| \geq 2) \end{cases}$$

对于任意整数 $k \geq 0$，我们记

$$f_k(\boldsymbol{x}) = \sum_{|\boldsymbol{m}|=k} \frac{\lambda_{\boldsymbol{m}}}{\boldsymbol{m}!} \boldsymbol{x}^{\boldsymbol{m}} \phi(\boldsymbol{x})$$

其中

$$\boldsymbol{m}! = m_1! \, m_2! \cdots m_n! , \boldsymbol{x}^{\boldsymbol{m}} = x_1^{m_1} x_2^{m_2} \cdots x_n^{m_n}$$

并且求和时取遍满足

$$|\boldsymbol{m}| = m_1 + m_2 + \cdots + m_n = k$$

的 $\boldsymbol{m} = (m_1, \cdots, m_n)$. 那么可以看出对于非负整数的任意 $n$ 元组 $\ell = (\ell_1, \cdots, \ell_n)$，都有

$$D^{\ell} f_k(\boldsymbol{x}) = \sum_{|\boldsymbol{m}|=k} \frac{\lambda_{\boldsymbol{m}}}{\boldsymbol{m}!} \sum_{i+j=\ell} \binom{\ell}{i} D^i(\boldsymbol{x}^{\boldsymbol{m}}) D^j \phi(\boldsymbol{x})$$

其中

$$\binom{\ell}{i} = \frac{\ell!}{i! \, (\ell-i)!}$$

如果对于所有 $1 \leq s \leq n$，都有 $m_s \geq i_s$，那么

$$D^i(\boldsymbol{x}^{\boldsymbol{m}}) = \frac{\boldsymbol{m}!}{(\boldsymbol{m}-i)!} \boldsymbol{x}^{\boldsymbol{m}-i}$$

另外，如果存在 $s$，使得 $m_s < i_s$，那么 $D^i(\boldsymbol{x}^{\boldsymbol{m}})$ 显然等于零. 因此，$D^i(\boldsymbol{x}^{\boldsymbol{m}})(\boldsymbol{0})$ 不等于零当且仅当 $i = \boldsymbol{m}$，由此可得

$$D^{\boldsymbol{m}}(\boldsymbol{x}^{\boldsymbol{m}})(\boldsymbol{0}) = \boldsymbol{m}!$$

由于在 $\|\boldsymbol{x}\| \leq 1$ 上，$\phi(\boldsymbol{x})$ 是常数，那么显然，$D^j \phi(\boldsymbol{0})$ 不等于零当且仅当 $j = \boldsymbol{0}$. 因此 $D^0 \phi(\boldsymbol{0}) = \phi(\boldsymbol{0}) = 1$，并且对于所有 $|\ell| \neq k$，我们都有 $D^{\ell} f_k(\boldsymbol{0}) = 0$，而对于所有 $|\ell| = k$，我们都有 $D^{\ell} f_k(\boldsymbol{0}) = \lambda_{\ell}$.

接下来，记

$$M_k = 2^k \max_{|\ell| < k} \max_{\|\boldsymbol{x}\| \leq 2} |D^{\ell} f_k(\boldsymbol{x})|$$

且

$$g_k(\boldsymbol{x}) = \frac{1}{M_k^k} f_k(M_k x_1, M_k x_2, \cdots, M_k x_n)$$

由于

$$D^{\ell} g_k(\boldsymbol{x}) = M_k^{|\ell|-k} D^{\ell} f_k(M_k \boldsymbol{x})$$

那么对于所有 $|\ell| \neq k$，我们都有 $D^{\ell} g_k(\boldsymbol{0}) = 0$，而对于任意 $|\ell| = k$，我们都有 $D^{\ell} g_k(\boldsymbol{0}) = \lambda_{\ell}$. 所以 $f_k(\boldsymbol{x})$ 与 $g_k(\boldsymbol{x})$ 在原点处有相同的偏导数. 此外，因为对于所有 $|\ell| < k$，都有

$$\max_{\boldsymbol{x}} |D^{\ell} g_k(\boldsymbol{x})| = M_k^{|\ell|-k} \max_{\boldsymbol{x}} |D^{\ell} f_k(\boldsymbol{x})| \leq \frac{1}{2^k}$$

那么这蕴含了按照逐项偏微分由

$$g(\boldsymbol{x}) = \sum_{k=0}^{\infty} g_k(\boldsymbol{x})$$

得到的每个级数在 $\mathbf{R}^n$ 中都一致收敛. 因此对于非负整数的所有 $n$ 元组 $\ell$, 都有 $g(\boldsymbol{x}) \in \mathscr{C}^{\infty}(\mathbf{R}^n)$ 且

$$D^{\ell} g(\boldsymbol{0}) = \sum_{k=0}^{\infty} D^{\ell} g_k(\boldsymbol{0}) = D^{\ell} g_{|\ell|}(\boldsymbol{0}) = \lambda_{\ell} \qquad \square$$

## 问题 11.8 的解答

设 $I_n$ 为问题中的积分. 利用 $4\sin^2(\alpha - \beta) = |e^{2i\alpha} - e^{2i\beta}|^2$, 并代入 $\theta_j = 2\pi x_j$, 我们有

$$I_n = \frac{1}{2^{n(n-1)}} \cdot \frac{1}{(2\pi)^n} \int_0^{2\pi} \cdots \int_0^{2\pi} \prod_{1 \leq j < k \leq n} |e^{i\theta_k} - e^{i\theta_j}|^2 \, d\theta_1 \cdots d\theta_n$$

$$= \frac{1}{2^{n(n-1)}} \cdot \frac{1}{(2\pi i)^n} \int_C \cdots \int_C \prod_{1 \leq j < k \leq n} |z_k - z_j|^2 \frac{dz_1}{z_1} \cdots \frac{dz_n}{z_n}$$

其中 $C$ 是单位圆 $|z| = 1$. 由于在 $C$ 上, $\bar{z} = \dfrac{1}{z}$, 那么我们有

$$I_n = \frac{1}{2^{n(n-1)}} \cdot \frac{1}{(2\pi i)^n} \int_C \cdots \int_C \prod_{1 \leq j < k \leq n} (z_k - z_j)\left(\frac{1}{z_k} - \frac{1}{z_j}\right) \frac{dz_1}{z_1} \cdots \frac{dz_n}{z_n}$$

$$= \frac{(-1)^{n(n-1)/2}}{2^{n(n-1)}} \cdot \frac{1}{(2\pi i)^n} \int_C \cdots \int_C \prod_{1 \leq j < k \leq n} (z_k - z_j)^2 \frac{dz_1}{z_1^n} \cdots \frac{dz_n}{z_n^n}$$

$$= \frac{(-1)^{n(n-1)/2}}{2^{n(n-1)}} c_n$$

此处, $c_n$ 是

$$\prod_{1 \leq j < k \leq n} (z_k - z_j)^2 = D^2(z_1, \cdots, z_n)$$

的展开式中 $(z_1 \cdots z_n)^{n-1}$ 的系数, 其中

$$D(z_1, \cdots, z_n) = \begin{vmatrix} 1 & z_1 & \cdots & z_1^{n-1} \\ 1 & z_2 & \cdots & z_2^{n-1} \\ \vdots & \vdots & & \vdots \\ 1 & z_n & \cdots & z_n^{n-1} \end{vmatrix}$$

是 Vandermonde 行列式. 因此我们有

$$c_n = \frac{1}{(n-1)!^n} \frac{\partial^{n(n-1)}}{\partial z_1^{n-1} \cdots \partial z_n^{n-1}} D^2(z_1, \cdots, z_n) \bigg|_{z_1 = \cdots = z_n = 0}$$

注意到等式右边的偏导数自身是常数, 因为 $D^2$ 的展开式中每项的全次数都是 $n(n-1)$. 不过, 由 Leibniz 规则可知

165

$$\frac{\partial^{n(n-1)}}{\partial z_1^{n-1} \cdots \partial z_n^{n-1}} D^2 = \sum_{k_1=0}^{n-1} \cdots \sum_{k_n=0}^{n-1} \binom{n-1}{k_1} \cdots \binom{n-1}{k_n} \times \Delta(k_1, \cdots, k_n) \times$$
$$\Delta(n-1-k_1, \cdots, n-1-k_n)$$

其中

$$\Delta(k_1, \cdots, k_n) = \begin{vmatrix} \boldsymbol{v}_{k_1}(z_1) \\ \vdots \\ \boldsymbol{v}_{k_n}(z_n) \end{vmatrix}$$

并且

$$\boldsymbol{v}_k(t) = \frac{\mathrm{d}^k}{\mathrm{d}t^k}(1, t, \cdots, t^{n-1})$$

$$= k!\ \left(0, \cdots, 0, 1, \binom{k+1}{1} t, \cdots, \binom{n-1}{n-1-k} t^{n-1-k}\right)$$

所以, 如果我们记 $\boldsymbol{v}_k(0) = k!\ \boldsymbol{e}(k)$, 那么 $\boldsymbol{e}(k)$ 是单位行向量, 该向量中第 $k+1$ 个位置为 1, 而其余位置为 0. 因此代入 $z_1 = \cdots = z_n = 0$, 我们得到

$$c_n = \frac{1}{(n-1)!^n} \sum_{k_1=0}^{n-1} \cdots \sum_{k_n=0}^{n-1} \binom{n-1}{k_1} \cdots \binom{n-1}{k_n} \times \Delta_0(k_1, \cdots, k_n) \times$$
$$\Delta_0(n-1-k_1, \cdots, n-1-k_n)$$

其中

$$\Delta_0(k_1, \cdots, k_n) = \Delta(k_1, \cdots, k_n) \Big|_{z_1=\cdots=z_n=0} = k_1!\ \cdots k_n!\ \begin{vmatrix} \boldsymbol{e}(k_1) \\ \vdots \\ \boldsymbol{e}(k_n) \end{vmatrix}$$

因此我们得到

$$c_n = \sum_{k_1=0}^{n-1} \cdots \sum_{k_n=0}^{n-1} \begin{vmatrix} \boldsymbol{e}(k_1) \\ \vdots \\ \boldsymbol{e}(k_n) \end{vmatrix} \cdot \begin{vmatrix} \boldsymbol{e}(n-1-k_1) \\ \vdots \\ \boldsymbol{e}(n-1-k_n) \end{vmatrix}$$

现在容易看出等式右边的行列式不等于零当且仅当 $\{k_1, \cdots, k_n\} = \{0, 1, \cdots, n-1\}$, 即 $(k_1, \cdots, k_n)$ 是 $n$ 个符号 $0, 1, \cdots, n-1$ 的一个排列. 在这样的情形中, 每个行列式要么是 1, 要么是 $-1$. 显然存在 $n!$ 个这样的排列. 此外, 通过互换第一列与第 $n$ 列, 第二列与第 $n-1$ 列, 依此类推, 矩阵

$$\begin{pmatrix} \boldsymbol{e}(n-1-k_1) \\ \vdots \\ \boldsymbol{e}(n-1-k_n) \end{pmatrix}$$

变换为

实分析中的问题与解答

$$\begin{pmatrix} e(k_1) \\ \vdots \\ e(k_n) \end{pmatrix}$$

因此我们有

$$\begin{vmatrix} e(n-1-k_1) \\ \vdots \\ e(n-1-k_n) \end{vmatrix} = \text{sgn } \sigma \begin{vmatrix} e(k_1) \\ \vdots \\ e(k_n) \end{vmatrix}$$

其中 $\sigma$ 是置换 $\begin{pmatrix} 0 & 1 & \cdots & n-1 \\ n-1 & n-2 & \cdots & 0 \end{pmatrix}$. 由于容易看出

$$\text{sgn } \sigma = (-1)^{n(n-1)/2}$$

那么我们最终得到

$$c_n = (-1)^{n(n-1)/2} n!$$

问题得证. ☐

# 一致分布

H. Weyl（外尔, 1885—1955）在 Weyl(1916) 中以一般形式引入了"一致分布"的概念.

## 要 点 总 结

1. 给定单位区间 $I = [0,1]$ 中的序列 $\{a_n\}_{n \geqslant 1}$, 设 $N_n(J)$ 为 $J$ 中 $a_k(1 \leqslant k \leqslant n)$ 的个数, 并且对于任意子区间 $J$, 设 $|J|$ 为 $J$ 的长度. 若对于任意子区间 $J$, 当 $n \to \infty$ 时,

$$\mu_n(J) = \frac{N_n(J)}{n}$$

收敛到 $|J|$, 则称序列 $\{a_n\}_{n \geqslant 1}$ 在 $I$ 上是一致分布的或等分布的. 换言之, 在 $J$ 中取到 $a_n$ 的概率与 $|J|$ 成比例.

2. 对于 $I$ 中的任意两个不相交子区间 $J$ 与 $J'$, 我们显然有 $\mu_n(I) = 1$ 且

$$\mu_n(J \cup J') = \mu_n(J) + \mu_n(J')$$

---

**问题 12.1**

对于任意整数 $m \geqslant 1$ 与满足 $|J| < \dfrac{1}{m}$ 的任意区间 $J \subset [0,1]$, 假设

$$\limsup_{n \to \infty} \mu_n(J) \leqslant \frac{1}{m}$$

证明: 序列 $\{a_n\}$ 在 $[0,1]$ 中是一致分布的.

---

**问题 12.2**

对于任意无理数 $\alpha$, 证明: $\alpha n$ 的分数部分 (记作 $\{\alpha n\}$) 在 $[0,1]$ 中是一致分布的.

以上两个事实都见于 Callahan(1964). 他的论述很简单, 因为他既没有利用连分数, 也没有利用指数和. 这是问题 12.1 的一个简单应用.

**问题 12.3**

假设当 $x > 0$ 时, $f \in \mathscr{C}^1(0,\infty)$ 满足 $f(x) > 0$ 且 $f'(x) > 0$, 并且当 $x \to \infty$ 时, $\dfrac{f(x)}{x}$ 发散到 $\infty$. 此外假设

$$\lim_{k \to \infty} \frac{M_k}{m_k} = 1$$

其中 $M_k$ 与 $m_k$ 分别是 $f'(x)$ 在区间 $[k, k+1]$ 上的最大值与最小值. 设 $f^{-1}$ 为 $f$ 的反函数. 那么证明: $f^{-1}(n)$ 的分数部分在 $[0,1]$ 中是一致分布的.

例如, 当 $0 < \alpha < 1$ 且 $\beta > 1$ 时, $n^\alpha$ 与 $\log^\beta n$ 的分数部分在 $[0,1]$ 上分别是一致分布的.

如果 $f^{-1}$ 的增长速度与多项式的增长速度一样快或更快, 那么该问题就会变得更加困难. 例如, 我们不知道 $e^n$ 与 $\left(\dfrac{3}{2}\right)^n$ 的分数部分是否是一致分布的. 值得注意的是, $\left(\dfrac{3}{2}\right)^n$ 的分数部分的上界与 Waring 问题中 $g(k)$ 的形式的上界密切相关.

然而, 我们知道如果 $\theta$ 是 Pisot 数, 那么当 $n \to \infty$ 时, $\theta^n$ 到 $\mathbf{Z}$ 的距离收敛到 0. Pisot 数已由 Pisot(1938,1946) 与 Vijayaraghavan(1940,1941,1942,1948) 独立研究过, 有时称为 "PV 数".

**问题 12.4**

包含于 $[0,1]$ 的序列 $\{a_n\}$ 是一致分布的当且仅当对于任意 $f \in \mathscr{C}[0,1]$, 都有

$$\lim_{n \to \infty} \frac{1}{n} \sum_{k=1}^{n} f(a_k) = \int_0^1 f(x)\,\mathrm{d}x$$

## 问题 12.5

证明:给定序列 $\{a_n\}$ 的分数部分是一致分布的当且仅当对于每个整数 $m \geq 1$,都有

$$\lim_{n \to \infty} \frac{1}{n} \sum_{k=1}^{n} \exp(2\pi i m a_k) = 0$$

这见于 Weyl(1916),称为 Weyl 准则.

## 问题 12.6

设 $\alpha$ 为一个任意正无理数. 证明:单位圆 $|z| = 1$ 是幂级数

$$f(z) = \sum_{n=1}^{\infty} [\alpha n] z^n$$

的自然边界.

这见于 Hecke(1921). 函数 $f(z)$ 与 "Hecke-Mahler 级数"

$$M_\alpha(w,z) = \sum_{n=1}^{\infty} \sum_{m=1}^{[\alpha n]} w^m z^n$$

通过关系式 $M_\alpha(1,z) = f(z)$ 联系起来. 根据 $M_\alpha(w,z)$, $M_{1/\alpha}(z,w)$ 与 $M_{k+\alpha}(w,z)$ 满足的某些函数方程,我们可以研究 $f(z)$ 的值的各种算术性质. 作者(1982) 在研究数学神经元模型时遇到过这个函数, 它可看作 Caianiello 方程的特例 (1961). 作者(2015) 还利用 Farey 级数与某个一维离散动力系统研究过 $M_\alpha(w,z)$ 的有理逼近.

# 第 12 章的解答

## 问题 12.1 的解答

设 $\epsilon > 0$ 为一个任意数. 对于满足 $|J| < 1$ 的任意子区间 $J \subset I$, 取满足 $|J| < \frac{p}{q} < |J| + \epsilon$ 的有理数 $\frac{p}{q} < 1$. 我们将 $J$ 分成 $p$ 等份, 并从左到右命名为 $J_1, J_2, \cdots, J_p$. 由于 $|J_k| < \frac{1}{q}$, 那么我们有

$$\limsup_{n \to \infty} \mu_n(J) \leq \sum_{k=1}^{p} \limsup_{n \to \infty} \mu_n(J_k) \leq \frac{p}{q} < |J| + \epsilon$$

170

因为 $\epsilon$ 是任意的, 故有 $\lim\limits_{n\to\infty} \sup \mu_n(J) \leq |J|$.

另外, 集合 $I\backslash J$ 要么是一个区间, 要么是两个不相交区间的并; 所以设 $K_0$ 与 $K_1$ 为这样的区间(后一个可以是空的). 那么

$$
\begin{aligned}
\lim_{n\to\infty} \inf \mu_n(J) &= 1 - \lim_{n\to\infty} \sup \mu_n(K_0 \cup K_1) \\
&\geq 1 - \lim_{n\to\infty} \sup \mu_n(K_0) - \lim_{n\to\infty} \sup \mu_n(K_1) \\
&\geq 1 - |K_0| - |K_1| = |J|
\end{aligned}
$$

这蕴含了 $\lim\limits_{n\to\infty} \mu_n(J) = |J|$, 如所要求的那样. □

## 问题 12.2 的解答

设 $J$ 为 $[0,1]$ 中的任意子区间, 并且存在整数 $m \geq 2$, 使得 $|J| < \dfrac{1}{m}$. 由于 $\{\alpha n\}$ 在 $[0,1]$ 中构成一个稠密集(这容易从鸽巢原理得出), 因此存在一个充分大的整数 $k$, 满足

$$
|J| < \{\alpha k\} < \frac{1 - |J|}{m - 1}
$$

现在, 记 $J_0 = J$, 并且设 $J_1$ 为 $J_0$ 由 $\{\alpha k\}$ 所得的移位区间. 我们将这一步骤进行到 $J_{m-1}$; 即当 $0 \leq j < m$ 时,

$$
J_j \equiv J + j\{\alpha k\} \pmod{1}
$$

由于沿正方向测量, $J_0$ 的左端点与 $J_{m-1}$ 的右端点之间的距离为

$$
m|J| + (m-1)(\{\alpha k\} - |J|) < |J| + (m-1)\frac{1 - |J|}{m-1} = 1
$$

那么区间 $J_0, \cdots, J_{m-1}$ 是互不相交的; 因此

$$
\mu_n(J_0) + \mu_n(J_1) + \cdots + \mu_n(J_{m-1}) \leq 1
$$

此外, 由于 $j\{\alpha k\} = \{\alpha jk\} \pmod 1$, 那么容易看出 $\{\alpha\ell\} \in J$ 当且仅当对于所有 $0 \leq j < m$, 都有 $\{\alpha(\ell + jk)\} \in J_j$. 因此我们有

$$
|N_n(J) - N_n(J_j)| \leq 2jk
$$

这蕴含了

$$
1 \geq \sum_{j=0}^{m-1} \mu_n(J_j) \geq \sum_{j=0}^{m-1}\left(\mu_n(J) - \frac{2jk}{n}\right) = m\mu_n(J) - \frac{km(m-1)}{n}
$$

由于 $m$ 与 $k$ 独立于 $n$, 那么当 $n \to \infty$ 时, $\mu_n(J)$ 的上极限小于或等于 $\dfrac{1}{m}$. □

## 问题 12.3 的解答

我们首先来证明

$$
\lim_{x\to\infty} \frac{f(x+1)}{f(x)} = 1
$$

为此,根据 l'Hôpital 法则,只需证明

$$\lim_{x \to \infty} \frac{f'(x+1)}{f'(x)} = 1$$

对于任意 $\epsilon > 0$,取一个大整数 $k_0$,使得对于所有 $k \geqslant k_0$,满足 $\dfrac{M_k}{m_k} < 1 + \epsilon$. 那么对于任意 $x \geqslant k_0$,都有

$$\frac{f'(x+1)}{f'(x)} \leqslant \frac{M_{[x]+1}}{m_{[x]}} < (1+\epsilon)\frac{m_{[x]+1}}{m_{[x]}} \leqslant (1+\epsilon)\frac{M_{[x]}}{m_{[x]}} < (1+\epsilon)^2$$

同样地,我们可以看出左边大于 $(1+\epsilon)^{-2}$. 这蕴含了极限存在并且等于 $1$,因为 $\epsilon$ 是任意的.

现在对于 $[0,1]$ 中包含的任意子区间 $J = [a,b]$,我们给出 $N_n(J)$ 的一个上估计. 对于任意 $\epsilon > 0$,我们取一个大整数 $k_1$,使得对于所有 $k \geqslant k_1$,满足 $k < \epsilon f(k)$,

$$\frac{M_k}{m_k} < 1 + \epsilon \text{ 与} \frac{f(k+1)}{f(k)} < 1 + \epsilon$$

对于任意整数 $n > f(k_1 + a)$,我们可取唯一的整数 $K_n \geqslant k_1$,满足

$$f(K_n + a) \leqslant n < f(K_n + a + 1)$$

设 $\nu(k)$ 为 $\ell$ 的个数,$\ell$ 满足

$$f(k+a) \leqslant \ell < f(k+b)$$

这等价于 $f^{-1}(\ell) - k \in J$;因此

$$N_n(J) \leqslant f(k_1 + a) + \sum_{k=k_1}^{K_n} \nu(k)$$

另外,由中值定理可知,在 $(a+k, b+k)$ 中存在 $\xi_k$,使得

$$\nu(k) \leqslant [f(b+k)] - [f(a+k)] + 1 \leqslant f(b+k) - f(a+k) + 2$$
$$= (b-a)f'(\xi_k) + 2$$

由此

$$\nu(k) \leqslant (b-a)M_k + 2 < (1+\epsilon)(b-a)m_k + 2$$
$$\leqslant (1+\epsilon)(b-a)(f(k+1) - f(k)) + 2$$

因此

$$N_n(J) \leqslant 2K_n + c(k_1, f) + (1+\epsilon)(b-a)f(K_n + 1)$$

其中 $c(k_1, f)$ 是仅依赖于 $k_1$ 与 $f$ 的常数. 利用

$$K_n < \epsilon f(K_n) \leqslant \epsilon n \text{ 与} f(K_n + 1) < (1+\epsilon)f(K_n) \leqslant (1+\epsilon)n$$

这由 $K_n$ 的选取得出,我们得到

$$\mu_n(J) < 2\epsilon + (1+\epsilon)^2(b-a) + O\left(\frac{1}{n}\right)$$

这蕴含了 $\mu_n(J)$ 的上极限小于或等于 $|J|$. $\qquad\square$

实分析中的问题与解答

### 问题 12.4 的解答

对于 **R** 中的任意子区间 $J$,第一类不连续函数

$$\chi_J(x) = \begin{cases} 1 & (x \in J) \\ 0 & (x \notin J) \end{cases}$$

称为 $J$ 的特征函数. 由定义可知, $\{a_n\}$ 在 $I$ 中是一致分布的当且仅当对于 $[0,1]$ 中的任意子区间 $J$,都有

$$\lim_{n \to \infty} \frac{1}{n} \sum_{k=1}^{n} \chi_J(a_k) = \int_0^1 \chi_J(x)\, dx \qquad (12.1)$$

由于每个阶梯函数都是特征函数的有限组合,那么 $(12.1)$ 也对任意阶梯函数成立. 现在从一致连续性的定义显然可以看出,存在一个阶梯函数 $\phi(x)$,使得对于任意 $f \in \mathscr{C}(I)$ 与任意 $\epsilon > 0$,满足

$$\sup_{x \in I} |f(x) - \phi(x)| < \epsilon$$

因此我们得到

$$\left| \frac{1}{n} \sum_{k=1}^{n} f(a_k) - \int_0^1 f(x)\, dx \right| \leq \left| \frac{1}{n} \sum_{k=1}^{n} \phi(a_k) - \int_0^1 \phi(x)\, dx \right| + 2\epsilon$$

由于当 $n \to \infty$ 时,左边的上极限小于或等于 $2\epsilon$,那么

$$\lim_{n \to \infty} \frac{1}{n} \sum_{k=1}^{n} f(a_k) = \int_0^1 f(x)\, dx \qquad (12.2)$$

对于任意 $f \in \mathscr{C}(I)$ 都成立.

反之,假设 $(12.2)$ 对于任意 $f \in \mathscr{C}(I)$ 都成立. 对于 $I$ 中的任意子区间 $J$ 与任意 $\epsilon > 0$,我们考虑两个分段线性梯形函数 $f_-(x)$ 与 $f_+(x)$,使得对于所有 $x \in I$,都有

$$f_-(x) \leq \chi_J(x) \leq f_+(x)$$

并且 $f_\pm(x)$ 与 $\chi_J(x)$ 的差异仅在于 $J$ 的两端点的某些 $\epsilon$ 邻域. 那么显然

$$\frac{1}{n} \sum_{k=1}^{n} f_-(a_k) \leq \frac{1}{n} \sum_{k=1}^{n} \chi_J(a_k) \leq \frac{1}{n} \sum_{k=1}^{n} f_+(a_k)$$

并且当 $n \to \infty$ 时,两边分别收敛到 $\int_0^1 f_\pm(x)\, dx$. 由于

$$\left| \int_0^1 f_\pm(x)\, dx - \int_0^1 \chi_J(x)\, dx \right| \leq 2\epsilon$$

那么我们可以得出, $(12.1)$ 对于 $I$ 中的任意子区间 $J$ 都成立. $\qquad \square$

### 问题 12.5 的解答

根据前一个问题,只需证明充分性. 假设对于任意整数 $m \geq 1$,都有

$$\lim_{n\to\infty}\frac{1}{n}\sum_{k=1}^{n}\exp(2\pi ima_k)=0$$

那么对于任意三角多项式

$$T(x)=\sum_{j=1}^{p}c_j\sin(2\pi jx)+\sum_{j=0}^{q}d_j\cos(2\pi jx)$$

我们显然有

$$\lim_{n\to\infty}\frac{1}{n}\sum_{k=1}^{n}T(a_k)=d_0=\int_0^1 T(x)\,\mathrm{d}x$$

在上一个证明中,我们可以另外分别假设 $f_\pm(0)=f_\pm(1)$. 所以这样的 $f_\pm$ 可以由某些三角多项式一致逼近,因此(12.1)对于任意子区间 $J$ 都成立. 问题得证.

□

## 问题 12.6 的解答

我们将证明对于任意整数 $m\geqslant 1$,在单位圆 $|z|=1$ 上,

$$z_m=\mathrm{e}^{2\pi i\alpha m}=\mathrm{e}^{2\pi i\{\alpha m\}}$$

是 $f(z)$ 的一个奇点. 如问题 12.2 所示,这样的点在单位圆上构成一个稠密子集. 记 $a_n=\{\alpha n\}\,\mathrm{e}^{2\pi i\alpha mn}$ 且 $\sigma_n=a_1+a_2+\cdots+a_n$,当 $0<r<1$ 时,我们有

$$f(rz_m)=\sum_{n=1}^{\infty}\{\alpha n\}r^n\mathrm{e}^{2\pi i\alpha mn}=\sum_{n=1}^{\infty}a_n r^n$$

并且

$$\sigma_n=\sum_{k=1}^{n}\{\alpha k\}r^n\mathrm{e}^{2\pi im\{\alpha k\}}=\sum_{k=1}^{n}\phi(\{\alpha k\})$$

其中 $\phi(x)=x\mathrm{e}^{2\pi imx}$. 根据问题 12.2 与问题 12.4,当 $n\to\infty$ 时,序列 $\dfrac{\sigma_n}{n}$ 收敛到

$$\int_0^1\phi(x)\,\mathrm{d}x=\frac{1}{2\pi im}$$

我们记

$$\sigma_n=\frac{n}{2\pi im}+\tau_n$$

对于任意 $\varepsilon>0$,我们取一个充分大的整数 $n_0$,使得对于任意 $n\geqslant n_0$,满足 $|\tau_n|<\epsilon n$. 因此

$$\frac{f(rz_m)}{1-r}=\sum_{n=1}^{\infty}a_n r^n\sum_{k=0}^{\infty}r^k=\sum_{n=1}^{\infty}\sigma_n r^n=\sum_{n=1}^{\infty}\left(\frac{n}{2\pi im}+\tau_n\right)r^n$$

$$=\frac{1}{2\pi im}\cdot\frac{r}{(1-r)^2}+\sum_{n=1}^{\infty}\tau_n r^n$$

两边同时乘以 $(1-r)^2$,我们得到

$$\left| (1-r)f(rz_m) - \frac{1}{2\pi \mathrm{i} m} \right| \leqslant \frac{1-r}{2\pi m} + (1-r)^2 \sum_{n=1}^{\infty} |\tau_n| \, r^n$$

$$< \frac{1-r}{2\pi m} + (1-r)^2 \sum_{n<n_0} |\tau_n| +$$

$$\epsilon \, (1-r)^2 \sum_{n \geqslant n_0} n r^n$$

由于右边的第三项显然小于 $\epsilon$，在单位圆盘内当 $z \to z_m$ 时，$(z-z_m)f(z)$ 的径向极限等于 $\dfrac{z_m}{2\pi \mathrm{i} m} \neq 0$. 这蕴含了 $z_m$ 是 $f(z)$ 的一个奇点，如所要求的那样. $\qquad\square$

# Rademacher 函数

## 要 点 总 结

1. 区间 $[0,1)$ 中的任意实数 $x$ 都可以展开成级数

$$x = \frac{s_1(x)}{2} + \frac{s_2(x)}{2^2} + \cdots + \frac{s_n(x)}{2^n} + \cdots$$

称为 $x$ 的二进展开. 每个分子 $s_n(x)$ 都是第一类不连续函数, 其仅取值 0 或 1. 为了确保唯一性, 对于分母为 2 的幂的任意不可约分数, 我们采用在某个位置之后所有数字都为 0 的展开式. 注意到每个函数 $s_n(x)$ 都是左连续的.

2. 由

$$r_n(x) = 1 - 2s_n(x)$$

定义的函数称为 Rademacher 函数, 其在区间 $[0,1]$ 上构成一个正交系. 该系统不是完全的, 但作为抛硬币的概率事件的样本空间非常有用. Rademacher 函数在 Rademacher(1922) 中进行了研究. 根据 Grosswald(1980) 的说法, Rademacher 写了一个续篇, 其中包含了该系统的完全化, 但他采纳了 Schur 的意见, 决定不发表. 不久之后, Walsh(沃尔什, 1923) 发表了一些紧密相关的结果, 这些结果是他独立得到的. Walsh 的完全正交函数系 $\{w_n(x)\}$ 由

$$w_n(x) = r_{v_1+1}(x) r_{v_2+1}(x) \cdots r_{v_k+1}(x)$$

定义, 其中 $n = 2^{v_1} + 2^{v_2} + \cdots + 2^{v_k}$, 满足 $0 \leqslant v_1 < v_2 < \cdots < v_k$.

3. 我们有

$$1 - 2x = \sum_{n=1}^{\infty} \frac{r_n(x)}{2^n} \tag{13.1}$$

由于(13.1)中的级数有一个绝对收敛的强级数,由逐项积分可知,当 $0 \leqslant x \leqslant 1$ 时,

$$2x(1-x) = \sum_{n=0}^{\infty} \frac{1}{4^n} \psi(2^n x) \tag{13.2}$$

其中 $\psi(x)$ 是问题 4.8 中定义的连续分段线性函数,根据

$$\int_0^x r_n(s) \mathrm{d}s = \frac{1}{2^{n-1}} \psi(2^{n-1} x)$$

扩充到 **R**. 注意到如果我们将系数 $4^{-n}$ 替换为 $2^{-n}$,那么级数(13.2)变为 Takagi 函数 $T(x)$,它是连续但无处可微的. 展开式(13.2)不过是穷竭法,其被 Archimedes 用来证明抛物线 $y = 2x(1-x)$ 与 $x$ 轴围成的面积等于三角形 $y = \psi(x)$ 的面积的 $\frac{4}{3}$.

4. 如果我们定义

$$r(x) = \begin{cases} 1 & (0 \leqslant x < 1) \\ -1 & (1 \leqslant x < 2) \end{cases}$$

并将其以 2 为周期而周期性地扩充到 **R**,那么 Rademacher 函数可以写作 $r_n(x) = r(2^n x)$,或者由于 $r(x) = (-1)^{[x]}$,那么我们可以写作

$$r_n(x) = (-1)^{[2^n x]}$$

Rademacher 函数在某些书中也由

$$r_n(x) = \mathrm{sgn}(\sin 2^n \pi x)$$

定义,它与我们的定义的不同之处仅在于一组可数点;所以其对积分没有影响.

5. 对于任意整数 $n \geqslant 1$ 与定义在 **Z** 上的任意函数 $f(x)$,我们使用以下记号

$$I_n[f(x)] = \int_0^1 f\left(\sum_{k=1}^n r_k(x)\right) \mathrm{d}x$$

在 Kac 富有成果的专著(1959)中给出了以下前 7 个问题.

**问题 13.1**

对于任意整数 $1 \leqslant k_1 < k_2 < \cdots < k_n$,证明:

$$\int_0^1 r_{k_1}(x) r_{k_2}(x) \cdots r_{k_n}(x) \mathrm{d}x = 0$$

如果 $k_1, k_2, \cdots, k_n$ 是任意正整数,那么对应积分等于 1 当且仅当对于所有 $1 \leqslant \ell \leqslant n$,满足 $k_\ell = k_j$ 的 $j$ 的个数是偶数;否则积分等于零. 例如,对于任意 $j \neq k$,我们都有

177

$$\int_0^1 (r_j(x) + r_k(x))^{2m} \mathrm{d}x = \binom{2m}{0} + \binom{2m}{2} + \cdots + \binom{2m}{2m}$$

$$= \frac{(1+x)^{2m} + (1-x)^{2m}}{2} \bigg|_{x=1}$$

$$= 2^{2m-1}$$

**问题 13.2**

对于任意实数 $c_1, c_2, \cdots, c_n$, 证明:

$$\int_0^1 \cos\left( \sum_{k=1}^n c_k r_k(x) \right) \mathrm{d}x = \prod_{k=1}^n \cos c_k$$

**问题 13.3**

计算 $I_n[x^2]$ 与 $I_n[x^4]$.

**问题 13.4**

对于任意整数 $m \geq 0$, 证明: $I_n[x^{2m}]$ 是关于 $n$ 的 $m$ 次整系数多项式, 并且首项系数为

$$\frac{(2m)!}{2^m m!} = 1 \cdot 3 \cdot 5 \cdot \cdots \cdot (2m-1)$$

**问题 13.5**

设 $s$ 为任意实数. 证明:

$$I_n[\mathrm{e}^{s|x|}] < 2 \left( \frac{\mathrm{e}^s + \mathrm{e}^{-s}}{2} \right)^n$$

**问题 13.6**

证明:

$$\lim_{n \to \infty} \frac{I_n[|x|]}{\sqrt{n}} = \sqrt{\frac{2}{\pi}}$$

提示: 利用

$$|s| = \frac{2}{\pi} \int_0^\infty \frac{1 - \cos(sx)}{x^2} \mathrm{d}x$$

得到

$$I_n[|x|] = \frac{2}{\pi} \int_0^\infty \frac{1 - \cos^n x}{x^2} \mathrm{d}x$$

**问题 13.7**

对于任意 $\epsilon > 0$，证明：级数

$$\sum_{n=1}^{\infty} \frac{1}{n^{2+\epsilon}} \exp\left(\sqrt{\frac{2\log n}{n}} \left| \sum_{k=1}^{n} r_k(x) \right| \right)$$

几乎处处收敛.

**问题 13.8**

对于任意整数 $n \geqslant 0$ 与 $f \in \mathscr{C}[0,1]$，我们记

$$a_n = \int_0^1 f(x) r_n(x) \, \mathrm{d}x$$

其中 $r_0(x) = 1$. 证明：

$$\sum_{n=0}^{\infty} a_n^2 \leqslant \int_0^1 f^2(x) \, \mathrm{d}x \tag{13.3}$$

等号成立当且仅当 $f$ 是一个线性函数.

不等式 (13.3) 称为 Bessel（贝塞尔）不等式，其对任意规范正交函数系都成立. (13.3) 中的等号说明 $f$ 属于在 $L^2$ 意义下由 Rademacher 函数生成的空间的闭包. 因此 (13.1) 给出了本质上唯一的 Rademacher 级数，其表示一个非常数连续函数.

**问题 13.9**

对于任意 $f \in \mathscr{C}^1[0,1]$，证明：

$$\lim_{n \to \infty} 2^n \int_0^1 f(x) r_n(x) \, \mathrm{d}x = \frac{f(0) - f(1)}{2}$$

**问题 13.10**

设 $m, n \geqslant 1$ 为整数，并且 $v \geqslant 0$ 为满足 $2^v \mid m$ 的最大整数. 证明：

$$\int_0^1 \mathrm{e}^{2\pi \mathrm{i} m x} r_n(x) \, \mathrm{d}x = \begin{cases} \dfrac{2^n \mathrm{i}}{\pi m} & (v = n-1) \\ 0 & \text{（其余情形）} \end{cases}$$

由于 Rademacher 函数 $r_n(x)$ 是有界变差函数，那么按照 Dirichlet-Jordan 判别法，它可以展开成 Fourier 级数

$$r_n(x) = \frac{\pi}{4} \sum_{k=1}^{\infty} \frac{1}{2k-1} \sin(2^n (2k-1) \pi x)$$

179

除了 $x = \dfrac{\ell}{2^n}$ ( $\ell \in \mathbf{Z}$ ). 在这些点处, 我们可以观察到如图 13. 1 所示的 Gibbs 现象.

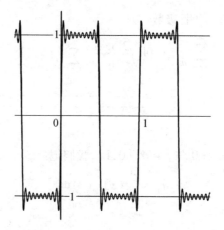

(a) $r_1(x)$ 的 Fourier 级数前 10 项的部分和的图像

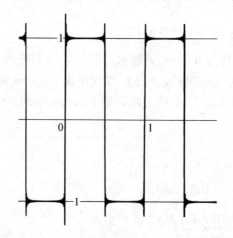

(b) $r_1(x)$ 的 Fourier 级数前 50 项的部分和的图像

图 13. 1

# 第 13 章的解答

## 问题 13. 1 的解答

问题中的等式的左边, 记作 $J$, 可以写作

$$J = \int_0^1 r(2^{k_1}x)\, r(2^{k_2}x) \cdots r(2^{k_n}x)\, \mathrm{d}x = \frac{1}{2^{k_1}} \int_0^{2^{k_1}} r(t)\phi(t)\, \mathrm{d}t$$

其中

$$\phi(t) = r(2^{k_2-k_1}t) \cdots r(2^{k_n-k_1}t)$$

是周期为 1 的周期函数;因此

$$2^{k_1}J = \sum_{j=0}^{2^{k_1-1}-1} \int_{2j}^{2j+2} r(t)\phi(t)\, \mathrm{d}t = 0 \qquad \square$$

### 问题 13.2 的解答

问题中的等式的左边,记作 $I$,可以写作

$$I = \mathrm{Re} \int_0^1 \exp\Big(\mathrm{i} \sum_{k=1}^n c_k r(2^k x)\Big)\, \mathrm{d}x = \frac{1}{2}\mathrm{Re} \int_0^2 \mathrm{e}^{\mathrm{i}c_1 r(t)}\phi(t)\, \mathrm{d}t$$

其中

$$\phi(t) = \exp\Big(\mathrm{i} \sum_{k=2}^n c_k r(2^{k-1} t)\Big) = \exp\Big(\mathrm{i} \sum_{k=1}^{n-1} c_{k+1} r_k(t)\Big)$$

显然是周期为 1 的周期函数. 因此

$$I = \mathrm{Re} \int_0^1 \frac{\mathrm{e}^{\mathrm{i}c_1} + \mathrm{e}^{-\mathrm{i}c_1}}{2}\phi(t)\, \mathrm{d}t = (\cos c_1) \times \mathrm{Re} \int_0^1 \phi(t)\, \mathrm{d}t$$

通过重复这一过程,我们可以得到题目中要求的不等式. $\qquad \square$

### 问题 13.3 的解答

如果 $i \neq j$,那么 $r_i(x) r_j(x)$ 在区间 $[0,1]$ 上的积分等于零,而如果 $i = j$,那么等于 1. 展开

$$(r_1(x) + r_2(x) + \cdots + r_n(x))^2$$

我们得到 $I_n[x^2] = n$. 同样地,

$$r_i(x) r_j(x) r_k(x) r_\ell(x)$$

在 $[0,1]$ 上的积分等于 1 当且仅当 $i = j = k = \ell$($n$ 种"四张卡片")或 $\binom{n}{2}$ 种"两对";否则积分等于零. 因此

$$I_n[x^4] = n + \binom{4}{2}\binom{n}{2} \qquad \square$$

**评注** 我们由 $I_n[x^4]$ 的表达式可以得出当 $n \to \infty$ 时,

$$\phi_n(x) = \frac{1}{n} \sum_{k=1}^n r_k(x)$$

几乎处处收敛到 0,因为

$$\sum_{n=1}^{\infty} \int_0^1 \phi_n^4(x)\,\mathrm{d}x < \infty$$

所以按照 Beppo Levi 的单调收敛定理, $\sum \phi_n^4(x)$ 几乎处处都有一个有限和.

### 问题 13.4 的解答

显然

$$r_1(x) + r_2(x) + \cdots + r_n(x) = n - 2k$$

其中 $k$ 是满足 $r_j(x) = -1$ 的 $r_j$ 的个数. 那么满足 $r_j(x) = -1$ 的长度为 $2^{-n}$ 的子区间的个数等于从 $n$ 种可能情形中选取 $k$ 个无序情形的方式的个数. 因此, 我们一般得到

$$I_n\big[f(x)\big] = \frac{1}{2^n} \sum_{k=0}^{n} \binom{n}{k} f(n-2k)$$

所以我们记

$$A_m(n) = I_n\big[x^{2m}\big] = \frac{1}{2^n} \sum_{k=0}^{n} \binom{n}{k}(n-2k)^{2m}$$

我们现在引入有理函数

$$R_n(x) = \left(x + \frac{1}{x}\right)^n = \sum_{k=0}^{n} \binom{n}{k} x^{n-2k}$$

与微分算子 $\delta = x\dfrac{\mathrm{d}}{\mathrm{d}x}$, 使得

$$A_m(n) = \frac{1}{2^n} \delta^{2m}(R_n)\,\Big|_{x=1}$$

由于当 $n \geqslant 3$ 时,

$$\delta^2(R_n) = n^2 R_n - 4n(n-1)R_{n-2}$$

那么对于任意整数 $m \geqslant 0$, 我们都有

$$A_{m+1}(n) = \frac{1}{2^n} \delta^{2m}\big(n^2 R_n - 4n(n-1)R_{n-2}\big)\,\Big|_{x=1}$$
$$= n^2 A_m(n) - n(n-1)A_m(n-2)$$

这个递归公式使我们能够根据初始条件 $A_0(n) = 1, A_m(1) = 1$ 与 $A_m(2) = 2^{2m-1}$ 确定所有 $A_m(n)$. 这也给出了问题 13.3 的一个解答, 但此处给出的证明要更加简单.

按照递归公式, 容易看出 $A_m(n)$ 是关于 $n$ 的 $m$ 次整系数多项式, 其首项系数为

$$1 \cdot 3 \cdot 5 \cdot \cdots \cdot (2m-1)$$

此外我们看到, 如果 $m \geqslant 1$, 那么每个多项式 $A_m(n)$ 都有因数 $n$. $\quad\square$

## 问题 13.5 的解答

显然我们有

$$I_n[e^{s|x|}] < I_n[e^{sx}] + I_n[e^{-sx}] = J_n$$

由于

$$g_n(x) = \exp\left(s\sum_{k=1}^{n} r_k(x)\right)$$

是周期为 1 的周期函数,我们得到

$$J_n = \frac{1}{2}\left(\int_0^2 e^{sr(t)} g_{n-1}(t)\,\mathrm{d}t + \int_0^2 \frac{e^{-sr(t)}}{g_{n-1}(t)}\mathrm{d}t\right)$$

$$= \frac{e^s + e^{-s}}{2}\left(I_{n-1}[e^{sx}] + I_{n-1}[e^{-sx}]\right)$$

因此

$$\frac{J_n}{J_{n-1}} = \frac{e^s + e^{-s}}{2}$$

解这个满足 $J_0 = 2$ 的方程,我们可以得到题目中要求的估计. □

## 问题 13.6 的解答

为了证明表示 $|s|$ 的积分公式,我们可以假设 $s > 0$. 代入 $t = sx$,我们得到

$$\int_0^\infty \frac{1 - \cos(sx)}{x^2}\mathrm{d}x = s\int_0^\infty \frac{1 - \cos t}{t^2}\mathrm{d}t = s\int_0^\infty \frac{\sin t}{t}\mathrm{d}t = \frac{\pi s}{2}$$

其中最后一个反常积分的求值在问题 7.13 的解答中给出. 互换积分顺序并且利用问题 13.2,我们有

$$I_n[|x|] = \frac{2}{\pi}\int_0^1 \mathrm{d}x \int_0^\infty \frac{1 - \cos(s(r_1(x) + r_2(x) + \cdots + r_n(x)))}{s^2}\mathrm{d}s$$

$$= \frac{2}{\pi}\int_0^\infty \frac{1 - I_n[\cos(sx)]}{s^2}\mathrm{d}s$$

$$= \frac{2}{\pi}\int_0^\infty \frac{1 - \cos^n s}{s^2}\mathrm{d}s$$

如所要求的那样. 对于实参数 $0 \leqslant \epsilon < 1$,当 $0 \leqslant x < \dfrac{\pi}{2}$ 时,我们考虑函数

$$\varphi_\epsilon(x) = \frac{x^2}{2(1 - \epsilon)} + \log\cos x$$

显然 $\varphi_\epsilon(0) = \varphi'_\epsilon(0) = 0$ 且

$$\varphi''_\epsilon(x) = \frac{1}{1 - \epsilon} - \frac{1}{\cos^2 x}$$

由此得出如果 $\epsilon > 0$,那么在区间 $(0, \alpha(\epsilon))$ 上,$\varphi_0(x) < 0 < \varphi_\epsilon(x)$,其中

$$\alpha(\epsilon) = \arccos\sqrt{1-\epsilon}$$

因此,当 $0 < x < \alpha(\epsilon)$ 时,

$$\exp\left(-\frac{x^2}{2(1-\epsilon)}\right) < \cos x < \exp\left(-\frac{x^2}{2}\right)$$

那么我们有

$$K(2-2\epsilon) + \beta(\epsilon) < \frac{\pi}{2}I_n[|x|] < K(2) + \beta(\epsilon) \tag{13.4}$$

其中

$$K(\sigma) = \int_0^{\alpha(\epsilon)} \frac{1 - \exp(-ns^2/\sigma)}{s^2}\mathrm{d}s$$

且

$$\beta(\epsilon) = \int_{\alpha(\epsilon)}^{\infty} \frac{1 - \cos^n s}{s^2}\mathrm{d}s$$

代入 $t = \sqrt{\dfrac{n}{\sigma}}$,我们得到

$$K(\sigma) = \int_0^{\alpha(\epsilon)} \frac{1 - \exp(-ns^2/\sigma)}{s^2}\mathrm{d}s = \sqrt{\frac{n}{\sigma}}\int_0^{\tau(\epsilon)} \frac{1 - \mathrm{e}^{-t^2}}{t^2}\mathrm{d}t$$

当 $n \to \infty$ 时,它渐近于

$$\sqrt{\frac{n}{\sigma}}\int_0^{\infty} \frac{1 - \mathrm{e}^{-t^2}}{t^2}\mathrm{d}t = \sqrt{\frac{\pi n}{\sigma}}$$

其中 $\tau(\epsilon) = \sqrt{\dfrac{n}{\sigma}}\alpha(\epsilon)$. 由于 $\beta(\epsilon) < \dfrac{1}{\alpha(\epsilon)}$,那么由 (13.4) 可知

$$\sqrt{\frac{2}{\pi(1-\epsilon)}} \le \liminf_{n\to\infty} \frac{I_n[|x|]}{\sqrt{n}} \le \limsup_{n\to\infty} \frac{I_n[|x|]}{\sqrt{n}} \le \sqrt{\frac{2}{\pi}}$$

因为 $\epsilon$ 是任意的,问题得证. $\square$

### 问题 13.7 的解答

记

$$f_n(x) = \frac{1}{n^{2+\epsilon}}\exp\left(\sqrt{\frac{2\log n}{n}}\left|\sum_{k=1}^{n} r_k(x)\right|\right)$$

由问题 13.5 可知,对于任意 $0 < \epsilon < \dfrac{1}{2}$,当 $n \to \infty$ 时,

$$\int_0^1 f_n(x)\mathrm{d}x < \frac{2}{n^{2+\epsilon}}\left(\frac{\mathrm{e}^{\sqrt{(2\log n)/n}} + \mathrm{e}^{-\sqrt{(2\log n)/n}}}{2}\right)^n = \frac{2}{n^{1+\epsilon}} + O(n^{-3/2})$$

因此

$$\sum_{n=1}^{\infty} \int_0^1 f_n(x)\, dx < \infty$$

按照 Beppo-Levi 定理，$\sum_{n=1}^{\infty} f_n(x)$ 几乎处处都有一个有限值. □

**评注** 特别地，上述结果蕴含了几乎处处都有

$$\limsup_{n\to\infty} \frac{|\, r_1(x) + r_2(x) + \cdots + r_n(x)\,|}{\sqrt{n\log n}} \leqslant \sqrt{2} \qquad (13.5)$$

为此，注意到对于所有充分大的 $n$，$(0,1)$ 中的几乎每个 $x$ 都满足

$$\frac{|\, r_1(x) + r_2(x) + \cdots + r_n(x)\,|}{\sqrt{n\log n}} < \frac{2 + \epsilon}{\sqrt{2}}$$

因为这个不等式等价于 $f_n(x) < 1$. 现在对于任意整数 $k \geqslant 1$，设 $E_k$ 为点 $x \in (0,1)$ 构成的集合，使得当 $n \to \infty$ 时，

$$\frac{|\, r_1(x) + r_2(x) + \cdots + r_n(x)\,|}{\sqrt{n\log n}}$$

的极限超过 $\sqrt{2} + \dfrac{1}{k}$. 以上结果蕴含了对于每个 $k$，集合 $E_k$ 都是零集，无穷并集

$$\bigcup_{k=1}^{\infty} E_k$$

也是零集. 不等式 (13.5) 最早由 Hardy 与 Littlewood(1914) 以不同的方式进行证明. 稍后，Khintchine(1924) 把 (13.5) 强化到几乎处处都有

$$\limsup_{n\to\infty} \frac{|\, r_1(x) + r_2(x) + \cdots + r_n(x)\,|}{\sqrt{n\log\log n}} = \sqrt{2}$$

这称为重对数定律.

### 问题 13.8 的解答

为简便起见，对于任意 $f \in \mathscr{C}[0,1]$，我们记 $\phi_m(x) = \sum_{n=0}^{m} a_n r_n(x)$. 那么我们有

$$0 \leqslant \int_0^1 (f(x) - \phi_m(x))^2 dx = \int_0^1 f^2(x)\, dx - \sum_{n=0}^{m} a_n^2$$

它给出了 (13.3). 接下来假设 $f \in \mathscr{C}[0,1]$ 满足 (13.3) 中的等式. 我们简称 $f(x)$ 在区间 $I = [a,b]$ 上是"平衡的"，如果

$$f(a + x) + f(a + b - x)$$

在 $I$ 上是常值函数. 形如

$$\left[ \frac{k}{2^n}, \frac{k+1}{2^n} \right], \ 0 \leqslant k < 2^n, n \geqslant 0$$

185

的 $[0,1]$ 中的子区间称为二进区间. 观察到任意 Rademacher 函数 $r_n(x), n \geqslant 1$ 在每个二进区间上除有限个点之外都是平衡的.

我们首先证明 $f(x)$ 在 $[0,1]$ 上是平衡的. 对于任意 $\epsilon > 0$, 我们取一个充分大的整数 $m$, 满足

$$\sum_{n>m} a_n^2 < \epsilon$$

那么我们有

$$\int_0^1 (f(x) - \phi_m(x))^2 \,\mathrm{d}x = \int_0^1 f^2(x) \,\mathrm{d}x - \sum_{n=0}^m a_n^2 = \sum_{n>m} a_n^2 < \epsilon$$

由此得出

$$\left( \int_0^1 (f(x) + f(1-x) - 2a_0)^2 \,\mathrm{d}x \right)^{1/2}$$
$$\leqslant \left( \int_0^1 (f(x) - \phi_m(x))^2 \,\mathrm{d}x \right)^{1/2} +$$
$$\left( \int_0^1 (f(1-x) - \phi_m(1-x))^2 \,\mathrm{d}x \right)^{1/2}$$
$$< 2\sqrt{\epsilon}$$

因为对于每个 $n \geqslant 1$, 除有限个点之外, 都有 $r_n(x) + r_n(1-x) = 0$. 此处我们利用了 Minkowski 不等式. 由于 $f(x) + f(1-x)$ 是连续的, 那么我们看到 $f(x)$ 在 $[0,1]$ 上是平衡的, 如所要求的那样. 注意到 $a_0 = f\left(\frac{1}{2}\right)$.

接下来我们考虑函数 $g(x) = f\left(\dfrac{x}{2}\right) \in \mathscr{C}[0,1]$, 并且当 $n \geqslant 0$ 时, 记

$$a'_n = \int_0^1 g(x) r_n(x) \,\mathrm{d}x$$

那么由此可知

$$a'_n = \int_0^1 f\left(\frac{x}{2}\right) r_n(x) \,\mathrm{d}x = 2 \int_0^{1/2} f(s) r_{n+1}(s) \,\mathrm{d}s$$
$$= \int_0^{1/2} f(s) r_{n+1}(s) \,\mathrm{d}s + \int_0^{1/2} (f(1-s) - 2a_0) r_{n+1}(1-s) \,\mathrm{d}s$$
$$= a_{n+1} + \begin{cases} a_0 & (n = 0) \\ 0 & (n \geqslant 1) \end{cases}$$

因此

$$\int_0^1 g^2(x) \,\mathrm{d}x = \int_0^1 f^2\left(\frac{x}{2}\right) \,\mathrm{d}x = \int_0^{1/2} f^2(s) \,\mathrm{d}s + \int_{1/2}^1 (f(s) - 2a_0)^2 \,\mathrm{d}s$$
$$= \int_0^1 f^2(s) \,\mathrm{d}s - 4a_0 \int_{1/2}^1 f(s) \,\mathrm{d}s + 2a_0^2$$
$$= \int_0^1 f^2(s) \,\mathrm{d}s - 2a_0 \int_0^1 f(s)(r_0(s) - r_1(s)) \,\mathrm{d}s + 2a_0^2$$

$$= \int_0^1 f^2(s)\,\mathrm{d}s + 2a_0 a_1 = (a_0 + a_1)^2 + \sum_{n=2}^{\infty} a_n^2 = \sum_{n=0}^{\infty} a_n'^2$$

同样地,我们可以看出 $g(x) = f\left(\dfrac{1+x}{2}\right)$ 有相同的性质.

重复以上论证,我们得出 $f(x)$ 在所有二进区间上都是平衡的. 记

$$\varphi(x) = f(x) - f(0)(1-x) - f(1)x \in \mathscr{C}[0,1]$$

由于任意线性函数在任意区间上都是平衡的,那么函数 $\psi(x)$ 在每个二进区间上也都是平衡的. 因此存在常数 $c$,使得 $\varphi(x) + \varphi(1-x) = c$;所以 $c = 0$ 且 $\varphi\left(\dfrac{1}{2}\right) = 0$,因为 $\varphi(0) = \varphi(1) = 0$. 重复这一论证,对于所有 $0 \leqslant k < 2^n$ 与 $n \geqslant 0$,我们得到

$$\varphi\left(\frac{k}{2^n}\right) = 0$$

由于 $\varphi(x)$ 是连续的,那么我们看到处处都有 $\varphi(x) = 0$,所以 $f(x)$ 是一个线性函数.

反之,每个线性函数都满足(13.3)中的等式,因为根据(13.1),对于所有 $n \geqslant 1$,都有

$$\int_0^1 x r_n(x)\,\mathrm{d}x = -\frac{1}{2^{n+1}} \qquad \square$$

### 问题 13.9 的解答

我们有

$$a_n = \int_0^1 f(x) r_n(x)\,\mathrm{d}x = 2 \sum_{j=0}^{2^{n-1}-1} \int_{2j/2^n}^{(2j+1)/2^n} f(x)\,\mathrm{d}x - \int_0^1 f(x)\,\mathrm{d}x$$

对于任意 $\epsilon > 0$,取一个充分大的整数 $n$,使得每当 $|x - y| \leqslant 2^{-n}$ 时,都有

$$|f'(x) - f'(y)| < \epsilon$$

那么对于满足 $b - a = 2^{-n}$ 的任意 $0 \leqslant a < b \leqslant 1$,由 Taylor 公式可知对于每个 $x \in [a,b]$,都有

$$f(x) = f(a) + (f'(a) + \xi(x))(x - a),\ |\xi(x)| < \epsilon$$
$$f(x) = f(b) + (f'(a) + \eta(x))(x - b),\ |\eta(x)| < \epsilon$$

因此存在常数 $\xi_0$ 与 $\eta_0$,使得

$$\mathscr{M}_{[a,b]}(f) = f(a) + \frac{f'(a) + \xi_0}{2^{n+1}},\ |\xi_0| < \epsilon$$

$$\mathscr{M}_{[a,b]}(f) = f(b) - \frac{f'(a) + \eta_0}{2^{n+1}},\ |\eta_0| < \epsilon$$

所以我们得到

$$|2\mathscr{M}_{[a,b]}(f) - f(a) - f(b)| < \frac{\epsilon}{2^n}$$

因此，分别对 $a = 0, \dfrac{2}{2^n}, \cdots, 2(2^{n-1} - 1)$ 应用这一估计，我们有

$$\left| 2^n a_n - \sum_{j=0}^{2^{n-1}} f\left(\frac{j}{2^n}\right) + 2^n \int_0^1 f(x)\,\mathrm{d}x \right| < \epsilon$$

当 $\theta = 0$ 时，通过应用问题 5.7，我们得到当 $n \to \infty$ 时 $2^n a_n$ 的极限. $\square$

另解：设 $\psi(x)$ 为问题 4.8 中定义的连续分段线性周期函数. 因为

$$2^n \int_0^x r_n(s)\,\mathrm{d}s = 2\psi(2^{n-1}x)$$

由分部积分法与问题 5.3 可知

$$2^n \int_0^1 f(x) r_n(x)\,\mathrm{d}x = -2 \int_0^1 f'(x) \psi(2^{n-1}x)\,\mathrm{d}x$$

$$\to -2\mathscr{M}_{[0,1]}(\psi) \int_0^1 f'(x)\,\mathrm{d}x$$

$$= \frac{f(0) - f(1)}{2} \quad (n \to \infty)$$

## 问题 13.10 的解答

为简便起见，记 $e(x) = \mathrm{e}^{2\pi\mathrm{i}x}$. 我们有

$$I = \int_0^1 e(mx) r_n(x)\,\mathrm{d}x$$

$$= \frac{1}{2\pi\mathrm{i}m} \sum_{k=0}^{2^{n-1}-1} \left( e\left(\frac{m(2k+1)}{2^n}\right) - e\left(\frac{mk}{2^{n-1}}\right) - e\left(\frac{m(2k+2)}{2^n}\right) + e\left(\frac{m(2k+1)}{2^n}\right) \right)$$

$$= -\frac{(1 - e(m/2^n))^2}{2\pi\mathrm{i}m} \sum_{k=0}^{2^{n-1}-1} X^k$$

其中 $X = e\left(\dfrac{m}{2^{n-1}}\right)$. 注意到 $X = 1$ 当且仅当 $v \geq n - 1$. 如果 $v < n - 1$，那么 $X \neq 1$，所以

$$I = -\frac{(1 - e(m/2^n))^2}{2\pi\mathrm{i}m} \cdot \frac{1 - X^{2^{n-1}}}{1 - X} = 0$$

如果 $v \geq n - 1$，那么存在整数 $\ell \geq 1$，使得 $m = \ell \cdot 2^{n-1}$，并且

$$I = -\frac{\left(1 - e\left(\dfrac{m}{2^n}\right)\right)^2}{2\pi\mathrm{i}m} 2^{n-1} = -\frac{(1 - (-1)^\ell)^2}{2\pi\mathrm{i}\ell}$$

因此，如果 $\ell$ 是偶数，那么 $I = 0$. 如果 $\ell$ 是奇数，那么 $v = n - 1$，并且我们有

$$I = \frac{2\mathrm{i}}{\pi \ell} = \frac{2^n \mathrm{i}}{\pi m}$$

$\square$

# Legendre 多项式

## 要 点 总 结

1. A. M. Legendre(1752—1833) 于 1784 年在其关于天体力学的论文中引入了区间[-1,1]上的权函数为1的正交多项式系. 我们已经在问题 4.7 中遇到过这个多项式,其中

$$P_n(x) = \frac{1}{\pi} \int_0^\pi (x + i\sqrt{1-x^2} \cos \theta)^n d\theta \qquad (14.1)$$

称为 Laplace-Mehler 积分.

2. O. Rodrigues(1794—1851) 给出了公式

$$P_n(x) = \frac{1}{2^n n!} \frac{d^n}{dx^n} (x^2 - 1)^n$$

3. $n$ 次 Legendre 多项式 $P_n(x)$ 是 $n$ 次有理系数多项式. 前七个多项式如下所示.

$$P_0(x) = 1$$

$$P_1(x) = x$$

$$P_2(x) = \frac{1}{2}(3x^2 - 1)$$

$$P_3(x) = \frac{1}{2}(5x^3 - 3x)$$

$$P_4(x) = \frac{1}{8}(35x^4 - 30x^2 + 3)$$

$$P_5(x) = \frac{1}{8}(63x^5 - 70x^3 + 15x)$$

$$P_6(x) = \frac{1}{16}(231x^6 - 315x^4 + 105x^2 - 5)$$

4. 由 Rodrigues(罗德里格斯) 公式可知

$$P_n(x) = \frac{1}{2^n n!} \sum_{k=0}^{[n/2]} (-1)^k \binom{n}{k} \frac{(2n-2k)!}{(n-2k)!} x^{n-2k}$$

根据 $n$ 的奇偶性，$P_n(x)$ 显然是偶的或奇的.

5. 设 $\delta_{m,n}$ 为 Kronecker $\delta$；即当 $m \neq n$ 时，$\delta_{m,n} = 0$，并且 $\delta_{n,n} = 1$. 我们有

$$\int_{-1}^{1} P_m(x) P_n(x) \mathrm{d}x = \frac{2}{2n+1} \delta_{m,n}$$

6. [递归公式]

$$(n+1) P_{n+1}(x) = (2n+1) x P_n(x) - n P_{n-1}(x)$$

7. [微分方程]

$$(1-x^2) P''_n(x) - 2x P'_n(x) + n(n+1) P_n(x) = 0$$

---

**问题 14.1**

证明：

$$\int_{-1}^{1} (P_n(x))^2 \mathrm{d}x = \frac{2}{2n+1} \quad 与 \quad \int_{-1}^{1} (P'_n(x))^2 \mathrm{d}x = n(n+1)$$

---

**问题 14.2**

证明：对于任意 $|y| \leqslant 1$ 与 $|x| < 1$，都有

$$\frac{1}{\sqrt{1-2xy+x^2}} = \sum_{n=0}^{\infty} P_n(y) x^n$$

与问题 15.1 进行比较.

---

**问题 14.3**

证明：

$$(n-1) n (n+1) (n+2) \int_{1}^{x} \int_{1}^{t} P_n(s) \mathrm{d}s \mathrm{d}t = (1-x^2)^2 P''_n(x)$$

---

**问题 14.4**

证明：当 $a_1, a_2, \cdots, a_n$ 取遍所有实数时，积分

$$\int_{0}^{1} (x^n + a_1 x^{n-1} + \cdots + a_n)^2 \mathrm{d}x$$

的最小值等于 $\dfrac{1}{2n+1} \binom{2n}{n}^{-2}$，并且由首一多项式

$$\binom{2n}{n}^{-1} P_n(2x-1)$$

取到最小值.

实分析中的问题与解答

与问题 15.7 进行比较.

---

### 问题 14.5

证明:对于任意 $0 < \varphi < \pi$ 与 $c = \sqrt{\dfrac{\pi}{2}}$,都有

$$|P_n(\cos\varphi)| < \frac{c}{\sqrt{n\sin\varphi}}$$

---

这个估计一点也不准确. 正是 Stieltjes(1890) 证明了存在常数 $c'$,使得对于任意 $0 < \varphi < \pi$,都有

$$|P_n(\cos\varphi)| < \frac{c'}{\sqrt{n\sin\varphi}}$$

Gronwall(1913) 给出了满足 $c' = 2\sqrt{\dfrac{2}{\pi}}$ 的一个证明. Fejér(1925) 虽以初等的方式却给出了满足 $c' = 4\sqrt{\dfrac{2}{\pi}}$ 的一个更差的不等式. 最后 Bernstein(1931) 得到了满足 $c' = \sqrt{\dfrac{2}{\pi}}$ 的不等式,它不能替换为任何更小的常数,因为

$$P_{2n}(0) = \frac{(-1)^n}{2^{2n}}\binom{2n}{n} \sim \frac{(-1)^n}{\sqrt{\pi n}} \quad (n \to \infty)$$

Bernstein 的证明将在问题 14.5 的解答之后的评注中给出.

---

### 问题 14.6

对于任意 $0 < \varphi < \pi$,证明:

$$P_n(\cos\varphi) = \frac{\sqrt{2}}{\pi}\int_0^\varphi \frac{\cos(n + \frac{1}{2})\theta}{\sqrt{\cos\theta - \cos\varphi}}\mathrm{d}\theta$$

---

这见于 Mehler(1872),称为 Dirichlet-Mehler 积分.

---

### 问题 14.7

证明:对于任意 $|x| \leqslant 1$,都有
$$P_n^2(x) \geqslant P_{n+1}(x)P_{n-1}(x)$$
仅当 $x = \pm 1$ 时等号成立.

---

这见于 P. Turán(1910—1976). Szegö(1948) 给出了 Turán 不等式的 4 个不同的证明. 其后, Turán 在 Turán(1950) 中发表了他的原始证明.

---

**问题 14.8**

证明: 对于任意 $|x| \leq 1$, 都有

$$(P'_n(x))^2 > P'_{n+1}(x)P'_{n-1}(x)$$

---

**问题 14.9**

假设 $\{p_n(x)\}_{n \geq 0}$ 是区间 $[a, b]$ 上的带有正可积权 $\rho(x)$ 的一个正交多项式系; 即 $\deg p_n = n$, 并且对于所有 $m \neq n$, 都有

$$\int_a^b p_m(x)p_n(x)\rho(x)\mathrm{d}x = 0$$

证明: 每个 $p_n(x)$ 在区间 $(a, b)$ 中都有 $n$ 个单根, 并且在 $p_n(x)$ 的任意相继根之间恰好存在 $p_{n-1}(x)$ 的一个根. 注意到 $p_0(x)$ 是一个非零常数.

这是一般正交多项式系满足的若干性质之一. 详见 Szegö(1934).

---

**问题 14.10**

找到一个次数 $n \geq 1$ 的整系数多项式, 其有这样的性质: 对于每个 $k \in (n, 2n]$,

$$q_n(x)\log(1 + x)$$

在原点处的 Taylor 级数中 $x^k$ 的系数等于零.

---

例如

$$(x + 2)\log(1 + x) = 2x + \frac{1}{6}x^3 + \cdots$$

$$(x^2 + 6x + 6)\log(1 + x) = 6x + 3x^2 + \frac{1}{30}x^5 + \cdots$$

$$(x^3 + 12x^2 + 30x + 20)\log(1 + x) = 20x + 20x^2 + \frac{11}{3}x^3 + \frac{1}{140}x^7 + \cdots$$

带有满足 $\deg p_m \leq m$ 与 $\deg q_n \leq n$ 的非零多项式 $p_m(x)$ 与 $q_n(x)$ 的逼近公式

$$q_n(x)\log(1 + x) - p_m(x) = O(x^{n+m+1}) \tag{14.2}$$

称为 $\log(1 + x)$ 的 Padé 逼近. 此类 Padé 逼近的存在性容易由齐次线性方程组的一般理论通过比较方程个数与未知数个数得到. 表达式(14.2)说明当 $x$ 是小

的时, $\log(1+x)$ 的值可由有理函数 $\dfrac{p_m(x)}{q_n(x)}$ 紧密逼近. 为了验证这一点, 我们需要误差项的详细信息.

# 第 14 章的解答

## 问题 14.1 的解答

由于 $P_n(x)$ 的首项系数是 $\dfrac{1}{2^n}\dbinom{2n}{n}$, 并且 $P_n(x)$ 与次数小于 $n$ 的任意多项式都是正交的, 那么我们有

$$\int_{-1}^{1} \left(P_n(x)\right)^2 \mathrm{d}x = \frac{1}{2^n}\binom{2n}{n}\int_{-1}^{1} x^n P_n(x)\,\mathrm{d}x$$

由分部积分法可知, 右边等于

$$\frac{1}{2^n}\binom{2n}{n}\left(-\frac{1}{2}\right)^n \int_{-1}^{1}(x^2-1)^n\mathrm{d}x$$

代入 $x = 2s-1$, 我们看到这是

$$2\binom{2n}{n}\int_{0}^{1} s^n(1-s)^n\mathrm{d}s$$

并且按照 $\beta$ 函数的定义, 我们最终得到

$$2\binom{2n}{n}B(n+1,n+1) = \frac{2}{2n+1}$$

同样地进行分部积分, 我们有

$$\int_{-1}^{1}\left(P_n'(x)\right)^2\mathrm{d}x = P_n(x)P_n'(x)\,\Big|_{-1}^{1} - \int_{-1}^{1} P_n(x)P_n''(x)\,\mathrm{d}x$$

$$= P_n'(1) - (-1)^n P_n'(-1)$$

因为 $P_n(1) = 1$ 且 $P_n(-1) = (-1)^n$. 为了确定导数的值, 我们利用 Leibniz 规则, 使得

$$P_n'(x) = \frac{1}{2^n n!}\frac{\mathrm{d}^{n+1}}{\mathrm{d}x^{n+1}}\left((x+1)^n(x-1)^n\right)$$

$$= \frac{1}{2^n}\sum_{k=1}^{n}\binom{n+1}{k}\binom{n}{k}k(x+1)^{k-1}(x-1)^{n-k}$$

因此

$$P_n'(1) = \frac{n(n+1)}{2}$$

且

$$P'_n(-1) = (-1)^{n-1}\frac{n(n+1)}{2}$$

这蕴含了

$$\int_{-1}^{1}(P'_n(x))^2\mathrm{d}x = n(n+1)$$ □

### 问题 14.2 的解答

我们首先通过 Laplace-Mehler 积分注意到对于所有 $|y| \le 1$，都有 $|P_n(y)| \le 1$. 因此右边的级数作为复变量 $x$ 的幂级数，其收敛半径大于或等于 1. 所以只需对于任意充分小的 $x > 0$，证明给定的公式.

设 $G(x)$ 为 Legendre 多项式的母函数；即

$$G(x) = \sum_{n=0}^{\infty}P_n(y)x^n$$

将 Cauchy 积分公式应用于 Rodrigues 公式，我们得到

$$G(x) = \sum_{n=0}^{\infty}\frac{1}{2\pi\mathrm{i}}\int_{C_y}\left(\frac{x(z^2-1)}{2(z-y)}\right)^n\frac{\mathrm{d}z}{z-y}$$

$$= -\frac{1}{\pi\mathrm{i}}\int_{C_y}\frac{\mathrm{d}z}{xz^2-2z+2y-x}$$

其中 $C_y$ 是以 $y$ 为中心的定向单位圆，即 $C_y = \{z \in \mathbf{C} \mid |z-y| = 1\}$. 设 $\phi(z-y)$ 为最后一个积分的被积函数的分母，即

$$\phi(w) = xw^2 - 2(1-xy)w - x(1-y^2)$$

它是一个实系数二次多项式. 容易验证对于所有充分小的 $x > 0, \phi(w)$ 有两个实根 $\alpha_\pm$ 分别在区间 $(1,\infty)$ 与 $(-1,0)$ 中. 因此，如果我们记

$$z_\pm = y + \alpha_\pm = \frac{1 \pm \sqrt{1-2xy+x^2}}{x}$$

那么点 $z_+$ 位于 $C_y$ 外，并且 $z_-$ 位于 $C_y$ 内. 因为

$$\phi(z-y) = x(z-z_+)(z-z_-)$$

所以由留数定理可知

$$G(x) = -\frac{2}{x(z_- - z_+)} = \frac{1}{\sqrt{1-2xy+x^2}}$$ □

### 问题 14.3 的解答

利用微分方程

$$(1-x^2)P''_n = 2xP'_n - n(n+1)P_n$$

我们有

$$((1 - x^2)^2 P''_n)' = -2x(2xP'_n - n(n+1)P_n) +$$
$$(1 - x^2)(2P'_n + 2xP''_n - n(n+1)P'_n)$$
$$= -(n-1)(n+2)(1-x^2)P'_n$$

所以等式左边的导数等于 $(n-1)n(n+1)(n+2)P_n$. 因此存在常数 $\alpha$ 与 $\beta$, 使得

$$(n-1)n(n+1)(n+2)\int_1^x\int_1^t P_n(s)\,\mathrm{d}s\,\mathrm{d}t$$
$$= (1 - x^2)^2 P''_n(x) + \alpha x + \beta$$

那么我们有 $\alpha = \beta = 0$, 因为左边有因式 $(x-1)^2$. □

## 问题 14.4 的解答

在问题 8.7 的解答中证明了

$$\int_0^1 (x^n - c_0 - c_1 x^1 - c_2 x^2 - \cdots - c_{n-1} x^{n-1})^2 \mathrm{d}x$$

的最小值是

$$\frac{1}{2n+1}\prod_{k=0}^{n-1}\left(\frac{n-k}{n+k+1}\right)^2 = \frac{1}{2n+1}\binom{2n}{n}^{-2}$$

另外, 由问题 14.1 可知

$$\int_0^1 P_n^2(2x-1)\,\mathrm{d}x = \frac{1}{2n+1}$$

并且 $\binom{2n}{n}^{-1} P_n(2x-1)$ 是 $n$ 次首一多项式. □

## 问题 14.5 的解答

由 Laplace-Mehler 积分可知

$$|P_n(\cos\varphi)| \leq \frac{2}{\pi}\int_0^{\pi/2}(1 - \sin^2\varphi\sin^2\theta)^{n/2}\mathrm{d}\theta$$

利用 Jordan 不等式 $\sin\theta \geq \dfrac{2\theta}{\pi}$, 上式右边可作估计

$$\frac{2}{\pi}\int_0^{\pi/2}\left(1 - \frac{4\theta^2}{\pi^2}\sin^2\varphi\right)^{n/2}\mathrm{d}\theta$$

代入 $t = \dfrac{2\theta}{\pi}$, 我们看到它等于

$$\int_0^1 (1 - t^2\sin^2\varphi)^{n/2}\mathrm{d}t$$

此外, 利用不等式 $1 - s \leq \mathrm{e}^{-s}$, 它小于或等于

195

$$\int_0^1 \exp\left(-\frac{n}{2}t^2\sin^2\varphi\right)\mathrm{d}t$$

最后,代入 $\tau = \sqrt{\dfrac{n}{2}}(\sin\varphi)t$,我们得到

$$|P_n(\cos\varphi)| < \int_0^\infty \exp\left(-\frac{n}{2}t^2\sin^2\varphi\right)\mathrm{d}t = \frac{\sqrt{\dfrac{2}{n}}}{\sin\varphi}\int_0^\infty \mathrm{e}^{-\tau^2}\mathrm{d}\tau$$

由于右边的积分等于 $\dfrac{\sqrt{\pi}}{2}$,那么我们得到

$$|P_n(\cos\varphi)| < \frac{\sqrt{\dfrac{\pi}{2}}}{\sqrt{n}\sin\varphi}$$

□

**评注** Bernstein 的困难证明如下. 当 $0 < \theta < \pi$ 时,记

$$f(\theta) = \sqrt{\sin\theta}\,P_n(\cos\theta)$$

它满足微分方程 $f''(\theta) + A(\theta)f(\theta) = 0$,其中

$$A(\theta) = \frac{1}{4\sin^2\theta} + \left(n + \frac{1}{2}\right)^2$$

那么我们记

$$F(\theta) = f^2(\theta) + \frac{(f'(\theta))^2}{A(\theta)}$$

因此

$$F'(\theta) = -\left(\frac{f'(\theta)}{A(\theta)}\right)^2 A'(\theta)$$

由于

$$2A'(\theta) = -\frac{\cos\theta}{2\sin^3\theta}$$

那么函数 $F(\theta)$ 在 $\left(0, \dfrac{\pi}{2}\right]$ 上单调递增,并且在 $\left[\dfrac{\pi}{2}, \pi\right)$ 上单调递减. 此外,因为 $f(0+) = 0$ 且 $|F(\theta)| = |F(\pi - \theta)|$,所以

$$f^2(\theta) \leqslant F(\theta) \leqslant F\left(\frac{\pi}{2}\right) = P_n^2(0) + \frac{(P_n'(0))^2}{n^2 + n + \dfrac{1}{2}}$$

如果 $n = 2m$,那么 $P_n'(0) = 0$ 且 $|f(\theta)| \leqslant |P_n(0)|$. 如果 $n = 2m + 1$,那么 $P_n(0) = 0$ 且

$$|f(\theta)| < \frac{|P_n'(0)|}{\sqrt{n^2 + n + \dfrac{1}{2}}} = \frac{n|P_{n-1}(0)|}{\sqrt{n^2 + n + \dfrac{1}{2}}}$$

现在,由 Rodrigues 公式或 Laplace-Mehler 积分可知

$$| P_{2m}(0) | = \frac{1}{2^{2m}}\binom{2m}{m}$$

记作 $c_m$. 题目中要求的不等式由以下关于 $c_m$ 的性质得出:

$$\sqrt{2m}\,c_m \quad \text{与} \quad \frac{(2m + 1)^{3/2}}{\sqrt{4m^2 + 6m + 5/2}}c_m$$

都是单调递增序列,当 $m \to \infty$ 时,它们都收敛到 $\sqrt{\dfrac{2}{\pi}}$. 这个极限可以通过问题 16.7 的解答之后提到的 Stirling 逼近来得到.

### 问题 14.6 的解答

对于任意固定的 $x \in (-1,1)$,当 $\theta$ 从 0 到 $\pi$ 变化时,点

$$z = x + i\sqrt{1 - x^2}\cos \theta$$

在线段 $AB$ 上稳定向下移动,其中

$$A = x + i\sqrt{1 - x^2} \text{ 且 } B = x - i\sqrt{1 - x^2}$$

将这个变换应用于 Laplace-Mehler 积分,我们得到

$$P_n(x) = \frac{1}{\pi}\int_{AB} z^n \frac{d\theta}{dz}dz = \frac{i}{\pi}\int_{AB} \frac{z^n}{\sqrt{1 - x^2}\sin \theta}dz$$

$$= \frac{i}{\pi}\int_{AB} \frac{z^n}{\sqrt{1 - 2xz + z^2}}dz$$

其中,以实部为正的方式确定平方根;也就是说,函数 $\sqrt{w}$ 将除负实轴以外的周角上的楔映射到右半平面上. 因此,函数 $\sqrt{1 - 2xz + z^2}$ 在除由

$$\ell^{\pm} = \{ z \in \mathbf{C} \mid z = x \pm it, t \geq \sqrt{1 - x^2} \}$$

定义的两个铅垂射线以外的区域 $\Omega$ 上是解析的. 现在我们可以根据过联结 $A$ 与 $B$ 的点 $z = 1$ 的圆弧来改变线段 $AB$. 如果 $x = \cos \varphi\,(0 < \varphi < \pi)$,那么当 $\varphi \geq \theta \geq -\varphi$ 时,该圆弧表示为 $z = e^{i\theta}$;因此

$$P_n(\cos \varphi) = \frac{1}{\pi}\int_{-\varphi}^{\varphi} \frac{e^{i(n+1)\theta}}{\sqrt{1 - 2e^{i\theta}\cos \varphi + e^{2i\theta}}}d\theta$$

由于

$$1 - 2e^{i\theta}\cos \varphi + e^{2i\theta} = 2(\cos \theta - \cos \varphi)e^{i\theta}$$

那么我们得到

$$P_n(\cos \varphi) = \frac{\sqrt{2}}{\pi}\int_0^{\varphi} \frac{\cos(n + \frac{1}{2})\theta}{\sqrt{\cos \theta - \cos \varphi}}d\theta \qquad \square$$

## 问题 14.7 的解答

这一证明与 Szegö(1934) 的第四个证明如出一辙. 由于

$$\Delta_n(x) = P_n^2(x) - P_{n+1}(x)P_{n-1}(x)$$

是偶的,那么只需在区间 $[0,1]$ 上考虑该问题. 利用 Legendre 多项式满足的递归公式,我们得到

$$\Delta_n(x) = A^2(x) + B(x)P_{n-1}^2(x)$$

其中

$$A(x) = P_n(x) - \frac{2n+1}{2n+2}xP_{n-1}(x)$$

$$B(x) = \frac{n}{n+1} - \left(\frac{2n+1}{2n+2}x\right)^2$$

因此当

$$0 \leqslant x < \frac{\sqrt{n(n+1)}}{n+\frac{1}{2}}$$

时, $\Delta_n(x)$ 显然是正的. 此外,如果 $P_{n+1}(\xi) = 0$,那么 $P_n(\xi) \neq 0$;否则按照递归公式,我们将有 $P_0(\xi) = 0$,矛盾;所以 $\Delta_n(\xi) > 0$. 因此,以下考虑区间

$$\left[\frac{\sqrt{n(n+1)}}{n+\frac{1}{2}}, 1\right)$$

中满足 $P_{n+1}(x) \neq 0$ 的任意点 $x$. 注意到 $\Delta_n(1) = 0$.

接下来我们引入关于 $y$ 的 $n+1$ 次多项式

$$Q_{n+1}(y) = \sum_{k=0}^{n+1}\binom{n+1}{k}P_k(x)y^k$$

由 Laplace-Mehler 积分可知

$$Q_{n+1}(y) = \frac{1}{\pi}\int_0^\pi \left(1 + xy + iy\sqrt{1-x^2}\cos\theta\right)^{n+1}d\theta$$

解关于 $\sigma$ 的方程 $\sigma^2(1+xy)^2 + (\sigma y)^2(1-x^2) = 1$,我们得到

$$\sigma = \frac{1}{\sqrt{1+2xy+y^2}}$$

因此

$$Q_{n+1}(y) = \frac{1}{\sigma^{n+1}}P_{n+1}(\phi(y))$$

其中

$$\phi(y) = \sigma(1+xy) = \frac{1+xy}{\sqrt{1+2xy+y^2}}$$

函数 $\phi(y)$ 在 $(-\infty, 0]$ 上严格单调递增,并且在 $[0, \infty)$ 上严格单调递减,并且满足 $\phi(-\infty) = -x, \phi(0) = 1$ 与 $\phi(\infty) = x$. 因为 $P_{n+1}(x) \neq 0$,那么 $\phi$ 给出了 $Q_{n+1}$ 的小于 $\phi^{-1}(x) < 0$ 的负零点与区间 $(-x, x)$ 上的 $P_{n+1}$ 的负零点之间的一一对应. 同样地, $\phi$ 给出了 $Q_{n+1}$ 的大于 $\phi^{-1}(x)$ 的零点与区间 $(x, 1)$ 上的 $P_{n+1}$ 的零点之间的一一对应. 因为 $P_{n+1}$ 的零点在区间 $(-1, 1)$ 中,该区间关于原点对称,那么我们看到 $Q_{n+1}(y)$ 恰有 $n+1$ 个单实根,记作 $y_1 < y_2 < \cdots < y_{n+1}$. 因此,如果我们记

$$s_1 = \sum_{k=1}^{n+1} y_k = -\binom{n+1}{1} \frac{P_n(x)}{P_{n+1}(x)}$$

且

$$s_2 = \sum_{1 \leqslant j < k \leqslant n+1} y_j y_k = \binom{n+1}{2} \frac{P_{n-1}(x)}{P_{n+1}(x)}$$

那么

$$s_1^2 - 2s_2 = \sum_{k=1}^{n+1} y_k^2 = \frac{1}{n} \sum_{1 \leqslant j < k \leqslant n+1} (y_j^2 + y_k^2) > \frac{2}{n} s_2$$

这蕴含了 $\Delta_n(x) > 0$. □

### 问题 14.8 的解答

设 $\phi(x, y) = G(x)$ 为 Legendre 多项式的母函数,如问题 14.2 的解答中所定义的那样,即当 $|y| \leqslant 1$ 且 $|x| < 1$ 时,

$$\phi(x, y) = \frac{1}{\sqrt{1 - 2xy + x^2}} = \sum_{n=0}^{\infty} P_n(y) x^n$$

为简便起见,我们记 $A = \phi(xz, y)$ 且 $B = \phi\left(\dfrac{x}{z}, y\right)$,其中 $z$ 是单位圆 $|z| = 1$ 上的复变量. 利用

$$x \frac{\partial \phi}{\partial x} = x(y - x)\phi^3 = \sum_{n=1}^{\infty} nP_n(y) x^n$$

由留数定理可知

$$\sum_{n=1}^{\infty} n(n+1) P_n^2(y) x^{2n} = \frac{1}{2\pi i} \int_C \frac{\Phi_1(z)}{z} dz$$

其中

$$\Phi_1(z) = xz(y - xz)\left(1 + \frac{x}{z}\left(y - \frac{x}{z}\right) B^2\right) A^3 B = x(y - xz)(z - xy) A^3 B^3$$

并且 $C$ 是单位圆 $|z| = 1$. 同理可得

$$\sum_{n=1}^{\infty} n(n+1) P_{n+1}(y) P_{n-1}(y) x^{2n} = \frac{1}{2\pi i} \int_C \frac{\Phi_2(z)}{z} dz$$

其中

$$\Phi_2(z) = \frac{x}{z}(y - xz)\left(1 + \frac{x}{z}\left(y - \frac{x}{z}\right)B^2\right)A^3B = \frac{x}{z^2}(y - xz)(z - xy)A^3B^3$$

因此

$$\sum_{n=1}^{\infty} n(n+1)\Delta_n(y)x^{2n} = \frac{1}{2\pi i}\int_C \frac{\Phi_3(z)}{z}\mathrm{d}z$$

其中

$$\Phi_3(z) = \Phi_1(z) - \Phi_2(z) = x(y - xz)(z - xy)\left(1 - \frac{1}{z^2}\right)A^3B^3$$

我们现在写作 $D(z) = x(y - xz)(z - xy)$. 变换 $w = \frac{1}{z}$ 将单位圆 $|z| = 1$ 映射到相反方向的 $|w| = 1$ 上, 并且积分 $\int_C \frac{\mathrm{d}z}{z}$ 在变换下是不变的, $AB$ 也一样. 由于 $D(z)(1 - z^{-2})$ 变换为

$$D\left(\frac{1}{z}\right)(1 - z^2) = -z^2 D\left(\frac{1}{z}\right)\left(1 - \frac{1}{z^2}\right)$$

那么我们有

$$\int_C \frac{\Phi_3(z)}{z}\mathrm{d}z = -\int_C z^2 D\left(\frac{1}{z}\right)\left(1 - \frac{1}{z^2}\right)A^3B^3\frac{\mathrm{d}z}{z}$$

由于

$$D(z) - z^2 D\left(\frac{1}{z}\right) = x^2(1 - y^2)(1 - z^2)$$

那么我们得到

$$\int_C \frac{\Phi_3(z)}{z}\mathrm{d}z = -\frac{1}{2}x^2(1 - y^2)\int_C \left(z - \frac{1}{z}\right)^2 A^3B^3\frac{\mathrm{d}z}{z}$$

另外, 容易看出

$$\frac{\partial\phi}{\partial y} = x\phi^3 = \sum_{n=1}^{\infty} P'_n(y)x^n$$

这蕴含了

$$x^2 A^3 B^3 = \sum_{n,m \geqslant 1} P'_n(y)P'_m(y)x^{n+m}z^{n-m}$$

因此我们有

$$\sum_{n=1}^{\infty} n(n+1)\Delta_n(y)x^{2n} = (1 - y^2)\sum_{n=1}^{\infty} E_n(y)x^{2n}$$

其中

$$E_n(y) = (P'_n(y))^2 - P'_{n+1}(y)P'_{n-1}(y)$$

也就是说, 对于任意整数 $n \geqslant 1$, 都有

200

$$n(n+1)\Delta_n(y) = (1-y^2)E_n(y)$$

因此,根据 Turán 不等式(问题 14.7),对于所有 $|y| \leqslant 1$,都有 $E_n(y) > 0$,其中等号不成立,因为

$$E_n(\pm 1) = \frac{n(n+1)}{2} \qquad \square$$

### 问题 14.9 的解答

反之,假设 $p_n(x)$ 在区间 $(a,b)$ 中相异实根的个数小于 $n$. 那么奇次根的个数显然小于 $n$,这蕴含了在 $[a,b]$ 上存在满足 $p_n(x)q(x) \geqslant 0$ 的一个次数小于 $n$ 的非零多项式 $q(x)$,这与正交性

$$\int_a^b p_n(x)q(x)\rho(x)\mathrm{d}x = 0$$

相反. 设 $\alpha < \beta$ 为 $p_n(x)$ 的任意相继实根,并设 $\ell$ 为 $p_{n-1}(x)$ 在区间 $[\alpha,\beta]$ 中的相异根的个数. 如果 $\ell = 0$,那么 $p_{n-1}(x)$ 在 $[\alpha,\beta]$ 上有常数符号;所以存在常数 $c \neq 0$,使得曲线 $cp_n(x)$ 与 $p_{n-1}(x)$ 在 $[\alpha,\beta]$ 中的某个点处相切在几何上是显然的. 同样地,如果 $\ell \geqslant 2$,那么我们可以选取一个合适的常数 $c'$,使得曲线 $p_n(x)$ 与 $c'p_{n-1}(x)$ 在 $[\gamma,\delta] \subset [\alpha,\beta]$ 中的某个点处相切,其中 $\gamma < \delta$ 是 $p_{n-1}(x)$ 的任意两个相继根. 即使 $\alpha = \gamma$,这也是可能的,因为在这种情形中,我们可以取 $c' = \dfrac{p_n'(\alpha)}{p_{n-1}'(\alpha)}$. 无论如何,我们都可以选取某个常数 $c$,对应存在 $\xi$ 与 $n-2$ 次多项式 $q(x)$,使得

$$p_n(x) - cp_{n-1}(x) = (x-\xi)^2 q(x)$$

因此按照正交性,

$$\int_a^b (p_n(x) - cp_{n-1}(x))q(x)\rho(x)\mathrm{d}x = 0$$

不过,这就产生了矛盾,因为左边的积分等于

$$\int_a^b (x-\xi)^2 q^2(x)\rho(x)\mathrm{d}x > 0$$

因此我们有 $\ell = 1$,如所要求的那样. $\qquad \square$

### 问题 14.10 的解答

我们记

$$q_n(x) = \sum_{k=0}^n a_k x^k \ \text{且}\ q_n(x)\log(1+x) = \sum_{m=0}^\infty c_m x^m$$

那么当 $n < m \leqslant 2n$ 时,我们有

$$c_m = \sum_{k=0}^n (-1)^{m-k-1} \frac{a_k}{m-k} = 0$$

因为

$$0 = \sum_{k=0}^{n} (-1)^k \frac{a_k}{m-k} = \int_0^1 x^{m-1} \Big( \sum_{k=0}^{n} (-1)^k a_k x^{-k} \Big) \, dx$$

$$= \int_0^1 x^{m-n-1} \cdot x^n q_n \Big( -\frac{1}{x} \Big) \, dx$$

由此可知满足 $\deg Q \leqslant n$ 的 $Q(x) = x^n q_n \Big( -\dfrac{1}{x} \Big)$ 是一个多项式, 并且当 $0 \leqslant j < n$ 时, 其与 $x^j$ 正交. 这样的 $n$ 次整系数多项式由

$$Q(x) = \frac{1}{n!} \left( x^n (1-x)^n \right)^{(n)} = (-1)^n P_n(2x-1)$$

给出. 因此, 利用 $P_n(-x) = (-1)^n P_n(x)$, 并采用 $(-1)^n q_n(x)$ 而非 $q_n(x)$, 我们有一个解

$$x^n P_n \Big( \frac{2}{x} + 1 \Big) \qquad \qquad \Box$$

# Chebyshev 多项式

## 要 点 总 结

1. 如问题 3.8 的解答之后的评注所述,由关系式

$$T_n(\cos\theta) = \cos n\theta$$

定义的多项式 $T_n(x)$ 称为第一类 $n$ 次 Chebyshev 多项式,首见于 Chebyshev(1854). 我们在各种极值问题与最佳逼近问题中都会遇到这类多项式. Chebyshev 多项式在区间 $[-1,1]$ 上关于测度

$$\mathrm{d}\mu = \frac{\mathrm{d}x}{\sqrt{1-x^2}}$$

构成一个正交系. 根据 $n$ 的奇偶性,$T_n(x)$ 显然是偶的或奇的.

2. $n$ 次 Chebyshev 多项式 $T_n(x)$ 是 $n$ 次整系数多项式. 前 8 个多项式如下所示.

$$T_0(x) = 1$$
$$T_1(x) = x$$
$$T_2(x) = 2x^2 - 1$$
$$T_3(x) = 4x^3 - 3x$$
$$T_4(x) = 8x^4 - 8x^2 + 1$$
$$T_5(x) = 16x^5 - 20x^3 + 5x$$
$$T_6(x) = 32x^6 - 48x^4 + 18x^2 - 1$$
$$T_7(x) = 64x^7 - 112x^5 + 56x^3 - 7x$$

3. 设 $\delta_{m,n}$ 为 Kronecker $\delta$. 除了 $(n,m) \neq (0,0)$ 以外,我们都有

$$\int_{-1}^{1} T_m(x) T_n(x) \, \mathrm{d}\mu = \frac{\pi}{2} \delta_{m,n}$$

如果 $n = m = 0$,那么对应积分是 $\pi$.

4. 对于所有 $m$ 与 $n$,都有

$$T_m(T_n(x)) = T_{mn}(x) \quad \text{与} \quad 2T_m(x)T_n(x) = T_{m+n}(x) + T_{|m-n|}(x)$$

5. [递归公式]

$$T_{n+1}(x) = 2xT_n(x) - T_{n-1}(x)$$

6. [微分方程]

$$(1 - x^2)T''_n(x) - xT'_n(x) + n^2 T_n(x) = 0$$

7. 第二类 $n$ 次 Chebyshev 多项式 $U_n(x)$ 由

$$U_n(\cos\theta) = \frac{\sin(n+1)\theta}{\sin\theta}$$

定义. 它作为递归公式的独立解,满足与 $T_n$ 相同的递归公式. 显然

$$U_n(x) = \frac{1}{n+1}T'_{n+1}(x)$$

成立,并且它构成 $[-1, 1]$ 上的权函数为 $\sqrt{1 - x^2}$ 的一个正交多项式系.

---

**问题 15.1**

证明:对于任意 $|x| < 1$ 与 $|y| \leqslant 1$,都有

$$\frac{1 - xy}{1 - 2xy + x^2} = \sum_{n=0}^{\infty} T_n(y) x^n$$

---

与问题 14.2 进行比较.

---

**问题 15.2**

证明:对于任意 $|x| > 1$,都有

$$T_n(x) = \frac{1}{2}\left(\left(x + \sqrt{x^2 - 1}\right)^n + \left(x - \sqrt{x^2 - 1}\right)^n\right)$$

---

**问题 15.3**

证明:

$$T_n(x) = \sum_{k=0}^{[n/2]} (-1)^k \frac{n}{n-k}\binom{n-k}{k} 2^{n-2k-1} x^{n-2k}$$

---

**问题 15.4**

证明以下 Rodrigues 公式:

$$T_n(x) = \frac{(-1)^n}{1 \cdot 3 \cdot \cdots \cdot (2n-1)} \sqrt{1-x^2} \frac{\mathrm{d}^n}{\mathrm{d}x^n} (1-x^2)^{n-\frac{1}{2}}$$

**问题 15.5**

证明:对于每个 $1 \leqslant k \leqslant n$,都有

$$T_n^{(k)}(1) = \frac{n^2(n^2-1^2)\cdots(n^2-(k-1)^2)}{1 \cdot 3 \cdot 5 \cdot \cdots \cdot (2k-1)}$$

**问题 15.6**

证明:

$$\frac{\pi}{2}\sqrt{1-x^2} = 1 - 2\sum_{n=1}^{\infty} \frac{T_{2n}(x)}{4n^2-1}$$

注意到,将给定函数 $f(x)$ 展开成区间 $[-1,1]$ 上的 Chebyshev 级数,只不过是将 $f(\cos\theta)$ 展开成区间 $[-\pi,\pi]$ 上的余弦 Fourier 级数.

**问题 15.7**

证明:当 $a_1, a_2, \cdots, a_n$ 的范围是所有实数时,积分

$$\int_0^1 |x^n + a_1 x^{n-1} + \cdots + a_n|\, \mathrm{d}x$$

的最小值等于 $4^{-n}$,并且最小值通过多项式 $\dfrac{U_n(2x-1)}{4^n}$ 取到.

与问题 14.4 进行比较.

**问题 15.8**

设 $Q(x)$ 为次数小于或等于 $n$ 的任意实系数多项式,并设 $M$ 为 $|Q(x)|$ 在区间 $[-1,1]$ 上的最大值. 那么证明:对于任意 $|x|>1$,都有

$$|Q(x)| \leqslant M|T_n(x)|$$

这见于 Chebyshev(1881).

---

**问题 15.9**

设 $Q(x)$ 为任意 $n$ 次实系数首一多项式. 那么证明:

$$\max_{|x| \le 1} |Q(x)| \ge \frac{1}{2^{n-1}}$$

等号成立当且仅当 $Q(x) = 2^{1-n} T_n(x)$.

---

**问题 15.10**

对于区间 $E = [-1,1]$, 我们使用与问题 1.10 中相同的记号. 证明:

$$\frac{1}{2^{n-1}} \le \frac{M_{n+1}}{M_n} \le \frac{n+1}{2^{n-1}}$$

由此推出 $[-1,1]$ 的超限直径等于 $\frac{1}{2}$.

---

# 第 15 章的解答

### 问题 15.1 的解答

该证明比 Legendre 情形(问题 14.2)容易得多. 为简便起见, 记 $y = \cos\theta$. 设 $G(y)$ 为 Chebyshev 多项式的母函数, 即

$$G(y) = \sum_{n=0}^{\infty} T_n(\cos\theta) x^n = \sum_{n=0}^{\infty} (\cos n\theta) x^n$$

因为右边是几何级数 $\sum_{n=0}^{\infty} (e^{i\theta} x)^n$ 的实部, 所以

$$G(y) = \operatorname{Re} \frac{1}{1 - e^{i\theta} x} = \frac{1 - x\cos\theta}{1 + x^2 - 2x\cos\theta} \qquad \square$$

### 问题 15.2 的解答

记

$$f_n(x) = \frac{1}{2}\left( \left(x + \sqrt{x^2 - 1}\right)^n + \left(x - \sqrt{x^2 - 1}\right)^n \right)$$

且

$$g_n(x) = \frac{\sqrt{x^2 - 1}}{2}\left(\left(x + \sqrt{x^2 - 1}\right)^n - \left(x - \sqrt{x^2 - 1}\right)^n\right)$$

容易看出

$$\begin{pmatrix} f_{n+1}(x) \\ g_{n+1}(x) \end{pmatrix} = \begin{pmatrix} x & 1 \\ x^2 - 1 & x \end{pmatrix} \begin{pmatrix} f_n(x) \\ g_n(x) \end{pmatrix}$$

由此可得递归公式

$$f_{n+1}(x) = 2x f_n(x) - f_{n-1}(x)$$

由于 $f_0(x) = 1$ 且 $f_1(x) = x$，那么对于所有 $n$，我们都有 $f_n(x) = T_n(x)$. $\qquad\square$

### 问题 15.3 的解答

记 $x = \cos\theta$，并展开

$$\cos n\theta = \mathrm{Re}\,(\cos\theta + \mathrm{i}\sin\theta)^n$$

的右边，我们有

$$T_n(x) = \mathrm{Re}\sum_{k=0}^{n}\binom{n}{k}\cos^{n-k}\theta\,(\mathrm{i}\sin\theta)^k = \sum_{\ell=0}^{[n/2]}(-1)^\ell\binom{n}{2\ell}\cos^{n-2\ell}\theta\,(1 - \cos^2\theta)^\ell$$

因此

$$T_n(x) = x^n - \binom{n}{2}x^{n-2}(1 - x^2) + \binom{n}{4}x^{n-4}(1 - x^2)^2 - \cdots$$

这蕴含了

$$a_{n-2k} = (-1)^k\sum_{\ell=k}^{[n/2]}\binom{n}{2\ell}\binom{\ell}{k}$$

其中 $a_{n-2k}$ 是 $n$ 次 Chebyshev 多项式 $T_n(x)$ 中 $x^{n-2k}$ 的系数. 由于 $a_{n-2k}$ 可以写作

$$a_{n-2k} = \frac{(-1)^k}{k!}Q^{(k)}(1)$$

其中

$$Q(x^2) = \sum_{\ell=0}^{[n/2]}\binom{n}{2\ell}x^{2\ell} = \frac{(1 + x)^n + (1 - x)^n}{2}$$

那么由 Cauchy 积分公式可知

$$(-1)^k a_{n-2k} = \frac{1}{2\pi\mathrm{i}}\int_{C_0}\frac{Q(1 + z)}{z^{k+1}}\mathrm{d}z$$

$$= \frac{1}{4\pi\mathrm{i}}\int_{C_0}\frac{\left(1 + \sqrt{1 + z}\right)^n + \left(1 - \sqrt{1 + z}\right)^n}{z^{k+1}}\mathrm{d}z$$

其中 $C_0$ 是以原点为中心的充分小的圆，并且平方根 $\sqrt{1 + z}$（确定为实部）是正的. 由于 $1 - \sqrt{1 + z} = O(|z|)$ 在原点的一个邻域中，那么我们有

$$a_{n-2k} = \frac{(-1)^k}{4\pi i} \int_{C_0} \frac{(1 + \sqrt{1+z})^n}{z^{k+1}} dz$$

因此,代入 $w = \sqrt{1+z}$,我们看到 $(-1)^k a_{n-2k}$ 等于

$$\frac{1}{2\pi i} \int_{C_0} \frac{w(1+w)^n}{(w^2 - 1)^{k+1}} dw = \frac{1}{2\pi i} \int_{C_1} \frac{w(1+w)^{n-k-1}}{(w-1)^{k+1}} dw$$

$$= \frac{1}{2\pi i} \int_{C_2} \frac{(1+\zeta)(2+\zeta)^{n-k-1}}{\zeta^{k+1}} d\zeta$$

其中 $C_1$ 与 $C_2$ 分别是以 $w = 1$ 与 $\zeta = 0$ 为中心的小圆. 最后一个积分显然等于

$$\binom{n-k-1}{k} 2^{n-2k-1} + \binom{n-k-1}{k-1} 2^{n-2k} = \frac{n}{n-k} \binom{n-k}{k} 2^{n-2k-1} \qquad \square$$

## 问题 15.4 的解答

记

$$Q(x) = \sqrt{1-x^2} \frac{d^n}{dx^n} (1-x^2)^{n-\frac{1}{2}}$$

由 Leibniz 规则可知

$$Q(x) = \sqrt{1-x^2} \sum_{k=0}^{n} \binom{n}{k} \left((1+x)^{n-\frac{1}{2}}\right)^{(n-k)} \left((1-x)^{n-\frac{1}{2}}\right)^{(k)}$$

等式右边可以写作

$$\sum_{k=0}^{n} (-1)^k \binom{n}{k} \frac{(2n-1)\cdots(2k+1)}{2^{n-k}} (1+x)^k \times$$

$$\frac{(2n-1)\cdots(2n-2k+1)}{2^k} (1-x)^{n-k}$$

这蕴含了 $Q(x)$ 是一个次数小于或等于 $n$ 的多项式. 其实,$Q(x)$ 中 $x^n$ 的系数等于

$$\frac{(-1)^n}{2^n} \sum_{k=0}^{n} \binom{n}{k} (2n-1)\cdots(2k+1) \times (2n-1)\cdots(2n-2k+1) \neq 0$$

读者可以利用

$$\frac{(1+x)^{2n} + (1-x)^{2n}}{2}$$

的展开式,将该和求为

$$\frac{(-1)^n}{2} \cdot \frac{(2n)!}{n!}$$

另外,进行 $k+1$ 次分部积分,对于所有整数 $0 \leq k < n$,我们得到

$$\int_{-1}^{1} x^k Q(x) d\mu = (-1)^{k+1} \int_{-1}^{1} (x^k)^{(k+1)} \frac{d^{n-k-1}}{dx^{n-k-1}} (1-x^2)^{n-\frac{1}{2}} dx = 0$$

由于多项式

$$R(x) = T_n(x) - \frac{(-2)^n n!}{(2n)!} Q(x)$$

的次数小于 $n$,并且对于所有 $0 \leqslant k < n$,都满足

$$\int_{-1}^{1} x^k R(x) \, \mathrm{d}\mu = 0$$

那么我们有

$$\int_{-1}^{1} R^2(x) \, \mathrm{d}\mu = 0$$

因此 $R(x)$ 处处等于零. 换言之

$$T_n(x) = \frac{(-2)^n n!}{(2n)!} Q(x) = \frac{(-1)^n}{1 \cdot 3 \cdots (2n-1)} Q(x) \qquad \square$$

## 问题 15.5 的解答

对递归公式进行 $k$ 次微分可知

$$\sum_{\ell=0}^{2} \binom{k}{\ell} (1-x^2)^{(\ell)} T_n^{(k+2-\ell)}(x) -$$

$$\sum_{j=0}^{1} \binom{k}{\ell} x^{(\ell)} T_n^{(k+1-\ell)}(x) + n^2 T_n^{(k)}(x) = 0$$

这蕴含了

$$T_n^{(k+1)}(1) = \frac{n^2 - k^2}{2k+1} T_n^{(k)}(1)$$

考虑到 $T_n(1) = 1$,我们可以由此得到题目中要求的公式. $\qquad \square$

## 问题 15.6 的解答

记

$$\phi(x) = \frac{\pi}{2}\sqrt{1-x^2} - 1 + 2\sum_{n=1}^{\infty} \frac{T_{2n}(x)}{4n^2 - 1}$$

由于当 $-1 \leqslant x \leqslant 1$ 时,$|T_n(x)| \leqslant 1$,那么右边的 Chebyshev 级数一致收敛. 因此,对于所有整数 $m \geqslant 0$,我们可以使用逐项积分来得到

$$\int_{-1}^{1} T_{2m}(x)\phi(x) \, \mathrm{d}\mu = \frac{\pi}{2}\int_{-1}^{1} T_{2m}(x) \, \mathrm{d}x - \int_{-1}^{1} T_{2m}(x) \, \mathrm{d}\mu +$$

$$2\sum_{n=1}^{\infty} \frac{1}{4n^2 - 1}\int_{-1}^{1} T_{2m}(x) T_{2n}(x) \, \mathrm{d}\mu$$

代入 $x = \cos\theta$,右边的第一个积分变换为

$$\frac{\pi}{2}\int_{0}^{\pi} \cos 2m\theta \sin\theta \, \mathrm{d}\theta$$

209

它等于 $-\dfrac{\pi}{4m^2-1}$. 按照正交性,第二个积分等于零,除 $m=0$ 之外,在该情形中它等于 $\pi$. 同样地,第三个积分等于零,除 $n=m$ 之外,并且如果 $n=m\geqslant 1$,那么在这一种情形中它等于

$$\frac{\pi}{4m^2-1}$$

因此 $\phi$ 与每个偶 Chebyshev 多项式关于 $\mathrm{d}\mu$ 正交. 但它也与每一个奇 Chebyshev 多项式正交,因为 $\phi$ 是偶的. 因此,按照问题 8.5 之后的评注,$\phi(x)$ 处处等于零. $\square$

### 问题 15.7 的解答

对于给定的多项式

$$A(x)=x^n+a_1x^{n-1}+\cdots+a_n$$

我们定义

$$B(x)=A\left(\frac{x+2}{4}\right) \tag{15.1}$$

存在实数 $a'_1,\cdots,a'_n$,使得

$$B(x)=\frac{x^n}{4^n}+a'_1x^{n-1}+\cdots+a'_n$$

此外,记

$$Q(x)=\int_0^x B(s)\,\mathrm{d}s \tag{15.2}$$

存在实数 $a''_1,\cdots,a''_n$,使得

$$Q(x)=\frac{x^{n+1}}{4^n(n+1)}+a''_1x^n+\cdots+a''_nx$$

对 $Q(x)$ 应用与问题 3.8 的证明中相同的方法,并且使用相同的记号,我们得到

$$\frac{4(n+1)}{4^n(n+1)}=\left|\sum_{k=0}^{n+1}Q(\alpha_k)\right|\leqslant\sum_{k=0}^{n}|Q(\alpha_k)-Q(\alpha_{k+1})| \tag{15.3}$$

其中

$$\alpha_k=2\cos\frac{k\pi}{n+1}$$

因此,通过在 (15.3) 中使用 (15.1) 与 (15.2),我们有

$$\frac{1}{4^{n-1}}\leqslant\sum_{k=0}^{n}\int_{\alpha_{k+1}}^{\alpha_k}|B(s)|\,\mathrm{d}s=\int_{-2}^{2}|B(s)|\,\mathrm{d}s=4\int_0^1|A(x)|\,\mathrm{d}x$$

等式对于

$$A_n(x)=\frac{1}{4^n(n+1)}T'_{n+1}(2x-1)$$

成立,其中 $T_m(x)$ 是第一类 $m$ 次 Chebyshev 多项式. 其实,我们有

$$\int_0^1 \mid A_n(x) \mid \mathrm{d}x = \frac{2}{4^{n+1}(n+1)} \int_{-1}^1 \mid T'_{n+1}(s) \mid \mathrm{d}s$$

$$= \frac{2}{4^{n+1}(n+1)} \int_0^\pi \mid T'_{n+1}(\cos\theta) \mid \sin\theta \mathrm{d}\theta$$

$$= \frac{2}{4^{n+1}} \int_0^\pi \mid \sin(n+1)\theta \mid \mathrm{d}\theta = \frac{1}{4^n} \qquad \square$$

**评注** Achieser(1956) 第 88 页声明该不等式见于 Korkin 与 Zolotareff(1873), 而 Chebyshev(1859) 无疑已经得到过它. 不过, Cheney(1966) 第 233 页声明 Korkin 与 Zolotareff(1873) 存在问题, 而 Stieltjes(1876) 事实上解决了该问题.

### 问题 15.8 的解答

与结论相反,假设存在满足 $\mid x_0 \mid > 1$ 的点 $x_0$,使得 $\mid Q(x_0) \mid > M \mid T_n(x_0) \mid$. 为简便起见,记 $c = \dfrac{Q(x_0)}{T_n(x_0)}$. 考虑次数小于或等于 $n$ 的多项式

$$R(x) = cT_n(x) - Q(x)$$

如果当 $0 \leqslant k \leqslant n$ 时,我们记

$$\alpha_k = \cos\frac{k\pi}{n}$$

那么显然 $T_n(\alpha_k) = (-1)^k$;因此

$$\operatorname{sgn} R(\alpha_k) = (-1)^k \operatorname{sgn} c$$

因为 $\mid c \mid > M$ 且 $\mid Q(\alpha_k) \mid \leqslant M$. 这蕴含了多项式 $R$ 在区间 $(-1,1)$ 中的至少 $n$ 个点处等于零. 不过,由于 $R(x_0) = 0$,那么 $R$ 必定在至少 $n+1$ 个点处等于零,矛盾. $\qquad \square$

### 问题 15.9 的解答

由于

$$Q(\cos\theta) = \frac{\cos n\theta}{2^{n-1}}$$

那么容易看出对于每个 $0 \leqslant k \leqslant n$,

$$Q(x) = \frac{T_n(x)}{2^{n-1}} = x^n + \cdots$$

在 $y_k = \cos\dfrac{k\pi}{n}$ 时取到其最大值 $2^{1-n}$. 现在假设存在首一多项式 $R(x) = x^n + \cdots$,满足

$$\max_{|x| \leq 1} |R(x)| < \frac{1}{2^{n-1}}$$

那么我们显然有 $R(y_0) < Q(y_0), R(y_1) > Q(y_1), \cdots$ 使得多项式 $R(x) - Q(x)$ 在每个区间 $(y_{k+1}, y_k)$ 中都有至少一个零点. 因此 $R(x) - Q(x)$ 在区间 $(-1, 1)$ 中至少有 $n$ 个零点, 这与 $R(x) - Q(x)$ 的次数小于 $n$ 这一事实相反.

接下来设 $U(x) = x^n + \cdots$ 为任意实系数多项式, 满足

$$\max_{|x| \leq 1} |U(x)| = \frac{1}{2^{n-1}}$$

设 $m$ 为 $[-1, 1]$ 中满足 $|U(x)| = 2^{1-n}$ 的点 $x$ 的个数, 记作 $x_1 < \cdots < x_m$. 那么我们有 $m = n + 1$. 为此, 只需证明 $m > n$, 因为当 $1 < k < m$ 时, $U'(x_k) = 0$. 反之, 假设 $m \leq n$. 对于任意两个相继点 $x_i$ 与 $x_{i+1}$, 满足

$$\mathrm{sgn}\, U(x_i)\mathrm{sgn}\, U(x_{i+1}) = -1$$

$U(x)$ 在区间 $(x_i, x_{i+1})$ 中至少存在一个零点 $\xi$. 对于每个 $(x_i, x_{i+1})$, 我们只取一个零点, 并将其命名为 $\xi_1 < \cdots < \xi_M$. 显然

$$M \leq m - 1 \leq n - 1$$

现在我们考虑多项式

$$V(x) = c(x - \xi_1) \cdots (x - \xi_M)$$

其中 $c = \pm 1$, 存在 $x_k \in (\xi_i, \xi_{i+1})$, 使得 $V$ 在区间 $(\xi_i, \xi_{i+1})$ 上的符号与 $\mathrm{sgn}\, U(x_k)$ 相同. 在 $V$ 为正的每个区间 $(\xi_i, \xi_{i+1})$ 中, $U$ 可以在该区间的某处取负值. 如果是这样, $U$ 在 $(\xi_i, \xi_{i+1})$ 上的局部极小值当然大于 $-2^{1-n}$. 这说明对于任意充分小的 $\epsilon > 0, U(x) - \epsilon V(x)$ 在该区间上的绝对值的局部极大值小于 $2^{1-n}$. 此外, 这一论证对于区间 $(-1, \xi_1)$ 与 $(\xi_M, 1)$ 成立. 因此

$$\max_{|x| \leq 1} |U(x) - \epsilon V(x)| < \frac{1}{2^{n-1}}$$

这与前一个结果相反, 因为 $V$ 的次数小于 $n$. 因此我们有 $m = n + 1$. 由于

$$\max_{|x| \leq 1} \left| \frac{Q(x) + U(x)}{2} \right| \leq \frac{1}{2} \max_{|x| \leq 1} |Q(x)| + \frac{1}{2} \max_{|x| \leq 1} |U(x)| = \frac{1}{2^{n-1}}$$

通过将与上述相同的论证应用于多项式 $\dfrac{Q(x) + U(x)}{2}$, 那么在区间 $[-1, 1]$ 中存在 $n + 1$ 个点 $w_1 < \cdots < w_{n+1}$, 满足

$$|Q(w_k) + U(w_k)| = \frac{1}{2^{n-2}}$$

因此对于所有 $1 \leq k \leq n + 1$, 我们得到

$$Q(w_k) = U(w_k) = \pm \frac{1}{2^{n-1}}$$

这蕴含了 $U$ 与 $Q$ 相同. □

实分析中的问题与解答

### 问题 15.10 的解答

设 $\xi_1, \cdots, \xi_n$ 为区间 $[-1,1]$ 中的点, 在这些点处 $|V(x_1, \cdots, x_n)|$ 取到其最大值 $M_n$, 并设 $\xi_0$ 为 $[-1,1]$ 中的点, 在该点处多项式

$$\phi(x) = (x - \xi_1) \cdots (x - \xi_n)$$

的绝对值取到其最大值. 那么

$$|\phi(\xi_0)| = \frac{|V(\xi_0, \xi_1, \cdots, \xi_n)|}{|V(\xi_1, \cdots, \xi_n)|} \leqslant \frac{M_{n+1}}{M_n}$$

因此, 由问题 15.9 可知

$$\frac{1}{2^{n-1}} \leqslant \max_{|x| \leqslant 1} |\phi(x)| = |\phi(\xi_0)| \leqslant \frac{M_{n+1}}{M_n}$$

因为 $\phi(x)$ 的首项系数是一.

另外, 设

$$Q(x) = \frac{1}{2^{n-1}} T_n(x) = x^n + \cdots$$

且设 $(\eta_1, \cdots, \eta_{n+1})$ 为这样的点, 在该点处 $|V(x_1, \cdots, x_{n+1})|$ 取到其最大值 $M_{n+1}$. 那么

$$V(\eta_1, \cdots, \eta_{n+1}) = \begin{vmatrix} 1 & \eta_1 & \cdots & \eta_1^{n-1} & \eta_1^n \\ 1 & \eta_2 & \cdots & \eta_2^{n-1} & \eta_2^n \\ \vdots & \vdots & & \vdots & \vdots \\ 1 & \eta_n & \cdots & \eta_n^{n-1} & \eta_n^n \\ 1 & \eta_{n+1} & \cdots & \eta_{n+1}^{n-1} & \eta_{n+1}^n \end{vmatrix}$$

$$= \begin{vmatrix} 1 & \eta_1 & \cdots & \eta_1^{n-1} & Q(\eta_1) \\ 1 & \eta_2 & \cdots & \eta_2^{n-1} & Q(\eta_2) \\ \vdots & \vdots & & \vdots & \vdots \\ 1 & \eta_n & \cdots & \eta_n^{n-1} & Q(\eta_n) \\ 1 & \eta_{n+1} & \cdots & \eta_{n+1}^{n-1} & Q(\eta_{n+1}) \end{vmatrix}$$

沿最后一列的余子式展开, 我们得到

$$M_{n+1} \leqslant |Q(\eta_1)| \cdot |V(\eta_2, \cdots, \eta_{n+1})| + \cdots + |Q(\eta_{n+1})| \cdot |V(\eta_1, \cdots, \eta_n)|$$

$$\leqslant \frac{n+1}{2^{n-1}} M_n$$

如果我们定义 $M_1 = 1$, 那么上述不等式即使对于 $n = 1$ 也成立. 将

$$\frac{1}{2^{k-1}} \leqslant \frac{M_{k+1}}{M_k} \leqslant \frac{k+1}{2^{k-1}}$$

从 $k = 1, \cdots, n - 1$ 时的 $n - 1$ 个不等式相乘, 我们得到

$$\frac{1}{2^{(n-1)(n-2)/2}} \leqslant M_n \leqslant \frac{n!}{2^{(n-1)(n-2)/2}}$$

这蕴含了当 $n \to \infty$ 时, $M_n^{2/(n(n-1))}$ 收敛到 $\frac{1}{2}$. $\qquad \square$

实分析中的问题与解答

# Γ 函 数

## 要 点 总 结

1. 当 $s > 0$ 时,由收敛的反常积分

$$\Gamma(s) = \int_0^\infty x^{s-1}\mathrm{e}^{-x}\mathrm{d}x$$

定义的函数 $\Gamma(s)$ 称为 Γ 函数,其满足函数关系

$$\Gamma(s+1) = s\Gamma(s)$$

Γ 函数也称为第二 Euler 积分. 由此得出对于任意整数 $n \geqslant 1$,都有 $\Gamma(n+1) = n!$. 读者应该注意到这个公式中的变元的移位.

2. L. Euler(1707—1783) 在 1729 年与 C. Goldbach(1690—1764) 的通信中引入了插值公式(问题 16.1),作为 $s$ 是有理数这一情形的阶乘的推广. 出于 A. M. Legendre(1752—1833),其表述即是这种形式,以及对任意 $s > 0$ 的考虑,他还引入了记号 $\Gamma(s)$,并命名了两种类型的 Euler 积分.

3. 我们熟知

$$\Gamma\left(\frac{1}{2}\right) = \sqrt{\pi}$$

4. Γ 函数通过

$$\Gamma'(1) = -\gamma$$

与 Euler 常数 $\gamma$ 建立起紧密联系.

215

5. 当 $s,t > 0$ 时,由反常积分

$$B(s,t) = \int_0^1 x^{s-1}(1-x)^{t-1}\mathrm{d}x$$

定义的函数称为 $\beta$ 函数或第一 Euler 积分."$\beta$"这个名字在 Binet(1839) 中首次引入. 之所以这是第一,是因为 Euler 是从这个积分开始进行推导的. 我们熟知

$$B(s,t) = \frac{\Gamma(s)\Gamma(t)}{\Gamma(s+t)}$$

其证明见问题 16.3 的解答的前一部分. 当 $s = t = \dfrac{1}{2}$ 时,可得 $\Gamma\left(\dfrac{1}{2}\right) = \sqrt{\pi}$.

关于涉及 Hadamard 阶乘函数的 $\Gamma$ 函数的各种主题,以及 Euler 的实验推导,见 Davis(1959). 关于 $\Gamma$ 函数也有很好的初步论述;例如,见 Barnes(1899),Jensen(1916),Gronwall(1918) 等.

---

**问题 16.1**

对于任意 $s > 0$,证明:

$$\Gamma(s) = \lim_{n\to\infty} \frac{n^s n!}{s(s+1)\cdots(s+n)}$$

---

这一公式出于 Euler.

---

**问题 16.2**

证明:$\Gamma$ 函数 $\Gamma(s)$ 是对数凸的,也是凸的. 此外证明:$\beta$ 函数 $B(s,t)$ 关于 $s$ 与 $t$ 是对数凸的,也是凸的.

---

回想一下,$I$ 上的一个正函数 $f(x)$ 称为对数凸的,如果 $\log f(x)$ 在 $I$ 上是凸的. 见第 9 章.

---

**问题 16.3**

对于每个整数 $n \geqslant 2$,设 $\Delta_{n-1}$ 为由 $x_1, x_2, \cdots, x_{n-1} \geqslant 0$ 且 $x_1 + \cdots + x_{n-1} \leqslant 1$ 定义的 $n-1$ 维单形. 当 $s_1 > 0, \cdots, s_n > 0$ 时,证明:积分

$$\int\cdots\int_{\Delta_{n-1}} x_1^{s_1-1}\cdots x_{n-1}^{s_{n-1}-1}(1 - x_1 - \cdots - x_{n-1})^{s_n-1}\mathrm{d}x_1\cdots\mathrm{d}x_{n-1}$$

等于

$$\frac{\Gamma(s_1)\cdots\Gamma(s_n)}{\Gamma(s_1 + \cdots + s_n)}$$

---

### 问题 16.4

对于任意 $m + 2$ 元非零多项式 $P(x;z_0,z_1,\cdots,z_m)$,证明:$\Gamma$ 函数 $\Gamma(x)$ 不满足微分方程

$$P(x;y,y',y'',\cdots,y^{(m)}) = 0$$

Hölder(1887) 首次证明了这一问题,Moore(1897) 给出了另一个证明. Barnes(1899),Ostrowski(1919) 与 Hausdorff(1925) 给出了更简短的证明. Ostrowski(1925) 纠正了在其早期论文中由 Hausdorff 指出的一个错误,并给出了更短的证明. Ostrowski 与 Moore 利用了函数关系

$$f(x + 1) = xf(x)$$

其满足 $\Gamma$ 函数 $\Gamma(x)$,而 Hölder,Barnes 与 Hausdorff 利用了

$$\psi(x + 1) = \psi(x) + \frac{1}{x}$$

其满足双 $\Gamma$ 函数 $\psi(x) = \dfrac{\Gamma'(x)}{\Gamma(x)}$.

### 问题 16.5

假设 $f(x) \in \mathscr{C}(0,\infty)$ 是正的,对数凸的,并且满足函数方程

$$f(x + 1) = xf(x)$$

其满足 $f(1) = 1$,那么证明:$f(x) = \Gamma(x)$.

这称为 Bohr-Mollerup 定理. 见 Bohr 与 Mollerup(1922). 其后,Artin(1964) 简化了他们的证明.

### 问题 16.6

证明:

$$\frac{1}{\Gamma(s)} = se^{\gamma s} \prod_{n=1}^{\infty} \left(1 + \frac{s}{n}\right) e^{-s/n}$$

其中 $\gamma$ 是 Euler 常数.

这称为 Weierstrass 1 阶典范乘积. 这对任意复数 $s$ 都是成立的,因为其收敛在整个复平面中的紧集上是一致的. Schlömilch(1844) 首先发现了这一点,而 Weierstrass(1856) 在函数论中将其建立为积定理,其中他用记号 $\dfrac{1}{Fc(s)}$ 表示 $\Gamma$ 函数.

**问题 16.7**

证明:对于任意 $x > 0$,都有

$$\int_x^{x+1} \log \Gamma(s)\,\mathrm{d}s = x(\log x - 1) + \frac{1}{2}\log(2\pi)$$

这称为 Raabe(拉比)积分,Raabe(1843)首先对任意正整数进行证明,随后(1844)对任意正实数 $x$ 进行证明.

**问题 16.8**

证明:对于任意 $0 < s < 1$,都有

$$\Gamma(s)\Gamma(1-s) = \frac{\pi}{\sin \pi s}$$

这称为 Euler 反射公式,它也可以得到 $\Gamma\left(\frac{1}{2}\right) = \sqrt{\pi}$.

**问题 16.9**

利用 Bohr-Mollerup 定理,证明:对于任意 $s > 0$,都有

$$\log \Gamma(s) = \int_0^\infty \left(s - 1 - \frac{1 - \mathrm{e}^{-(s-1)x}}{1 - \mathrm{e}^{-x}}\right)\frac{\mathrm{e}^{-x}}{x}\mathrm{d}x$$

这个公式见于 Malmstén(1847).当 $s$ 是正整数时,Cauchy(1841)得到过这一公式.

**问题 16.10**

利用问题 16.9 中的 Malmstén 公式,证明:对于任意 $s > 0$,都有

$$\log \Gamma(s) = \left(s - \frac{1}{2}\right)\log s - s + \frac{1}{2}\log(2\pi) + \omega(s)$$

其中

$$\omega(s) = \int_0^\infty \left(\frac{1}{2} - \frac{1}{x} + \frac{1}{\mathrm{e}^x - 1}\right)\frac{\mathrm{e}^{-sx}}{x}\mathrm{d}x$$

这称为对数 $\Gamma$ 函数的 Binet 第一公式. 函数 $\omega(s)$ 是

$$\frac{1}{x}\left(\frac{1}{2} - \frac{1}{x} + \frac{1}{\mathrm{e}^x - 1}\right)$$

的 Laplace 变换,它是 $\mathscr{C}[0,\infty)$ 中的单调递减函数. 注意到 $\omega(s)$ 给出了 Stirling 逼近的误差项(见问题 16.7 的解答之后的评注). Binet(1839)还发现了 $\omega(s)$

的另一个积分表达式,称为第二公式,如下所示:

$$\omega(s) = 2\int_0^\infty \frac{\arctan(x/s)}{\mathrm{e}^{2\pi x} - 1}\mathrm{d}x$$

---

**问题 16.11**

利用 $\log \dfrac{\Gamma(s)}{\Gamma(1-s)}$ 的 Fourier 级数,证明:当 $0 < s < 1$ 时,

$$\log \Gamma(s) + \frac{1}{2}\log \frac{\sin \pi s}{\pi} + (\gamma + \log 2\pi)\left(s - \frac{1}{2}\right) = \sum_{n=2}^\infty \frac{\log n}{n\pi}\sin 2n\pi s$$

其中 $\gamma$ 是 Euler 常数.

---

这称为 Kummer 级数(1847),其中他利用了 Euler 常数的以下积分表示:

$$\gamma = \int_0^\infty \left(\mathrm{e}^{-x} - \frac{1}{1+x}\right)\frac{\mathrm{d}x}{x}$$

注意到当 $s = \dfrac{3}{4}$ 时,由 Kummer 级数得到

$$\frac{\log 3}{3} - \frac{\log 5}{5} + \frac{\log 7}{7} - \cdots = \pi\left(\frac{\gamma - \log \pi}{4} + \log \Gamma\left(\frac{3}{4}\right)\right)$$

而 Hardy(1912)得到

$$\frac{\log 2}{2} - \frac{\log 3}{3} + \frac{\log 4}{4} - \cdots = \frac{1}{2}\log^2 2 - \gamma\log 2$$

# 第 16 章的解答

## 问题 16.1 的解答

对于函数

$$\Phi_n(s) = \frac{n^s n!}{s(s+1)\cdots(s+n)}$$

通过部分分式展开,我们有

$$\Phi_n(s) = n^s \sum_{k=0}^n (-1)^k \binom{n}{k}\frac{1}{s+k} = n^s \int_0^1 x^{s-1}(1-x)^n \mathrm{d}x$$

$$= \int_0^n t^{s-1}\left(1 - \frac{t}{n}\right)^n \mathrm{d}t$$

设 $\epsilon > 0$ 为满足 $\epsilon(s+2) < 1$ 的任意数. 最后一个积分可以写作 $J_1 + J_2$,其中 $J_1$ 与 $J_2$ 分别是区间 $[0, n^\epsilon]$ 与 $[n^\epsilon, n]$ 上的积分. 当 $0 \le t \le n^\epsilon$ 时,我们有

$$n\log\left(1 - \frac{t}{n}\right) = -t + O(n^{\epsilon-1})$$

因此

$$J_1 = \int_0^{n^\epsilon} t^{s-1} e^{-t} dt + O(n^{\epsilon(s+2)-1}) \ (n \to \infty)$$

当 $n^\epsilon \leqslant t \leqslant n$ 时,存在一个常数 $c > 0$,满足

$$n\log\left(1 - \frac{t}{n}\right) \leqslant n\log(1 - n^{\epsilon-1}) \leqslant -cn^\epsilon$$

所以 $J_2 = O(n^s \exp(-cn^\epsilon))$,当 $n \to \infty$ 时,它收敛到 0. 因此当 $n \to \infty$ 时,$\Phi_n(s)$ 收敛到 $\Gamma(s)$. □

## 问题 16.2 的解答

注意到我们可以在第二 Euler 积分中的积分号下关于 $s$ 累次微分,因为对于任意整数 $k \geqslant 1$,

$$\int_0^\infty (\log x)^k x^{s-1} e^{-x} dx$$

在区域 $s > 0$ 中的关于 $s$ 的任意紧集上都一致收敛. 所以由

$$\int_0^\infty (\log x)^2 x^{s-1} e^{-x} dx > 0$$

可知 $\Gamma(s)$ 的凸性,并且由这一事实可知对数凸性:对于任意 $\sigma \in \mathbf{R}$,关于 $\sigma$ 的二次函数

$$\int_0^\infty (\sigma + \log x)^2 x^{s-1} e^{-x} dx$$

都是正的,因为这蕴含了 $\Gamma'^2(s) < \Gamma(s)\Gamma''(s)$.

对关于 $s$ 与 $t$ 的凸性与对数凸性,相似的论证可以应用于第一 Euler 积分. □

**评注** 因为对于任意 $\sigma \in \mathbf{R}$,都有

$$\int_0^1 (\sigma \log x + \log(1-x))^2 x^{s-1}(1-x)^{t-1} dx > 0$$

那么我们有

$$\left(\frac{\partial^2}{\partial s \partial t} B(s,t)\right)^2 < \frac{\partial^2}{\partial s^2} B(s,t) \frac{\partial^2}{\partial t^2} B(s,t)$$

换言之,$\beta$ 函数有正的 Hesse(黑塞)行列式.

## 问题 16.3 的解答

我们首先处理 $n = 2$ 的情形. 对于一个固定数 $t > 0$,当 $s > 0$ 时,记

$$\Psi(s) = \frac{\Gamma(s+t)}{\Gamma(t)} B(s,t)$$

显然 $\Psi(s) > 0$ 且 $\Psi(1) = 1$. 此外,我们有

$$\Psi(s+1) = (s+t)\frac{\Gamma(s+t)}{\Gamma(t)}B(s+1,t) = s\Psi(s)$$

因为由分部积分法可知

$$B(s+1,t) = \frac{s}{t}B(s,t+1) = \frac{s}{t}B(s,t) - \frac{s}{t}B(s+1,t)$$

如问题 16.2 的解答所示, $\Gamma(s+t)$ 与 $B(s,t)$ 关于 $s$ 都是对数凸的. 这说明 $\Psi(s)$ 是对数凸的, 由问题 16.5 可知 $\Psi(s) = \Gamma(s)$. 从而证明了公式在 $n = 2$ 的情形成立. 这一方法见于 Artin(1964).

一般情形将依 $n$ 归纳来证明. 假设该公式对于 $n$ 成立. 对于 $(n-1)$ 维单形 $\Delta_{n-1}$ 中的一个任意固定的 $(x_1, \cdots, x_{n-1})$, 当 $0 < t < 1$ 时, 我们考虑代换

$$x_n = (1 - x_1 - x_2 - \cdots - x_{n-1})t$$

那么积分

$$\int \cdots \int_{\Delta_n} x_1^{s_1-1} \cdots x_n^{s_n-1}(1 - x_1 - \cdots - x_n)^{s_{n+1}-1}\mathrm{d}x_1 \cdots \mathrm{d}x_n$$

变换为

$$\int \cdots \int_{\Delta_{n-1}} x_1^{s_1-1} \cdots x_{n-1}^{s_{n-1}-1}(1 - x_1 - \cdots - x_{n-1})^{s_n+s_{n+1}-1}\mathrm{d}x_1 \cdots \mathrm{d}x_{n-1} \times$$

$$\int_0^1 t^{s_n-1}(1-t)^{s_{n+1}-1}\mathrm{d}t$$

$$= \frac{\Gamma(s_1) \cdots \Gamma(s_{n-1})\Gamma(s_n + s_{n+1})}{\Gamma(s_1 + \cdots + s_n + s_{n+1})} \cdot \frac{\Gamma(s_n)\Gamma(s_{n+1})}{\Gamma(s_n + s_{n+1})}$$

这就证明了公式对于 $n+1$ 成立. □

## 问题 16.4 的解答

该证明基于 Ostrowski(1925). 对于形如

$$A(x)z_0^{n_0}z_1^{n_1} \cdots z_m^{n_m}$$

的 $P$ 的任意项, 其中 $A(x)$ 是只关于 $x$ 的多项式, 我们指定指标 $(n_0, n_1, \cdots, n_m)$, 并引入字典序; 也就是说, 如果存在 $0 \le j \le m$, 使得 $n_m = n'_m, \cdots, n_{j+1} = n'_{j+1}$ 且 $n_j > n'_j$, 那么我们称 $(n_0, n_1, \cdots, n_m)$ 高于 $(n'_0, n'_1, \cdots, n'_m)$. 显然这些指标构成一个全序集. 注意到我们不区分 $(n_0, n_1, \cdots, n_m)$ 与 $(n_0, n_1, \cdots, n_m, 0, \cdots, 0)$.

对于满足

$$P(x; \Gamma, \Gamma', \Gamma'', \cdots, \Gamma^{(m)}) = 0 \qquad (16.1)$$

的任意多项式 $P(x; z_0, z_1, \cdots, z_m)$, 如果存在, 那么我们在上述形式的项中指定最高指标 $(n_0, n_1, \cdots, n_m)$, 记作 ind $P$. 接着我们在满足 (16.1) 的所有多项式 $P$ 中选取具有最低 ind $P$ 的多项式 $P^*$. 设

$$A^*(x)z_0^{v_0}z_1^{v_1} \cdots z_m^{v_m}$$

221

为满足 $\mathrm{ind}\,P^* = (v_0, v_1, \cdots, v_m)$ 的对应最高项. 我们还可以假设 $\deg A^*$ 是这些多项式中次数最小的,并且首项系数是 1.

设 $P$ 为满足(16.1)且 $\mathrm{ind}\,P = \mathrm{ind}\,P^*$ 的任意多项式,并设 $A(x)$ 为 $P$ 的最高项的系数. 记 $A(x) = q(x)A^*(x) + r(x)$,满足 $\deg r < \deg A^*$. 如果 $r \neq 0$,那么 $P - q(x)P^*$ 的最高项的系数将是 $r(x)$,与 $A^*$ 的选取相反;因此 $A(x) = q(x)A^*(x)$. 如果 $P - q(x)P^* \neq 0$,那么 $P - q(x)P^*$ 的最高指标必定会低于 $\mathrm{ind}\,P^*$,这与 $P^*$ 的选取相反. 因此我们有 $P = q(x)P^*$.

将 $\Gamma(x+1) = x\Gamma(x)$ 代入满足 $P = P^*$ 的微分方程(16.1),我们得到一个新的方程

$$0 = P^*(x+1; x\Gamma, x\Gamma' + \Gamma, \cdots, x\Gamma^{(m)} + m\Gamma^{(m-1)})$$
$$= Q(x; \Gamma, \Gamma', \Gamma'', \cdots, \Gamma^{(m)})$$

记作 $Q$. $Q$ 的最高项必定来自于

$$A^*(x+1)(xz_0)^{v_0}(xz_1 + z_0)^{v_1} \cdots (xz_m + mz_{m-1})^{v_m}$$

的展开式;因此 $\mathrm{ind}\,Q = \mathrm{ind}\,P^*$,并且 $Q$ 的最高项的系数变为 $x^N A^*(x+1)$,其中 $N = v_0 + v_1 + \cdots + v_m$. 由上述论证可知

$$B(x) = \frac{x^N A^*(x+1)}{A^*(x)}$$

是 $N$ 次多项式,并且 $Q = B(x)P^*$;因此

$$P^*(x+1; xz_0, xz_1 + z_0, \cdots, xz_m + mz_{m-1})$$
$$= B(x)P^*(x; z_0, z_1, \cdots, z_m)$$

如果存在 $\alpha \neq 0$,使得 $B(\alpha) = 0$,那么

$$P^*(\alpha+1; w_0, w_1, \cdots, w_m) = 0$$

设

$$M = 1 + \max(\deg_{z_0} P^*, \cdots, \deg_{z_m} P^*)$$

其中 $\deg_{z_k}$ 表示关于 $z_k$ 的次数. 由于指标 $(n_0, n_1, \cdots, n_m)$ 高于另一个指标 $(n'_0, n'_1, \cdots, n'_m)$ 当且仅当

$$n_0 + n_1 M + \cdots + n_m M^m > n'_0 + n'_1 M + n'_m M^m$$

那么由

$$P^*(\alpha+1; t, t^M, \cdots, t^{M^m}) = 0$$

可知 $P^*$ 的每项的系数都在 $\alpha+1$ 处等于零,这与 $A^*$ 的选取相反. 因此 $B(x) = x^N$ 且

$$P^*(x+1; xz_0, xz_1 + z_0, \cdots, xz_m + mz_{m-1})$$
$$= x^N P^*(x; z_0, z_1, \cdots, z_m) \tag{16.2}$$

在(16.2)中代入 $x = 0$,我们得到

$$P^*(1; 0, z_0, \cdots, mz_{m-1}) = 0$$

这蕴含了 $R(1;w_1,\cdots,w_m)=0$,其中

$$R(x;w_1,\cdots,w_m)=P^*(x;0,w_1,\cdots,w_m)$$

因此,按照与上述相同的论证,$R$ 有因式 $x-1$. 注意到 $R\neq 0$;否则 $P^*$ 将有因子 $z_0$,这与 $P^*$ 的选取相反. 同样地,在 (16.2) 中代入 $x=1$ 与 $z_0=0$,我们得到

$$P^*(2;0,z_1,z_2+z_1,\cdots,z_m+mz_{m-1})=0$$

这蕴含了 $R(2;w_1,\cdots,w_m)=0$,所以 $R$ 有因式 $x-2$. 重复这一论证,我们看到对于所有整数 $k\geq 1$,$R$ 都有因式 $x-k$,这就产生了矛盾. □

## 问题 16.5 的解答

通过函数方程容易看出对于所有整数 $n\geq 1$,都有 $f(n)=(n-1)!$. 对于任意固定的 $x\in(0,1)$,由问题 9.4 可知

$$\log f(x+n+1)\leq(1-x)\log f(n+1)+x\log f(n+2)$$
$$=(1-x)\log n!+x\log(n+1)!$$

即

$$f(x+n+1)\leq(n+1)^x n!$$

同样地,由

$$\log f(n+1)\leq\frac{x}{1+x}\log f(n)+\frac{1}{1+x}\log f(x+n+1)$$

可知 $n^x n!\leq f(x+n+1)$. 因此,利用

$$f(x+n+1)=(x+n)\cdots(x+1)xf(x)$$

那么有

$$\Phi_n(x)\leq f(x)\leq\left(1+\frac{1}{n}\right)^x\Phi_n(x)$$

其中

$$\Phi_n(x)=\frac{n^x n!}{x(x+1)\cdots(x+n)}$$

由于按照问题 16.1,当 $n\to\infty$ 时,$\Phi_n(x)$ 收敛到 $\Gamma(x)$,那么我们得到 $f(x)=\Gamma(x)$,如所要求的那样. □

## 问题 16.6 的解答

由问题 16.1 可知

$$\frac{1}{\Gamma(s)}=\lim_{n\to\infty}\frac{s(s+1)\cdots(s+n)}{n^s n!}=s\lim_{n\to\infty}\frac{(s+1)\cdots(s+n)}{(n+1)^s n!}$$

最后的极限符号内关于 $n$ 的序列可以写作

$$\prod_{k=1}^{n}\left(1+\frac{s}{k}\right)\exp\left(s\log\frac{k}{k+1}\right)$$

223

它等于

$$\prod_{k=1}^{n}\left(1 + \frac{s}{k}\right)e^{-s/k}$$

的积,并且

$$\exp\left(s\left(1 + \frac{1}{2} + \cdots + \frac{1}{n} - \log(n+1)\right)\right)$$

显然最后一个表达式收敛到 $e^{\gamma s}$,其中 $\gamma$ 是 Euler 常数. □

### 问题 16.7 的解答

当 $x > 0$ 时,记

$$f(x) = \int_{x}^{x+1} \log \Gamma(s)\,ds$$

求微分,得到

$$f'(x) = \log \frac{\Gamma(x+1)}{\Gamma(x)} = \log x$$

因此存在常数 $c$,使得

$$f(x) = x(\log x - 1) + c$$

注意到 $c = f(1) + 1$. 为了确定 $c$ 的值,我们利用问题 16.1 中的公式的如下形式

$$\log \Gamma(s) = -\log s + \lim_{n\to\infty}\left(s\log n + \log\frac{1}{s+1} + \cdots + \log\frac{n}{s+n}\right)$$

它可以写作

$$\log \Gamma(s+1) = \sum_{k=1}^{\infty}\left(s\log\frac{k+1}{k} - \log\frac{s+k}{k}\right)$$

并且考虑到

$$s\log\frac{k+1}{k} - \log\frac{s+k}{k} = O\left(\frac{1}{k^2}\right)$$

级数关于 $s \in [0,1]$ 一致收敛. 因此我们可以对上述表达式逐项积分,从而得到

$$f(1) = \int_{0}^{1} \log \Gamma(s+1)\,ds$$

$$= \lim_{n\to\infty}\left(\frac{1}{2}\log n - (n+1)\log(n+1) + n + \log n!\right)$$

$$= -1 + \lim_{n\to\infty} A_n$$

其中

$$A_n = n + \log n! - \left(n + \frac{1}{2}\right)\log n$$

因此 $c = \lim_{n\to\infty} A_n$,所以 $c$ 也是序列

实分析中的问题与解答

$$2A_n - A_{2n} = \log \frac{n!^2}{(2n)!} + \left(2n + \frac{1}{2}\right) \log 2 - \frac{1}{2} \log n$$

的极限,它等于

$$\sqrt{2}\left(1 + \frac{1}{2n}\right) \frac{\sqrt{n}\, n!}{\frac{1}{2}\left(\frac{1}{2} + 1\right) \cdots \left(\frac{1}{2} + n\right)}$$

的对数. 按照问题 16.1, 当 $n \to \infty$ 时, 它收敛到 $\sqrt{2}\,\Gamma\left(\frac{1}{2}\right) = \sqrt{2\pi}$. 因此 $c = \log\sqrt{2\pi}$. $\qquad\square$

**评注** 上述证明表明当 $n \to \infty$ 时,阶乘 $n!$ 渐近于

$$\sqrt{2\pi n}\left(\frac{n}{\mathrm{e}}\right)^n$$

称为 Stirling 逼近. J. Stirling(1692—1770) 在 *Methodus Differentialis*(1730) 中给出了 $n!$ 的这一渐近公式.

### 问题 16.8 的解答

由问题 16.1 可知

$$\frac{1}{\Gamma(s)\Gamma(1-s)} = \lim_{n\to\infty} \frac{s(s+1)\cdots(s+n)}{n^s n!} \cdot \frac{(1-s)(2-s)\cdots(n+1-s)}{n^{1-s} n!}$$

$$= s \lim_{n\to\infty}\left(1 + \frac{1-s}{n}\right) \prod_{k=1}^{n}\left(1 - \frac{s^2}{k^2}\right)$$

按照问题 2.5, 它等于

$$s \prod_{n=1}^{\infty}\left(1 - \frac{s^2}{n^2}\right) = \frac{\sin \pi s}{\pi} \qquad\square$$

**评注** 这可用于求 Raabe 积分(问题 16.7). 由此可知

$$\int_0^1 \log\Gamma(s)\,\mathrm{d}s = \frac{1}{2}\left(\int_0^1 \log\Gamma(s)\,\mathrm{d}s + \int_0^1 \log\Gamma(1-s)\,\mathrm{d}s\right)$$

$$= \frac{1}{2}\int_0^1 \log\frac{\pi}{\sin \pi s}\,\mathrm{d}s$$

那么不难看出最后一个表达式等于 $\log\sqrt{2\pi}$, 它是 $c = f(1) + 1$ 的值.

### 问题 16.9 的解答

记 $\phi(s)$ 为待证等式右边的积分. 对于 $(0, \infty)$ 中的任意固定闭子区间 $[a,b]$, 我们有

$$\left(s - 1 - \frac{1 - \mathrm{e}^{-(s-1)x}}{1 - \mathrm{e}^{-x}}\right)\frac{\mathrm{e}^{-x}}{x} = \frac{(s-1)(s-3)}{2} + O(x) \quad (x \to 0+)$$

其中 $O$ 符号中的常数关于 $s \in [a,b]$ 可以一致取到. 同样地,我们有

$$\left(s - 1 - \frac{1 - e^{-(s-1)x}}{1 - e^{-x}}\right)\frac{e^{-x}}{x} = \begin{cases} (s-2)\dfrac{e^{-x}}{x} + o(e^{-\delta x}) & (s > 1) \\ 0 & (s = 1) \\ \dfrac{e^{-sx}}{x} + o(e^{-x}) & (0 < s < 1) \end{cases}$$

其中 $\delta = \max(2, s)$,并且估计中的常数关于 $s \in [a,b]$ 可以一致取到. 这蕴含了 $\phi \in \mathscr{C}(0, \infty)$. 对于任意 $s, t > 0$,我们有

$$\frac{\phi(s) + \phi(t)}{2} = \int_0^\infty \left(\frac{s+t}{2} - 1 - \frac{1 - (e^{-sx} + e^{-tx})e^x/2}{1 - e^{-x}}\right)\frac{e^{-x}}{x}\mathrm{d}x$$

$$\geq \phi\left(\frac{s+t}{2}\right)$$

因为 $e^{-sx}$ 关于 $s$ 是凸的,并且对于任意 $x > 0$,都有 $1 - e^{-x} > 0$. 因此 $\phi$ 在 $(0, \infty)$ 上是凸的. 因为显然 $\phi(1) = 0$,那么由 Bohr-Mollerup 定理可知,如果对于任意 $s > 0$,都有 $\phi(s+1) - \phi(s) = \log s$,那么 $\phi(s) = \log \Gamma(s)$. 不过,这容易由

$$\phi(s+1) - \phi(s) = \int_0^\infty \frac{e^{-x} - e^{-sx}}{x}\mathrm{d}x$$

得到验证,通过对

$$\int_0^\infty e^{-sx}\mathrm{d}x = \frac{1}{s}$$

关于 $s$ 求积分,这可以看作 $\log s$. □

## 问题 16.10 的解答

由 Malmstén 公式可知,对于任意 $0 \leq y \leq 1$,都有

$$\log\Gamma(s+y) = \int_0^\infty \left(s + y - 1 - \frac{1 - e^{-(s+y-1)x}}{1 - e^{-x}}\right)\frac{e^{-x}}{x}\mathrm{d}x$$

关于 $y$ 求积分,我们得到

$$\int_s^{s+1} \log\Gamma(x)\mathrm{d}x = \int_0^\infty \left(s - \frac{1}{2} + \frac{e^{-(s-1)x}}{x} - \frac{1}{1 - e^{-x}}\right)\frac{e^{-x}}{x}\mathrm{d}x$$

按照 Raabe 积分(问题 16.7),左边等于

$$s\log s - s + \frac{1}{2}\log(2\pi)$$

因此,减去

$$\frac{1}{2}\log s = \frac{1}{2}\int_0^\infty \frac{e^{-x} - e^{-sx}}{x}\mathrm{d}x$$

我们看到

实分析中的问题与解答

$$\left( s - \frac{1}{2} \right) \log s - s + \frac{1}{2} \log(2\pi)$$

$$= \int_0^\infty \left( s - 1 + \left( \frac{1}{2} + \frac{1}{x} \right) e^{-(s-1)x} - \frac{1}{1 - e^{-x}} \right) \frac{e^{-x}}{x} dx$$

再次按照 Malmstén 公式,我们推出

$$\omega(s) = \int_0^\infty \left( -\frac{1}{2} - \frac{1}{x} + \frac{1}{1 - e^{-x}} \right) \frac{e^{-sx}}{x} dx$$

如所断言的那样. □

## 问题 16.11 的解答

由于当 $s \to 0 +$ 时,函数 $\log \Gamma(s)$ 渐近于 $-\log s$,那么反常积分

$$\int_0^1 \log \frac{\Gamma(s)}{\Gamma(1 - s)} ds$$

绝对收敛. 因此,由问题 7.13 可知对于任意 $0 < s < 1$,都有

$$\log \frac{\Gamma(s)}{\Gamma(1 - s)} = \frac{a_0}{2} + \sum_{n=1}^\infty (a_n \cos 2n\pi x + b_n \sin 2n\pi x)$$

其中 $a_n$ 与 $b_n$ 是 $[0,1]$ 上的 Fourier 系数. 代入 $\sigma = 1 - s$,我们得到

$$a_n = 2 \int_0^1 \log \frac{\Gamma(1 - \sigma)}{\Gamma(\sigma)} \cos 2n\pi\sigma d\sigma = -a_n$$

因此对于所有 $n \geq 0$,都有 $a_n = 0$. 为了求 $b_n$,我们利用问题 16.1 中的公式

$$\log \frac{\Gamma(s)}{\Gamma(1 - s)} = \log \frac{1 - s}{s} + \lim_{m \to \infty} A_m(s)$$

其中

$$A_m(s) = (2s - 1) \log m + \sum_{k=1}^m \log \frac{k + 1 - s}{k + s}$$

我们来证明右边的极限关于 $s \in [0,1]$ 一致收敛. 为此,首先注意到对于任意整数 $p > q \geq 1$ 与任意 $0 \leq s \leq 1$,我们有

$$\left| \sum_{k=q+1}^p \frac{1}{k + s} - \log \frac{p}{q} \right| < \frac{1}{q + 1}$$

因此当 $| x | < \frac{1}{2}$ 时,按照不等式 $| \log(1 + x) - x | \leq x^2$,

$$| A_p(s) - A_q(s) | = \left| (2s - 1) \log \frac{p}{q} + \sum_{k=q+1}^p \log\left( 1 + \frac{1 - 2s}{k + s} \right) \right|$$

$$\leq \sum_{k=q+1}^p \left| \log\left( 1 + \frac{1 - 2s}{k + s} \right) + \frac{2s - 1}{k + s} \right| + \frac{1}{q + 1}$$

$$< \frac{2}{q}$$

所以我们可以互换极限与积分的顺序,从而得到

$$b_n = 2 \lim_{m \to \infty} \int_0^1 \mathcal{A}_m(s) \sin 2n\pi s \, ds$$

其中

$$\mathcal{A}_m(s) = (2s - 1) \log m + \sum_{k=0}^{m} \log \frac{k + 1 - s}{k + s}$$

由于

$$\int_0^1 (2s - 1) \sin 2n\pi s \, ds = -\frac{1}{n\pi}$$

且

$$\sum_{k=0}^{m-1} \int_0^1 \log \frac{k + 1 - s}{k + s} \sin 2n\pi s \, ds = -2 \int_0^m \log t \sin 2n\pi t \, dt$$

那么我们得到

$$b_n = -2 \lim_{m \to \infty} \left( \frac{\log m}{n\pi} + 2 \int_0^m \log t \sin 2n\pi t \, dt \right)$$

在此,我们忽略了 $\mathcal{A}_m(s)$ 中对应于 $k = m$ 的最后一项,因为它关于 $s$ 一致收敛到 0. 由分部积分法可知

$$\int_0^m \log t \sin 2n\pi t \, dt = \frac{1 - \cos 2n\pi t}{2n\pi} \log t \, \Big|_{0+}^m - \frac{1}{2n\pi} \int_0^m \frac{1 - \cos 2n\pi t}{t} \, dt$$

$$= -\frac{1}{2n\pi} \int_0^1 \frac{1 - \cos 2mn\pi x}{x} \, dx$$

因此

$$b_n = \frac{2(\log n + C)}{n\pi}$$

其中

$$C = \lim_{N \to \infty} \left( \int_0^1 \frac{1 - \cos 2N\pi x}{x} \, dx - \log N \right)$$

是一个独立于 $n$ 的常数. 那么容易看出

$$C = \lim_{N \to \infty} \left( \int_0^{2N\pi} \frac{1 - \cos s}{s} \, ds - \log N \right) = \int_0^1 \frac{1 - \cos s}{s} \, ds - \int_1^\infty \frac{\cos s}{s} \, ds + \log 2\pi$$

按照问题 6.10,它等于 $\gamma + \log 2\pi$. 因此我们有

$$\log \frac{\Gamma(s)}{\Gamma(1 - s)} = \frac{2}{\pi} \sum_{n=1}^\infty \frac{\log n + \gamma + \log 2\pi}{n} \sin 2n\pi x$$

根据问题 7.12 与问题 16.8,这蕴含了 Kummer 级数. □

**评注** 按照 Dirichlet 判别法,对于每个 $\delta > 0$,Kummer 级数在区间 $[\delta, 1 - \delta]$ 上一致收敛.

实分析中的问题与解答

# 素 数 定 理

## 要 点 总 结

1. 设 $\pi(x)$ 为不超过 $x$ 的素数的个数. 素数定理说明

$$\lim_{x \to \infty} \frac{\pi(x) \log x}{x} = 1$$

换言之,当 $x \to \infty$ 时,$\pi(x)$ 渐近于 $\dfrac{x}{\log x}$,这是数学中最著名的结果之一. Chebyshev(1852) 向素数定理迈出了极为关键的一步,他证明了对于充分大的 $x$,有

$$A \frac{x}{\log x} \leqslant \pi(x) \leqslant A' \frac{x}{\log x}$$

其中

$$A = \log\left(\frac{2^{1/2} 3^{1/3} 5^{1/5}}{30^{1/30}}\right) = 0.921\,29\cdots \text{ 且 } A' = \frac{6}{5} A = 1.105\,55\cdots$$

2. 当 $x \geqslant 0$ 时,Chebyshev 在其中引入了两个重要的函数

$$\theta(x) = \sum_{p \leqslant x} \log p$$

与

$$\psi(x) = \sum_{p^k \leqslant x} \log p = \sum_{p \leqslant x} \left[\frac{\log x}{\log p}\right] \log p$$

其中 $p$ 取遍不超过 $x$ 的所有素数. 注意到 $\psi(n)$ 是 $1, 2, \cdots, n$ 的最小公倍数.

229

3. 函数 $\psi(x)$ 可以写作

$$\psi(x) = \sum_{n \leqslant x} \Lambda(n)$$

其中

$$\Lambda(n) = \begin{cases} \log p & (n \text{ 是素数 } p \text{ 的幂}) \\ 0 & (\text{其余情形}) \end{cases}$$

称为 von Mangoldt 函数,其于 1895 年引入. 为方便起见,当 $x \geqslant 1$ 时,我们记 $\Lambda(x) = \Lambda([x])$.

4. Möbius(默比乌斯,1832) 引入的 Möbius 函数 $\mu(n)$ 由

$$\mu(n) = \begin{cases} 1 & (n = 1) \\ (-1)^k & (n \text{ 是 } k \text{ 个相异素数的积}) \\ 0 & (\text{其余情形}) \end{cases}$$

定义. 容易看出

$$\sum_{d \mid n} \mu(d) = \begin{cases} 1 & (n = 1) \\ 0 & (n \geqslant 2) \end{cases} \tag{17.1}$$

其中 $d$ 取遍 $n$ 的所有除数.

5. 设 $f$ 与 $g$ 为定义在 $n$ 的所有除数上的任意函数. Möbius 反演公式说明,如果对于 $n$ 的所有除数 $m$,都有 $g(m) = \sum_{d \mid m} f(d)$,那么

$$f(n) = \sum_{d \mid n} \mu(d) g\left(\frac{n}{d}\right)$$

反演公式的一个应用:

$$\Lambda(n) = -\sum_{d \mid n} \mu(d) \log d \tag{17.2}$$

是

$$\sum_{d \mid n} \Lambda(d) = \sum_{p^k \mid n} \log p = \log \prod_{p^k \mid n} p^k = \log n \tag{17.3}$$

的反演.

素数定理最早是由 Hadamard(1896) 与 de la Vallée Poussin(1896) 遵循 Riemann 在 1859 年提出的纲领独立建立的. 他们的论证基于 $\zeta(z)$ 在铅垂线 Re $z = 1$ 上无零点,以及 $\zeta(z)$ 在临界带 $0 \leqslant$ Re $z \leqslant 1$ 中的无零点区域的存在性. Wiener(维纳) 关于 Fourier 分析的 Tauber 理论蕴含了素数定理与 $\zeta(z)$ 在 Re $z = 1$ 上无零点的等价性. 其后,Newman(1980) 发现了素数定理的一个简单的解析证明. 另见 Korevaar(1982) 与 Zagier(1997).

Selberg(塞尔伯格,1949) 与 Erdös(埃尔德什,1949) 相继给出了素数定理的初等证明,某种意义上他们仅处理了有限和,而非无穷和或积分. 不过,初等证明不一定意味着是简单证明.

关于素数定理的一些好的历史视角, 可以在 Levinson(1969), Goldstein(1973), Diamond(1982) 以及 Bateman 与 Diamond(1996) 中找到.

以下我们将指向带有 Erdös 与 Selberg 精神的素数定理的证明, 给出一系列简单问题, 最终得出该证明. 所有的解答都假定读者有微积分的水平.

---

**问题 17.1**

证明: 对于任意 $x \geqslant 1$, 都有

$$\sum_{n \leqslant x} \psi\left(\frac{x}{n}\right) = \log[x]!$$

其中 $n$ 取遍不超过 $x$ 的正整数.

---

这见于 Chebyshev(1852). 利用 Stirling 逼近与(17.4), 我们看到

$$\frac{1}{N}\sum_{n=1}^{N}\left(\psi\left(\frac{N}{n}\right) - \frac{N}{n}\right) = \frac{\log N!}{N} - \sum_{n=1}^{N}\frac{1}{n} = -1 - \gamma + O\left(\frac{\log N}{N}\right) \quad (N \to \infty)$$

左边可以看作反常积分

$$\int_0^1 \left(\psi\left(\frac{1}{x}\right) - \frac{1}{x}\right) \mathrm{d}x$$

不过, 这一推导讨论起来并不简单. 相反, 容易看出当 $\epsilon > 0$ 时, 积分在$[\epsilon, 1]$上是有界的, 这可以推出

$$\liminf_{x \to \infty} \frac{\psi(x)}{x} \leqslant 1 \leqslant \limsup_{x \to \infty} \frac{\psi(x)}{x}$$

---

**问题 17.2**

设 $f(x)$ 为定义在$[1, \infty)$上的任意函数, 并且记

$$g(x) = (\log x)\sum_{n \leqslant x} f\left(\frac{x}{n}\right)$$

那么证明:

$$\sum_{n \leqslant x} \mu(n) g\left(\frac{x}{n}\right) = f(x)\log x + \sum_{n \leqslant x} \Lambda(n) f\left(\frac{x}{n}\right)$$

---

这见于 Tatuzawa 与 Iseki(1951).

---

**问题 17.3**

对 $f(x) = \log x - 1$ 应用问题 17.2 中的公式, 推出

$$\sum_{n \leqslant x} \Lambda(n)\log\frac{x}{n} = O(x) \quad (x \to \infty)$$

---

## 问题 17.4

对 $f(x) = \psi(x) - x + \gamma + 1$ 应用问题 17.2 中的公式,推出

$$\psi(x)\log x + \sum_{n \leqslant x} \Lambda(n)\psi\left(\frac{x}{n}\right) = 2x\log x + O(x)\,(x \to \infty)$$

其中 $\gamma$ 是 Euler 常数.

这也见于 Tatuzawa 与 Iseki(1951),可以证明这等价于

$$\theta(x)\log x + \sum_{p \leqslant x} \theta\left(\frac{x}{p}\right)\log p = 2x\log x + O(x)\,(x \to \infty)$$

称为 Selberg 不等式(1949).

## 问题 17.5

证明:对于任意 $x \geqslant 2$,都有

$$\pi(x) = \frac{\theta(x)}{\log x} + \int_2^x \frac{\theta(t)}{t\log^2 t}\mathrm{d}t$$

由此推出素数定理等价于 $\psi(x) \sim x\,(x \to \infty)$.

## 问题 17.6

证明:

$$U(x)\log x + \int_1^x \Lambda(t)U\left(\frac{x}{t}\right)\mathrm{d}t = O(x)\,(x \to \infty)$$

其中

$$U(x) = \int_1^x \frac{\psi(t) - t}{t}\mathrm{d}t$$

Levinson(1966) 引入了函数 $U(x)$,把素数定理化归到 $U(x) = o(x)\,(x \to \infty)$. 为此,对于任意 $0 < \epsilon < 1$,设 $x_\epsilon > 0$ 为这样一个数,对于任意 $x > x_\epsilon$,满足

$$(1 - \epsilon)x < \int_1^x \frac{\psi(t)}{t}\mathrm{d}t < (1 + \epsilon)x$$

为简便起见,记 $y = (1 + \sqrt{\epsilon})x$. 由于 $\psi(x)$ 是一个单调递增函数,那么我们得到

$$(y - x)\frac{\psi(x)}{y} \leqslant \int_x^y \frac{\psi(t)}{t}\mathrm{d}t = \int_1^y \frac{\psi(t)}{t}\mathrm{d}t - \int_1^x \frac{\psi(t)}{t}\mathrm{d}t$$

$$< (1 + \epsilon)y - (1 - \epsilon)x$$

即

$$\psi(x) < (1 + \sqrt{\epsilon})^3 x$$

因此

$$\limsup_{x \to \infty} \frac{\psi(x)}{x} \leqslant 1$$

通过相似的方法, 我们有

$$\frac{1 - 2\sqrt{\epsilon} - \epsilon}{1 + \sqrt{\epsilon}} < \frac{\psi(y)}{y}$$

这蕴含了

$$\liminf_{x \to \infty} \frac{\psi(x)}{x} \geqslant 1$$

因此我们已经按照问题 17.5 证明了素数定理. 所以本章余下部分专门来证明 $U(x) = o(x)$.

我们的方法主要基于 Wright(1954) 与 Levinson(1969), 不过, 我们尽可能多地用积分替换有限和.

---

**问题 17.7**

利用问题 17.3 与问题 17.4, 证明:

$$\iint_{\Delta_x} (\Lambda(st) + \Lambda(s)\Lambda(t)) \, ds dt = 2x\log x + O(x) \, (x \to \infty)$$

---

**问题 17.8**

对问题 17.7 中给出的估计进行迭代, 证明:

$$U(x)\log^2 x + \iint_{\Delta_x} (\Lambda(st) - \Lambda(s)\Lambda(t)) U\left(\frac{x}{st}\right) \, ds dt = O(x\log x) \, (x \to \infty)$$

其中

$$\Delta_x = \{(s,t) \mid st \leqslant x, s \geqslant 1, t \geqslant 1\}$$

---

**问题 17.9**

当 $x > 1$ 时, 设 $f \in \mathscr{C}[1, x]$. 设 $g$ 为满足 $g(1) = 0$, 带有常数 $L$ 并且定义在 $[1, x]$ 上的 Lipschitz 函数. 那么证明:

$$\left| \int_1^x f(t) g\left(\frac{x}{t}\right) \, dt \right| \leqslant Lx \int_1^x \left| \int_1^t f(s) \, ds \right| \frac{dt}{t^2}$$

---

如果 $g(x) \in \mathscr{C}^1[1,x]$,那么 $|g'(t)| \leq L$,并且由分部积分法可知

$$\int_1^x f(t) g\left(\frac{x}{t}\right) \mathrm{d}t = F(t) g\left(\frac{x}{t}\right)\bigg|_{t=1}^{t=x} + x \int_1^x F(t) g'\left(\frac{x}{t}\right) \frac{\mathrm{d}t}{t^2}$$

这蕴含了上述不等式,其中

$$F(t) = \int_1^t f(s) \,\mathrm{d}s$$

这一观察将是一个很好的提示.

---

### 问题 17.10

利用问题 17.8 与问题 17.9,证明:存在常数 $C > 0$,使得

$$|U(x)| \log^2 x \leq 2 \iint_{\triangle} \left| U\left(\frac{x}{st}\right) \right| \mathrm{d}s\mathrm{d}t + Cx\log x$$

---

### 问题 17.11

当 $x \geq 0$ 时,记 $V(x) = \mathrm{e}^{-x} U(\mathrm{e}^x)$. 证明:

$$\limsup_{x \to \infty} |V(x)| = \limsup_{x \to \infty} \frac{1}{x} \int_0^x |V(s)| \,\mathrm{d}s$$

---

### 问题 17.12

设 $f(x)$ 为带有常数 $L$ 并且定义在区间 $[0, \infty)$ 上的有界 Lipschitz 函数. 记

$$\alpha = \limsup_{x \to \infty} |f(x)| \quad \text{且} \quad \beta = \limsup_{x \to \infty} \frac{1}{x} \int_0^x |f(s)| \,\mathrm{d}s$$

此外假设

$$\delta = \limsup_{x \to \infty} \left| \int_0^x f(s) \,\mathrm{d}s \right|$$

是有限的. 那么证明:

$$\beta(\alpha^2 + 2\delta L) \leq 2\alpha\delta L$$

---

### 问题 17.13

由以上事实推出素数定理.

# 第 17 章的解答

## 问题 17.1 的解答

由 $\psi$ 的定义可知

$$S_0 = \sum_{n \leq x} \psi\left(\frac{x}{n}\right) = \sum_{mn \leq x} \Lambda(m)$$

其中 $m$ 与 $n$ 取遍满足 $mn \leq x$ 的所有正整数. 我们现在根据 $k = mn$ 重排这样的对 $(m,n)$, 即

$$S_0 = \sum_{k \leq x} \sum_{mn = k} \Lambda(m)$$

由于 $m$ 取遍 $k$ 的所有除数, 那么由 $(17.3)$ 可知

$$S_0 = \sum_{k \leq x} \sum_{d \mid k} \Lambda(d) = \sum_{k \leq x} \log k = \log[x]! \qquad \Box$$

## 问题 17.2 的解答

我们有

$$S_1 = \sum_{n \leq x} \mu(n) g\left(\frac{x}{n}\right) = \sum_{mn \leq x} \mu(n) f\left(\frac{x}{mn}\right) \log \frac{x}{n}$$

以与问题 17.1 的解答中相同的方式重排对 $(m,n)$, 那么

$$S_1 = \sum_{k \leq x} f\left(\frac{x}{k}\right) \sum_{d \mid k} \mu(d) \log \frac{x}{d}$$

$$= (\log x) \sum_{k \leq x} f\left(\frac{x}{k}\right) \sum_{d \mid k} \mu(d) - \sum_{k \leq x} f\left(\frac{x}{k}\right) \sum_{d \mid k} \mu(d) \log d$$

按照 $(17.1)$, 最后的表达式的第一项是 $f(x) \log x$, 考虑到 $(17.2)$, 在第二项中我们可以用 $-\Lambda(k)$ 代换 $\sum_{d \mid k} \mu(d) \log d$. $\qquad \Box$

## 问题 17.3 的解答

由 Stirling 逼近可知

$$\sum_{n \leq x} f\left(\frac{x}{n}\right) = \sum_{n \leq x} \log \frac{x}{n} - [x] = [x] \log x - [x] - \log[x]!$$

具有阶 $O(\log x)$, 因此 $g(x) = O(\log^2 x) \, (x \to \infty)$. 所以存在常数 $K > 0$, 使得

$$\left| \sum_{n \leq x} \mu(n) g\left(\frac{x}{n}\right) \right| \leq K \sum_{n \leq x} \log^2\left(\frac{x}{n}\right) \leq K \log^2 x + K \int_1^x \log^2\left(\frac{x}{t}\right) dt$$

$$< K \log^2 x + Kx \int_1^\infty \left( \frac{\log t}{t} \right)^2 \mathrm{d}t = O(x)$$

因此按照问题 17.2，我们有

$$\sum_{n \leq x} \Lambda(n) \log \frac{x}{n} = - \log^2 x + \log x + O(x) = O(x) \, (x \to \infty) \qquad \square$$

### 问题 **17.4** 的解答

由问题 17.1 与 Stirling 逼近可知

$$S_0 = \sum_{n \leq x} \psi\left( \frac{x}{n} \right) = \log[x]! \ = x \log x - x + O(\log x) \, (x \to \infty)$$

接下来我们有

$$I = \int_1^\infty \frac{\{x\}}{x^2} \mathrm{d}x = \sum_{k=1}^{n-1} \int_k^{k+1} \frac{x-k}{x^2} \mathrm{d}x + O\left( \frac{1}{n} \right)$$

$$= \log n - \sum_{k=2}^{n} \frac{1}{k} + O\left( \frac{1}{n} \right) \, (n \to \infty)$$

其中 $\{x\}$ 表示 $x$ 的分数部分. 这蕴含了 $I = 1 - \gamma$，因此

$$\sum_{n \leq x} \frac{1}{n} = \log x + \gamma + O\left( \frac{1}{x} \right) \qquad (17.4)$$

所以，对 $f(x) = \psi(x) - x + \gamma + 1$ 应用以上估计，我们有

$$\sum_{n \leq x} f\left( \frac{x}{n} \right) = S_0 - \sum_{n \leq x} \frac{x}{n} + (\gamma + 1) \sum_{n \leq x} 1$$

$$= \log[x]! \ - x\left( \log x + \gamma + O\left( \frac{1}{x} \right) \right) +$$

$$(\gamma + 1)x + O(1) = O(\log x)$$

因此，以与上述证明相同的方式，我们有

$$\sum_{n \leq x} \mu(n) g\left( \frac{x}{n} \right) = O(x) \, (x \to \infty)$$

因此，由问题 17.2 可知

$$\phi(x) = \psi(x) \log x + \sum_{n \leq x} \Lambda(n) \psi\left( \frac{x}{n} \right)$$

$$= x \log x + x \sum_{n \leq x} \frac{\Lambda(n)}{n} + O(x) \, (x \to \infty)$$

因为按照该解答后的评注，$\psi(x) = O(x)$.

另外，由于

$$S_0 = \sum_{mn \leq x} \Lambda(n) = \sum_{n \leq x} \left[ \frac{x}{n} \right] \Lambda(n)$$

那么我们有

实分析中的问题与解答

$$\left| S_0 - x \sum_{n \leq x} \frac{\Lambda(n)}{n} \right| = \sum_{n \leq x} \left\{ \frac{x}{n} \right\} \Lambda(n) \leq \psi(x) = O(x)$$

因此我们推出

$$\phi(x) = 2x\log x + O(x)\,(x \to \infty)$$

注意到在证明过程中我们已经证明了

$$\sum_{n \leq x} \frac{\Lambda(n)}{n} = \log x + O(1) \tag{17.5}$$

☐

**评注** 我们将要证明估计 $\psi(x) = O(x)$. 中心二项式系数

$$\binom{2m}{m} = 2\frac{(2m-1)(2m-2)\cdots(m+1)}{(m-1)!}$$

是在 $[m, 2m)$ 中的所有素数之积的倍数，这显然小于 $(1+1)^{2m} = 2^{2m}$. 因此

$$\theta(2m) - \theta(m-1) = \sum_{m \leq p < 2m} \log p < 2m\log 2$$

对于每个 $m \geq 1$ 都成立. 对于任意 $x > 0$，记 $k = \left[\frac{x}{2}\right] + 1$. 那么

$$\theta(x) - \theta\left(\frac{x}{2}\right) \leq \theta(2k) - \theta(k-1) < 2k\log 2 \leq (x+2)\log 2$$

所以我们有

$$\theta(x) = \sum_{n=0}^{N-1} \left( \theta\left(\frac{x}{2^n}\right) - \theta\left(\frac{x}{2^{n+1}}\right) \right) < 2x\log 2 + O(\log x)$$

$$= O(x)\,(x \to \infty)$$

其中 $N = \left[\frac{\log x}{\log 2}\right]$. 因此我们有

$$\psi(x) = \theta(x) + \theta(x^{1/2}) + \theta(x^{1/3}) + \cdots + \theta(x^{1/(N+1)})$$

$$\leq \theta(x) + N\theta(x^{1/2}) = O(x)$$

如所要求的那样.

### 问题 17.5 的解答

设 $m \geq 2$ 为任意整数. 由于

$$\theta(m) - \theta(m-1) = \begin{cases} \log m & (m \text{ 为素数}) \\ 0 & (\text{其余情形}) \end{cases}$$

那么我们有

$$\pi(n) = \sum_{m=2}^{n} \frac{\theta(m) - \theta(m-1)}{\log m} = \frac{\theta(n)}{\log n} + \sum_{m=2}^{n-1} \theta(m)\left( \frac{1}{\log m} - \frac{1}{\log(m+1)} \right)$$

接下来注意到

$$\frac{1}{\log m} - \frac{1}{\log(m+1)} = \int_m^{m+1} \frac{\mathrm{d}t}{t \log^2 t}$$

我们得到

$$\pi(n) = \frac{\theta(n)}{\log n} + \int_2^n \frac{\theta(t)}{t \log^2 t} \mathrm{d}t$$

因为当 $m \le t < m+1$ 时，$\theta(t) = \theta(m)$. 此外，考虑到

$$\int_{[x]}^x \frac{\theta(t)}{t \log^2 t} \mathrm{d}t = \theta([x])\left(\frac{1}{\log[x]} - \frac{1}{\log x}\right)$$

我们可以用一个实变量 $x \ge 2$ 替换 $n$.

由于按照问题 17.4 的解答之后的评注，存在满足 $\theta(x) \le Cx$ 的常数 $C > 0$，那么我们有

$$\int_2^x \frac{\theta(t)}{t \log^2 t} \mathrm{d}t \le C \int_2^x \frac{\mathrm{d}t}{\log^2 t}$$

那么由分部积分可知，存在常数 $C' > 0$，使得

$$\int_2^x \frac{\mathrm{d}t}{\log^2 t} = \frac{t}{\log^2 t}\bigg|_2^x + 2\int_2^x \frac{\mathrm{d}t}{\log^3 t} \le \frac{x}{\log^2 x} + C' + \frac{1}{2}\int_2^x \frac{\mathrm{d}t}{\log^2 t}$$

因为对于任意 $t \ge \mathrm{e}^4$，都有 $\frac{2}{\log^3 t} \le \frac{1}{2\log^2 t}$. 因此

$$\int_2^x \frac{\theta(t)}{t \log^2 t} \mathrm{d}t = O\left(\frac{x}{\log^2 x}\right) \quad (x \to \infty)$$

并且

$$\frac{\pi(x)\log x}{x} - \frac{\theta(x)}{x} = O\left(\frac{1}{\log x}\right) \quad (x \to \infty)$$

这蕴含了素数定理等价于 $\theta(x) \sim x$. 这就完成了证明，因为

$$\psi(x) - \theta(x) = O(\sqrt{x}\log x)$$

如在问题 17.4 的解答之后的评注中所见. ☐

## 问题 17.6 的解答

当 $x \ge 1$ 时，记 $R(x) = \psi(x) - x$. 由 (17.5) 与问题 17.4 可知

$$R(x)\log x + \sum_{n \le x} \Lambda(n) R\left(\frac{x}{n}\right) = O(x) \quad (x \to \infty)$$

用 $t$ 替换 $x$，再除以 $t$，然后关于 $t$ 从 1 到 $x$ 进行积分，我们看到

$$\int_1^x \frac{R(t)}{t}\log t\,\mathrm{d}t + \int_1^x \sum_{n \le t} \Lambda(n) R\left(\frac{t}{n}\right) \frac{\mathrm{d}t}{t} = O(x) \tag{17.6}$$

我们首先注意到函数 $U(x)$ 是一个 Lipschitz 函数. 为此，由于存在常数 $K > 0$，使得 $|R(t)| \le Kt$，那么我们得到

$$|U(x) - U(y)| = \left|\int_x^y \frac{R(t)}{t}\mathrm{d}t\right| \le K|x - y|$$

特别地，我们看到 $U(x) = O(x) \ (x \to \infty)$. 不管表观部分，将该 $O(x)$ 替换为

$o(x)$ 并非易事.

按照分部积分法,(17.6) 中的第一个积分变成

$$U(x)\log x - \int_1^x \frac{U(t)}{t}\mathrm{d}t = U(x)\log x + O(x)$$

为了处理(17.6) 中的第二个积分,设 $\widetilde{R}(x)$ 与 $\widetilde{U}(x)$ 分别为 $R(x)$ 与 $U(x)$ 的零扩张. 那么第二个积分可以写作

$$\int_1^x \sum_{n=1}^\infty \Lambda(n)\widetilde{R}\left(\frac{t}{n}\right)\frac{\mathrm{d}t}{t} = \sum_{n=1}^\infty \Lambda(n)\int_{1/n}^{x/n}\frac{\widetilde{R}(s)}{s}\mathrm{d}s = \sum_{n=1}^\infty \Lambda(n)\widetilde{U}\left(\frac{x}{n}\right)$$

因此,第二个积分与 $\int_1^x \Lambda(t)U\left(\frac{x}{t}\right)\mathrm{d}t$ 至多相差

$$\sum_{n=1}^\infty \Lambda(n)\int_n^{n+1}\left|\widetilde{U}\left(\frac{x}{n}\right) - \widetilde{U}\left(\frac{x}{t}\right)\right|\mathrm{d}t = O(x)$$

因为 $\widetilde{U}(x)$ 也是 Lipschitz 函数,并且

$$\sum_{n=1}^\infty \frac{\Lambda(n)}{n^2} < \infty$$

注意到以上和式实际上是有限的. □

## 问题 17.7 的解答

按照部分积分,我们有

$$\int_1^x \Lambda(v)\log\frac{x}{v}\mathrm{d}v = \int_1^x\left(\int_1^v \Lambda(u)\,\mathrm{d}u\right)\frac{\mathrm{d}v}{v} = O(x)\,(x\to\infty)$$

它是问题 17.3 的一个积分版本. 在此

$$\iint_{\Delta_x}\Lambda(st)\,\mathrm{d}s\mathrm{d}t = \int_1^x\Lambda(v)\log v\,\mathrm{d}v = (\log x)\int_1^x\Lambda(v)\,\mathrm{d}v + O(x)$$
$$= \psi(x)\log x + O(x)$$

我们现在来估计差式

$$\iint_{\Delta_x}\Lambda(s)\Lambda(t)\,\mathrm{d}s\mathrm{d}t - \sum_{mn\leqslant x}\Lambda(m)\Lambda(n) = I + 2J$$

其中

$$I = \left(\int_1^{\sqrt{x}}\Lambda(x)\,\mathrm{d}x\right)^2 - \left(\sum_{n\leqslant\sqrt{x}}\Lambda(n)\right)^2$$

$$J = \iint_{\substack{\sqrt{x}\leqslant s\leqslant x\\ st\leqslant x}}\Lambda(s)\Lambda(t)\,\mathrm{d}s\mathrm{d}t - \sum_{\substack{\sqrt{x}\leqslant n\leqslant x\\ mn\leqslant x}}\Lambda(m)\Lambda(n)$$

容易看出

$$|I| \leqslant \left(\psi(\sqrt{x}) + O(\log x)\right)^2 + \psi^2(\sqrt{x}) = O(x)$$

且

$$|J| \leqslant \sum_{\sqrt{x} \leqslant n \leqslant x} \Lambda(n) \left| \iint_{\Delta_n} \Lambda(t) \, ds \, dt - \sum_{m \leqslant x/n} \Lambda(m) \right| + O(\sqrt{x} \log x)$$

其中 $\Delta_n = \left\{ (s,t) \mid n \leqslant s < n+1, 1 \leqslant t \leqslant \dfrac{x}{s} \right\}$. 由于区间 $\left[ \dfrac{x}{n+1}, \dfrac{x}{n} \right]$ 的长度小于 1, 那么它至多包含一个整数; 所以在区间上, $\Lambda(t) \leqslant \log t$, 并且

$$\left| \iint_{\Delta_n} \Lambda(t) \, ds \, dt - \sum_{m \leqslant x/n} \Lambda(m) \right| \leqslant \log \frac{x}{n}$$

因此, 按照问题 17.3, 我们有 $I + 2J = O(x)$. 因为

$$\sum_{mn \leqslant x} \Lambda(m) \Lambda(n) = \sum_{n \leqslant x} \Lambda(n) \psi \left( \frac{x}{n} \right)$$

所以由问题 17.4 可知,

$$\iint_{\Delta_x} (\Lambda(st) + \Lambda(s) \Lambda(t)) \, ds \, dt = 2x \log x + O(x) \quad (x \to \infty) \qquad (17.7)$$

$\square$

### 问题 17.8 的解答

在问题 17.6 给出的估计中用 $\dfrac{x}{s}$ 替换 $x$, 再乘以 $\Lambda(s)$, 然后关于 $s$ 从 1 到 $x$ 进行积分, 我们得到,

$$(\log x) \int_1^x \Lambda(s) U \left( \frac{x}{s} \right) ds - \int_1^x \Lambda(s) (\log s) U \left( \frac{x}{s} \right) ds +$$

$$\iint_{\Delta_x} \Lambda(s) \Lambda(t) U \left( \frac{x}{st} \right) ds \, dt = O(x \log x) \quad (x \to \infty)$$

因为按照 (17.5),

$$\int_1^x \frac{\Lambda(s)}{s} ds = \sum_{n \leqslant x} \frac{\Lambda(n)}{n} + O(1) = \log x + O(1)$$

由于

$$\int_1^x \Lambda(s) (\log s) U \left( \frac{x}{s} \right) ds = \iint_{\Delta_x} \Lambda(st) U \left( \frac{x}{st} \right) ds \, dt$$

那么问题中的估计由问题 17.6 得出. $\square$

### 问题 17.9 的解答

设 $\epsilon > 0$ 为任意数. 按照 $g$ 的一致连续性, 存在 $\delta \in (0,1)$, 使得当 $s, t \in [1, x]$ 满足 $|s - t| < \delta$ 时, $|g(s) - g(t)| < \epsilon$. 代替 Lipschitz 函数 $g(t)$, 当 $t \geqslant 1$ 时, 我们现在考虑

$$G(t) = \frac{1}{\delta} \int_{t-\delta}^{t} \widetilde{g}(s)\, \mathrm{d}s$$

其中 $\widetilde{g}(s)$ 是 $g(s)$ 的零扩张. 显然 $G(t)$ 是连续可微的,并且满足 $G(1)=0$. 由于 $\widetilde{g}$ 也是带有相同常数 $L$ 的 Lipschitz 函数,那么我们有

$$|\, G'(t) \,| = \frac{|\, \widetilde{g}(t) - \widetilde{g}(t-\delta) \,|}{\delta} \leqslant L$$

此外,由于存在 $\xi_t \in (t-\delta, t)$,使得 $G(t) = \widetilde{g}(\xi_t)$,那么函数 $G$ 在以下意义上非常接近 $g$:对于任意 $t \in [1, x]$,都有

$$|\, G(t) - g(t) \,| = |\, \widetilde{g}(\xi_t) - g(t) \,| < \epsilon$$

所以

$$\left| \int_{1}^{x} f(t) g\left(\frac{x}{t}\right) \mathrm{d}t \right| \leqslant \epsilon \int_{1}^{x} |\, f(t) \,|\, \mathrm{d}t + \left| \int_{1}^{x} f(t) G\left(\frac{x}{t}\right) \mathrm{d}t \right|$$

按照分部积分法,我们得到

$$\int_{1}^{x} f(t) G\left(\frac{x}{t}\right) \mathrm{d}t = \left( \int_{1}^{t} f(s)\, \mathrm{d}s \right) G\left(\frac{x}{t}\right) \Bigg|_{t=1}^{t=x} +$$
$$x \int_{1}^{x} \left( \int_{1}^{t} f(s)\, \mathrm{d}s \right) G'\left(\frac{x}{t}\right) \frac{\mathrm{d}t}{t^2}$$

因此,利用 $|\, G'(t) \,| \leqslant L$,可得

$$\left| \int_{1}^{x} f(t) g\left(\frac{x}{t}\right) \mathrm{d}t \right| \leqslant \epsilon \int_{1}^{x} |\, f(t) \,|\, \mathrm{d}t + Lx \int_{1}^{x} \left| \int_{1}^{t} f(s)\, \mathrm{d}s \right| \frac{\mathrm{d}t}{t^2}$$

这就完成了证明,因为 $\epsilon$ 是任意的. □

### 问题 17.10 的解答

我们考虑连续函数

$$\Phi(v) = \int_{1}^{v} \left( \Lambda(v) + \Lambda(u) \Lambda\left(\frac{v}{u}\right) - 2 \right) \frac{\mathrm{d}u}{u}$$

那么由 (17.7) 可知

$$\int_{1}^{x} \Phi(v)\, \mathrm{d}v = \iint_{\triangle} (\Lambda(st) + \Lambda(s)\Lambda(t) - 2)\, \mathrm{d}s \mathrm{d}t = O(x)$$

因为

$$\iint_{\triangle} \mathrm{d}s \mathrm{d}t = \int_{1}^{x} \left( \frac{x}{s} - 1 \right) \mathrm{d}s = x\log x - x$$

那么我们对 $f(x) = \Phi(x)$ 与 Lipschitz 函数 $g(x) = |\, U(x) \,|$ 应用问题 17.9 中的估计,使得当 $x \to \infty$ 时,

$$\iint_{\Delta_x} (\varLambda(st) + \varLambda(s)\varLambda(t) - 2) \left| U\left(\frac{x}{st}\right) \right| dsdt = O(x\log x) \qquad (17.8)$$

因此,按照问题 17.8 与(17.8),存在常数 $C, C' > 0$,使得

$$|U(x)| \log^2 x \le \iint_{\Delta_x} (\varLambda(st) + \varLambda(s)\varLambda(t)) \left| U\left(\frac{x}{st}\right) \right| dsdt + Cx\log x$$

$$\le 2 \iint_{\Delta_x} \left| U\left(\frac{x}{st}\right) \right| dsdt + C'x\log x \qquad \square$$

### 问题 17.11 的解答

写作 $x = \mathrm{e}^u$,并在

$$|U(x)| \log^2 x \le 2 \iint_{\Delta_x} \left| U\left(\frac{x}{st}\right) \right| dsdt + Cx\log x$$

的积分中做变量变换 $\frac{x}{s} = \mathrm{e}^v$, $\frac{x}{st} = \mathrm{e}^w$. 那么 $vw$ 平面中的三角形区域 $\{(v,w) \mid 0 \le w \le v \le u\}$ 映射到 $\Delta_x$,并且 Jacobi 行列式是 $\mathrm{e}^{u-w} > 0$. 因此,记 $V(u) = \mathrm{e}^{-u}U(\mathrm{e}^u)$,并除以 $u^2\mathrm{e}^u$,我们有

$$|V(u)| \le \frac{2}{u^2} \int_0^u \int_0^v |V(w)| \, dwdv + \frac{C}{u}$$

记

$$\alpha = \limsup_{u\to\infty} |V(u)| \text{ 且 } \beta = \limsup_{v\to\infty} \frac{1}{v} \int_0^v |V(w)| \, dw$$

对于任意 $\epsilon > 0$,存在 $v_\epsilon > 0$,使得对于任意 $v > v_\epsilon$,都有

$$\int_0^v |V(w)| \, dw < (\beta + \epsilon)v$$

利用上述估计,那么我们有

$$\alpha \le \limsup_{u\to\infty} \frac{2}{u^2} \left( C_\epsilon u + \frac{\beta + \epsilon}{2} u^2 \right) = \beta + \epsilon$$

其中

$$C_\epsilon = \int_0^{v_\epsilon} |V(w)| \, dw$$

因此我们有 $\alpha \le \beta$. 由于逆不等式 $\alpha \ge \beta$ 是显然的,问题得证. $\qquad \square$

### 问题 17.12 的解答

不妨设 $\beta > 0$. 我们首先注意到函数 $f(x)$ 必有任意大的零点. 否则存在 $x_0$,使得 $f(x)$ 的符号在区间 $[x_0, \infty)$ 上不变,并且对于所有 $n \ge 1$,我们可以找到满足

$$\int_0^{x_n} |f(s)| \, ds > \frac{\beta}{2} x_n$$

的发散序列 $x_0 < x_1 < x_2 < \cdots$. 那么

$$\left| \int_0^{x_n} f(s) \, ds \right| \geq \int_{x_1}^{x_n} |f(s)| \, ds - \int_0^{x_1} |f(s)| \, ds \geq \frac{\beta}{2} x_n - 2 \int_0^{x_1} |f(s)| \, ds$$

它发散到 $+\infty$, 与 $\delta$ 是有限的这一假设相反.

由上极限的定义可知, 对于任意 $\epsilon > 0$, 存在点 $x_\epsilon > 0$, 使得对于任意 $x \geq x_\epsilon$, 满足

$$|f(x)| \leq \alpha + \epsilon \quad \text{与} \quad \left| \int_0^x f(s) \, ds \right| < \delta + \epsilon$$

为简便起见, 记

$$\kappa_\epsilon = \frac{8(\delta + \epsilon) L}{(\alpha + \epsilon)^2 + 2(\delta + \epsilon) L} \quad \text{且} \quad \mu_\epsilon = 1 + \frac{2(\delta + \epsilon) L}{(\alpha + \epsilon)^2}$$

注意到 $\mu_\epsilon \geq \kappa_\epsilon$. 那么设 $a < b$ 为满足 $x_\epsilon \leq a$ 的 $f$ 的任意两个相继零点. 根据 $\sigma = \frac{(b-a) L}{\alpha + \epsilon}$, 我们分成以下三种情形.

情形 ( i ) $\sigma < \kappa_\epsilon$.

由于 Lipschitz 条件蕴含了 $|f(x)|$ 在区间 $[a, b]$ 上的图像包含于底为 $[a, b]$, 高为 $\frac{(b-a) L}{2}$ 的等边三角形区域, 那么我们显然有

$$\mathcal{M}_{[a,b]}(|f|) \leq \frac{(b-a) L}{4} < \frac{\kappa_\epsilon (\alpha + \epsilon)}{4}$$

情形 ( ii ) $\kappa_\epsilon \leq \sigma \leq \mu_\epsilon$.

出于相同的原因, $|f(x)|$ 的图像包含于与上述相同的三角形区域. 不过, 在这一种情形中, 由于 $|f(x)| \leq \alpha + \epsilon$, 那么我们可以用底相同而高为 $\alpha + \epsilon$ 的较小梯形区域来替换它. 因此

$$\mathcal{M}_{[a,b]}(|f|) \leq \frac{(\alpha + \epsilon)^2}{(b-a) L} + (\alpha + \epsilon) \left( 1 - \frac{2(\alpha + \epsilon)}{(b-a) L} \right)$$

$$= (\alpha + \epsilon) \left( 1 - \frac{1}{\sigma} \right) \leq (\alpha + \epsilon) \left( 1 - \frac{1}{\mu_\epsilon} \right)$$

情形 ( iii ) $\sigma > \mu_\epsilon$.

由于

$$\int_a^b |f(s)| \, ds = \left| \int_a^b f(s) \, ds \right| \leq \left| \int_0^a f(s) \, ds \right| + \left| \int_0^b f(s) \, ds \right| < 2(\delta + \epsilon)$$

那么我们有

$$\mathcal{M}_{[a,b]}(|f|) < \frac{2(\delta + \epsilon)}{b - a} < \frac{2(\delta + \epsilon) L}{\mu_\epsilon (\alpha + \epsilon)}$$

因此,在每种情形中,我们都有

$$\mathscr{M}_{[a,b]}(\mid f \mid) < \frac{2(\alpha + \epsilon)(\delta + \epsilon)L}{(\alpha + \epsilon)^2 + 2(\delta + \epsilon)L}$$

对于任意 $x > x_\epsilon$,设 $a^*$ 与 $b^*$ 分别为 $f(x)$ 在区间 $[x_\epsilon, x]$ 中的最小零点与最大零点. 由于 $f(x)$ 在区间 $(b^*, x]$ 上的符号不变,那么

$$\int_0^x \mid f(s) \mid \mathrm{d}s \leqslant \int_0^{a^*} \mid f(s) \mid \mathrm{d}s + \sum_{a < b} \int_a^b \mid f(s) \mid \mathrm{d}s + 2(\delta + \epsilon)$$

所以

$$\beta \leqslant \frac{2(\alpha + \epsilon)(\delta + \epsilon)L}{(\alpha + \epsilon)^2 + 2(\delta + \epsilon)L}$$

令 $\epsilon \to 0 +$,我们就得到了题目中要求的不等式. □

## 问题 17.13 的解答

如果问题 17.11 中定义的函数 $V(x)$ 满足问题 17.12 中给出的所有条件,那么

$$\alpha(\alpha^2 + 2\delta L) \leqslant 2\alpha\delta L$$

这蕴含了 $\alpha = 0$;也就是说,我们将有 $U(x) = o(x)(x \to \infty)$. 因此,为了证明素数定理,只需证明以下两条性质:

( i ) $V(x)$ 是 Lipschitz 函数.

( ii ) $\int_0^x V(s)\mathrm{d}s$ 是有界的.

我们首先证明 $V(x)$ 是 Lipschitz 函数. 对于任意 $0 \leqslant x < y$,存在常数 $C > 0$,使得

$$
\begin{aligned}
\mid V(y) - V(x) \mid &= \mid \mathrm{e}^{-y}U(\mathrm{e}^y) - \mathrm{e}^{-x}U(\mathrm{e}^x) \mid \\
&\leqslant \mathrm{e}^{-y} \mid U(\mathrm{e}^y) - U(\mathrm{e}^x) \mid + (\mathrm{e}^{-x} - \mathrm{e}^{-y}) \mid U(\mathrm{e}^x) \mid \\
&\leqslant \mathrm{e}^{-y} \int_{\mathrm{e}^x}^{\mathrm{e}^y} \frac{\mid \psi(t) - t \mid}{t} \mathrm{d}t + (\mathrm{e}^{-x} - \mathrm{e}^{-y}) \mid U(\mathrm{e}^x) \mid \\
&\leqslant C(1 - \mathrm{e}^{x-y})
\end{aligned}
$$

因此,考虑到

$$1 - \mathrm{e}^{x-y} < y - x$$

$V(x)$ 是 Lipschitz 函数.

其次,我们来证明积分 $\int_0^x V(s)\mathrm{d}s$ 的有界性. 正如在问题 17.8 的解答中所见

$$\int_1^x \frac{\Lambda(s) - 1}{s} \mathrm{d}s = O(1)(x \to \infty)$$

按照分部积分法,这个积分等于

$$\frac{1}{x}\int_1^x (\Lambda(s) - 1)\,\mathrm{d}s + \int_1^x \frac{1}{s^2}\int_1^s (\Lambda(t) - 1)\,\mathrm{d}t\mathrm{d}s$$

由于

$$\int_1^s (\Lambda(t) - 1)\,\mathrm{d}t = \psi(s) - s + O(\log s)\,(s \to \infty)$$

那么积分

$$\int_1^x \frac{\psi(s) - s}{s^2}\mathrm{d}s$$

也是有界的. 再次由分部积分法可知

$$\frac{U(x)}{x} + \int_1^x \frac{U(s)}{s^2}\mathrm{d}s$$

是有界的, 最终我们得到了积分

$$\int_1^x \frac{U(s)}{s^2}\mathrm{d}s = \int_0^{\log x} V(s)\,\mathrm{d}s$$

的有界性, 如所要求的那样. 这就完成了素数定理的证明.　　　　□

# Bernoulli 数

## 要 点 总 结

1. $n$ 次 Bernoulli 数 $B_n$ 定义为函数 $\dfrac{z}{e^z - 1}$ 关于 $z = 0$ 的 Taylor 级数

$$\frac{z}{e^z - 1} = \sum_{n=0}^{\infty} \frac{B_n}{n!} z^n \qquad (18.1)$$

中 $z^n$ 的系数. 注意到级数的收敛半径是 $2\pi$. 对 $(18.1)$ 乘以 $e^z - 1$, 再比较两边 $z^{n+1}$ 的系数, 我们得到递归:

$$\sum_{k=0}^{n} \binom{n+1}{k} B_k = \begin{cases} 1 & (n = 0) \\ 0 & (n \geqslant 1) \end{cases} \qquad (18.2)$$

2. Bernoulli 数是由 Jakob Bernoulli(1654—1705) 在 1713 年(他去世八年后) 出版的《推想的艺术》(*Ars Conjectandi*) 一书中引入的. 前 11 个非零 $B_n$ 如下:

$$B_0 = 1, B_1 = -\frac{1}{2}, B_2 = \frac{1}{6}, B_4 = -\frac{1}{30}$$

$$B_6 = \frac{1}{42}, B_8 = -\frac{1}{30}, B_{10} = \frac{5}{66}, B_{12} = -\frac{691}{2\,730}$$

$$B_{14} = \frac{7}{6}, B_{16} = -\frac{3\,617}{510}, B_{18} = \frac{43\,867}{798}$$

对于所有 $n \geqslant 1$, 每个 $B_n$ 都是有理数, 并且 $B_{2n+1} = 0$. 注意到 Bernoulli 数的编号和符号与第一版的定义不同.

3. $n$ 次 Bernoulli 多项式 $B_n(x)$ 由母函数

$$\frac{ze^{xz}}{e^z - 1} = \sum_{n=0}^{\infty} B_n(x) \frac{z^n}{n!} \qquad (18.3)$$

定义. 容易由此得出对于所有 $n \geqslant 0$, 都有 $B_n(0) = B_n$, $B_n(1-x) = (-1)^n B_n(x)$ 与 $B'_n(x) = nB_{n-1}(x)$. 也容易由 (18.1) 与 (18.3) 得出

$$B_n(x) = \sum_{k=0}^{n} \binom{n}{k} B_k x^{n-k}$$

以下是前 8 个多项式:

$$B_0(x) = 1$$

$$B_1(x) = x - \frac{1}{2}$$

$$B_2(x) = x^2 - x + \frac{1}{6}$$

$$B_3(x) = x^3 - \frac{3}{2}x^2 + \frac{x}{2}$$

$$B_4(x) = x^4 - 2x^3 + x^2 - \frac{1}{30}$$

$$B_5(x) = x^5 - \frac{5}{2}x^4 + \frac{5}{3}x^3 - \frac{x}{6}$$

$$B_6(x) = x^6 - 3x^5 + \frac{5}{2}x^4 - \frac{1}{2}x^2 + \frac{1}{42}$$

$$B_7(x) = x^7 - \frac{7}{2}x^6 + \frac{7}{2}x^5 - \frac{7}{6}x^3 + \frac{x}{6}$$

读者可以注意到 $P_1(2x-1) = 2B_1(x)$ 与 $P_2(2x-1) = 6B_2(x)$, 其中 $P_n(x)$ 是 $n$ 次 Legendre 多项式.

4. Bernoulli 多项式与正整数的 $m$ 次幂之和有关. 由于 $B_n(x)$ 满足差分方程

$$f(x+1) - f(x) = nx^{n-1}$$

那么当 $m \geqslant 1$ 时, 我们有

$$\sum_{k=1}^{n-1} k^m = \frac{B_{m+1}(n) - B_{m+1}(0)}{m+1} = \frac{1}{m+1} \sum_{k=0}^{m} \binom{m+1}{k} B_k n^{m-k+1} \qquad (18.4)$$

---

**问题 18.1**

证明: 当 $0 < |x| < \pi$ 时,

$$\frac{1}{\sin x} = \frac{1}{x} + \sum_{n=1}^{\infty} (-1)^{n-1} \frac{2^{2n} - 2}{(2n)!} B_{2n} x^{2n-1}$$

## 问题 18.2

证明:当 $n \geqslant 1$ 时,

$$B_n = (-1)^n n! \begin{vmatrix} \dfrac{1}{2!} & 1 & 0 & \cdots & 0 & 0 \\[2mm] \dfrac{1}{3!} & \dfrac{1}{2!} & 1 & \cdots & 0 & 0 \\[2mm] \dfrac{1}{4!} & \dfrac{1}{3!} & \dfrac{1}{2!} & \cdots & 0 & 0 \\[1mm] \vdots & \vdots & \vdots & \ddots & \vdots & \vdots \\[2mm] \dfrac{1}{n!} & \dfrac{1}{(n-1)!} & \dfrac{1}{(n-2)!} & \cdots & \dfrac{1}{2!} & 1 \\[2mm] \dfrac{1}{(n+1)!} & \dfrac{1}{n!} & \dfrac{1}{(n-1)!} & \cdots & \dfrac{1}{3!} & \dfrac{1}{2!} \end{vmatrix}$$

这在 Lyusternik 与 Yanpol'skii(1965) 中称为"Laplace 公式".

## 问题 18.3

设 $A/B$ 为

$$1 + \frac{1}{2^m} + \frac{1}{3^m} + \cdots + \frac{1}{(p-1)^m}$$

的不可约分数,其中 $m \geqslant 1$ 为整数,而 $p > m + 1$ 为素数. 证明:$A \equiv 0 \pmod{p}$.

## 问题 18.4

证明

$$\int_0^1 B_n(x) e^{2\pi i m x} \, dx = \begin{cases} 1 & (m = n = 0) \\ 0 & (m = 0, n \geqslant 1) \\ (-1)^{n-1} \dfrac{n!}{(2\pi i m)^n} & (m \in \mathbf{Z}, m \neq 0) \end{cases}$$

## 问题 18.5

证明:对于所有整数 $n \geqslant 1$,都有

$$B_{2n} \equiv -\sum_d{}^* \frac{1}{d+1} \pmod{1}$$

其中 $d$ 取遍 $2n$ 的所有除数,并且使得 $d + 1$ 是素数. (所以 $d = 1$ 与 $d = 2$ 总是在和式中.)

例如

$$B_2 = 1 - \frac{1}{2} - \frac{1}{3}$$

$$B_4 = 1 - \frac{1}{2} - \frac{1}{3} - \frac{1}{5}$$

$$B_6 = 1 - \frac{1}{2} - \frac{1}{3} - \frac{1}{7}$$

$$B_8 = 1 - \frac{1}{2} - \frac{1}{3} - \frac{1}{5}$$

$$B_{10} = 1 - \frac{1}{2} - \frac{1}{3} - \frac{1}{11}$$

$$B_{12} = 1 - \frac{1}{2} - \frac{1}{3} - \frac{1}{5} - \frac{1}{7} - \frac{1}{13}$$

$$B_{14} = 2 - \frac{1}{2} - \frac{1}{3}$$

这称为 von Staudt-Clausen 定理,它由 von Staudt(1840) 与 Clausen(1840) 独立发现. 后者发表在 1821 年由 H. C. Schumacher(Gauss 的朋友与天文合作者之一) 创办的最古老的天文杂志《天文学通报》(*Astronomische Nachrichten*) 上,作为对结果的简短宣告, 没有给出证明. 另见 von Staudt(1845). 其后, Schwering(1899) 利用

$$\frac{1}{x+1} + \frac{1}{2(x+1)(x+2)} + \cdots + \frac{(n-1)!}{n(x+1)(x+2)\cdots(x+n)} + \cdots$$

$$= \frac{B_0}{x} + \frac{B_1}{x^2} + \frac{B_2}{x^3} + \frac{B_4}{x^5} + \frac{B_6}{x^7} + \cdots$$

与 Wilson 定理给出了另一个证明,该证明引出了 Kluyver(1900) 利用 Fermat 小定理的证明. Rado(1934) 利用(18.4) 与 Fermat 小定理也给出了另一个证明. von Staudt-Clausen 定理可用于定义 Riemann $\zeta$ 函数的 $p$ 进插值. 见 Koblitz(1977) 中的第 2 章.

Clausen 是个数字爱好者. 1847 年,他准确计算出了 $\pi$ 的前 248 位小数 (Delahaye(1997)),并在 1854 年将第 6 个 Fermat 数 $2^{64} + 1$ 分解为

$$274,177 \times 67,280,421,310,721$$

(Schönbeck(2004)).

---

**问题 18.6**

推广问题 10.3 的解答中使用的方法,从而得到

$$\zeta(2n) = (-1)^{n-1} \frac{2^{2n-1}}{(2n)!} B_{2n} \pi^{2n} \tag{18.5}$$

---

注意到这蕴含了

$$\operatorname{sgn} B_{2n} = (-1)^{n-1} \ 与 \ |B_{2n}| \sim \frac{2(2n)!}{(2\pi)^{2n}} (n \to \infty)$$

这一证明见于 Apostol(1973). Williams(1971) 给出了相似的证明,但另外使用了复函数论. Skau 与 Selmer(1971) 也论述了一种类似的方法来得到 $\frac{\zeta(2n)}{\pi^{2n}}$ 的有理性. 另见 Hovstad(1972). 陈明博(Chen,1975) 给出了相似的证明. Robbins(1999) 利用 $x^{2n}$ 在区间 $[-\pi,\pi]$ 上的 Fourier 展开,给出了陈 – 递归公式的另一个证明. 纪春岗与陈永高(Ji 与 Chen,2000) 利用某个二次函数的 Fourier 展开与累次积分做了归纳证明.

另外,Kuo(1949) 得到了一个相当复杂的公式,其将 $\zeta(2n)$ 表示为 $\zeta(2),\cdots,\zeta(2\left[\frac{n}{2}\right])$ 的和与它们的积,而证明需要问题 7.13 中的 Fourier 级数与 Parseval 定理. Kuo 公式等价于 Bernoulli 数的一个公式,Carlitz(1961) 利用 Bernoulli 多项式给出了一个更简单且稍微一般的公式.

Stark(1972) 考虑了 Dirichlet 核

$$D_n(\theta) = \frac{\sin(n + \frac{1}{2})\theta}{2\sin(\theta/2)} = \frac{1}{2} + \sum_{k=1}^{n} \cos k\theta$$

的偶矩作为他在 1969 年早期工作的推广,他在其中使用了 Fejér 核. 见问题 10.4 之后的评注. 他还指出,问题 10.7 的解答中运用的方法蕴含其基于 de la Vallée Poussin 核. 对于1972年得到的递归公式,Stark(1974) 再次利用 Fejér 核给出了一个更简单的证明.

Berndt(1975) 给出了两个初等证明,第一个基于 Bernoulli 多项式的 Fourier 系数的计算,第二个基于部分分式展开

$$\pi^2 \csc^2 \pi x = \sum_{k=-\infty}^{\infty} \frac{1}{(k+x)^2}$$

其初等证明由 Neville(1951) 给出.

Osler(2004) 利用了问题2.5中给出的正弦的积公式. Tsumura(2004) 以不同的方式求出 $\zeta(2m)$.

---

### 问题 18.7

不使用 Bernoulli 数,证明:对于任意整数 $n \geqslant 2$,都有

$$\left(n + \frac{1}{2}\right) \zeta(2n) = \sum_{k=1}^{n-1} \zeta(2k)\zeta(2n - 2k) \tag{18.6}$$

---

这见于 Williams(1953)，它使我们能够由 $\zeta(2)$ 确定 $\zeta(2n)$ 的值. 在 Titchmarsh(1926) 中已经给出了 $\zeta(2k)$ 满足的两个有些复杂的递归公式. Estermann(1947) 给出了递归公式

$$(2^{2n} - 1)\zeta(2n) = \sum_{k=1}^{n-1} a_{k,n}\zeta(2k)\zeta(2n - 2k)$$

其中，当 $k \geq 2$ 时，$a_{1,n} = 2^{2n} - 10$ 且 $a_{k,n} = -2(2k - 1)(2^{2n-2k} - 1)$. 其公式只能通过重排绝对收敛级数得到.

为了从(18.6)推出(18.5)，只需证明：对于所有 $n \geq 2$，都有

$$(2n + 1)B_{2n} = -\sum_{k=1}^{n-1} \binom{2n}{2k} B_{2k}B_{2n-2k}$$

这一公式由 von Staudt(1845) 给出，其中他使用了记号

$$\overset{n}{A} = \frac{B_n}{n!}$$

与

$$\overset{n}{B} = (-1)^{n-1} B_{2n}$$

另见 Underwood(1928). 根据 Bernoulli 数的定义得出的直接证明可以在 Berndt(1975) 中找到，如下所示. 为简便起见，记

$$f(z) = \frac{z}{e^z - 1} = 1 - \frac{z}{2} + g(z)$$

当 $n \geq 2$ 时，$(zf(z))'$ 关于 $z = 0$ 的 Taylor 级数中 $z^{2n}$ 的系数是

$$\frac{2n + 1}{(2n)!} B_{2n}$$

另外，

$$(zf(z))' = (2 - z)f(z) - f^2(z) = \left(1 - \frac{z}{2}\right)^2 - g^2(z)$$

当 $n \geq 2$ 时，右边 $z^{2n}$ 的系数等于

$$-\sum_{k=1}^{n-1} \frac{B_{2k}B_{2n-2k}}{(2k)!\,(2n - 2k)!}$$

这蕴含了所要求的递归公式.

---

**问题 18.8**

为了推广问题 10.12 的解答中的方法，考虑 $2n$ 维反常积分

$$\int\cdots\int_{(0,1)^{2n}} \frac{\mathrm{d}x_1\,\mathrm{d}x_2\cdots\mathrm{d}x_{2n}}{1 - (x_1x_2\cdots x_{2n})^2}$$

作变换

$$x_1 = \frac{\sin \theta_1}{\cos \theta_2}, \cdots, x_{2n-1} = \frac{\sin \theta_{2n-1}}{\cos \theta_{2n}}, x_{2n} = \frac{\sin \theta_{2n}}{\cos \theta_1}$$

来证明:

$$\zeta(2n) = (-1)^{n-1} \frac{2^{2n-1}}{(2n)!} B_{2n} \pi^{2n}$$

这见于 Beukers, Calabi 与 Kolk(1993). 另见问题 10.12 之后给出的评注.

**问题 18.9**

设 $\Phi(z) = \sum_{n=0}^{\infty} a_n z^n$ 为收敛半径大于 $(2\pi)^{-1}$ 的级数. 证明:

$$\lim_{N \to \infty} \sum_{1 \leqslant |n| \leqslant N} \frac{1}{(2\pi n)^2} \Phi\left(\frac{i}{2\pi n}\right) = \sum_{n=0}^{\infty} a_n \frac{B_{n+2}}{(n+2)!}$$

注意到 $\Phi(z)$ 的任意奇数项对极限没有影响. 例如, 如果 $\Phi(z) = z^{2n-2}$, 那么我们有公式 (18.5). 另一个例子是, 对于任意 $|s| < 1$, 我们取

$$\Phi(z) = \frac{1}{1 - 2\pi s z}$$

那么利用 (18.1), 我们有

$$\sum_{n=1}^{\infty} \frac{1}{n^2 + s^2} = \frac{1}{2s^2}\left(\frac{2\pi s}{e^{2\pi s} - 1} - 1 + \pi s\right)$$

按照解析延拓, 对于除 $\pm i, \pm 2i, \cdots$ 以外的每个 $s \in \mathbf{C}$, 它都成立. 特别地, 分别代入 $s = 1, 1 + i$, 我们得到

$$\sum_{n=1}^{\infty} \frac{1}{n^2 + 1} = \sum_{n=1}^{\infty} \frac{4}{n^4 + 4} = \frac{\pi}{2} \coth \pi - \frac{1}{2}$$

其中 "coth" 是由

$$\coth x = \frac{\cosh x}{\sinh x} = \frac{e^x + e^{-x}}{e^x - e^{-x}}$$

定义的双曲余切函数.

# 第 18 章的解答

## 问题 18.1 的解答

我们有

$$\frac{1}{\sin x} = \frac{2\mathrm{i}e^{\mathrm{i}x}}{e^{2\mathrm{i}x} - 1} = \frac{2\mathrm{i}}{e^{\mathrm{i}x} - 1} - \frac{2\mathrm{i}}{e^{2\mathrm{i}x} - 1}$$

$$= 2\mathrm{i} \sum_{n=0}^{\infty} \frac{B_n}{n!} (\mathrm{i}x)^{n-1} - 2\mathrm{i} \sum_{n=0}^{\infty} \frac{B_n}{n!} (2\mathrm{i}x)^{n-1} \quad (0 < |x| < \pi)$$

因此

$$\frac{1}{\sin x} = \frac{1}{x} + \sum_{n=1}^{\infty} (2\mathrm{i}^n - (2\mathrm{i})^n) \frac{B_n}{n!} x^{n-1} = \frac{1}{x} + \sum_{n=1}^{\infty} (-1)^{n-1} \frac{2^{2n} - 2}{(2n)!} B_{2n} x^{2n-1}$$

$\square$

## 问题 18.2 的解答

记 $C_k = \dfrac{B_k}{k!}$. 我们由 (18.2) 得到

$$\sum_{k=0}^{n} \frac{C_k}{(n+1-k)!} = \begin{cases} 1 & (n = 0) \\ 0 & (n \geqslant 1) \end{cases}$$

它可以写作

$$\begin{vmatrix} 1 & 0 & 0 & \cdots & 0 & 0 \\ \dfrac{1}{2!} & 1 & 0 & \cdots & 0 & 0 \\ \dfrac{1}{3!} & \dfrac{1}{2!} & 1 & \cdots & 0 & 0 \\ \vdots & \vdots & \vdots & & \vdots & \vdots \\ \dfrac{1}{n!} & \dfrac{1}{(n-1)!} & \dfrac{1}{(n-2)!} & \cdots & 1 & 0 \\ \dfrac{1}{(n+1)!} & \dfrac{1}{n!} & \dfrac{1}{(n-1)!} & \cdots & \dfrac{1}{2!} & 1 \end{vmatrix} \begin{pmatrix} C_0 \\ C_1 \\ C_2 \\ \vdots \\ C_{n-1} \\ C_n \end{pmatrix} = \begin{pmatrix} 1 \\ 0 \\ 0 \\ \vdots \\ 0 \\ 0 \end{pmatrix}$$

由于左边的 $(n+1) \times (n+1)$ 矩阵是下三角形, 那么其行列式为 1. 由 Cramer 法则可知

$$C_n = \begin{vmatrix} 1 & 0 & \cdots & 0 & 1 \\ \dfrac{1}{2!} & 1 & \cdots & 0 & 0 \\ \vdots & \vdots & & \vdots & \vdots \\ \dfrac{1}{n!} & \dfrac{1}{(n-1)!} & \cdots & 1 & 0 \\ \dfrac{1}{(n+1)!} & \dfrac{1}{n!} & \cdots & \dfrac{1}{3!} & 0 \end{vmatrix}$$

沿最后一列的 Laplace 展开即可得到题目中要求的公式. $\square$

253

### 问题 18.3 的解答

对于每个 $1 \leqslant k < p$, 设 $1 \leqslant a_k < p$ 为 $\frac{1}{k} \in \mathbf{Z}_p$ 的典范 $p$ 进展开中的第 1 个数字. 由于对应 $x \mapsto x^{-1}$ 是 $(\mathbf{Z}/p\mathbf{Z})^{\times}$ 上的一个自同构, 那么我们有

$$\{a_1, a_2, \cdots, a_{p-1}\} = \{1, 2, \cdots, p-1\}$$

其作为集合. 设 $b_k$ 为 $\frac{1}{k^m} \in \mathbf{Z}_p$ 的典范 $p$ 进展开中的第 1 个数字. 那么 $b_k \equiv a_k^m (\bmod\ p)$, 因此根据 (18.4),

$$b_1 + b_2 + \cdots + b_{p-1} \equiv 1^m + 2^m + \cdots + (p-1)^m = S_m(p) (\bmod\ p)$$

其中

$$S_m(p) = \frac{1}{m+1} \sum_{k=0}^{m} \binom{m+1}{k} B_k p^{m-k+1}$$

设 $|x|_p$ 为 $x \in \mathbf{Q}_p$ 的 $p$ 进范数. 由于 $p > m+1$, 那么

$$|S_m(p)|_p \leqslant \max_{0 \leqslant k \leqslant m} \frac{|B_k|_p}{p^{m-k+1}}$$

现在, 由递归公式 (18.2) 可知, 对于每个 $n \geqslant 0$, 都有 $(n+1)! \, B_n \in \mathbf{Z}$. 所以我们有

$$1 \geqslant |(k+1)! \, B_k|_p = |(k+1)!|_p \cdot |B_k|_p = |B_k|_p (1 \leqslant k \leqslant m)$$

因此 $|S_m(p)|_p < 1$ 且 $S_m(p) \in p\mathbf{Z}_p$, 故 $\left|\dfrac{A}{B}\right|_p < 1$. $\qquad\square$

### 问题 18.4 的解答

对于 $m \in \mathbf{Z}, n \geqslant 0$, 记

$$c_{m,n} = \int_0^1 B_n(x) \mathrm{e}^{2\pi i m x} \mathrm{d}x$$

对 (18.3) 应用 Cauchy 积分公式, 我们有

$$B_n(x) = \frac{n!}{2\pi i} \int_{C_r} \frac{\mathrm{e}^{xz}}{z^n(\mathrm{e}^z - 1)} \mathrm{d}z$$

其中 $C_r$ 是以 $z = 0$ 为中心, 半径 $r < 2\pi$ 的圆. 因此

$$\max_{0 \leqslant x \leqslant 1} |B_n(x)| \leqslant \mathrm{e}^r \frac{n!}{r^{n-1}} \max_{|z|=r} \frac{1}{|\mathrm{e}^z - 1|} = O\left(\frac{n!}{r^n}\right) (n \to \infty)$$

这说明对于每个固定的 $|z| < 2\pi$, 作为关于 $x$ 的函数项级数, 级数 (18.3) 在 $[0,1]$ 上一致收敛. 因此, 进行分部积分, 我们得到

$$\sum_{n=0}^{\infty} \frac{c_{m,n}}{n!} z^n = \frac{z}{\mathrm{e}^z - 1} \int_0^1 \mathrm{e}^{x(z+2\pi i m)} \mathrm{d}x = \frac{z}{\mathrm{e}^z - 1} \cdot \frac{\mathrm{e}^z - 1}{z + 2\pi i m} = \frac{z}{z + 2\pi i m}$$

当 $m \neq 0$ 时, 右边可以展开为

$$\sum_{n=1}^{\infty} (-1)^{n-1} \left( \frac{z}{2\pi i m} \right)^n$$

问题得证. □

### 问题 18.5 的解答

这基于 Kluyver 的证明. 在 $z = 0$ 的一个邻域中, 关于 $e^z - 1$ 展开 $z = \log(1 + e^z - 1)$, 并除以 $e^z - 1$, 我们得到

$$f(z) = \frac{z}{e^z - 1} = 1 - \frac{e^z - 1}{2} + \frac{(e^z - 1)^2}{3} - \cdots$$

因此

$$B_{2n} = f^{(2n)}(0) = -\frac{c_{1,2n}}{2} + \frac{c_{2,2n}}{3} - \frac{c_{3,2n}}{4} + \cdots + \frac{c_{2n,2n}}{2n + 1}$$

其中

$$c_{k,m} = \left( (e^z - 1)^k \right)^{(m)} \Big|_{z=0}$$

一个基本事实是, $c_{k,m}$ 总是可以被 $k!$ 整除. 我们将依 $k \geqslant 1$ 归纳来证明这一点. 第一种情形 $k = 1$ 是平凡的. 假设存在 $k \in \mathbf{N}$, 使得对于所有 $m \geqslant 0$, $(e^z - 1)^k$ 在 $z = 0$ 处的 $m$ 阶导数都可以被 $k!$ 整除. 我们看到

$$\left( (e^z - 1)^{k+1} \right)^{(m)} \Big|_{z=0} = (k+1) \left( (e^z - 1)^k e^z \right)^{(m-1)} \Big|_{z=0}$$

$$= (k+1) \sum_{\ell=0}^{m-1} \binom{m-1}{\ell} \left( (e^z - 1)^k \right)^{(\ell)} \Big|_{z=0}$$

根据假设, 等式右边可以被 $(k+1)k!$ 整除, 这就完成了归纳步骤.

如果 $k + 1 = ab$ 是大于 4 的合数, 那么 $a + b \leqslant k$, 并且

$$c_{k,2n} = \left( (e^z - 1)^a (e^z - 1)^b (e^z - 1)^{k-a-b} \right)^{(2n)} \Big|_{z=0}$$

可以被 $a! \, b! \, (k - a - b)!$ 整除; 因此 $\dfrac{c_{k,2n}}{ab}$ 是一个整数. 如果 $k + 1 = 4$, 那么

$$c_{3,2n} = 3 - 3 \cdot 2^{2n} + 3^{2n} \equiv 0 \pmod{4}$$

使得 $\dfrac{c_{3,2n}}{4}$ 是一个整数. 如果 $k + 1 = p$ 是一个奇素数, 那么按照 Fermat 小定理, 当 $1 \leqslant \ell < p$ 时, $\ell^k \equiv 1 \pmod{p}$. 由于

$$c_{k,m} = \sum_{\ell=1}^{k} (-1)^{k-\ell} \binom{k}{\ell} \ell^m$$

因此 $c_{k,m} \pmod{p}$ 关于 $m$ 是周期的, 周期为 $k$. 此外, 我们知道 $c_{k,1} = $

$c_{k,2} = \cdots = c_{k,k-1} = 0$ 且

$$c_{k,k} = \sum_{\ell=1}^{k} (-1)^{k-\ell} \binom{k}{\ell} \equiv -1 \pmod{p}$$

因此，$c_{p-1,2n} \equiv -1 \pmod{p}$ 当且仅当 $2n$ 可以被 $p-1$ 整除；否则 $c_{p-1,2n} \equiv 0 \pmod{p}$. 这对于 $p = 2$ 也成立，因为 $c_{1,2n} = 1$. $\qquad\square$

**评注**　容易看出对于所有 $m \geq 1$，都有 $c_{m,m} = m!$. 因此，由 Wilson（威尔逊）定理可知，$c_{p-1,p-1} \equiv -1 \pmod{p}$.

### 问题 18.6 的解答

由于当 $0 < \theta < \dfrac{\pi}{2}$ 时，$\cot^2\theta < \theta^{-2} < 1 + \cot^2\theta$，那么我们有

$$\cot^{2n}\theta < \frac{1}{\theta^{2n}} < (1 + \cot^2\theta)^n$$

如在问题 10.3 的解答中所见，当 $1 \leq k \leq m$ 时，$m$ 次多项式

$$\varphi(x) = \sum_{k=0}^{m} (-1)^k \binom{2m+1}{2k+1} x^{m-k}$$

的 $m$ 个根是

$$x_k = \cot^2 \frac{k\pi}{2m+1}$$

记 $s_n(m) = x_1^n + \cdots + x_m^n$，并利用上述不等式，我们得到

$$s_n(m) < \frac{(2m+1)^{2n}}{\pi^{2n}} \sum_{k=1}^{m} \frac{1}{k^{2n}} < \sum_{k=1}^{m} (1 + x_k)^n$$

观察到右边展开为

$$s_n(m) + \binom{n}{1} s_{n-1}(m) + \cdots \tag{18.7}$$

因此，如果当 $m \to \infty$ 时，$s_n(m)$ 渐近于 $c_n m^{2n}$（$c_n$ 为某个常数），那么 (18.7) 渐近于同一个数，于是我们可以得出

$$\zeta(2n) = c_n \left(\frac{\pi}{2}\right)^{2n}$$

由于 $s_n(m)$ 是关于 $x_1, \cdots, x_m$ 的对称函数，那么它可以表示为初等对称函数的和. 其实，如果 $n \leq m$，那么按照 Newton 恒等式，我们有

$$\binom{2m+1}{1} s_n(m) - \binom{2m+1}{3} s_{n-1}(m) + \cdots + (-1)^{n-1} \binom{2m+1}{2n-1} s_1(m) +$$

$$(-1)^n \binom{2m+1}{2n+1} n = 0$$

根据这个公式，我们将依 $n$ 归纳来证明

实分析中的问题与解答

$$s_n(m) \sim c_n m^{2n} \quad (m \to \infty)$$

其中

$$c_n = (-1)^{n-1} \frac{2^{4n-1}}{(2n)!} B_{2n}$$

当 $n=1$ 时,考虑到 $c_1 = \frac{2}{3} = 4B_2$,其显然成立. 现在假设一直到 $n$,它都成立. 那么按照 Newton 恒等式

$$\lim_{n \to \infty} \frac{s_{n+1}(m)}{m^{2n+2}}$$

存在,并且等于

$$\frac{2^2}{3!} c_n - \frac{2^4}{5!} c_{n-1} + \cdots - (-1)^n \frac{2^{2n}}{(2n+1)!} c_1 + (-1)^n \frac{(n+1)2^{2n+2}}{(2n+3)!}$$

按照假设,这可以写作

$$(-1)^{n-1} 2^{4n+4} \left( \sum_{k=1}^{n} \frac{2^{-(2n-2k+3)}}{(2n-2k+3)!} \cdot \frac{B_{2k}}{(2k)!} - \frac{n+1}{2^{2n+2}(2n+3)!} \right)$$

括号中的表达式加上

$$\frac{1}{2(2n+2)!} B_{2n+2}$$

恰好等于 $\dfrac{z e^{z/2}}{e^z - 1}$ 在 $z=0$ 处的 Taylor 级数中 $z^{2n+3}$ 的系数. 不过,这个函数是偶函数,并且 $z^{2n+3}$ 的系数等于零. 在此,我们得到

$$\lim_{m \to \infty} \frac{s_{n+1}(m)}{m^{2n+2}} = (-1)^n \frac{2^{4n+3}}{(2n+2)!} B_{2n+2}$$

这就完成了归纳. □

### 问题 18.7 的解答

我们从

$$\sum_{k=1}^{n-1} \zeta(2k) \zeta(2n-2k) = \lim_{m \to \infty} S_m$$

入手,其中

$$S_m = \sum_{k=1}^{n-1} \sum_{j=1}^{m} \sum_{\ell=1}^{m} \frac{1}{j^{2k}} \frac{1}{\ell^{2n-2k}} = (n-1) \sum_{j=1}^{m} \frac{1}{j^{2n}} + \sum_{1 \leq j \neq \ell \leq m} \frac{\ell^{-2n+2} - j^{-2n+2}}{j^2 - \ell^2}$$

记 $T_m$ 为右边的第二个和式. 由于

$$\sum_{1 \leq j \neq \ell \leq m} \frac{-j^{-2n+2}}{j^2 - \ell^2} = \sum_{1 \leq j \neq \ell \leq m} \frac{-\ell^{-2n+2}}{\ell^2 - j^2}$$

因此

$$T_m = 2 \sum_{1 \leqslant j \neq \ell \leqslant m} \frac{1}{\ell^{2n-2}(j^2 - \ell^2)} = 2 \sum_{\ell=1}^{m} \frac{c_\ell}{\ell^{2n-2}}$$

其中

$$c_\ell = \sum_j \frac{1}{j^2 - \ell^2}$$

并且求和时 $j$ 取遍 $[1, m]$, 除了 $\ell$. 那么我们有

$$c_\ell = \frac{1}{2\ell} \sum_j \left( \frac{1}{j - \ell} - \frac{1}{j + \ell} \right) = \frac{3}{4\ell^2} - \frac{1}{2\ell} \sum_{j=m-\ell+1}^{m+\ell} \frac{1}{j}$$

使得

$$T_m = \frac{3}{2} \sum_{\ell=1}^{m} \frac{1}{\ell^{2n}} + O\left( \sum_{\ell=1}^{m} \frac{1}{\ell^{2n-1}} \sum_{j=m-\ell+1}^{m+\ell} \frac{1}{j} \right)$$

注意到此处的消去与问题 10.1 的解答中的消去相似. 由于

$$\sum_{j=m-\ell+1}^{m+\ell} \frac{1}{j} < \frac{2\ell}{m - \ell + 1}$$

那么我们看到, $T_m$ 的误差项由

$$\sum_{\ell=1}^{m} \frac{2\ell}{\ell^{2n-1}(m - \ell + 1)} \leqslant 2 \sum_{\ell=1}^{m} \frac{1}{\ell(m - \ell + 1)} = \frac{2}{m+1} \sum_{\ell=1}^{m} \left( \frac{1}{\ell} + \frac{1}{m - \ell + 1} \right)$$

$$= O\left( \frac{\log m}{m} \right) \ (m \to \infty)$$

得到上估计. 因此

$$S_m = \left( n + \frac{1}{2} \right) \sum_{j=1}^{m} \frac{1}{j^{2n}} + O\left( \frac{\log m}{m} \right)$$

问题得证. □

### 问题 18.8 的解答

设 $I_n$ 为问题中的反常积分. 由逐项积分可知

$$I_n = \sum_{k=0}^{\infty} \frac{1}{(2k+1)^{2n}} = \left( 1 - \frac{1}{2^{2n}} \right) \zeta(2n)$$

在变换

$$x_1 = \frac{\sin \theta_1}{\cos \theta_2}, \cdots, x_{2n-1} = \frac{\sin \theta_{2n-1}}{\cos \theta_{2n}}, x_{2n} = \frac{\sin \theta_{2n}}{\cos \theta_1}$$

下, 超立方体 $\square = (0, 1)^{2n}$ 是由

$$\theta_1 + \theta_2 < \frac{\pi}{2}, \cdots, \theta_{2n-1} + \theta_{2n} < \frac{\pi}{2}, \theta_{2n} + \theta_1 < \frac{\pi}{2}$$

定义的多胞腔 $\triangle$ 的像. 为此, 首先观察到对于任意 $(\theta_1, \cdots, \theta_{2n}) \in \triangle$, 都有 $0 < x_1, \cdots, x_{2n} < 1$. 反之, 对于任意 $(x_1, \cdots, x_{2n}) \in \square$,

$$\phi(t) = x_{2n}^2(1 - x_1^2(1 - \cdots(1 - x_{2n-1}^2(1-t))\cdots))$$

都是关于 $t$ 的线性函数, 并且在开区间 $(0,1)$ 中存在满足 $\phi(t) = t$ 的唯一的 $t^*$, 因为 $\phi(0), \phi(1) \in (0,1)$. 利用点 $t^*$, 我们可以通过

$$\sin \theta_{2n} = \sqrt{t^*}, \sin \theta_{2n-1} = x_{2n-1} \cos \theta_{2n}, \cdots, \sin \theta_1 = x_1 \cos \theta_2$$

确定区间 $\left(0, \dfrac{\pi}{2}\right)$ 中的 $\theta_{2n}, \cdots, \theta_1$. 因此, 多胞腔 $\triangle$ 微分同胚地映射到超立方体 $\square$ 上, 因为其 Jacobi 行列式

$$\begin{vmatrix} u_{1,2} & 0 & 0 & \cdots & 0 & v_{2n,1} \\ v_{1,2} & u_{2,3} & 0 & \cdots & 0 & 0 \\ 0 & v_{2,3} & u_{3,4} & \cdots & 0 & 0 \\ \vdots & \vdots & \vdots & & \vdots & \vdots \\ 0 & 0 & 0 & \cdots & u_{2n-1,2n} & 0 \\ 0 & 0 & 0 & \cdots & v_{2n-1,2n} & u_{2n,1} \end{vmatrix}$$

其中

$$u_{j,k} = \frac{\cos \theta_j}{\cos \theta_k} \text{ 且 } v_{j,k} = \tan \theta_k \frac{\sin \theta_j}{\cos \theta_k}$$

等于

$$u_{1,2} u_{2,3} \cdots u_{2n,1} - v_{1,2} v_{2,3} \cdots v_{2n,1} = 1 - (x_1 \cdots x_{2n})^2 > 0$$

注意到这是所考虑的被积函数的分母.

设 $\triangle^*$ 为 $\triangle$ 通过比为 $\dfrac{2}{\pi}$ 的线性收缩所得的像; 所以

$$\triangle^* = \{(s_1, \cdots, s_{2n}) \in \mathbf{R}^{2n} \mid s_1, \cdots, s_{2n} > 0, s_1 + s_2 < 1, \cdots, s_{2n} + s_1 < 1\}$$

因此我们有

$$\zeta(2n) = \frac{2^{2n}}{2^{2n}-1} \int \cdots \int_{\triangle} d\theta_1 \cdots d\theta_{2n} = \frac{\pi^{2n}}{2^{2n}-1} \mid \triangle^* \mid_{2n}$$

其中 $\mid X \mid_m$ 表示集合 $X$ 的 $m$ 维体积. 对于每个 $1 \leqslant j \leqslant 2n$, 我们记

$$\Omega_j = \{(s_1, \cdots, s_{2n}) \subset \triangle^* \mid s_j < s_k, j \neq k\}$$

显然, $\Omega_j$ 是互不相交的, 并且是全等的; 所以

$$\overline{\triangle^*} = \bigcup_{j=1}^{2n} \overline{\Omega_j}$$

其中 $\overline{X}$ 表示集合 $X$ 的闭包, 因此

$$\mid \triangle^* \mid_{2n} = 2n \mid \Omega_{2n} \mid_{2n}$$

现在, 设 $\Sigma$ 为由 $s_{2n} = 0$ 定义的 $\overline{\Omega_{2n}}$ 的子集; 即 $\Sigma$ 是 $\mathbf{R}^{2n}$ 中的满足 $s_1, \cdots, s_{2n-1} \geqslant 0$, $s_1 + s_2 \leqslant 1, \cdots, s_{2n-2} + s_{2n-1} \leqslant 1$ 及 $s_{2n-1} \leqslant 1$ 的点 $(s_1, \cdots, s_{2n-1}, 0)$ 构成的集合. 集合 $\overline{\Omega_{2n}}$ 有一个棱锥形结构, 它以 $\Sigma$ 为底, 并且

$$\left( \frac{1}{2}, \frac{1}{2}, \cdots, \frac{1}{2} \right)$$

是 $\overline{\Omega_{2n}}$ 的顶点之一,因为存在 $(s_1, \cdots, s_{2n-1}, 0) \in \Sigma$ 与 $t \in [0,1]$,使得 $\overline{\Omega_{2n}}$ 中的每个点都可以唯一表示为

$$\left( (1-t)s_1 + \frac{t}{2}, \cdots, (1-t)s_{2n-1} + \frac{t}{2}, \frac{t}{2} \right)$$

这给出了从 $\Sigma \times [0,1]$ 到 $\overline{\Omega_{2n}}$ 上的变换,其 Jacobi 行列式

$$\begin{vmatrix} 1-t & 0 & \cdots & 0 & 0 \\ 0 & 1-t & \cdots & 0 & 0 \\ \vdots & \vdots & \ddots & \vdots & \vdots \\ 0 & 0 & \cdots & 1-t & 0 \\ \frac{1}{2}-s_1 & \frac{1}{2}-s_2 & \cdots & \frac{1}{2}-s_{2n-1} & \frac{1}{2} \end{vmatrix} = \frac{1}{2}(1-t)^{2n-1} > 0$$

在此,我们有

$$| \Omega_{2n} |_{2n} = \frac{1}{2} \int \cdots \iint_0^1 (1-t)^{2n-1} \mathrm{d}t \mathrm{d}s_1 \cdots \mathrm{d}s_{2n-1}$$

$$= \frac{1}{4n} \int \cdots \int_{\Sigma} \mathrm{d}s_1 \cdots \mathrm{d}s_{2n-1}$$

所以

$$\zeta(2n) = \frac{\pi^{2n}}{2(2^{2n}-1)} | \Sigma |_{2n-1}$$

因此问题转化为求 $\Sigma$ 的 $(2n-1)$ 维体积. 由 $\Sigma$ 的定义可知

$$| \Sigma |_{2n-1} = \int_0^1 \left( \int_0^{1-s_1} \cdots \left( \int_0^{1-s_{2n-2}} \mathrm{d}s_{2n-1} \right) \cdots \mathrm{d}s_2 \right) \mathrm{d}s_1$$

现在我们由

$$p_{m+1}(x) = \int_0^{1-x} p_m(t) \, \mathrm{d}t$$

归纳地定义满足初始条件 $p_0(x) = 1$ 的多项式 $p_m(x)$ 的序列. 我们看到

$$| \Sigma |_{2n-1} = p_{2n-1}(0)$$

并且 $\{p_m(x)\}_{m \geqslant 0}$ 在 $[0,1]$ 上是有界的. 那么对于 $|\theta| < 1$ 定义的母函数

$$F(x, \theta) = \sum_{m=0}^{\infty} p_m(x) \theta^m$$

满足二阶微分方程

$$\frac{\partial^2 F}{\partial x^2} + \theta^2 F = 0$$

并且其通解是

实分析中的问题与解答

$$F = a(\theta)\cos\theta x + b(\theta)\sin\theta x$$

函数 $a(\theta)$ 与 $b(\theta)$ 都由初始条件 $F(1,\theta) = 1$ 与 $\dfrac{\partial F(0,\theta)}{\partial x} = -\theta$ 决定;因此

$$F(x,\theta) = \frac{1+\sin\theta}{\cos\theta}\cos\theta x - \sin\theta x$$

代入 $x = 0$,我们得到

$$\sum_{m=0}^{\infty} p_m(0)\theta^m = \sec\theta + \tan\theta$$

其中 $\sec\theta$ 是 $\cos\theta$ 的倒数. 由于 $\sec\theta$ 是偶函数,那么 $p_{2n-1}(0)$ 仅由 $\tan\theta$ 关于 $\theta = 0$ 的 Taylor 级数决定;其实

$$\tan\theta = -\frac{4i}{e^{4\theta i}-1} + \frac{2i}{e^{2\theta i}-1} - i = -i + \frac{1}{\theta}\sum_{n=0}^{\infty}\left((2\theta i)^n - (4\theta i)^n\right)\frac{B_n}{n!}$$

$$= \sum_{n=1}^{\infty}(-1)^{n-1}\frac{2^{2n}(2^{2n}-1)}{(2n)!}B_{2n}\theta^{2n-1}$$

这蕴含了

$$p_{2n-1}(0) = (-1)^{n-1}\frac{2^{2n}(2^{2n}-1)}{(2n)!}B_{2n}$$

问题得证. □

**评注**  此处所用的求多胞腔 $\Sigma$ 的体积的方法可以在 Macdonald 与 Nelsen(1979) 中找到. 另见 Elkies(2003).

### 问题 18.9 的解答

设 $\rho > (2\pi)^{-1}$ 为幂级数 $\Phi(z)$ 的收敛半径. 那么由(18.1)可知

$$\frac{\Phi(z)}{e^{1/z}-1} = \sum_{m,n\geq 0}\frac{a_m B_n}{n!}z^{m-n+1}$$

在环形区域 $\{(2\pi)^{-1} < |z| < \rho\}$ 上成立. 因此

$$I = \frac{1}{2\pi i}\int_C \frac{\Phi(z)}{e^{1/z}-1}dz = \sum_{m=0}^{\infty}\frac{a_m B_{m+2}}{(m+2)!}$$

其中 $C$ 是以 $z = 0$ 为中心,半径为 $r \in ((2\pi)^{-1},\rho)$ 的逆时针定向圆. 由于函数 $f(z) = \dfrac{\Phi(z)}{e^{1/z}-1}$ 在除了 $z = 0$ 与 $\dfrac{1}{2n\pi i}, n \in \mathbf{Z}$ 以外的圆盘中是全纯的,因此

$$I = \frac{1}{2\pi i}\int_{C_N}\frac{\Phi(z)}{e^{1/z}-1}dz + \sum_{1\leq|n|\leq N}\mathop{\mathrm{Res}}_{z=i/(2n\pi)}f(z)$$

其中 $C_N$ 是以 $z = 0$ 为中心,半径为 $\dfrac{1}{(2N+1)\pi}$ 的逆时针定向圆.

现在观察到存在独立于 $N$ 的常数 $c_0 > 0$,在所有圆 $C_N$ 上都满足 $|e^{1/z} -$

261

$1 | \geqslant c_0$. 为此,记 $w = \dfrac{1}{z} = (2N + 1)\pi e^{i\theta}$ 且 $1 - e^{-\pi} = \sin \theta^* (0 < \theta^* < \dfrac{\pi}{2})$,

我们分成如下两种情形.

情形( i ) $\cos((2N + 1)\pi\sin \theta) \leqslant \cos \theta^*$.

记 $X = e^{(2N+1)\pi\cos \theta}$,我们有

$$
\begin{aligned}
| e^w - 1 |^2 &= X^2 + 1 - 2X\cos((2N + 1)\pi\sin \theta) \geqslant X^2 + 1 - 2X\cos \theta^* \\
&= (X - \cos \theta^*)^2 + \sin^2\theta^* \geqslant \sin^2\theta^*
\end{aligned}
$$

情形( ii ) $\cos((2N + 1)\pi\sin \theta) > \cos \theta^*$.

由于 $\sin \theta^* > | \sin((2N + 1)\pi\sin \theta) |$,那么存在 $| \epsilon | < \theta^*$ 与 $k \in \mathbf{Z}$,使

得 $(2N + 1)\pi\sin \theta = 2k\pi + \epsilon$. 因此

$$
\left| \sin \theta - \frac{2k}{2N + 1} \right| < \frac{| \epsilon |}{(2N + 1)\pi} < \frac{\theta^*}{(2N + 1)\pi} < \frac{1}{2(2N + 1)}
$$

即 $2 | k | \leqslant 2N + 1 + \dfrac{1}{2}$,所以我们有 $| k | \leqslant N$ 且

$$
\begin{aligned}
| (2N + 1)\pi\cos \theta |^2 &= (2N + 1)^2\pi^2 - (2k\pi + \epsilon)^2 \\
&\geqslant (2N + 2 | k | + 1)\pi^2 - 4 | k | \pi\theta^* - \theta^{*2} \\
&> \pi^2
\end{aligned}
$$

因此 $| e^w - 1 | \geqslant | X - 1 | \geqslant 1 - e^{-\pi}$.

所以我们可以取 $c_0 = 1 - e^{-\pi}$,并且当 $N \to \infty$ 时,

$$
\left| \int_{C_N} \frac{\Phi(z)}{e^{1/z} - 1}\mathrm{d}z \right| \leqslant \frac{1}{c_0} \max_{|z| \leqslant 1/(2\pi)} | \Phi(z) | \frac{2}{2N + 1} \to 0
$$

因此

$$
I = \lim_{N \to \infty} \sum_{1 \leqslant | n | \leqslant N} \operatorname*{Res}_{z = i/(2n\pi)} f(z) = \lim_{N \to \infty} \sum_{1 \leqslant | n | \leqslant N} \frac{1}{(2\pi n)^2}\Phi\left(\frac{i}{2\pi n}\right) \qquad \square
$$

# 度 量 空 间

## 要 点 总 结

1. 对于非空集 $X$ 与函数 $d: X \times X \to \mathbf{R}$，我们称 $(X, d)$ 是一个度量空间，如果它满足以下公理：

（ⅰ）对于任意 $x, y \in X$，都有 $d(x, y) \geqslant 0$，等号成立当且仅当 $x = y$.

（ⅱ）对于任意 $x, y \in X$，都有 $d(x, y) = d(y, x)$.

（ⅲ）对于任意 $x, y, z \in X$，都有 $d(x, y) \leqslant d(x, z) + d(z, y)$.

最后一个不等式称为三角形不等式. 当我们清楚使用了什么度量时，有时简称 $X$ 是度量空间.

2. 度量空间的子集是紧的当且仅当它是（序）列紧的.

3. 设 $f$ 为定义在度量空间 $X$ 上的一个自映射. 对于所有 $n \geqslant 1$，我们定义 $f^n(x) = f(f^{n-1}(x))$ $(f^0(x) = x)$，其称为 $f$ 的 $n$ 次迭代. 对于任意 $x \in X$，子集

$$\{x, f(x), f^2(x), \cdots, f^n(x), \cdots\}$$

称为 $f$ 从 $x$ 开始的轨道，并记作 $\operatorname{Orb}(x)$. 我们有时称从 $x$ 开始的轨道收敛到 $y$，如果当 $n \to \infty$ 时，$d(f^n(x), y)$ 收敛到 0.

4. 点 $x_0 \in X$ 称为 $f$ 的一个不动点，如果 $f(x_0) = x_0$；或等价地，$\operatorname{Orb}(x_0) = \{x_0\}$.

5. 映射 $f: X \to X$ 称为一个收缩，条件是存在常数 $0 \leqslant \lambda < 1$，使得对于任意 $x, y \in X$，满足

$$d(f(x),f(y)) \leqslant \lambda d(x,y)$$

所以任意收缩都是自动连续的. 完全度量空间上的每个收缩 $f$ 都有唯一的不动点, 并且任意轨道都收敛到该不动点. 这称为"压缩映射原理".

6. 度量函数 $d$ 称为一个超度量或非 Archimede 度量, 如果 $d$ 满足以下比 (iii) 更强的不等式:

(iv) 对于任意 $x,y,z \in X$, 都有 $d(x,y) \leqslant \max(d(x,z),d(z,y))$.

这称为"强三角不等式". 例如, 离散度量

$$\rho(x,y) = \begin{cases} 1 & (x \neq y) \\ 0 & (x = y) \end{cases}$$

是一个超度量. 装备了离散度量 $\rho$ 的任意集合都可以看作超度量空间.

7. 对于 $r > 0$ 与度量空间 $(X,d)$ 中的一个点 $a$, 集合

$$B_{<r}(a) = \{x \in X \mid d(a,x) < r\}$$

称为以 $a$ 为中心, $r$ 为半径的开球体. 同样地, 我们称 $B_{\leqslant r}(a) = \{x \in X \mid d(a,x) \leqslant r\}$ 为闭球体. 在超度量空间中, 每个开球体都是闭的, 而每个闭球体都是开的.

8. 对于线性空间 $E$ 与函数 $\|\cdot\|:E \to \mathbf{R}$, 我们称 $(E,\|\cdot\|)$ 为赋范线性空间, 如果其满足以下公理:

(v) 对于任意 $x \in E$, 都有 $\|x\| \geqslant 0$, 等号成立当且仅当 $x = 0$.

(vi) 对于任意 $x \in E$ 与标量 $\alpha$, 都有 $\|\alpha x\| = |\alpha| \|x\|$.

(vii) 对于任意 $x,y \in E$, 都有 $\|x + y\| \leqslant \|x\| + \|y\|$.

注意到 (vi) 依赖于标量场上绝对值 $|\alpha|$ 的选取. 赋范线性空间 $E$ 可以诱导出度量 $d(x,y) = \|x - y\|$.

赋范线性空间的一个典型例子是满足以下 Euclid 范数的 Euclid 空间 $\mathbf{R}^n$:

$$\|\boldsymbol{x}\| = \sqrt{x_1^2 + x_2^2 + \cdots + x_n^2}$$

其中 $\boldsymbol{x} = (x_1,\cdots,x_n)$.

9. 如果范数 $\|\cdot\|$ 满足以下比 (vii) 更强的不等式:

(viii) 对于任意 $x,y \in E$, 都有 $\|x + y\| \leqslant \max(\|x\|,\|y\|)$.

那么它称为非 Archimede 范数. 非 Archimede 范数 $\|\cdot\|$ 可以诱导出超度量 $d(x,y) = \|x - y\|$.

10. 对于域 $\mathbf{K}$, 函数 $|\cdot|:\mathbf{K} \to \mathbf{R}$ 称为绝对值, 如果:

(ix) 对于任意 $x \in \mathbf{K}$, 都有 $|x| \geqslant 0$, 等号成立当且仅当 $x = 0$.

(x) 对于任意 $x,y \in \mathbf{K}$, 都有 $|xy| = |x||y|$.

(xi) 对于任意 $x,y \in \mathbf{K}$, 都有 $|x + y| \leqslant |x| + |y|$.

绝对值有时称为赋值或范数. 我们称 $|\cdot|$ 为非 Archimede 绝对值, 如果

(xii) 对于任意 $x,y \in \mathbf{K}$, 都有 $|x + y| \leqslant \max(|x|,|y|)$.

**问题 19.1**

设 $(X,d)$ 为超度量空间,证明:如果 $d(x,z) \neq d(z,y)$,那么
$$d(x,y) = \max(d(x,z),d(z,y))$$

这说明超度量空间中的每个三角形都是等腰三角形,其边长为 $\alpha,\alpha$ 与 $\beta$,满足 $\alpha \geq \beta$. 在非 Archimede 赋范空间中,如果 $\|x\| \neq \|y\|$,那么
$$\|x \pm y\| = \max(\|x\|,\|y\|)$$
或等价地,如果 $\|x_1\|,\|x_2\|,\cdots,\|x_n\| < \|x_0\|$,那么
$$\|x_0 + x_1 + \cdots + x_n\| = \|x_0\|$$
对于这一性质,Katok(2007) 给出了一个措辞"最强者获胜"(the strongest wins).

**问题 19.2**

设 $(X,d)$ 为紧超度量空间. 证明:$X$ 中的子集 $E$ 是开的,并且是紧的,当且仅当 $E$ 是不相交开球体的有限并集.

**问题 19.3**

设 $(X,d)$ 为紧度量空间,并设 $f\colon X \to X$ 为等距映射;即,对于任意 $x,y \in X$,都有
$$d(f(x),f(y)) = d(x,y)$$
证明:$f$ 是一一映射.(所以 $f$ 是同胚映射.)

**问题 19.4**

设 $(X,d)$ 为紧度量空间. 假设对于任意 $x,y \in X, f\colon X \to X$ 满足
$$d(f(x),f(y)) \geq d(x,y)$$
证明:$f$ 是双射等距映射.

**问题 19.5**

设 $(X,d)$ 为紧度量空间. 假设 $f\colon X \to X$ 是满射,并且对于任意 $x,y \in X$,满足
$$d(f(x),f(y)) \leq d(x,y)$$
证明:$f$ 是等距映射.

## 问题 19.6

设 $(X,d)$ 为紧度量空间. 假设对于任意 $x \neq y \in X, f:X \to X$ 满足
$$d(f(x),f(y)) < d(x,y)$$
证明: $f$ 在 $X$ 中有唯一的不动点,并且 $f$ 的每个轨道都收敛到该不动点.

## 问题 19.7

设 $(X,d)$ 为完全度量空间,并设 $\omega(t)$ 为定义在 $[0,\infty)$ 上的右连续函数,满足 $\omega(0) = 0$,并且对于任意 $t > 0$,都有 $0 \leq \omega(t) < t$. 假设对于任意 $x,y \in X, f:X \to X$ 满足
$$d(f(x),f(y)) \leq \omega(d(x,y))$$
证明: $f$ 在 $X$ 中有唯一的不动点,并且 $f$ 的每个轨道都收敛该不动点.

注意到我们不假设 $\omega(t)$ 是单调递增的.

## 问题 19.8

设 $p_n/q_n$ 为
$$\frac{2}{1} + \frac{2^2}{2} + \frac{2^3}{3} + \cdots + \frac{2^n}{n}$$
的不可约分数. 证明: $p_n \equiv 0 (\mathrm{mod}\ 2^{\sigma(n)})$,其中 $\sigma(n) = n + 1 - \left[\dfrac{\log(n+1)}{\log 2}\right]$.

# 第 19 章的解答

### 问题 19.1 的解答

如果 $d(x,z)$ 与 $d(x,y)$ 都小于 $d(z,y)$,那么
$$d(z,y) \leq \max(d(z,x),d(x,y)) < d(z,y)$$
矛盾. $\square$

### 问题 19.2 的解答

设 $E$ 为 $X$ 中的开子集,并且是紧的. 因为对于每个整数 $n \geq 1$,

$$\bigcup_{x \in E} B_{<1/n}(x)$$

都是 $E$ 的开覆盖,那么由 $E$ 的紧性可知,在 $E$ 中存在一个有限点集 $\{x_1^{(n)}, \cdots,$ $x_{m_n}^{(n)}\}$,满足

$$E \subset \bigcup_{k=1}^{m_n} B_{<1/n}(x_k^{(n)})$$

现在假设对于每个 $n \geqslant 1$,都有

$$E \subsetneqq \bigcup_{k=1}^{m_n} B_{<1/n}(x_k^{(n)})$$

对于每个 $n \geqslant 1$,在集合 $B_{<1/n}(x_n) \backslash E$ 中存在一个点 $y_n$,其中 $x_n$ 是 $x_k^{(n)}(1 \leqslant k \leqslant m_n)$ 中的某个点. 由于 $\{x_n\}$ 是 $E$ 中的一个序列,那么存在一个子序列 $\{n_j\}$,使得当 $j \to \infty$ 时,$x_{n_j}$ 收敛到某个 $x^* \in E$. 于是 $y_{n_j}$ 也收敛到同一个点 $x^*$,因为 $d(x_{n_j},$ $y_{n_j}) \leqslant \dfrac{1}{n_j}$.

另外,由于 $E$ 是开的,那么存在包含于 $E$ 的一个开球体 $B_{<r}(x^*)$. 因此对于所有 $n$,我们都有 $d(x^*, y_n) \geqslant r$,因为 $y_n \notin E$. 这一矛盾蕴含了存在一个整数 $N$,使得

$$E = \bigcup_{k=1}^{m_N} B_{<1/N}(x_k^{(N)}) \tag{19.1}$$

假设 $B_{<\rho}(a) \cap B_{<\rho}(b) \neq \varnothing$. 那么存在 $z \in B_{<\rho}(a) \cap B_{<\rho}(b)$,使得对于任意 $x \in B_{<\rho}(a)$,我们都有

$$d(x, b) \leqslant \max(d(x, a), d(a, z), d(z, b)) < \rho$$

因此 $B_{<\rho}(a) \subset B_{<\rho}(b)$. 同样地,我们有 $B_{<\rho}(a) \supset B_{<\rho}(b)$,所以 $B_{<\rho}(a) = B_{<\rho}(b)$. 由此,有限并集(19.1)可以看作不相交并集. 问题得证. □

### 问题 19.3 的解答

对于任意 $x_0 \in X$,当 $n \geqslant 1$ 时,记 $x_n = f^n(x_0)$. 我们用 $E(x_0)$ 表示 $\mathrm{Orb}(x_1)$ 的闭包. 注意到这一轨道并不是从 $x_0$ 开始. 由于 $X$ 是紧的,那么存在一个子序列 $\{n_j\}$,使得当 $j \to \infty$ 时,$\{x_{n_j}\}$ 收敛;所以对于任意 $\epsilon > 0$,存在满足 $d(x_m, x_n) < \epsilon$ 的两个整数 $n > m \geqslant 1$. 那么我们有

$$d(x_0, x_{n-m}) = d(x_m, x_n) < \epsilon$$

这说明 $x_0 \in E(x_0)$,因为 $\epsilon$ 是任意的. 由于紧集的连续像是紧的,那么 $E(x_0) \subset \overline{f(X)} = f(X)$;因此 $x_0 \in f(X)$,所以 $X \subset f(X)$,如所要求的那样. □

### 问题 19.4 的解答

反之,假设存在两个点 $x_0, y_0 \in X$,满足

$$\delta = d(f(x_0), f(y_0)) - d(x_0, y_0) > 0$$

当 $n \geq 1$ 时,我们写作 $x_n = f^n(x_0)$ 与 $y_n = f^n(y_0)$. 由于 $X$ 是紧的,那么存在一个子序列 $\{n_j\}$,使得当 $j \to \infty$ 时,$\{x_{n_j}\}$ 与 $\{y_{n_j}\}$ 都收敛. 因此,存在两个整数 $n > m \geq 1$,满足

$$d(x_m, x_n) < \frac{\delta}{2} \quad \text{与} \quad d(y_m, y_n) < \frac{\delta}{2}$$

这分别蕴含了

$$d(x_0, x_{n-m}) \leq d(x_m, x_n) < \frac{\delta}{2} \quad \text{与} \quad d(y_0, y_{n-m}) \leq d(y_m, y_n) < \frac{\delta}{2}$$

不过,我们有

$$\begin{aligned} d(x_{n-m}, y_{n-m}) &\geq d(x_1, y_1) = \delta + d(x_0, y_0) \\ &\geq \delta + d(x_{n-m}, y_{n-m}) - d(x_0, x_{n-m}) - d(y_0, y_{n-m}) \\ &> d(x_{n-m}, y_{n-m}) \end{aligned}$$

矛盾. 因此,按照问题 19.3,$f$ 是等距映射,并且 $f$ 是一一映射. □

## 问题 19.5 的解答

反之,假设存在两个点 $x_0, y_0 \in X$,满足

$$\delta = d(x_0, y_0) - d(f(x_0), f(y_0)) > 0$$

由于 $f$ 是满射,那么逆像 $f^{-1}(\{x_0\})$ 是非空的;所以至少存在一个满足 $f(x_{-1}) = x_0$ 的点 $x_{-1} \in X$. 重复这一过程,我们可以在 $X$ 中构造一个序列 $\{x_{-n}\}_{n \geq 0}$,对于所有 $n \geq 1$,满足 $f(x_{-n}) = x_{-n+1}$. 我们可以得到 $X$ 中的一个相似序列 $\{y_{-n}\}$,对于所有 $n \geq 1$,满足 $f(y_{-n}) = y_{-n+1}$. 由于 $X$ 是紧的,那么存在一个子序列 $\{n_j\}$,使得当 $j \to \infty$ 时,$\{x_{-n_j}\}$ 与 $\{y_{-n_j}\}$ 都收敛;所以存在两个整数 $n > m \geq 1$,满足

$$d(x_{-m}, x_{-n}) < \frac{\delta}{2}$$

与

$$d(y_{-m}, y_{-n}) < \frac{\delta}{2}$$

这分别蕴含了

$$\frac{\delta}{2} > d(x_{-m}, x_{-n}) \geq d(x_0, x_{m-n})$$

与

$$\frac{\delta}{2} > d(y_{-m}, y_{-n}) \geq d(y_0, y_{m-n})$$

不过,我们有

实分析中的问题与解答

$$d(x_0, y_0) = \delta + d(x_1, y_1) \geqslant \delta + d(x_{m-n}, y_{m-n})$$
$$\geqslant \delta + d(x_0, y_0) - d(x_0, x_{m-n}) - d(y_0, y_{m-n})$$
$$> d(x_0, y_0)$$

矛盾. 因此 $f$ 是等距映射. □

### 问题 19.6 的解答

对于任意 $x_0 \in X$, 当 $n \geqslant 1$ 时, 记 $x_n = f^n(x_0)$. 记

$$E = \bigcap_{n=0}^{\infty} \overline{\mathrm{Orb}(x_n)}$$

按照 Cantor 相交定理, 它是非空的. 该集合称为 $x_0$ 的 $\omega$ 极限集合. 对于任意 $x \in E$, 存在一个子序列 $\{n_j\}$, 使得当 $j \to \infty$ 时, $\{x_{n_j}\}$ 收敛到 $x$. 由于 $X$ 是紧的, 不妨假设当 $j \to \infty$ 时, $\{x_{n_j-1}\}$ 也收敛到某个 $z \in E$. 按照 $f$ 的连续性, 我们有 $f(z) = x$; 因此 $x \in f(E)$, 所以 $E \subset f(E)$.

接下来对于任意 $x \in f(E)$, 至少存在一个满足 $x = f(y)$ 的点 $y \in E$. 设 $\{m_j\}$ 为一个子序列, 使得当 $j \to \infty$ 时, $\{x_{m_j}\}$ 收敛到 $y$. 由于 $\{x_{m_j+1}\}$ 收敛到 $f(y) = x$, 那么我们有 $x \in E$, 所以 $f(E) \subset E$. 因此 $E = f(E)$.

如果 $E$ 包含不止一个点, 那么其直径

$$\kappa = \sup_{x,y \in E} d(x, y)$$

是有限的, 并且是正的. 由于 $E$ 是紧的, 那么上确界必然在 $E$ 中的某对点 $u, v$ 处取到. 设 $a, b$ 为 $E$ 中满足 $u = f(a)$ 与 $v = f(b)$ 的相异两点. 不过

$$\kappa = d(u, v) = d(f(a), f(b)) < d(a, b) \leqslant \kappa$$

矛盾. 因此, 集合 $E$ 恰好由一个点构成, 记作 $E = \{x^*\}$, 它显然是 $f$ 的一个不动点. 此外, 从 $x_0$ 开始的轨道收敛到 $x^*$. 如果 $f$ 有两个不动点 $x^* \neq x^{**} \in X$, 那么

$$d(x^*, x^{**}) = d(f(x^*), f(x^{**})) < d(x^*, x^{**})$$

矛盾; 因此 $x^*$ 是 $f$ 的唯一不动点, 并且每个轨道都收敛到不动点 $x^*$. □

### 问题 19.7 的解答

对于任意 $x_0 \in X$, 当 $n \geqslant 1$ 时, 记 $x_n = f^n(x_0)$. 因为对于任意 $t \geqslant 0, \omega(t) \leqslant t$ 都成立, 所以我们有

$$d(x_n, x_{n+1}) = d(f(x_{n-1}), f(x_n)) \leqslant \omega(d(x_{n-1}, x_n)) \leqslant d(x_{n-1}, x_n)$$

$$(19.2)$$

因此 $\{d(x_{n-1}, x_n)\}$ 是一个单调递减下有界序列. 设 $\alpha \geqslant 0$ 为这一序列的极限. 在 (19.2) 中令 $n \to \infty$, 我们有 $\alpha \leqslant \omega(\alpha)$, 因为 $\omega$ 是右连续的; 因此我们得到 $\alpha = 0$.

接下来我们证明 $\{x_n\}$ 是 $X$ 中的一个 Cauchy 序列. 反之, 假设 $\{x_n\}$ 不是

Cauchy 序列. 那么存在一个常数 $\epsilon_0 > 0$ 与两个子序列 $m_j < n_j$, 使得对于所有 $j$, 满足

$$d(x_{m_j}, x_{n_j}) \geqslant \epsilon_0 \tag{19.3}$$

现在我们可以假设 $n_j$ 是满足 $(19.3)$ 的最小整数; 即

$$d(x_{m_j}, x_{n_j-1}) < \epsilon_0 \leqslant d(x_{m_j}, x_{n_j})$$

为简便起见, 记 $\xi_j = d(x_{m_j-1}, x_{n_j-1})$. 那么

$$\xi_j \leqslant d(x_{m_j-1}, x_{m_j}) + d(x_{m_j}, x_{n_j-1}) < d(x_{m_j-1}, x_{m_j}) + \epsilon_0$$

此外, 因为 $\epsilon_0 \leqslant d(x_{m_j}, x_{n_j}) \leqslant \omega(\xi_j) \leqslant \xi_j$, 由此可知当 $j \to \infty$ 时, 序列 $\xi_j$ 收敛到 $\epsilon_0$. 因此, 按照 $\omega$ 的右连续性, 我们有 $\epsilon_0 \leqslant \omega(\epsilon_0)$, 矛盾. 所以 $\{x_n\}$ 是 Cauchy 序列.

设 $x^*$ 为 $\{x_n\}$ 的极限. 由于

$$d(x^*, f(x^*)) \leqslant d(x^*, x_{n+1}) + d(x_{n+1}, f(x^*))$$
$$\leqslant d(x^*, x_{n+1}) + \omega(d(x_n, x^*))$$
$$\leqslant d(x^*, x_{n+1}) + d(x_n, x^*) \to 0 (n \to \infty)$$

那么 $x^*$ 是 $f$ 的一个不动点, 并且从 $x_0$ 开始的轨道收敛到这一不动点 $x^*$. 如果 $f$ 在 $X$ 中有两个不动点 $x^* \neq x^{**}$, 那么我们有

$$d(x^*, x^{**}) = d(f(x^*), f(x^{**})) \leqslant \omega(d(x^*, x^{**})) < d(x^*, x^{**})$$

矛盾. 因此每个轨道都收敛到不动点 $x^*$. $\qquad\Box$

### 问题 19.8 的解答

这一问题在 Katok(2007) 中做了论述, 我们稍后将给出某些评注. 我们用 $\mathrm{Ord}_p$ 表示 $p$ 进序数, 它也称为 $p$ 进赋值. 为简便起见, 记 $c_n = \dfrac{p_n}{q_n}$. 域 $\mathbf{Q}_p$ 上的 $p$ 进对数 $\log_p$ 由在 $\{x \in \mathbf{Q}_p \mid |x|_p < 1\} = p\mathbf{Z}_p$ 中收敛的级数

$$\log_p(1 + x) = \sum_{n=1}^{\infty} (-1)^{n-1} \frac{x^n}{n}$$

定义, 并且满足 $\log_p(xy) = \log_p x + \log_p y$. 我们熟知, $p = 2$ 是唯一素数, 使得 $p$ 进函数 $\log_p(1 + x)$ 在 $p\mathbf{Z}_p$ 上不是单射. 特别地, 我们有 $\log_2(-1) = 0$, 因此

$$\mathrm{Ord}_2(c_n) = \mathrm{Ord}_2\left(\frac{2^{n+1}}{n+1} + \frac{2^{n+2}}{n+2} + \cdots\right) \geqslant \min_{k > n} \tau(k) \tag{19.4}$$

其中 $\tau(k) = k - \mathrm{Ord}_2(k)$. 由于当 $k \geqslant 2$ 时, $\mathrm{Ord}_2(k) \leqslant \left[\dfrac{\log k}{\log 2}\right]$, 并且 $\left\{k - \left[\dfrac{\log k}{\log 2}\right]\right\}$ 是一个单调递增序列, 那么我们有

$$\mathrm{Ord}_2(c_n) \geqslant n + 1 - \left[\frac{\log(n+1)}{\log 2}\right] \qquad\Box$$

**评注**　如果$(19.4)$中的最小值恰好在$k = k_n$处取到,那么由问题19.1之后陈述的"最强者获胜"性质可知

$$\mathrm{Ord}_2(c_n) = k_n - \mathrm{Ord}_2(k_n)$$

例如,设$\ell$与$m$为满足$\tau(k) < \ell\,(1 \leqslant k \leqslant m)$的整数. 那么容易看出当$1 \leqslant k \leqslant m$时,$\tau(2^\ell - k) > \tau(2^\ell) = 2^\ell - \ell$,并且对于所有$k \geqslant 1$,都有$\tau(2^\ell + k) > \tau(2^\ell)$;由此可得当$n = 2^\ell - m, \cdots, 2^\ell - 1$时,

$$\mathrm{Ord}_2(c_n) = 2^\ell - \ell$$

另外,因为对于所有$k \geqslant 3$与$\ell \geqslant 2$,都有

$$\tau(2^\ell + k) \geqslant \tau(2^\ell + 1) = \tau(2^\ell + 2) = 2^\ell + 1$$

所以如果$n = 2^\ell$,那么我们有

$$\mathrm{Ord}_2(c_n) \geqslant n + 1$$

但是我们在这一情形中不能应用"最强者获胜"性质. 以下列出的一些数值计算表明当$n$是2的幂时,$\mathrm{Ord}_2(c_n)$可以取较大值. 其实,我们将证明:如果$n = 2^\ell \geqslant 8$,那么

$$\mathrm{Ord}_2(c_n) \geqslant n + \frac{\log n}{\log 2} + 2$$

为此,我们可以假设$\ell \geqslant 5$. 为简便起见,记$m = 2^{\ell-1}$. 我们有

$$c_n = c_{n+m} - \sum_{k=1}^{m} \frac{2^{n+k}}{n+k} = c_{n+m} - 2^n c_m + n2^n \sum_{k=1}^{m} \frac{2^k}{k(n+k)}$$

表19.1　当$1 \leqslant n \leqslant 40$时,$c_n$的二进赋值

| $n$ | $\mathrm{Ord}_2(c_n)$ | $n$ | $\mathrm{Ord}_2(c_n)$ | $n$ | $\mathrm{Ord}_2(c_n)$ | $n$ | $\mathrm{Ord}_2(c_n)$ |
|---|---|---|---|---|---|---|---|
| 1 | 1 | 11 | 10 | 21 | 22 | 31 | 27 |
| 2 | 2 | 12 | 12 | 22 | 21 | 32 | 40 |
| 3 | 2 | 13 | 12 | 23 | 21 | 33 | 33 |
| 4 | 5 | 14 | 12 | 24 | 27 | 34 | 34 |
| 5 | 8 | 15 | 12 | 25 | 25 | 35 | 34 |
| 6 | 5 | 16 | 22 | 26 | 26 | 36 | 37 |
| 7 | 5 | 17 | 17 | 27 | 26 | 37 | 39 |
| 8 | 13 | 18 | 18 | 28 | 27 | 38 | 37 |
| 9 | 9 | 19 | 18 | 29 | 27 | 39 | 37 |
| 10 | 10 | 20 | 21 | 30 | 27 | 40 | 48 |

因此

$$\mathrm{Ord}_2(c_n) \geqslant \min(\mathrm{Ord}_2(c_{n+m}), n + \mathrm{Ord}_2(c_m), n + \ell + \Delta)$$

271

$$\geqslant \min\left(n + m + 1 - \left[\frac{\log(n + m + 1)}{\log 2}\right],\right.$$

$$\left.n + m + 1 - \left[\frac{\log(m + 1)}{\log 2}\right], n + \ell + \Delta\right)$$

$$= \min(n + m + 1 - \ell, n + \ell + \Delta)$$

其中

$$\Delta = \text{Ord}_2\left(\sum_{k=1}^{m} \frac{2^k}{k(n + k)}\right)$$

由于当 $1 \leqslant k \leqslant m$ 时, $\text{Ord}_2(n + k) = \text{Ord}_2 k$, 那么我们有

$$\Delta \geqslant \min\left(\delta, \text{Ord}_2\left(\frac{2^3}{3(n + 3)}\right), \min_{5 \leqslant k \leqslant m} \text{Ord}_2\left(\frac{2^k}{k(n + k)}\right)\right)$$

$$= \min\left(\delta, 3, \min_{5 \leqslant k \leqslant m}(k - 2\,\text{Ord}_2 k)\right)$$

其中

$$\delta = \text{Ord}_2\left(\frac{2}{n + 1} + \frac{2^2}{2(n + 2)} + \frac{2^4}{4(n + 4)}\right)$$

$$= \text{Ord}_2\left(\frac{2^{2\ell} + 2^{\ell+2} + 2^{\ell-2} + 4}{(2^{\ell-2} + 1)(2^{\ell-1} + 1)(2^\ell + 1)}\right) = 2$$

因为 $\ell \geqslant 5$. 由于当 $k \geqslant 8$ 时, $k - 2\,\text{Ord}_2 k \geqslant k - \dfrac{2\log k}{\log 2} \geqslant 2$, 并且这个结论对于 $k = 5, 6, 7$ 也成立, 那么我们有 $\Delta \geqslant 2$. 这蕴含了当 $\ell \geqslant 5$ 时, $\text{Ord}_2(c_n) \geqslant n + \ell + 2$, 如所要求的那样.

# 微 分 方 程

## 要 点 总 结

1. 设 $f_k(x, y_1, \cdots, y_m)(1 \leqslant k \leqslant m)$ 为定义在区域 $D \subset \mathbf{R} \times \mathbf{R}^m$ 上的一个函数. 在 $D$ 中给定点 $(x_0, u_1, \cdots, u_m)$ 的一个邻域中, 求满足微分方程组

$$y'_k(x) = f_k(x, y_1(x), \cdots, y_m(x)), 1 \leqslant k \leqslant m \quad (20.1)$$

的 (局部) 解 $(y_1(x), \cdots, y_m(x))$ 的问题称为满足初始条件 $y_k(x_0) = u_k(1 \leqslant k \leqslant m)$ 的初值问题或 Cauchy 问题. 方程 (20.1) 可以用向量形式写作

$$y'(x) = f(x, y(x)) \quad (20.2)$$

2. 为了方便, 我们引入 $\mathbf{R}^m$ 上的范数 $\|\cdot\|_1$ :

$$\|y\|_1 = \sum_{j=1}^{m} |y_j|$$

其中 $y = (y_1, \cdots, y_m)$. 这一范数在以下意义上等价于 Euclid 范数 $\|\cdot\|$ : 对于任意 $y \in \mathbf{R}^m$, 都有

$$\|y\| \leqslant \|y\|_1 \leqslant \sqrt{m} \|y\|$$

我们称函数 $f_k$ 在 $D$ 上满足 Lipschitz 条件, 条件是存在一个常数 $K$, 使得对于任意 $(x, y)$ 与 $(x, z) \in D$, 满足

$$|f_k(x, y) - f_k(x, z)| \leqslant K \|y - z\|_1$$

注意到右边与 $x$ 无关; 换言之, 关于 $x$ 的不等式一致成立是必须的. 特别地, 满足 Lipschitz 条件的任意函数关于 $y_1, \cdots, y_m$ 都是连续的.

273

3. 如果每个函数 $f_k$ 都与 $x$ 无关,那么方程组(20.1)称为自治的.

4. 假设 $\{f_k\}$ 是连续的,并且存在常数 $\alpha,\beta > 0$,使得其在闭超立方体

$$D = \{(x,y_1,\cdots,y_m) \mid |x-x_0| \leq \alpha, |y_k - u_k| \leq \beta, 1 \leq k \leq m\}$$

上满足 Lipschitz 条件. 那么满足初始条件 $y_k(x_0) = u_k(1 \leq k \leq m)$ 的方程(20.2)在区间

$$|x - x_0| \leq \min\left(\alpha, \frac{\beta}{M}\right)$$

其中

$$M = \max_{1 \leq k \leq m} \max_{(x,y) \in D} |f_k(x,y_1,\cdots,y_m)|$$

上存在唯一解. 初值问题的这个存在性和唯一性定理,也称为 Cauchy-Lipschitz 定理,通常用 Euler-Cauchy 多边形法、Picard 逐次逼近法或压缩原理来证明. 此外,如果 $D$ 可以看作 $[x_0 - \alpha, x_0 + \alpha] \times \mathbf{R}^m$,那么同样的结论在整个区间 $[x_0 - \alpha, x_0 + \alpha]$ 上成立.

5. $n-1$ 次可微函数 $g_1(x), g_2(x), \cdots, g_n(x)$ 的 Wronski 行列式是以下行列式

$$W(x) = \begin{vmatrix} g_1 & g_2 & \cdots & g_n \\ g'_1 & g'_2 & \cdots & g'_n \\ \vdots & \vdots & & \vdots \\ g_1^{(n-1)} & g_2^{(n-1)} & \cdots & g_n^{(n-1)} \end{vmatrix}$$

如果 $\{g_k(x)\}$ 在区间 $I$ 上是线性相关的,那么 Wronski 行列式在 $I$ 上处处等于零. Peano(1889)注意到 $g_1(x) = x^2$ 与 $g_2(x) = x|x|$ 的 Wronski 行列式处处等于零,但是它们在原点的任意邻域中都是线性无关的. 不过,如果 Wronski 行列式在 $I$ 上处处等于零,那么存在一个子区间 $J \subset I$,使得 $\{g_k(x)\}$ 在 $J$ 上是线性相关的.

6. 微分方程(20.2)称为线性的,如果每个函数 $f_k$ 都可以写作

$$f_k(x,\boldsymbol{y}) = p_{k,1}(x)y_1 + \cdots + p_{k,m}(x)y_m + q_k(x) \tag{20.3}$$

其中 $p_{k,1}(x), \cdots, p_{k,m}(x), q_k(x)$ 是给定函数,通常假设它们在区间 $[a,b]$ 上是连续的. 在这样的情形中,每个 $f_k$ 在 $D = [a,b] \times \mathbf{R}^m$ 上都满足 Lipschitz 条件,因此(20.2)存在满足任意初始条件 $\boldsymbol{y}(x_0) = \boldsymbol{u} \in \mathbf{R}^m$ 的唯一解.

7. $m$ 阶线性微分方程

$$y^{(m)}(x) = p_1(x)y(x) + \cdots + p_m(x)y^{(m-1)}(x) + q(x) \tag{20.4}$$

可以变换为形如(20.2)的方程,如果我们代入 $y_k = y^{(k-1)}$ 与

$$f_1(x,y_1,\cdots,y_m) = y_2$$
$$f_2(x,y_1,\cdots,y_m) = y_3$$
$$\vdots$$

$$f_{m-1}(x, y_1, \cdots, y_m) = y_m$$
$$f_m(x, y_1, \cdots, y_m) = p_1(x)y_1 + \cdots + p_m(x)y_m + q(x)$$

方程(20.4)称为齐次的,如果$q(x)$在$[a,b]$上处处等于零,齐次方程的$m$个解$Y_1(x), \cdots, Y_m(x)$的Wronski行列式在$[a,b]$上处处等于零当且仅当它们在$[a,b]$上是相关的. 容易看出$W'(x) = p_m(x)W(x)$,由此对于任意$x_0 \in [a,b]$,我们都有

$$W(x) = W(x_0) \exp\left( \int_{x_0}^x p_m(t)\, \mathrm{d}t \right)$$

这称为Liouville公式.

8. 给定$m$阶齐次线性微分方程的所有解构成一个$m$维线性空间$V$. 那么$m$个解$Y_1(x), \cdots, Y_m(x)$称为基本解,如果$\{Y_k(x)\}$是$V$的一组基.

---

**问题20.1**

假设对于任意$x \in \mathbf{R}, a(x) \in \mathscr{C}(\mathbf{R})$满足$m \le a(x) \le M$,其中$m$与$M$是常数. 证明:一阶微分方程

$$y' = y(a(x) - y)$$

有满足$m \le y(x) \le M$的唯一全局解$y(x)$.

---

**问题20.2**

假设对于任意$x \ge 0, a(x), b(x) \in \mathscr{C}(\mathbf{R})$满足$a(x) > 0$,

$$\int_0^\infty a(x)\, \mathrm{d}x = \infty$$

与

$$\int_0^\infty \frac{b^2(x)}{a(x)}\, \mathrm{d}x < \infty$$

证明:一阶线性微分方程

$$y' = a(x)y + b(x)$$

存在唯一解$y(x)$,满足

$$\int_0^\infty a(x)y^2(x)\, \mathrm{d}x < \infty$$

此外证明:

$$\int_0^\infty a(x)y^2(x)\, \mathrm{d}x \le \int_0^\infty \frac{b^2(x)}{a(x)}\, \mathrm{d}x$$

我们可以注意到, 当 $f(x) = \sin x$ 时, 这就是三角 (学) 加法公式.

9. 对于 $q(x) \in \mathscr{C}[a, b]$, 我们考虑二阶线性微分方程

$$y'' + q(x)y = 0$$

的非零解. 按照解的唯一性, 每个零解显然是简单的. 这说明任意非零解都可以用极坐标系表示为

$$y(x) = r(x)\sin \theta(x)$$
$$y'(x) = r(x)\cos \theta(x)$$

我们简称 $\theta(x)$ 是 $y(x)$ 对应的角函数. 那么我们有以下非线性微分方程组:

$$r'(x) = (1 - q(x))r(x)\sin \theta(x)\cos \theta(x)$$
$$\theta'(x) = \cos^2 \theta(x) + q(x)\sin^2 \theta(x) \tag{20.5}$$

注意到 (20.5) 是关于角函数的非线性一阶微分方程, 其在 $[a, b] \times \mathbf{R}$ 上满足 Lipschitz 条件; 其实,

$$|f(x, y) - f(x, z)| \leqslant 2\left(1 + \max_{a \leqslant x \leqslant b} |q(x)|\right)|y - z|$$

其中 $f(x, y) = \cos^2 y + q(x)\sin^2 y$. 特别地, 如果 $q(x)$ 在 $[a, b]$ 上是正的, 那么每条曲线 $(y(x), y'(x))$ 至少都以一固定角速度绕原点旋转, 因为

$$\theta'(x) \geqslant \min(1, \min_{a \leqslant x \leqslant b} q(x)) \tag{20.6}$$

实分析中的问题与解答

与

$$y'' + Q(x)y = 0$$

的非零解对应的角函数. 证明: 如果 $\theta(a) = \Theta(a)$, 那么对于任意 $a < x \leqslant b$, 都有 $\theta(x) < \Theta(x)$.

---

**问题 20.6**

假设存在常数 $M > 0$, 使得 $q(x) \in \mathscr{C}[a,b]$ 在 $[a,b]$ 上满足 $q(x) \leqslant M$. 证明: 如果

$$y'' + q(x)y = 0$$

的一个非零解 $y(x)$ 在 $[a,b]$ 中有两个相异零点 $z_1, z_2$, 那么

$$|z_1 - z_2| \geqslant \frac{\pi}{\sqrt{M}}$$

---

**问题 20.7**

假设存在常数 $M > 0$, 使得 $q(x) \in \mathscr{C}[a,b]$ 在 $[a,b]$ 上满足 $q(x) > m$.

证明: 如果 $b - a \geqslant \dfrac{\pi}{\sqrt{m}}$, 那么

$$y'' + q(x)y = 0$$

的每个非零解在 $(a,b)$ 中都至少有一个零点.

根据 (20.6), 我们容易得到

$$\theta(b) - \theta(a) = \int_a^b \theta'(x)\,\mathrm{d}x > (b - a)\min(1, m)$$

这蕴含了如果 $b - a \geqslant \dfrac{\pi}{\min(1, m)}$, 那么解 $y(x)$ 在 $(a,b)$ 中至少有一个零点. 不过, $\sqrt{m} \geqslant \min(1, m)$ 一直成立, 所以该问题要求一个更强的结果.

---

**问题 20.8**

证明: 二阶线性微分方程

$$y'' + xy = 0$$

的任意解 $y(x)$ 在区间 $[0, \infty)$ 上都是有界的.

277

设 $y(x)$ 为二阶微分方程

$$y'' + xy = 0$$

的一个非零解,并且设 $\{z_n\}$ 为 $y(x)$ 的所有正根按升序排列的序列. 证明:

$$\lim_{n \to \infty} \frac{z_n}{n^{\frac{2}{3}}} = \left(\frac{3\pi}{2}\right)^{\frac{2}{3}}$$

问题 20.10

找出定义在 $(0, \infty)$ 上的所有可微函数 $f(x)$,满足 $f(1) = 1$,并且当 $x > 0$ 时,

$$f'(x)f\left(\frac{1}{x}\right) = 1$$

# 第 20 章的解答

## 问题 20.1 的解答

注意到右边是关于 $y$ 的二次函数;因此,它整体上不满足关于 $y$ 的任意 Lipschitz 条件. 这说明局部解可能在一个有限的 $x$ 处爆破. 例如,在 $a(x) = m = M = 0$ 的特殊情形中,每个带有常数 $C$ 的通解

$$y(x) = \frac{1}{x + C}$$

在 $x = -C$ 处爆破. 在这一情形中,该问题仅有的解是奇异解 $y = 0$.

不妨设区间 $[m, M]$ 不包含 $0$;否则,平凡解 $y = 0$ 满足题目中的条件. 此外,我们可以假设 $0 < m \leq M$;否则,考虑 $\tilde{y}(x) = -y(-x)$ 与 $\tilde{a}(x) = -a(x)$. 代入 $y = \frac{1}{w}$,我们得到形如

$$w' = 1 - a(x)w \tag{20.7}$$

的一阶线性微分方程. 显然 $y(x)$ 是原始方程的一个全局解,当且仅当 $w = \frac{1}{y}$ 是 (20.7) 的一个带有常数符号的全局解. 我们必须求出满足 $\frac{1}{M} \leq w \leq \frac{1}{m}$ 的任意

解 $w$. 记

$$A(x) = \int_0^x a(s)\,\mathrm{d}s$$

那么(20.7)的通解由

$$w(x) = \mathrm{e}^{-A(x)}\left(\int_0^x \mathrm{e}^{A(s)}\,\mathrm{d}s + C_0\right)$$

给出,其中 $C_0$ 为任意常数. 由于当 $x \to -\infty$ 时,$A(x)$ 发散到 $-\infty$,那么因式 $\mathrm{e}^{-A(x)}$ 发散到 $\infty$. 因此,我们必须取

$$C_0 = -\int_0^{-\infty} \mathrm{e}^{A(s)}\,\mathrm{d}s$$

否则,$w(x)$ 将是无界的. 所以

$$w(x) = \mathrm{e}^{-A(x)}\int_{-\infty}^x \mathrm{e}^{A(s)}\,\mathrm{d}s = \int_{-\infty}^x \exp\left(-\int_s^x a(t)\,\mathrm{d}t\right)\mathrm{d}s$$

利用不等式 $a(x) \geqslant m > 0$,我们得到

$$w(x) \leqslant \int_{-\infty}^x \mathrm{e}^{-m(x-s)}\,\mathrm{d}s = \int_0^\infty \mathrm{e}^{-mt}\,\mathrm{d}t = \frac{1}{m}$$

同样地,我们得到 $w(x) \geqslant \dfrac{1}{M}$,如所要求的那样.　　　　　□

**评注**　当 $n \neq 1$ 时,形如

$$y' + p(x)y = q(x)y^n$$

的一阶微分方程称为 Bernoulli 微分方程. 代入 $w = y^{1-n}$,其划归到关于 $w$ 的一阶线性微分方程.

### 问题 20.2 的解答

记

$$A(x) = \int_0^x a(s)\,\mathrm{d}s$$

且

$$K = \int_0^\infty \frac{b^2(x)}{a(x)}\,\mathrm{d}x < \infty$$

通解由

$$y(x) = \mathrm{e}^{A(x)}\left(\int_0^x b(s)\,\mathrm{e}^{-A(s)}\,\mathrm{d}s + C\right)$$

给出,其中 $C$ 是任意常数. 由于当 $x \to \infty$ 时,$A(x)$ 发散到 $\infty$,那么我们必须取

$$C = -\int_0^\infty b(s)\,\mathrm{e}^{-A(s)}\,\mathrm{d}s \qquad (20.8)$$

否则,$|y(x)|$ 将趋于 $\infty$,而不满足

$$\int_0^\infty a(x)y^2(x)\,\mathrm{d}x < \infty$$

279

注意到, 按照 Cauchy-Schwarz 不等式, 并考虑到

$$\int_0^\infty a(s)\,\mathrm{e}^{-2A(s)}\,\mathrm{d}s = -\frac{1}{2}\mathrm{e}^{-2A(s)}\,\bigg|_0^\infty = \frac{1}{2}$$

那么有

$$\left(\int_0^\infty |\,b(s)\,|\,\mathrm{e}^{-A(s)}\,\mathrm{d}s\right)^2 \leqslant \int_0^\infty \frac{b^2(s)}{a(s)}\,\mathrm{d}s \cdot \int_0^\infty a(s)\,\mathrm{e}^{-2A(s)}\,\mathrm{d}s = \frac{K}{2}$$

所以反常积分 (20.8) 绝对收敛.

接下来我们证明解

$$y(x) = -\,\mathrm{e}^{A(x)}\int_x^\infty b(s)\,\mathrm{e}^{-A(s)}\,\mathrm{d}s$$

满足不等式

$$\int_0^\infty a(x)y^2(x)\,\mathrm{d}x \leqslant K$$

以与上述相同的方式, 我们有

$$y^2(x) \leqslant \mathrm{e}^{2A(x)}\int_x^\infty \frac{b^2(s)}{a(s)}\,\mathrm{d}s \cdot \int_x^\infty a(s)\,\mathrm{e}^{-2A(s)}\,\mathrm{d}s = \frac{1}{2}\int_x^\infty \frac{b^2(s)}{a(s)}\,\mathrm{d}s$$

当 $x \to \infty$ 时, 它收敛到 0. 对方程 $ay^2 = yy' - by$ 从 0 到 $L$ 进行积分, 我们得到

$$\sigma_L = \int_0^L a(x)y^2(x)\,\mathrm{d}x = \frac{y^2(L) - y^2(0)}{2} - \int_0^L b(x)y(x)\,\mathrm{d}x$$

$$\leqslant \frac{y^2(L)}{2} + \int_0^L |\,b(x)y(x)\,|\,\mathrm{d}x$$

由于

$$\left(\int_0^L |\,b(x)y(x)\,|\,\mathrm{d}x\right)^2 \leqslant \sigma_L \int_0^L \frac{b^2(x)}{a(x)}\,\mathrm{d}x \leqslant K\sigma_L$$

那么我们得到 $\sigma_L \leqslant \epsilon_L + \sqrt{K\sigma_L}$, 其中 $\epsilon_L = \dfrac{y^2(L)}{2}$. 设 $\sigma^*$ 为方程 $\sigma = \epsilon_L + \sqrt{K\sigma}$

的唯一正解. 于是

$$\sigma_L \leqslant \sigma^* = \epsilon_L + \frac{K}{2} + \frac{\sqrt{K^2 + 4K\epsilon_L}}{2} \leqslant \epsilon_L + \frac{K}{2} + \frac{K + 2\epsilon_L}{2} = K + 2\epsilon_L$$

由于当 $L \to \infty$ 时, $\epsilon_L$ 收敛到 0, 那么我们得到

$$\int_0^\infty a(x)y^2(x)\,\mathrm{d}x \leqslant K$$

如所要求的那样.  $\square$

## 问题 20.3 的解答

容易看出 $Y(x) = \mathrm{e}^{y(x)}$ 满足微分方程

$$\frac{Y'}{1 + Y^2} = f(x)$$

其有 $Y(0) = e^0 = 1.$ 因此

$$Y(x) = \tan\left(\int_0^x f(t)\,dt + \frac{\pi}{4}\right)$$

是 $[0,\infty)$ 上的一个解当且仅当对于任意 $x > 0,$ 都有

$$\left|\int_0^x f(t)\,dt + \frac{\pi}{4}\right| < \frac{\pi}{2} \qquad\qquad \square$$

## 问题 20.4 的解答

如果存在 $y_0 \in \mathbf{R},$ 使得 $f(y_0) \neq 0,$ 那么由

$$f(x + y) = f(x)f'(y) + f'(x)f(y) \qquad\qquad (20.9)$$

可知对于任意 $x$ 与 $h \neq 0,$ 都有

$$\frac{f'(x+h) - f'(x)}{h} = \frac{1}{f(y_0)} \cdot \frac{f(x + y_0 + h) - f(x + y_0)}{h} - $$

$$\frac{f'(y_0)}{f(y_0)} \cdot \frac{f(x+h) - f(x)}{h}$$

这蕴含了 $f(x)$ 是处处二次可微的,并且对于任意 $x, y,$ 满足

$$f'(x + y) = f'(x)f'(y) + f''(x)f(y) \qquad\qquad (20.10)$$

当然,甚至当 $f(x)$ 恒为零时,这都成立. 重复这一论证,我们可以得出 $f \in \mathscr{C}^\infty(\mathbf{R}).$

为简便起见,记 $\alpha = f(0)$ 且 $\beta = f'(0).$ 在 $(20.9)$ 中代入 $x = y = 0,$ 我们有 $\alpha(1 - 2\beta) = 0.$ 我们分成以下两种情形.

情形( i ) $\alpha \neq 0.$

我们得到 $\beta = \dfrac{1}{2},$ 并且通过在 $(20.9)$ 中代入 $y = 0,$ 得到一阶微分方程 $2\alpha f'(x) = f(x).$ 如果 $\alpha = 0,$ 那么我们有一个常数解 $f(x) = 0.$ 否则,解这个满足初始条件 $f(0) = \alpha$ 的方程,我们得到

$$f(x) = \frac{1}{2c}e^{cx}$$

其中 $c = \dfrac{1}{2\alpha}$ 是任意非零常数. 显然对于任意 $x, y,$ 这都满足 $(20.9).$

情形( ii ) $\alpha = 0.$

我们可以假设存在 $y_0 \in \mathbf{R},$ 使得 $f(y_0) \neq 0.$ 在 $(20.9)$ 中代入 $x = y_0$ 与 $y = 0,$ 我们得到 $(1 - \beta)f(y_0) = 0,$ 所以 $\beta = 1.$ 由 $(20.10)$ 亦可知 $f''(x)f(y) = f(x)f''(y);$ 因此在 $J$ 上, $f''(x) = Cf(x),$ 而在 $J'$ 上, $f''(x) = C'f(x),$ 其中 $C$ 与 $C'$ 分别是某个常数,而 $J = (0, a)$ 与 $J' = (-a', 0)$ 分别是最大区间,其上 $f(x)$ 不等于零. 这样的区间显然存在,因为 $f'(0) = 1.$ 不过,由于 $f''(0) = C\beta = C'\beta,$ 那么

我们有 $C = C'$，并且二阶微分方程 $f''(x) = Cf(x)$ 在 $(-a', a)$ 上成立．我们分成以下三种情形．

情形（a）$C = 0$.

解满足 $f(0) = 0$ 与 $f'(0) = 1$ 的 $f''(x) = 0$，我们得到 $f(x) = x$. 在这种情形中，$a = a' = \infty$，并且对于任意 $x, y, f(x) = x$ 显然满足（20.9）．

情形（b）$C > 0$.

记 $C = c^2 (c > 0)$. 满足 $f(0) = 0$ 与 $f'(0) = 1$ 的方程 $f''(x) = c^2 f(x)$ 的任意解是

$$f(x) = \frac{e^{cx} - e^{-cx}}{2c} = \frac{1}{c} \sinh(cx)$$

在这种情形中，$a = a' = \infty$，并且对于任意 $x, y$，它显然满足（20.9）．

情形（c）$C < 0$.

记 $C = -c^2 (c > 0)$. 满足 $f(0) = 0$ 与 $f'(0) = 1$ 的 $f''(x) = -c^2 f(x)$ 的任意解是

$$f(x) = \frac{e^{icx} - e^{-icx}}{2ic} = \frac{1}{c} \sin(cx) \tag{20.11}$$

在这种情形中，$a = a' = \dfrac{\pi}{c}$. 由于在 $\left(-\dfrac{\pi}{c}, \dfrac{\pi}{c}\right)$ 上，$f'(x) = \cos(cx)$，那么我们得到

$f'\left(\dfrac{\pi}{c}\right) = -1$. 在（20.10）中代入 $x = \dfrac{\pi}{c}, y = x$，我们得到 $f'\left(x + \dfrac{\pi}{c}\right) + f'(x) = 0$；

所以对于任意 $x$，都有 $f\left(x + \dfrac{\pi}{c}\right) + f(x) = 0$，因为 $f\left(\dfrac{\pi}{c}\right) = 0$. 因此 $f(x)$ 是周期为

$\dfrac{2\pi}{c}$ 的周期函数，并且（20.11）显然是 $\mathbf{R}$ 上的一个解．

反之，可以看出函数

$$0, x, \frac{1}{2c} e^{cx}, \frac{1}{c} \sin(cx), \frac{1}{c} \sinh(cx)$$

其中 $c$ 是任意非零常数，实际上都是方程的解． □

## 问题 20.5 的解答

记 $\theta(a) = \Theta(a) = \theta_0$ 且 $\sigma(x) = \Theta(x) - \theta(x)$；所以 $\sigma(a) = 0$. 由于

$$\sigma'(x) = \Theta'(x) - \theta'(x)$$
$$= \cos^2 \Theta(x) - \cos^2 \theta(x) + Q(x) \sin^2 \Theta(x) - q(x) \sin^2 \theta(x)$$

那么我们有

$$\sigma'(a) = (Q(a) - q(a)) \sin^2 \theta_0 \geqslant 0$$

我们分成以下两种情形：

情形（ⅰ）$\sin \theta_0 \neq 0$.

由于 $\sigma'(a) > 0$,那么在 $a$ 的一个右邻域中,我们有 $\sigma(x) > 0$.

情形( ii ) $\sin\theta_0 = 0$.

由(20.5)可知

$$\theta'(a) = \cos^2\theta_0 + q(a)\sin^2\theta_0 = 1$$

$$\Theta'(a) = \cos^2\theta_0 + Q(a)\sin^2\theta_0 = 1$$

所以我们有

$$\sin^2\theta(x) = \sin^2(x - a + o(x-a)) = (x-a)^2 + o(x-a)^2 (x \to a+)$$

并且 $\sin^2\Theta(x)$ 也有相同的估计;因此

$$\sigma'(x) = (Q(a) - q(a))(x-a)^2 + o(x-a)^2 (x \to a+)$$

于是 $\sigma(x) > 0$ 就在 $a$ 的一个右邻域中.

现在我们来证明在 $(a,b]$ 上,$\sigma(x) > 0$. 反之,假设存在 $c \in (a,b]$,使得 $\sigma(c) = 0$. 我们可以假设在 $(a,c)$ 上,$\sigma(x) > 0$;所以显然有 $\sigma'(c-) \leqslant 0$. 记 $\theta(c) = \Theta(c) = \theta_1$. 由于

$$\sigma'(c-) = \Theta'(c-) - \theta'(c-) = (Q(c) - q(c))\sin^2\theta_1 \geqslant 0$$

那么我们有 $\sigma'(c-) = 0$,因此 $\sin\theta_1 = 0$. 按照与情形( ii )相同的论证,我们得出

$$\sigma'(x) = (Q(c) - q(c))(x-c)^2 + o(x-c)^2 (x \to c-)$$

这蕴含了在 $c$ 的一个左邻域中,$\sigma(x) < 0$,这就产生了矛盾. □

## 问题 20.6 的解答

我们可以假设 $z_1 < z_2$,$\theta(z_1) = 0$ 且 $\theta(z_2) = \pi$,其中 $\theta(x)$ 是 $y'' + q(x)y = 0$ 的解 $y(x)$ 对应的角函数. 对于任意 $\epsilon > 0$,设 $\Theta(x)$ 为

$$y'' + (M + \epsilon)y = 0 \tag{20.12}$$

的解对应的角函数,满足 $\Theta(z_1) = \theta(z_1) = 0$. 那么由问题 20.5 可知,对于任意 $z_1 < x \leqslant b$,都有 $\Theta(x) > \theta(x)$. 由于 $\Theta(z_2) > \theta(z_2) = \pi$,那么存在满足 $\Theta(w) = \pi$ 的 $w \in (z_1, z_2)$.

另外,我们看到

$$\phi(x) = \sin(\sqrt{M+\epsilon}(x - z_1))$$

是满足 $\phi(z_1) = 0$ 的(20.12)的一个解. 因此,存在函数 $R(x) > 0$,使得 $\phi(x) = R(x)\sin\Theta(x)$,并且 $\phi(w) = R(w)\sin\Theta(w) = 0$. 由于

$$\sqrt{M+\epsilon}(w - z_1) \geqslant \pi$$

那么我们有

$$z_2 - z_1 > w - z_1 \geqslant \frac{\pi}{\sqrt{M+\epsilon}}$$

所以 $z_2 - z_1 \geqslant \dfrac{\pi}{\sqrt{M}}$,因为 $\epsilon$ 是任意的. □

### 问题 20.7 的解答

我们可以假设 $b = a + \dfrac{\pi}{\sqrt{M}}$. 反之, 假设在 $(a,b)$ 上, $y(x) \neq 0$. 由于 Wronski 行列式

$$W(x) = \begin{vmatrix} y(x) & \sin(\sqrt{m}(x-a)) \\ y'(x) & \sqrt{m}\cos(\sqrt{m}(x-a)) \end{vmatrix}$$

满足

$$W'(x) = (q(x) - m)y(x)\sin(\sqrt{m}(x-a))$$

那么在 $(a,b)$ 上, 我们有

$$\mathrm{sgn}\,(W(b) - W(a)) = \mathrm{sgn}\,W'(x) = \mathrm{sgn}\,y(x)$$

不过, 我们有

$$W(b) - W(a) = -\sqrt{m}(y(a) + y(b))$$

矛盾.  $\square$

### 问题 20.8 的解答

我们来证明对于任意 $x > 1$, 任意解 $y(x)$ 都满足不等式

$$y^2(x) \leqslant y^2(1) + (y'(1))^2$$

为此, 对微分方程乘以 $y'$, 并从 1 到 $x$ 进行积分, 我们有

$$\int_1^x y'(t)y''(t)\,\mathrm{d}t + \int_1^x ty(t)y'(t)\,\mathrm{d}t = 0$$

对第二个积分应用分部积分法, 由此可知

$$(y'(t))^2 \Big|_1^x + ty^2(t)\Big|_1^x = \int_1^x y^2(t)\,\mathrm{d}t$$

因此

$$xu(x) \leqslant c + \int_1^x u(t)\,\mathrm{d}t$$

其中 $u(x) = y^2(x)$ 且 $c = y^2(1) + (y'(1))^2$. 所以, 记

$$v(x) = \frac{1}{x}\int_1^x u(t)\,\mathrm{d}t$$

我们得到

$$v'(x) = \frac{u(x)}{x} - \frac{1}{x^2}\int_1^x u(t)\,\mathrm{d}t \leqslant \frac{c}{x^2}$$

再次从 1 到 $x$ 进行积分, 我们有

$$v(x) \leqslant c\int_1^x \frac{\mathrm{d}t}{t^2} = c\Big(1 - \frac{1}{x}\Big)$$

这蕴含了 $u(x) \leqslant \dfrac{c}{x} + v(x) \leqslant c$. 因此 $u(x)$ 是有界的.  $\square$

**评注** 记

$$y(x) = \sum_{n=0}^{\infty} a_n x^n$$

通过解满足 $a_2 = 0$ 的递归公式

$$a_n = -\frac{a_{n-3}}{n(n-1)} \quad (n \geqslant 3)$$

我们得到一个幂级数解. 因此我们得到

$$a_n = \begin{cases} \dfrac{(-1)^{n/3} a_0}{n(n-1)(n-3)(n-4) \cdot \cdots \cdot 3 \cdot 2} & (n \equiv 0 \,(\mathrm{mod}\ 3)) \\[4mm] \dfrac{(-1)^{[n/3]} a_1}{n(n-1)(n-3)(n-4) \cdot \cdots \cdot 4 \cdot 3} & (n \equiv 1 \,(\mathrm{mod}\ 3)) \\[4mm] 0 & (n \equiv 2 \,(\mathrm{mod}\ 3)) \end{cases}$$

这蕴含了收敛半径为 $\infty$; 换言之, 每个解都是实解析的.

## 问题 20.9 的解答

由问题 20.6 与问题 20.7 可知, 对于所有 $n$, 都有

$$\frac{\pi}{\sqrt{z_{n+1}}} \leqslant z_{n+1} - z_n \leqslant \frac{\pi}{\sqrt{z_n}}$$

设 $z_{n_0}$ 为包含于区间 $\left[\left(\dfrac{\pi}{2}\right)^{\frac{2}{3}}, \infty\right)$ 的 $y(x)$ 的最小零点. 注意到

$$z_{n_0+1} \geqslant z_{n_0} + \frac{\pi}{\sqrt{z_{n_0} + \pi / \sqrt{z_{n_0}}}} > \pi^{\frac{2}{3}}$$

当 $n \geqslant n_0$ 时, 记 $\zeta_n = \dfrac{1}{z_n}$, 我们有

$$\phi(\zeta_n) \leqslant \zeta_{n+1} \leqslant \Phi(\zeta_n)$$

其中 $\phi(x) = \dfrac{x}{1 + \pi x^{3/2}}$, 并且 $\Phi(x)$ 是 $f(x) = \dfrac{x}{1 - \pi x^{3/2}}$ 的反函数. 显然 $\phi(x)$ 与

$\Phi(x)$ 分别在 $\left[0, \left(\dfrac{2}{\pi}\right)^{\frac{2}{3}}\right]$ 与 $[0, \infty)$ 上严格单调递增. 此外, 在 $\left[0, \left(\dfrac{2}{\pi}\right)^{\frac{2}{3}}\right]$ 上,

$0 < \phi(x) < \Phi(x) < x$. 我们看到当 $n \geqslant 1$ 时,

$$\phi^n(\zeta_{n_0}) \leqslant \zeta_{n+n_0} \leqslant \Phi^n(\zeta_{n_0})$$

其中 $\phi^n$ 与 $\Phi^n$ 分别是 $\phi$ 与 $\Phi$ 的 $n$ 次迭代. 由于

$$\phi(x) = x - \pi x^{5/2} + O(x^4) \quad (x \to 0+)$$

且

$$\Phi(x) = x - \pi x^{5/2} + O(x^4) \quad (x \to 0+)$$

那么由问题 1.14 可知

$$\liminf_{n\to\infty} n^{\frac{2}{3}}\zeta_n \geq \lim_{n\to\infty} n^{\frac{2}{3}}\phi^n(\zeta_{n_0}) = \left(\frac{2}{3\pi}\right)^{\frac{2}{3}}$$

且

$$\limsup_{n\to\infty} n^{\frac{2}{3}}\zeta_n \leq \lim_{n\to\infty} n^{\frac{2}{3}}\Phi^n(\zeta_{n_0}) = \left(\frac{2}{3\pi}\right)^{\frac{2}{3}}$$

问题得证. □

### 问题 20.10 的解答

我们从给定关系式可以看出 $f(x)$ 在 $(0,\infty)$ 上必为严格单调递增正函数. 由于 $f'(x) = \dfrac{1}{f(1/x)}$,那么 $f$ 在 $(0,\infty)$ 上是二次可微的. 所以,对 $f\left(\dfrac{1}{x}\right) = \dfrac{1}{f'(x)}$ 求微分,我们有

$$f'\left(\frac{1}{x}\right) = \frac{x^2 f''(x)}{f'^2(x)}$$

因为 $f'\left(\dfrac{1}{x}\right) = \dfrac{1}{f(x)}$,我们由此得到二阶非线性微分方程

$$x^2 f(x) f''(x) = f'^2(x) \tag{20.13}$$

如果 $f(x)$ 是 $(20.13)$ 的一个解,那么对于任意常数 $c$,$cf(x)$ 也是一个解. 这表明 $g(x) = \log f(x)$ 可以满足一个更简单的微分方程,其实,这个新函数 $g(x)$ 满足

$$g''(x) = \left(\frac{1}{x^2} - 1\right) g'^2(x)$$

注意到上述方程并不涉及项 $g(x)$ 本身,因此可以通过积分进行求解. 由于在 $(0,\infty)$ 上,$g'(x) > 0$,并且 $g'(1) = \dfrac{f'(1)}{f(1)} = 1$,那么我们有

$$g'(x) = \frac{x}{x^2 - x + 1}$$

所以

$$g(x) = \int_1^x \frac{t}{t^2 - t + 1} \mathrm{d}t$$

因为 $g(1) = 0$. 因此我们得到

$$f(x) = \sqrt{x^2 - x + 1} \exp\left(\frac{1}{\sqrt{3}}\arctan\frac{2x-1}{\sqrt{3}} - \frac{\pi}{6\sqrt{3}}\right)$$

不难看出满足初始条件 $f(1) = f'(1) = 1$ 的 $(20.13)$ 的这个唯一解实际上满足给定关系式. □

# 参 考 文 献

[书籍]

Achieser, N. I. (1956). Theory of Approximation, Frederick Ungar Pub. Co., New York.

[Translated by C. J. Hyman from the author's lectures on approximation theory at Univ. Kharkov.]

Ahlfors, L. V. (1979). Complex Analysis, Third Edition, McGraw-Hill.

Apostol, T. M. (1957). Mathematical Analysis-A Modern Approach to Advanced Calculus, Addison-Wesley.

Artin, E. (1964). The Gamma Function, Holt, Rinehart and Winston, New York.

[Translated by M. Butler from 'Einführung in die Theorie der Gammafunktion', Hamburger Math. Einzelschriften, Verlag B. G. Teubner, Leipzig, 1931.]

Bass, J. (1966). Exercises in Mathematics: Simple and multiple integrals. Series of functions. Fourier series and Fourier integrals. Analytic functions. Ordinary and partial differential equations, Academic Press, New York-London.

[Translated by ScriptaTechnica, Inc. from 'Exercices de Mathématiques. Algèbre linéaire. Intégrales simples et multiples. Séries de fonctions. Séries et intégrales de Fourier. Fonctions analytiques. Equations différentielles et aux dérivées partielles. Calcul des probabilités', Masson et Cie, Éditeurs, Paris, 1965.]

Berndt, B. C. (1994). Ramanujan's Notebooks, Part IV, Springer-Verlag.

Bernoulli, Johannis (1697). Opera Omnia, Tom I, Edited by J. E. Hofmann, Georg Olms Verlagsbuchhandlung, Hildesheim, 1968 (in particular pp. 184-185).

Borwein, J. M. and Borwein, P. B. (1987). Pi and the AGM, Wiley Interscience Pub. (in particular p. 381).

Carathéodory, C. (1954). Theory of Functions of a Complex Variable, Chelsea, New York (in particular p. 119).

[Translated from 'Funktionentheorie I', Verlag Birkhäuser, Basel, 1950.]

Cauchy, A. L. (1841). Exercices d'analyse et de physique mathématique,

287

Vol. 2, Bachelier, Paris (in particular p. 380).

Cheney, E. W. (1966). Introduction to Approximation Theory, McGraw-Hill Book Co., New York.

Delahaye, J.-P. (1997). Le fascinant nombre $\pi$, Pour la Science, Diffusion Belin, Paris (in particular p. 60).

Dieudonné, J. (1971). Infinitesimal Calculus, Hermann, Paris.

[Translated from 'Calcul infinitésimal', Hermann, Paris, 1968.]

Dini, U. (1892). Theorie der Functionen, Verlag B. G. Teubner, Leipzig (in particular pp. 148-150).

[Translated from 'Fondamenti per la teorica delle funzioni di variabili reali', Tipografia Nistri, Pisa, 1878.]

Fichtenholz, G. M. (1964). Differential- und Integralrechnung II, VEB Deutscher Verlag der Wissenschaften, Berlin.

[Translated from t'A Course of Differential and Integral Calculus' II, Moskow 1958.]

Finch, S. R. (2003). Mathematical Constants, Encyclopedia of Math. and its Appl. 94, Cambridge Univ. Press.

Genocchi, A (1884). Calcolo differenziale e principii di calcolo integrale (pubblicato con aggiunte dal Dr. Giuseppe Peano), Fratelli Bocca, Torino (in particular p. 174).

Hardy, G. H. (1958). A Course of Pure Mathematics, Cambridge Univ. Press.

———(1963). Divergent Series, 3rd ed., Oxford Univ. Press.

Hardy, G. H., Littlewood, J. E. and Pólya, G. (1934). Inequalities, Cambridge Univ. Press.

Hardy, G. H. and Wright, E. M. (1979). An Introduction to the Theory of Numbers, 5th ed., Oxford Univ. Press.

Hata, M. (2015). Neurons, A Mathematical Ignition, Series on Number Theory and Its Appl. 9, World Scientific.

Hobson, E. W. (1957). The Theory of Functions of a Real Variable and the Theory of Fourier's Series, Vol. II, Dover edition.

Kac, M. (1959). Statistical Independence in Probability, Analysis and Number Theory, The Carus Math. Monographs No. 12, John Wiley & Sons.

Kanemitsu, S. and Tsukada, H. (2007). Vistas of Special Functions, World Scientific Publishing Company.

实分析中的问题与解答

Katok, S. (2007). p-adic Analysis: Compared with Real, Student Math. Library 37, Amer. Math. Soc.

Koblitz, N. (1977). p-adic Numbers, p-adic Analysis, and Zeta-Functions, Springer-Verlag New York Berlin Heidelberg.

Korevaar, J. (2004). Tauberian Theory-A Century of Developments, Springer-Verlag, Berlin.

Korobov, N. M. (1992). Exponential Sums and their Applications, Kluwer Acad. Pub.

[Translated from 'Trigonometrical Sums and their Applications', Nauka, Moscow, 1989.]

Lang, S. (1965). Algebra, Addison-Wesley.

le Lionnais, F. (1983). Les nombres remarquables, Hermann, Paris (in particular p. 22).

Levin, L. (1981). Polylogarithms and Associated Functions, North-Holland, New York (in particular p. 4).

Lyusternik, L. A. and Yanpol'skii, A. R. (1965). Mathematical Analysis, Functions, Limits, Series, Continued Fractions, Pergamon Press.

[Translated by D. E. Brown from the original book in Russian published in 1963.]

Niven, I. and Zuckerman, H. S. (1960). An Introduction to the Theory of Numbers, New York, John Wiley & Sons.

Pólya, G. and Szegö, G. (1972). Problems and Theorems in Analysis I, Springer-Verlag New York Berlin Heidelberg.

[Translated from 'Aufgaben und Lehrsätze aus der Analysis I', 4th ed., Heiderberger Taschenbücher, Bd. 73, 1970.]

————(1976). Problems and Theorems in Analysis II, Springer-Verlag New York Berlin Heidelberg.

[Translated from 'Aufgaben und Lehrsätze aus der Analysis II', 4th ed., Heiderberger Taschenbücher, Bd. 74, 1971.]

Staudt, K. G. C. von (1845). De Numeris Bernoullianis: Loci in Senatu Academico: Rite obtinendi Causa, Erlangae, typis Adolphi Ernesti Junge.

Stirling, J. (1730). Methodus Differentialis: sive tractatus de summatione et interpolatione serierum infinitarum, G. Bowyer, G. Strahan, London.

Wall, H. S. (1948). Analytic Theory of Continued Fractions, D. Van Nostrand Company, Inc., Princeton (in particular p. 331).

Zygmund, A. (1979). Trigonometric Series, Vol. 1, Cambridge Univ. Press.

## [论文]

Abel, N. H. (1826). Recherches sur la série $1 + \dfrac{m}{1}x + \dfrac{m(m-1)}{1 \cdot 2}x^2 + \dfrac{m(m-1)(m-2)}{1 \cdot 2 \cdot 3}x^3 + \cdots$, J. Reine Angew. Math. 1, pp. 311-339.

= Œuvres complètes de Niels Henrik Abel, Nouvelle Édition, Tome I, Christiania Grøndahl & Søn, 1881, pp. 219-250 (in particular p. 223).

Apéry, R. (1979). Irrationalité de $\zeta(2)$ et $\zeta(3)$, Astérisque 61, pp. 11-13.

Apostol, T. M. (1973). Another elementary proof of Euler's formula for $\zeta(2n)$, Amer. Math. Monthly 80, no. 4, pp. 425-431.

——(1983). A proof that Euler missed: Evaluating $\zeta(2)$ the easy way, Math. Intelligencer 5, pp. 59-60.

Arratia, A. (1999). Algunas maneras juveniles de evaluar $\zeta(2k)$, Bol. Asoc. Mat. Venez. 6, no. 2, pp. 167-176.

Ayoub, R. (1974). Euler and the zeta function, Amer. Math. Monthly 81, no. 10, pp. 1067-1086.

Barnes, E. W. (1899). The theory of the Gamma function, Mess. Math. 29, pp. 64-128.

Bateman, P. T. and Diamond, H. G. (1996). A hundred years of prime numbers, Amer. Math. Monthly 103, no. 9, pp. 729-741.

Berndt, B. C. (1975). Elementary evaluation of $\zeta(2n)$, Math. Mag. 48, no. 3, pp. 148-154.

Bernstein, S. N. (1912a). Démonstration du théorème de Weierstrass fondée sur le calcul deprobabilité, Comm. Soc. Math. Kharkov 13, pp. 1-2.

——(1912b). Sur l'ordre de la meilleure approximation des fonctions continues par des polynomes de degré donné, Acad. Roy. Belgique Cl. Sci. Mém. Coll. in-4°(2) 4, pp. 1-103.

——(1928). Sur les fonctions absolument monotones, Acta Math. 52, pp. 1-66.

——(1931). Sur les polynômes orthogonaux relatifs à un segment fini II, J. Math. Pures Appl. (9) 10, pp. 219-286.

Beukers, F. (1978). A note on the irrationality of $\zeta(2)$ and $\zeta(3)$, Bull. London Math. Soc. 11, pp. 268-272.

实分析中的问题与解答

Beukers, F. ,Calabi, E. and Kolk, J. A. C. (1993). Sums of generalized harmonic series and volumes, *Nieuw Arch. Wisk.* (4) 11, pp. 217-224.

Binet, J. (1839). Mémoire sur les intégrales définies eulériennes, et sur leur application à la théorie des suites, ainsi qu'à l' évaluation des fonctions des grands nombres, *J. École Roy. Polytech.* 16, pp. 123-343. See also C. R. Acad. Sci. Paris, 9 (1839), pp. 39-45.

Bohman, H. (1952). On approximation of continuous and of analytic functions, *Ark. Mat.* 2, no. 3, pp. 43-56.

Bohr, H. and Mollerup, J. (1922). Lærebog i matematisk Analyse (A textbook of mathematical analysis), III, Grænseprocesser, Jul. Gjellerups Forlag, København.

Borel, E. (1895). Sur quelques points de la théorie des fonctions, *Ann. Sci. École Norm. Sup.* (3) 12, pp. 9-55 (in particular p. 44).

Boyd, D. W. (1969). Transcendental numbers with badly distributed powers, *Proc. Amer. Math. Soc.* 23, no. 2, pp. 424-427.

Brown, G. and Koumandos, S. (1997). On a monotonic trigonometric sum, *Monatsh. Math.* 123, pp. 109-119.

Caianiello, E. R. (1961). Outline of a theory of thought-processes and thinking machine, *J. Theoret. Biol.* 2, pp. 204-235.

Callahan, F. P. (1964). Density and uniform density, *Proc. Amer. Math. Soc.* 15, no. 5, pp. 841-843.

Carleman, T. (1922). Sur les fonctions quasi-analytiques, Proc. 5th Scand. Math. Congress, Helsingfors, Finland, pp. 181-196.

= Édition complète des articles de Torsten Carleman, Litos Reprotryck, Malmö, 1960, pp. 199-214.

———(1923). Über die Approximation analytischer Funktionen durch linear Aggregate von vorgegebenen Potenzen, *Ark. Mat. Astr. Fys.* 17, no. 9, pp. 1-30.

———(1927). Sur un théorème de Weierstrass, *ibid.* 20B, no. 4, pp. 1-5.

Carleson, L. (1954). A proof of an inequality of Carleman, *Proc. Amer. Math. Soc.* 5, no. 6, pp. 932-933.

Carlitz, L. (1961). A recurrence formula for $\zeta(2n)$, *Proc. Amer. Math. Soc.* 12, no. 6, pp. 991-992.

Carlson, F. (1935). Une inégalité, *Ark. Mat. Astr. Fys.* 25B, no. 1, pp. 1-5.

Catalan, E. (1875). Sur la constante d'Euler et la fonction de Binet, *J.*

*Math. Pures Appl.* (3) 1, pp. 209-240.

Cesàro, E. (1888). *Nouv. Ann. Math.* (3) 17, p. 112.

———(1893). Sulla determinazione assintotica delle serie di potenze, *Atti R. Accad. Sc. Fis. Mat. Napoli* (2) 7, pp. 187-195.

= Ernesto Cesàro, Opere Scelte, Vol. 1, Parte seconda, Ed. Cremonese, Roma, 1965, pp. 397-406.

——— (1906). Fonctions continues sans dérivée, *Arch. Math. Phys.* (3) 10, pp. 57-63.

Chebyshev, P. L. (1852). Mémoire sur les nombres premiers, Œuvres de P. L. Tchebychef, Tome I, Chelsea Pub. Co., New York, 1961, pp. 51-70.

———( 1854 ). Théorie des mécanismes connus sous le nom de parallélogrammes, Œuvres de P. L. Tchebychef, Tome I, Chelsea Pub. Co., New York, 1961, pp. 111-143.

———(1859). Sur l'interpolation dans le cas d'un grand nombre de données fournies par les observations, Œuvres de P. L. Tchebychef, Tome I, Chelsea Pub. Co., New York, 1961, pp. 387-469.

———(1881). Sur les fonctions qui s'écartent peu de zéro pour certaines valeurs de la variable, Œuvres de P. L. Tchebychef, Tome II, Chelsea Pub. Co., New York, 1961, pp. 335-356.

Chen, M. -P. (1975). An elementary evaluation of $\zeta(2m)$, *Chinese J. Math.* 3, no. 1, pp. 11-15.

Choe, B. R. (1987). An elementary proof of $\sum_{n=1}^{\infty} \frac{1}{n^2} = \frac{\pi^2}{6}$, *Amer. Math. Monthly* 94, no. 7, pp. 662-663.

Choi, J. and Rathie, A. K. (1997). An evaluation of $\zeta(2)$, *Far East J. Math. Sci.* 5, no. 3, pp. 393-398.

Choi, J., Rathie, A. K. and Srivastava, H. M. (1999). Some hypergeometric and other evaluations of $\zeta(2)$ and allied series, *Appl. Math. Comput.* 104, no. 2-3, pp. 101-108.

Clausen, T. (1840). Lehrsatz aus einer Abhandlung über die Bernoullischen Zahlen, *Astronomische Nachrichten* 17, no. 406, pp. 351-352.

Davis, P. J. (1959). Leonhard Euler's integral: a historical profile of the Gamma function, *Amer. Math. Monthly* 66, no. 10, pp. 849-869.

de Boor, C. and Schoenberg, I. J. (1976). Cardinal interpolation and spline functions VIII. The Budan-Fourier theorem for splines and applications, Lect.

实分析中的问题与解答

Notes in Math. , 501 , pp. 1-77.

de la Vallée Poussin, Ch. -J. (1896). Recherches analytiques sur la théorie des nombres premiers. Première partie: La fonction $\zeta(s)$ de Riemann et les nombres premiers en général, suivi d'un Appendice sur des réflexions applicables à une formule donnée par Riemann, *Ann. Soc. Sci. Bruxelles* (deuxième partie) 20, pp. 183-256.

= Charles-Jean de La Vallée Poussin Collected Works, Vol. I, Acad. Roy. Belgique, Circolo Mat. Palermo, 2000, pp. 223-296.

de Rham, G. (1957). Sur un exemple de fonction continue sans dérivée, *Enseign. Math.* (2) 3, pp. 71-72.

Denquin, C. (1912). Sur quelques séries numériques, *Nouv. Ann. Math.* (4) 12, pp. 127-135.

Diamond, H. G. (1982). Elementary methods in the study of the distribution of prime numbers, *Bull. Amer. Math. Soc.* (N.S.) 7, no. 3, pp. 553-589.

Duncan, J. and McGregor, C. M. (2003). Carleman's inequality, *Amer. Math. Monthly* 110, no. 5, pp. 424-431.

Duffin, R. J. and Schaeffer, A. C. (1941). A refinement of an inequality of the brothers Markoff, *Trans. Amer. Math. Soc.* 50, no. 3, pp. 517-528.

Elkies, N. D. (2003). On the sums $\sum_{k=-\infty}^{\infty} (4k+1)^{-n}$, *Amer. Math. Monthly* 110, no. 7, pp. 561-573.

Erdös, T. (1949). On a new method in elementary number theory which leads to an elementary proof of the prime number theorem, *Proc. Nat. Acad. Sci. USA* 35, pp. 374-384.

Estermann, T. (1947). Elementary evaluation of $\zeta(2k)$, *J. London Math. Soc.* 22, pp. 10-13.

Faber, G. (1907). Einfaches Beispiel einer stetigen nirgends differentiierbaren Funktion, *Jber. Deutsch. Math. Verein.* 16, pp. 538-540.

——(1910). Über die Orthogonalfunktionen des Herrn Haar, *Jber. Deutsch. Math. Verein.* 19, pp. 104-112.

Fejér, L. (1900). Sur les fonctions bornées et intégrables, *C. R. Acad. Sci. Paris* 131, pp. 984-987.

——(1910). Über gewisse Potenzreihen an der Konvergenzgrenze, *S. -B. math. -phys. Akad. Wiss. München* 40, no. 3, pp. 1-17.

= Leopold Fejér Gesammelte Arbeiten, Band I, Birkhäuser, 1970, pp. 573-

583.

———(1925). Abschätzungen für die Legendreschen und verwandte Poly-
nome, *Math. Z.* 24, pp. 285-298.

Fekete, M. (1923). Über die Verteilung der Wurzeln bei gewissen algebrais-
chen Gleichungen mit ganzzahligen Koeffizienten, *Math. Z.* 17, pp. 228-249 (in
particular p. 233).

Franklin, F. (1885). Proof of a theorem of Tchebycheff's on definite inte-
grals, *Amer. J. Math.* 7, no. 4, pp. 377-379.

Gibbs, J. W. (1899). letter to the editor, Fourier Series, *Nature* 59, p. 200
and p. 606.

Giesy, D. P. (1972). Still another elementary proof that $\sum \frac{1}{k^2} = \frac{\pi^2}{6}$, *Math.
Mag.* 45, no. 3, pp. 148-149.

Goldscheider, F. (1913). *Arch. Math. Phys.* 20, pp. 323-324.

Goldstein, L. J. (1973). A history of the prime number theorem, *Amer.
Math. Monthly* 80, no. 6, pp. 599-615.

Gronwall, T. H. (1912). Über die Gibbssche Erscheinung und die trigonom-
etrischen Summen $\sin x + \frac{1}{2}\sin 2x + \cdots + \frac{1}{n}\sin nx$, *Math. Ann.* 72, pp. 228-243.

———(1913). Über die Laplacesche Reihe, *ibid.* 74, pp. 213-270.

———(1918). The gamma function in the integral calculus, *Ann. Math.*
(2) 20, no. 2, pp. 35-124.

Grosswald, E. (1980). An unpublished manuscript of Hans Rademacher,
*Historia Math.* 7, no. 4, pp. 445-446.

Hadamard, J. (1896). Sur la distribution des zéros de la fonction $\zeta(s)$ et ses
conséquences arithmétiques, *Bull. Soc. Math. France* 24, pp. 199-220.

———(1914). Sur le module maximum d'une fonction et de ses dérivées,
*ibid.* 42, pp. 68-72.

= Œuvres de Jacques Hadamard, Tome I, Edition du C. N. R. S., Paris,
1968, pp. 379-382.

Hardy, G. H. (1912). Note on Dr. Vacca's series for $\gamma$, *Quart. J. Math.*
43, pp. 215-216.

———(1914). Sur les zéros de la fonction $\zeta(s)$ de Riemann, *C. R. Acad.
Sci. Paris* 158, pp. 1012-1014.

Hardy, G. H. and Littlewood, J. E. (1914). Tauberian theorems concerning

实分析中的问题与解答

power series and Dirichlet's series whose coefficients are positive, *Proc. London Math. Soc.* (2) 13, pp. 174-191.

————(1914). Some problems of Diophantine approximation, *Acta Math.* 37, pp. 155-190.

Harper, J. D. (2003). Another simple proof of $1 + \dfrac{1}{2^2} + \dfrac{1}{3^2} + \cdots = \dfrac{\pi^2}{6}$, *Amer. Math. Monthly* 110, no. 6, pp. 540-541.

Hata, M. (1982). Dynamics of Caianiello's equation, *J. Math. Kyoto Univ.* 22, no. 1, pp. 155-173.

————(1995). Farey fractions and sums over coprime pairs, *Acta Arith.* 70, no. 2, pp. 149-159.

Hausdorff, F. (1925). Zum Hölderschen Satz über $\Gamma(x)$, *Math. Ann.* 94, pp. 244-247.

Hecke, E. (1921). Über analytische Funktionen und die Verteilung von Zahlen mod. eins, *Abh. Math. Sem. Hamburg Univ.* 1, pp. 54-76.

= Erich Hecke Mathematische Werke, Göttingen, 1959, pp. 313-335.

Hofbauer, J. (2002). A simple proof of $1 + 2^{-2} + 3^{-2} + \cdots = \dfrac{\pi^2}{6}$ and related identities, *Amer. Math. Monthly* 109, no. 2, pp. 196-200.

Hölder, O. (1887). Ueber die Eigenschaft der Gammafunction keiner algebraischen Differentialgleichung zu genügen, *Math. Ann.* 28, pp. 1-13.

Holme, F. (1970). En enkel beregning av $\displaystyle\sum_{k=1}^{\infty} \dfrac{1}{k^2}$, *Nordisk Mat. Tidskr.* 18, pp. 91-92.

Hovstad, R. M. (1972). The series $\displaystyle\sum_{k=1}^{\infty} \dfrac{1}{k^{2p}}$, the area of the unit circle and Leibniz' formula, *Nordisk Mat. Tidskr.* 20, pp. 92-98.

Hua, L. -G. (1965). On an inequality of Opial, *Sci. Sinica* 14, pp. 789-790.

Jackson, D. (1911). Über eine trigonometrische Summe, *Rend. Circ. Math. Palermo* 32, pp. 257-262.

Jensen, J. L. W. V. (1906). Sur lesfonctions convexes et les inégalités entre les values moyennes, *Acta Math.* 30, pp. 175-193.

————(1916). An elementary exposition of the theory of the Gamma function. Authorized translation from the Danish by T. H. Gronwall, *Ann. Math.* (2) 17, no. 3, pp. 124-166.

Ji, C. -G. and Chen, Y. -G. (2000). Euler's formula for $\zeta(2k)$, proved by induction on $k$, *Math. Mag.* 73, no. 2, pp. 154-155.

Kakeya, S. (1914). On approximate polynomials, *Tôhoku Math. J.* 6, pp. 182-186.

Kalman, D. (1993). Six ways to sum a series, *College Math. J.* 24, no. 5, pp. 402-421.

Karamata, J. (1930). Über die Hardy-Littlewoodschen Umkehrungen des Abelschen Stätigkeits-satzes, *Math. Z.* 32, pp. 319-320.

Katznelson, Y. and Stromberg, K. (1974). Everywhere differentiable, nowhere monotone, functions, *Amer. Math. Monthly* 81, no. 4, pp. 349-354.

Kempner, A. J. (1914). A curious convergent series, *Amer. Math. Monthly* 21, no. 2, pp. 48-50.

Khintchine, A. (1924). Über einen Satz der Wahrscheinlichkeitsrechnung, *Fund. Math.* 6, pp. 9-20.

Kimble, G. (1987). Euler's other proof, *Math. Mag.* 60, no. 5, p. 282.

Klamkin, M. S. (1970). A comparison of integrals, *Amer. Math. Monthly* 77, no. 10, p. 1114; ibid. 78, no. 6, pp. 675-676.

Kluyver, J. C. (1900). Der Staudt-Clausen'sche Satz, *Math. Ann.* 53, pp. 591-592.

———(1928). Über Reihen mit positiven Gliedern, *J. London Math. Soc.* 3, pp. 205-211.

Knopp, K. and Schur, I. (1918). Über die Herleitung der Gleichung $\sum_{n=1}^{\infty} \frac{1}{n^2} = \frac{\pi^2}{6}$, *Arch. Math. Phys.* (3) 27, pp. 174-176.

Kolmogorov, A. N. (1939). On inequalities for suprema of consecutive derivatives of an arbitrary function on an infinite interval (Russian), *Uchenye Zapiski Moskov. G. Univ. Mat.* 30, no. 3, pp. 3-13.

= Amer. Math. Soc. Transl., Ser. 1, Vol. 2, 1962, pp. 233-243.

= Selected Works of A. N. Kolmogorov, Vol. 1, ed. V. Tikhomirov, Kluwer, 1991, pp. 277-290.

Kolmogorov, A. N. (1926). Une série de Fourier-Lebesgue divergente partout, *C. R. Acad. Sci. Paris* 183, pp. 1327-9.

Köpcke, A. (1887). Ueber Differentiirbarkeit und Anschaulichkeit der stetigen Functionen, *Math. Ann.* 29, pp. 123-140.

———(1889). Ueber eine durchaus differentiirbare, stetige Function mit Os-

实分析中的问题与解答

cillationen in jedem Intervalle, *ibid.* 34, pp. 161-171.

———(1890). Nachtrag zu dem Aufsatze ,,Ueber eine durchaus differentiirbare, stetige Functionmit Oscillationen in jedem Intervalle" (Annalen, Band XXXIV, pag. 161 ff. ) , *ibid.* 35, pp. 104-109.

Korevaar, J. (1982). On Newman's quick way to the prime number theorem, *Math. Intelligencer* 4, no. 3, pp. 108-115.

Korkin, A. N. and Zolotareff, E. I. (1873). Sur une certain minimum, *Nouv. Ann. Math.* (2) 12, pp. 337-355.

Korovkin, P. P. (1953). On convergence of linear positive operators in the space of continuous functions (Russian), *Dokl. Akad. Nauk SSSR* 90, no. 6, pp. 961-964.

Kortram, R. A. (1996). Simple proofs for $\sum_{k=1}^{\infty} \dfrac{1}{k^2} = \dfrac{\pi^2}{6}$ and $\sin x = x \prod_{k=1}^{\infty} \left(1 - \dfrac{x^2}{(k\pi)^2}\right)$ , *Math. Mag.* 69, no. 2, pp. 122-125.

Koumandos, S. (2001). Some inequalities for cosine sums, *Math. Inequal. Appl.* 4, no. 2, pp. 267-279.

Kuhn, S. (1991). The Derivative à la Carathéodory, *Amer. Math. Monthly* 98, no. 1, pp. 40-44.

Kummer, E. E. (1847). Beitrag zur Theorie der Function $\Gamma(x) = \int_{0}^{\infty} e^{-v} v^{x-1} \, dv$, *J. Reine Angew. Math.* 35, pp. 1-4.

Kuo, H.-T. (1949). A recurrence formula for $\zeta(2n)$, *Bull. Amer. Math. Soc.* 55, pp. 573-574.

Landau, E. (1908). Über die Approximation einer stetigen Funktionen durch eine ganze rationale Funktion, *Rend. Circ. Mat. Palermo* 25, pp. 337-345.

———(1913). Einige Ungleichungen für zweimal differentiierbare Funktionen, *Proc. London Math. Soc.* (2) 13, pp. 43-49.

———(1915). Über die Hardysche Entdeckung unendlich vieler Nullstellen der Zetafunktion mit reellem Teil $\dfrac{1}{2}$, *Math. Ann.* 76, pp. 212-243.

———(1934). Über eine trigonometrische Ungleichung, *Math. Z.* 37, p. 36.

Landsberg, G. (1908). Über Differentiierbarkeit stetiger Funktionen, *Jber. Deutsch. Math. Verein.* 17, pp. 46-51.

Lerch, M. (1888). Ueber die Nichtdifferentiirbarkeit gewisser Functionen, *J. Reine Angew. Math.* 103, pp. 126-138.

——— (1903). Sur un point de la théorie des fonctions génératrices d'Abel, *Acta Math.* 27, pp. 339-352.

Levinson, N. (1966). On the elementary proof of the prime number theorem, *Proc. Edinburgh Math, Soc.* (2) 15, pp. 141-146.

——— (1969). A motivated account of an elementary proof of the prime number theorem, *Amer. Math. Monthly* 76, no. 3, pp. 225-245.

Lebesgue, H. (1898). Surl'approximation des fonctions, *Bull. Sci. Math.* 22, pp. 278-287.

Littlewood, J. E. (1910). The converse of Abel's theorem on power series, *Proc. London Math. Soc.* (2) 9, pp. 434-448.

Macdonald, I. G. and Nelsen, R. B. (1979). E2701, *Amer. Math. Monthly* 86, no. 5, p. 396.

Malmstén, C. J. (1847). Sur la formule $hu'_x = \Delta u_x - \frac{h}{2}\Delta u'_x + \frac{B_1 h^2}{1 \cdot 2} \cdot \Delta u''_x - \frac{B_2 h^4}{1 \cdots 4} \cdot \Delta u_x^{IV} + $etc, *J. Reine Angew. Math.* 35, no. 1, pp. 55-82.

Markov, A. A. (1889). On a problem of D. I. Mendeleev (Russian), *Zap. Imp. Akad. Nauk, St. Petersburg* 62, pp. 1-24.

Markov, V. A. (1892). On functions deviating the least from zero on a given interval (Russian), Depart. Appl. Math. Imperial St. Petersburg Univ.

=Über Polynome, die in einem gegebenen Intervalle möglichst wenig von Null abweichen, *Math. Ann.* 77, pp. 213-258, 1916.

Matsuoka, Y. (1961). An elementary proof of the formula $\sum_{k=1}^{\infty} \frac{1}{k^2} = \frac{\pi^2}{6}$, *Amer. Math. Monthly* 68, no. 5, pp. 485-487.

Mehler, F. G. (1872). Notiz über die Dirichlet'schen Integralausdrücke für die Kugelfunction $P^n(\cos \vartheta)$ und über eine analoge Integralform für die Cylinderfunction $J(x)$, *Math. Ann.* 5, pp. 141-144.

Mertens, F. (1875). Ueber die Multiplicationsregel für zwei unendliche Reihen, *J. Reine Angew. Math.* 79, pp. 182-184.

Michelson, A. A. (1898). letter to the editor, Fourier Series, *Nature* 58, pp. 544-545.

Mirkil, H. (1956). Differentiable functions, formal power series, and mo-

实分析中的问题与解答

ments, *Proc. Amer. Math. Soc.* 7, no. 4, pp. 650-652.

Mittag-Leffler, G. ( 1900 ). Sur lareprésentation analytique des fonctions d'une variable réelle, *Rend. Circ. Mat. Palermo* 14, pp. 217-224.

Möbius, A. F. ( 1832 ). Über eine besondere Art von Umkehrung der Reihen, *J. Reine Angew. Math.* 9, no. 2, pp. 105-123.

Moore, E. H. (1897). Concerning transcendentally transcendental functions, *Math. Ann.* 48, pp. 49-74.

Müntz, Ch. H. (1914). Über den Approximationssatz von Weierstraß, Mathematische Abhandlungen Hermann Amandus Schwarz zu seinem fünfzigjährigen Doktorjubiläum am 6 August 1914 gewidmet von Freunden und Schülern, Berlin, J. Springer, pp. 303-312 [There is a textually unaltered reprint by Chelsea Pub. Co. in 1974].

Neville, E. H. (1951). A trigonometrical inequality, *Proc. Cambridge Philos. Soc.* 47, pp. 629-632.

Newman, D. J. (1980). Simple analytic proof of the prime number theorem, *Amer. Math. Monthly* 87, no. 9, pp. 693-696.

Nikolić, A. (2002). Jovan Karamata (1902-1967), *Novi Sad J. Math.* (1) 32, pp. 1-5.

Niven, I. (1947). A simple proof that $\pi$ is irrational, *Bull. Amer. Math. Soc.* 53, p. 509.

Okada, Y. (1923). On approximate polynomials with integral coefficients only, *Tôhoku Math. J.* 23, pp. 26-35.

Opial, Z. (1960). Sur une inégalité, *Ann. Polon. Math.* 8, pp. 29-32.

Osler, T. J. (2004). Finding $\zeta(2p)$ from a product of sines, *Amer. Math. Monthly* 111, no. 1, pp. 52-54.

Ostrowski, A. (1919). NeuerBeweis des Hölderschen Satzes, daß die Gammafunktion keiner algebraischen Differentialgleichung genügt, *Math. Ann.* 79, pp. 286-288.

————(1925). Zum Hölderschen Satz über $\Gamma(x)$, *ibid.* 94, pp. 248-251.

Pál, J. (1914). Zwei kleine Bemerkungen, *Tôhoku Math. J.* 6, pp. 42-43.

Papadimitriou, I. (1973). A simple proof of the formula $\sum_{k=1}^{\infty} k^{-2} = \dfrac{\pi^2}{6}$, *Amer. Math. Monthly* 80, no. 4, pp. 424-425.

Peano, G. ( 1889 ). Sur le déterminant Wronskien, *Mathesis: recueil mathématique* 9, pp. 75-76, 110-112.

Pereno, I. (1897). Sulle funzioni derivabili in ogni punto ed infinitamente oscillati in ogni intervallo, *Giorn. di Mat.* 35, pp. 132-149.

Picard, É. (1891). Sur la représentation approchée des fonctions, *C. R. Acad. Sci. Paris* 112, pp. 183-186.

Pisot, Ch. (1938). La répartition modulo 1 et les nombres algébriques, *Ann. Sc. Norm. Sup. Pisa* (2) 7, pp. 205-248.

———(1946). Répartition (mod 1) des puissances successives des nombres réels, *Comment. Math. Helv.* 19, pp. 153-160.

Pólya, G. (1911). *Nouv. Ann. Math.* (4) 11, pp. 377-381.

———(1926). Proof of an inequality, *Proc. London Math. Soc.* (2) 24, p. vi in 'Records of Proceedings at Meetings'.

———(1931). *Jber. Deutsch. Math. Verein.* 40, p. 81.

Pringsheim, A. (1900). Ueber das Verhalten von Potenzreichen auf dem Convergenzkreise, *S. -B. math. -phys. Akad. Wiss. München* 30, pp. 37-100.

Raabe, J. L. (1843). Angenäherte Bestimmung der Factorenfolge $1 \cdot 2 \cdot 3 \cdot 4 \cdot 5 \cdots \cdot n = \Gamma(1 + n) = \int x^n e^{-x} dx$, wenn n eine sehr grosse Zahl ist, *J. Reine Angew. Math.* 25, pp. 146-159.

———(1844). Angenäherte Bestimmung der Function $\Gamma(1 + n) = \int_0^\infty x^n e^{-x} dx$, wenn neine ganze, gebrochene, order incommensurable sehr grosse positive Zahl ist, *ibid.* 28, pp. 10-18.

Rademacher, H. (1922). Einige Sätze über Reihen von allgemeinen Orthogonalfunktionen, *Math. Ann.* 87, pp. 112-138.

Rado, R. (1934). A new proof of a theorem of v. Staudt, *J. London Math. Soc.* (2) 9, pp. 85-88.

Redheffer, R. (1967). Recurrent inequalities, *Proc. London Math. Soc.* (3) 17, pp. 683-699.

Riemann, G. F. B. (1859). Ueber die Anzahl der Primzahlen unter einer gegebenen Grösse, Bernhard Riemann' sGesammelte Mathematische Werke und Wissenschaftlicher Nachlass, Zweite Auflage, Leipzig, 1892, pp. 145-153. [English Translation: Collected Papers Bernhard Riemann, Kendrick Press, 2004, pp. 135-143.]

Robbins, N. (1999). Revisiting an old favorite: $\zeta(2m)$, *Math. Mag.* 72, no. 4, pp. 317-319.

Rogosinski, W. (1955). Some elementary inequalities for polynomials,

*Math. Gazette* 39, pp. 7-12.

Rogosinski, W. and Szegö, G. (1928). Über die Abschnitte von Potenzreihen, die in einem Kreise beschränkt bleiben, *Math. Z.* 28, pp. 73-94.

Rosenthal, A. (1953). On functions with infinitely many derivatives, *Proc. Amer. Math. Soc.* 4, no. 4, pp. 600-602.

Runge, C. (1885a). ZurTheorie der eindeutigen analytischen Functionen, *Acta Math.* 6, pp. 229-245.

———(1885b). Über die Darstellung willkürlicher Funktionen, *ibid.* 7, pp. 387-392.

Russell, D. C. (1991). Another Eulerian-type proof, *Math. Mag.* 64, no. 5, p. 349.

Schauder, J. (1928). EineEigenschaft des Haarschen Orthogonalsystems, *Math. Z.* 28, pp. 317-320.

Schlömilch, O. (1844). Einiges über die Eulerschen Integrale der zweiten Art, *Arch. Math. Phys.* (2) 4, pp. 167-174.

Schönbeck, J. (2004). Thomas Clausen und die quadrierbaren Kreisbogenzweiecke, *Centaurus* 46, pp. 208-229.

Schwering, K. (1899). ZurTheorie der Bernoulli'schen Zahlen, *Math. Ann.* 52, pp. 171-173.

Selberg, A. (1949). An elementary proof of the prime-number theorem, *Ann. Math.* 50, no. 2, pp. 305-313.

Skau, I. and Selmer, E. S. (1971). Noen anvendelser av Finn Holmes methode for beregning av $\sum_{k=1}^{\infty} \dfrac{1}{k^2}$ , *Nordisk Mat. Tidskr.* 19, pp. 120-124.

Stäckel, P. (1913). *Arch. Math. Phys.* (3) 13, p. 362.

Stark, E. L. (1969). Another proof of the formula $\sum \dfrac{1}{k^2} = \dfrac{\pi^2}{6}$ , *Amer. Math. Monthly* 76, no. 5, pp. 552-553.

———(1972). A new method of evaluating the sums of $\sum_{k=1}^{\infty} (-1)^{k+1} k^{-2p}$ , $p = 1,2,3,\cdots$ and related series, *Elem. Math.* 27, no. 2, pp. 32-34.

———(1974). The series $\sum_{k=1}^{\infty} k^{-s}, s = 2,3,4,\cdots$, once more, *Math. Mag.* 47, no. 4, pp. 197-202.

Staudt, K. G. C. von (1840). Beweis eines Lehrsatzes, die Bernoullischen Zahlen betreffend, *J. Reine Angew. Math.* 21, pp. 372-374.

Steinhaus, H. (1920). Sur les distances des points des ensembles demesure positiv, *Fund. Math.* 1, pp. 93-104.

Stieltjes, T. J. (1876). De la représentation approximative d'une fonction par une autre [traduction de la brochure imprimée à Delft en 1876], Œuvres complétes de Thomas JanStieltjes, Tome I, Noordhoff, Groningen, Netherlands, 1914, pp. 11-20.

———(1890). Sur les polynômes de Legendre, Œuvres complétes de Thomas Jan Stieltjes, Tome II, Noordhoff, Groningen, Netherlands, 1914, pp. 236-252.

Szegö, G. (1934). *Jber. Deutsch. Math. Verein.* 43, pp. 17-20.

———(1948). On an inequality of P. Turán concerning Legendre polynomials, *Bull. Amer. Math. Soc.* 54, pp. 401-405.

Takagi, T. (1903). A simple example of the continuous function without derivative, *Proc. Phys. -Math. Soc. Japan* (IIs) 1, pp. 176-177.

Tatuzawa, T. and Iseki, K. (1951). On Selberg's elementary proof of the prime-number theorem, *Proc. Japan Acad.* 27, pp. 340-342.

Tauber, A. (1897). Ein Satzaus der Theorie der unendlichen Reihen, *Monatsh. Math.* 8, pp. 273-277.

Titchmarsh, E. C. (1926). A series inversion formula, *Proc. London Math. Soc.* (2) 26, pp. 1-11.

Tsumura, H. (2004). An elementary proof of Euler's formula for $\zeta(2m)$, *Amer. Math. Monthly* 111, no. 5, pp. 430-431.

Turán, P. (1950). On the zeros of the polynomials of Legendre, *Časopis Pĕst. Mat. Fys.* 75, pp. 113-122.

= Collected Papers of Paul Turán, Vol. 1, Edited by Paul Erdös, *Akad. Kiadó, Budapest*, 1990, pp. 531-540.

Underwood, R. S. (1928). An expression for the summation $\sum_{m=1}^{n} m^p$, *Amer. Math. Monthly* 35, no. 8, pp. 424-428.

Vacca, G. (1910). A new series for the Eulerian constant, *Quart. J. Pure Appl. Math.* 41, pp. 363-368.

van derWaerden, B. L. (1930). Ein einfaches Beispiel einer nicht-differenzierbaren stetigen Funktion, *Math. Z.* 32, pp. 474-475.

Verblunsky, S. (1945). On positive polynomials, *J. London Math. Soc.* 20, pp. 73-79.

Vijayaraghavan, T. (1940). On the fractional parts of the powers of a number

(I), *J. London Math. Soc.* 15, pp. 159-160.

———(1941). — (II), *Proc. Cambridge Philos. Soc.* 37, pp. 349-357.

———(1942). — (III), *J. London Math. Soc.* 17, pp. 137-138.

———(1948). — (IV), *J. Indian Math. Soc.* 12, pp. 33-39.

Volterra, V. (1897). Sul principio de Dirichlet, *Rend. Circ. Mat. Palermo* 11, pp. 83-86.

von Mangoldt, H. (1895). Zu Riemanns Abhandlung, 'Ueber die Anzahl der Primzahlen unter einer gegebenen Grösse', *J. Reine Angew. Math.* 114, no. 3-4, pp. 255-305.

Walsh, J. L. (1923). A closed set of normal, orthogonal functions, *Amer. J. Math.* 45, no. 1, pp. 5-24.

Weierstrass, K. (1856). Über die Theorie der analytischen Facultäten, *J. Reine Angew. Math.* 51, pp. 1-60.

———(1885). Über die analytische Darstellbarkeit sogenannter willkürlicher Funktionen reeller Argumente, *S.-B. Königl. Akad. Wiss. Berlin*, pp. 633-639 and pp. 789-805.

= Mathematische Werke von Karl Weierstrass, Band III, Berlin, Mayer & Müller, 1903, pp. 1-37.

Weyl, H. (1916). Über die Gleichverteilung von Zahlen mod. Eins, *Math. Ann.* 77, pp. 313-352.

Wielandt, H. (1952). ZurUmkehrung des Abelschen Stetigkeitssatzes, *Math. Z.* 56, no. 2, pp. 206-207.

William Lowell Putnam Mathematical Competition (1970). A-4, *Amer. Math. Monthly* 77, no. 7, p. 723 and p. 725.

Williams, G. T. (1953). A new method of evaluating $\zeta(2n)$, *Amer. Math. Monthly* 60, no. 1, pp. 19-25.

Williams, K. S. (1971). On $\sum_{n=1}^{\infty} \dfrac{1}{n^{2k}}$, *Math. Mag.* 44, no. 5, pp. 273-276.

Wright, E. M. (1952). The elementary proof of the prime number theorem, *Proc. Roy. Soc. Edinburgh Sect.* A 63, pp. 257-267.

———(1954). An inequality for convex functions, *Amer. Math. Monthly* 61, no. 9, pp. 620-622.

Yaglom, A. M. and Yaglom, I. M. (1953). An elementary derivation of the formula of Wallis, Leibniz and Euler for the number $\pi$ (Russian), *Uspehi Mat. Nauk* (N.S.) 8, no. 5 (57), pp. 181-187.

Young, W. H. (1909). On differentials, *Proc. London Math. Soc.* (2) 7, pp. 157-180.

———(1912). On a certain series of Fourier, *ibid.* (2) 11, pp. 357-366.

Zagier, D. (1997). Newman's short proof of the prime number theorem, *Amer. Math. Monthly* 11, no. 8, pp. 705-708.

# 刘培杰数学工作室
## 已出版(即将出版)图书目录——高等数学

| 书　名 | 出版时间 | 定　价 | 编号 |
|---|---|---|---|
| 距离几何分析导引 | 2015—02 | 68.00 | 446 |
| 大学几何学 | 2017—01 | 78.00 | 688 |
| 关于曲面的一般研究 | 2016—11 | 48.00 | 690 |
| 近世纯粹几何学初论 | 2017—01 | 58.00 | 711 |
| 拓扑学与几何学基础讲义 | 2017—04 | 58.00 | 756 |
| 物理学中的几何方法 | 2017—06 | 88.00 | 767 |
| 几何学简史 | 2017—08 | 28.00 | 833 |
| 微分几何学历史概要 | 2020—07 | 58.00 | 1194 |
| 解析几何学史 | 2022—03 | 58.00 | 1490 |
| 曲面的数学 | 2024—01 | 98.00 | 1699 |
| 复变函数引论 | 2013—10 | 68.00 | 269 |
| 伸缩变换与抛物旋转 | 2015—01 | 38.00 | 449 |
| 无穷分析引论(上) | 2013—04 | 88.00 | 247 |
| 无穷分析引论(下) | 2013—04 | 98.00 | 245 |
| 数学分析 | 2014—04 | 28.00 | 338 |
| 数学分析中的一个新方法及其应用 | 2013—01 | 38.00 | 231 |
| 数学分析例选:通过范例学技巧 | 2013—01 | 88.00 | 243 |
| 高等代数例选:通过范例学技巧 | 2015—06 | 88.00 | 475 |
| 基础数论例选:通过范例学技巧 | 2018—09 | 58.00 | 978 |
| 三角级数论(上册)(陈建功) | 2013—01 | 38.00 | 232 |
| 三角级数论(下册)(陈建功) | 2013—01 | 48.00 | 233 |
| 三角级数论(哈代) | 2013—06 | 48.00 | 254 |
| 三角级数 | 2015—07 | 28.00 | 263 |
| 超越数 | 2011—03 | 18.00 | 109 |
| 三角和方法 | 2011—03 | 18.00 | 112 |
| 随机过程(Ⅰ) | 2014—01 | 78.00 | 224 |
| 随机过程(Ⅱ) | 2014—01 | 68.00 | 235 |
| 算术探索 | 2011—12 | 158.00 | 148 |
| 组合数学 | 2012—04 | 28.00 | 178 |
| 组合数学浅谈 | 2012—03 | 28.00 | 159 |
| 分析组合学 | 2021—09 | 88.00 | 1389 |
| 丢番图方程引论 | 2012—03 | 48.00 | 172 |
| 拉普拉斯变换及其应用 | 2015—02 | 38.00 | 447 |
| 高等代数.上 | 2016—01 | 38.00 | 548 |
| 高等代数.下 | 2016—01 | 38.00 | 549 |
| 高等代数教程 | 2016—01 | 58.00 | 579 |
| 高等代数引论 | 2020—07 | 48.00 | 1174 |
| 数学解析教程.上卷.1 | 2016—01 | 58.00 | 546 |
| 数学解析教程.上卷.2 | 2016—01 | 38.00 | 553 |
| 数学解析教程.下卷.1 | 2017—04 | 48.00 | 781 |
| 数学解析教程.下卷.2 | 2017—06 | 48.00 | 782 |
| 数学分析.第1册 | 2021—03 | 48.00 | 1281 |
| 数学分析.第2册 | 2021—03 | 48.00 | 1282 |
| 数学分析.第3册 | 2021—03 | 28.00 | 1283 |
| 数学分析精选习题全解.上册 | 2021—03 | 38.00 | 1284 |
| 数学分析精选习题全解.下册 | 2021—03 | 38.00 | 1285 |
| 数学分析专题研究 | 2021—11 | 68.00 | 1574 |
| 函数构造论.上 | 2016—01 | 38.00 | 554 |
| 函数构造论.中 | 2017—06 | 48.00 | 555 |
| 函数构造论.下 | 2016—09 | 48.00 | 680 |
| 函数逼近论(上) | 2019—02 | 98.00 | 1014 |
| 概周期函数 | 2016—01 | 48.00 | 572 |
| 变叙的项的极限分布律 | 2016—01 | 18.00 | 573 |
| 整函数 | 2012—08 | 18.00 | 161 |
| 近代拓扑学研究 | 2013—04 | 38.00 | 239 |
| 多项式和无理数 | 2008—01 | 68.00 | 22 |
| 密码学与数论基础 | 2021—01 | 28.00 | 1254 |

# 刘培杰数学工作室
## 已出版(即将出版)图书目录——高等数学

| 书　名 | 出版时间 | 定　价 | 编号 |
|---|---|---|---|
| 模糊数据统计学 | 2008—03 | 48.00 | 31 |
| 模糊分析学与特殊泛函空间 | 2013—01 | 68.00 | 241 |
| 常微分方程 | 2016—01 | 58.00 | 586 |
| 平稳随机函数导论 | 2016—03 | 48.00 | 587 |
| 量子力学原理.上 | 2016—01 | 38.00 | 588 |
| 图与矩阵 | 2014—08 | 40.00 | 644 |
| 钢丝绳原理:第二版 | 2017—01 | 78.00 | 745 |
| 代数拓扑和微分拓扑简史 | 2017—06 | 68.00 | 791 |
| 半序空间泛函分析.上 | 2018—06 | 48.00 | 924 |
| 半序空间泛函分析.下 | 2018—06 | 68.00 | 925 |
| 概率分布的部分识别 | 2018—07 | 68.00 | 929 |
| Cartan 型单模李超代数的上同调及极大子代数 | 2018—07 | 38.00 | 932 |
| 纯数学与应用数学若干问题研究 | 2019—03 | 98.00 | 1017 |
| 数理金融学与数理经济学若干问题研究 | 2020—07 | 98.00 | 1180 |
| 清华大学"工农兵学员"微积分课本 | 2020—09 | 48.00 | 1228 |
| 力学若干基本问题的发展概论 | 2023—04 | 58.00 | 1262 |
| Banach 空间中前后分离算法及其收敛率 | 2023—06 | 98.00 | 1670 |
| 基于广义加法的数学体系 | 2024—03 | 168.00 | 1710 |
| 向量微积分、线性代数和微分形式:统一方法:第 5 版 | 2024—03 | 78.00 | 1707 |
| 向量微积分、线性代数和微分形式:统一方法:第 5 版:习题解答 | 2024—03 | 48.00 | 1708 |
| 受控理论与解析不等式 | 2012—05 | 78.00 | 165 |
| 不等式的分拆降维降幂方法与可读证明(第 2 版) | 2020—07 | 78.00 | 1184 |
| 石焕南文集:受控理论与不等式研究 | 2020—09 | 198.00 | 1198 |
| 实变函数论 | 2012—06 | 78.00 | 181 |
| 复变函数论 | 2015—08 | 38.00 | 504 |
| 非光滑优化及其变分分析 | 2014—01 | 48.00 | 230 |
| 疏散的马尔科夫链 | 2014—01 | 58.00 | 266 |
| 马尔科夫过程论基础 | 2015—01 | 28.00 | 433 |
| 初等微分拓扑学 | 2012—07 | 18.00 | 182 |
| 方程式论 | 2011—03 | 38.00 | 105 |
| Galois 理论 | 2011—03 | 18.00 | 107 |
| 古典数学难题与伽罗瓦理论 | 2012—11 | 58.00 | 223 |
| 伽罗华与群论 | 2014—01 | 28.00 | 290 |
| 代数方程的根式解及伽罗瓦理论 | 2011—03 | 28.00 | 108 |
| 代数方程的根式解及伽罗瓦理论(第二版) | 2015—01 | 28.00 | 423 |
| 线性偏微分方程讲义 | 2011—03 | 18.00 | 110 |
| 几类微分方程数值方法的研究 | 2015—05 | 38.00 | 485 |
| 分数阶微分方程理论与应用 | 2020—05 | 95.00 | 1182 |
| N 体问题的周期解 | 2011—03 | 28.00 | 111 |
| 代数方程式论 | 2011—05 | 18.00 | 121 |
| 线性代数与几何:英文 | 2016—06 | 58.00 | 578 |
| 动力系统的不变量与函数方程 | 2011—07 | 48.00 | 137 |
| 基于短语评价的翻译知识获取 | 2012—02 | 48.00 | 168 |
| 应用随机过程 | 2012—04 | 48.00 | 187 |
| 概率论导引 | 2012—04 | 18.00 | 179 |
| 矩阵论(上) | 2013—06 | 58.00 | 250 |
| 矩阵论(下) | 2013—06 | 48.00 | 251 |
| 对称锥互补问题的内点法:理论分析与算法实现 | 2014—08 | 68.00 | 368 |
| 抽象代数:方法导引 | 2013—06 | 38.00 | 257 |
| 集论 | 2016—01 | 48.00 | 576 |
| 多项式理论研究综述 | 2016—01 | 38.00 | 577 |
| 函数论 | 2014—11 | 78.00 | 395 |
| 反问题的计算方法及应用 | 2011—11 | 28.00 | 147 |
| 数阵及其应用 | 2012—02 | 28.00 | 164 |
| 绝对值方程—折边与组合图形的解析研究 | 2012—07 | 48.00 | 186 |
| 代数函数论(上) | 2015—07 | 38.00 | 494 |
| 代数函数论(下) | 2015—07 | 38.00 | 495 |

# 刘培杰数学工作室
## 已出版(即将出版)图书目录——高等数学

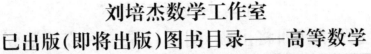

| 书　名 | 出版时间 | 定价 | 编号 |
|---|---|---|---|
| 偏微分方程论:法文 | 2015—10 | 48.00 | 533 |
| 时标动力学方程的指数型二分性与周期解 | 2016—04 | 48.00 | 606 |
| 重刚体绕不动点运动方程的积分法 | 2016—05 | 68.00 | 608 |
| 水轮机水力稳定性 | 2016—05 | 48.00 | 620 |
| Lévy 噪音驱动的传染病模型的动力学行为 | 2016—05 | 48.00 | 667 |
| 时滞系统:Lyapunov 泛函和矩阵 | 2017—05 | 68.00 | 784 |
| 粒子图像测速仪实用指南:第二版 | 2017—08 | 78.00 | 790 |
| 数域的上同调 | 2017—08 | 98.00 | 799 |
| 图的正交因子分解(英文) | 2018—01 | 38.00 | 881 |
| 图的度因子和分支因子:英文 | 2019—09 | 88.00 | 1108 |
| 点云模型的优化配准方法研究 | 2018—07 | 58.00 | 927 |
| 锥形波入射粗糙表面反散射问题理论与算法 | 2018—03 | 68.00 | 936 |
| 广义逆的理论与计算 | 2018—07 | 58.00 | 973 |
| 不定方程及其应用 | 2018—12 | 58.00 | 998 |
| 几类椭圆型偏微分方程高效数值算法研究 | 2018—08 | 48.00 | 1025 |
| 现代密码算法概论 | 2019—05 | 98.00 | 1061 |
| 模形式的 $p$ 一进性质 | 2019—06 | 78.00 | 1088 |
| 混沌动力学:分形、平铺、代换 | 2019—09 | 48.00 | 1109 |
| 微分方程,动力系统与混沌引论:第3版 | 2020—05 | 65.00 | 1144 |
| 分数阶微分方程理论与应用 | 2020—05 | 95.00 | 1187 |
| 应用非线性动力系统与混沌导论:第2版 | 2021—05 | 58.00 | 1368 |
| 非线性振动,动力系统与向量场的分支 | 2021—06 | 55.00 | 1369 |
| 遍历理论引论 | 2021—11 | 46.00 | 1441 |
| 动力系统与混沌 | 2022—05 | 48.00 | 1485 |
| Galois 上同调 | 2020—04 | 138.00 | 1131 |
| 毕达哥拉斯定理:英文 | 2020—03 | 38.00 | 1133 |
| 模糊可拓多属性决策理论与方法 | 2021—06 | 98.00 | 1357 |
| 统计方法和科学推断 | 2021—10 | 48.00 | 1428 |
| 有关几类种群生态学模型的研究 | 2022—04 | 98.00 | 1486 |
| 加性数论:典型基 | 2022—05 | 48.00 | 1491 |
| 加性数论:反问题与和集的几何 | 2023—08 | 58.00 | 1672 |
| 乘性数论:第三版 | 2022—07 | 38.00 | 1528 |
| 交替方向乘子法及其应用 | 2022—08 | 98.00 | 1553 |
| 结构元理论及模糊决策应用 | 2022—09 | 98.00 | 1573 |
| 随机微分方程和应用:第二版 | 2022—12 | 48.00 | 1580 |
|  |  |  |  |
| 吴振奎高等数学解题真经(概率统计卷) | 2012—01 | 38.00 | 149 |
| 吴振奎高等数学解题真经(微积分卷) | 2012—01 | 68.00 | 150 |
| 吴振奎高等数学解题真经(线性代数卷) | 2012—01 | 58.00 | 151 |
| 高等数学解题全攻略(上卷) | 2013—06 | 58.00 | 252 |
| 高等数学解题全攻略(下卷) | 2013—06 | 58.00 | 253 |
| 高等数学复习纲要 | 2014—01 | 18.00 | 384 |
| 数学分析历年考研真题解析.第一卷 | 2021—04 | 38.00 | 1288 |
| 数学分析历年考研真题解析.第二卷 | 2021—04 | 38.00 | 1289 |
| 数学分析历年考研真题解析.第三卷 | 2021—04 | 38.00 | 1290 |
| 数学分析历年考研真题解析.第四卷 | 2022—09 | 68.00 | 1560 |
| 硕士研究生入学考试数学试题及解答.第1卷 | 2024—01 | 58.00 | 1703 |
| 硕士研究生入学考试数学试题及解答.第2卷 | 2024—04 | 68.00 | 1704 |
| 硕士研究生入学考试数学试题及解答.第3卷 | 即将出版 |  | 1705 |
|  |  |  |  |
| 超越吉米多维奇.数列的极限 | 2009—11 | 48.00 | 58 |
| 超越普里瓦洛夫.留数卷 | 2015—01 | 48.00 | 437 |
| 超越普里瓦洛夫.无穷乘积与它对解析函数的应用卷 | 2015—05 | 28.00 | 477 |
| 超越普里瓦洛夫.积分卷 | 2015—06 | 18.00 | 481 |
| 超越普里瓦洛夫.基础知识卷 | 2015—06 | 28.00 | 482 |
| 超越普里瓦洛夫.数项级数卷 | 2015—07 | 38.00 | 489 |
| 超越普里瓦洛夫.微分、解析函数、导数卷 | 2018—01 | 48.00 | 852 |
|  |  |  |  |
| 统计学专业英语(第三版) | 2015—04 | 68.00 | 465 |
| 代换分析:英文 | 2015—07 | 38.00 | 499 |

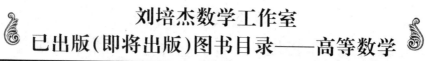

# 刘培杰数学工作室
## 已出版(即将出版)图书目录——高等数学

| 书　名 | 出版时间 | 定　价 | 编号 |
|---|---|---|---|
| 历届美国大学生数学竞赛试题集.第一卷(1938—1949) | 2015—01 | 28.00 | 397 |
| 历届美国大学生数学竞赛试题集.第二卷(1950—1959) | 2015—01 | 28.00 | 398 |
| 历届美国大学生数学竞赛试题集.第三卷(1960—1969) | 2015—01 | 28.00 | 399 |
| 历届美国大学生数学竞赛试题集.第四卷(1970—1979) | 2015—01 | 18.00 | 400 |
| 历届美国大学生数学竞赛试题集.第五卷(1980—1989) | 2015—01 | 28.00 | 401 |
| 历届美国大学生数学竞赛试题集.第六卷(1990—1999) | 2015—01 | 28.00 | 402 |
| 历届美国大学生数学竞赛试题集.第七卷(2000—2009) | 2015—08 | 18.00 | 403 |
| 历届美国大学生数学竞赛试题集.第八卷(2010—2012) | 2015—01 | 18.00 | 404 |
| 超越普特南试题:大学数学竞赛中的方法与技巧 | 2017—04 | 98.00 | 758 |
| 历届国际大学生数学竞赛试题集(1994—2020) | 2021—01 | 58.00 | 1252 |
| 历届美国大学生数学竞赛试题集(全 3 册) | 2023—10 | 168.00 | 1693 |
| 全国大学生数学夏令营数学竞赛试题及解答 | 2007—03 | 28.00 | 15 |
| 全国大学生数学竞赛辅导教程 | 2012—07 | 28.00 | 189 |
| 全国大学生数学竞赛复习全书(第 2 版) | 2017—05 | 58.00 | 787 |
| 历届美国大学生数学竞赛试题集 | 2009—03 | 88.00 | 43 |
| 前苏联大学生数学奥林匹克竞赛题解(上编) | 2012—04 | 28.00 | 169 |
| 前苏联大学生数学奥林匹克竞赛题解(下编) | 2012—04 | 38.00 | 170 |
| 大学生数学竞赛讲义 | 2014—09 | 28.00 | 371 |
| 大学生数学竞赛教程——高等数学(基础篇、提高篇) | 2018—09 | 128.00 | 968 |
| 普林斯顿大学数学竞赛 | 2016—06 | 38.00 | 669 |
| 考研高等数学高分之路 | 2020—10 | 45.00 | 1203 |
| 考研高等数学基础必刷 | 2021—01 | 45.00 | 1251 |
| 考研概率论与数理统计 | 2022—06 | 58.00 | 1522 |
| 越过211,刷到985:考研数学二 | 2019—10 | 68.00 | 1115 |
| 初等数论难题集(第一卷) | 2009—05 | 68.00 | 44 |
| 初等数论难题集(第二卷)(上、下) | 2011—02 | 128.00 | 82,83 |
| 数论概貌 | 2011—03 | 18.00 | 93 |
| 代数数论(第二版) | 2013—08 | 58.00 | 94 |
| 代数多项式 | 2014—06 | 38.00 | 289 |
| 初等数论的知识与问题 | 2011—02 | 28.00 | 95 |
| 超越数论基础 | 2011—03 | 28.00 | 96 |
| 数论初等教程 | 2011—03 | 28.00 | 97 |
| 数论基础 | 2011—03 | 18.00 | 98 |
| 数论基础与维诺格拉多夫 | 2014—03 | 18.00 | 292 |
| 解析数论基础 | 2012—08 | 28.00 | 216 |
| 解析数论基础(第二版) | 2014—01 | 48.00 | 287 |
| 解析数论问题集(第二版)(原版引进) | 2014—05 | 88.00 | 343 |
| 解析数论问题集(第二版)(中译本) | 2016—04 | 88.00 | 607 |
| 解析数论基础(潘承洞,潘承彪著) | 2016—07 | 98.00 | 673 |
| 解析数论导引 | 2016—07 | 58.00 | 674 |
| 数论入门 | 2011—03 | 38.00 | 99 |
| 代数数论入门 | 2015—03 | 38.00 | 448 |
| 数论开篇 | 2012—07 | 28.00 | 194 |
| 解析数论引论 | 2011—03 | 48.00 | 100 |
| Barban Davenport Halberstam 均值和 | 2009—01 | 40.00 | 33 |
| 基础数论 | 2011—03 | 28.00 | 101 |
| 初等数论 100 例 | 2011—05 | 18.00 | 122 |
| 初等数论经典例题 | 2012—07 | 18.00 | 204 |
| 最新世界各国数学奥林匹克中的初等数论试题(上、下) | 2012—01 | 138.00 | 144,145 |
| 初等数论(Ⅰ) | 2012—01 | 18.00 | 156 |
| 初等数论(Ⅱ) | 2012—01 | 18.00 | 157 |
| 初等数论(Ⅲ) | 2012—01 | 28.00 | 158 |

# 刘培杰数学工作室
# 已出版(即将出版)图书目录——高等数学

| 书　名 | 出版时间 | 定　价 | 编号 |
|---|---|---|---|
| Gauss,Euler,Lagrange 和 Legendre 的遗产:把整数表示成平方和 | 2022—06 | 78.00 | 1540 |
| 平面几何与数论中未解决的新老问题 | 2013—01 | 68.00 | 229 |
| 代数数论简史 | 2014—11 | 28.00 | 408 |
| 代数数论 | 2015—09 | 88.00 | 532 |
| 代数、数论及分析习题集 | 2016—11 | 98.00 | 695 |
| 数论导引提要及习题解答 | 2016—01 | 48.00 | 559 |
| 素数定理的初等证明.第2版 | 2016—09 | 48.00 | 686 |
| 数论中的模函数与狄利克雷级数(第二版) | 2017—11 | 78.00 | 837 |
| 数论:数学导引 | 2018—01 | 68.00 | 849 |
| 域论 | 2018—04 | 68.00 | 884 |
| 代数数论(冯克勤　编著) | 2018—04 | 68.00 | 885 |
| 范氏大代数 | 2019—02 | 98.00 | 1016 |
| 高等算术:数论导引:第八版 | 2023—04 | 78.00 | 1689 |
| 新编640个世界著名数学智力趣题 | 2014—01 | 88.00 | 242 |
| 500个最新世界著名数学智力趣题 | 2008—06 | 48.00 | 3 |
| 400个最新世界著名数学最值问题 | 2008—09 | 48.00 | 36 |
| 500个世界著名数学征解问题 | 2009—06 | 48.00 | 52 |
| 400个中国最佳初等数学征解老问题 | 2010—01 | 48.00 | 60 |
| 500个俄罗斯数学经典老题 | 2011—01 | 28.00 | 81 |
| 1000个国外中学物理好题 | 2012—04 | 48.00 | 174 |
| 300个日本高考数学题 | 2012—05 | 38.00 | 142 |
| 700个早期日本高考数学试题 | 2017—02 | 88.00 | 752 |
| 500个前苏联早期高考数学试题及解答 | 2012—05 | 28.00 | 185 |
| 546个早期俄罗斯大学生数学竞赛题 | 2014—03 | 38.00 | 285 |
| 548个来自美苏的数学好问题 | 2014—11 | 28.00 | 396 |
| 20所苏联著名大学早期入学试题 | 2015—02 | 18.00 | 452 |
| 161道德国工科大学生必做的微分方程习题 | 2015—05 | 28.00 | 469 |
| 500个德国工科大学生必做的高数习题 | 2015—06 | 28.00 | 478 |
| 360个数学竞赛问题 | 2016—08 | 58.00 | 677 |
| 德国讲义日本考题.微积分卷 | 2015—04 | 48.00 | 456 |
| 德国讲义日本考题.微分方程卷 | 2015—04 | 38.00 | 457 |
| 二十世纪中叶中、英、美、日、法、俄高考数学试题精选 | 2017—06 | 38.00 | 783 |
| 博弈论精粹 | 2008—03 | 58.00 | 30 |
| 博弈论精粹.第二版(精装) | 2015—01 | 88.00 | 461 |
| 数学 我爱你 | 2008—01 | 28.00 | 20 |
| 精神的圣徒　别样的人生——60位中国数学家成长的历程 | 2008—09 | 48.00 | 39 |
| 数学史概论 | 2009—06 | 78.00 | 50 |
| 数学史概论(精装) | 2013—03 | 158.00 | 272 |
| 数学史选讲 | 2016—01 | 48.00 | 544 |
| 斐波那契数列 | 2010—02 | 28.00 | 65 |
| 数学拼盘和斐波那契魔方 | 2010—07 | 38.00 | 72 |
| 斐波那契数列欣赏 | 2011—01 | 28.00 | 160 |
| 数学的创造 | 2011—02 | 48.00 | 85 |
| 数学美与创造力 | 2016—01 | 48.00 | 595 |
| 数海拾贝 | 2016—01 | 48.00 | 590 |
| 数学中的美 | 2011—02 | 38.00 | 84 |
| 数论中的美学 | 2014—12 | 38.00 | 351 |
| 数学王者　科学巨人——高斯 | 2015—01 | 28.00 | 428 |
| 振兴祖国数学的圆梦之旅:中国初等数学研究史话 | 2015—06 | 98.00 | 490 |
| 二十世纪中国数学史料研究 | 2015—10 | 48.00 | 536 |
| 数字谜、数阵图与棋盘覆盖 | 2016—01 | 58.00 | 298 |
| 时间的形状 | 2016—01 | 38.00 | 556 |
| 数学发现的艺术:数学探索中的合情推理 | 2016—07 | 58.00 | 671 |
| 活跃在数学中的参数 | 2016—07 | 48.00 | 675 |

# 刘培杰数学工作室
## 已出版(即将出版)图书目录——高等数学

| 书　名 | 出版时间 | 定　价 | 编号 |
|---|---|---|---|
| 格点和面积 | 2012—07 | 18.00 | 191 |
| 射影几何趣谈 | 2012—04 | 28.00 | 175 |
| 斯潘纳尔引理——从一道加拿大数学奥林匹克试题谈起 | 2014—01 | 28.00 | 228 |
| 李普希兹条件——从几道近年高考数学试题谈起 | 2012—10 | 18.00 | 221 |
| 拉格朗日中值定理——从一道北京高考试题的解法谈起 | 2015—10 | 18.00 | 197 |
| 闵科夫斯基定理——从一道清华大学自主招生试题谈起 | 2014—01 | 28.00 | 198 |
| 哈尔测度——从一道冬令营试题的背景谈起 | 2012—08 | 28.00 | 202 |
| 切比雪夫逼近问题——从一道中国台北数学奥林匹克试题谈起 | 2013—04 | 38.00 | 238 |
| 伯恩斯坦多项式与贝齐尔曲面——从一道全国高中数学联赛试题谈起 | 2013—03 | 38.00 | 236 |
| 卡塔兰猜想——从一道普特南竞赛试题谈起 | 2013—06 | 18.00 | 256 |
| 麦卡锡函数和阿克曼函数——从一道前南斯拉夫数学奥林匹克试题谈起 | 2012—08 | 18.00 | 201 |
| 贝蒂定理与拉姆贝克莫斯尔定理——从一个拣石子游戏谈起 | 2012—08 | 18.00 | 217 |
| 皮亚诺曲线和豪斯道夫分球定理——从无限集谈起 | 2012—08 | 18.00 | 211 |
| 平面凸图形与凸多面体 | 2012—10 | 28.00 | 218 |
| 斯坦因豪斯问题——从一道二十五省市自治区中学数学竞赛试题谈起 | 2012—07 | 18.00 | 196 |
| 纽结理论中的亚历山大多项式与琼斯多项式——从一道北京市高一数学竞赛试题谈起 | 2012—07 | 28.00 | 195 |
| 原则与策略——从波利亚"解题表"谈起 | 2013—04 | 38.00 | 244 |
| 转化与化归——从三大尺规作图不能问题谈起 | 2012—08 | 28.00 | 214 |
| 代数几何中的贝祖定理(第一版)——从一道IMO试题的解法谈起 | 2013—08 | 18.00 | 193 |
| 成功连贯理论与约当块理论——从一道比利时数学竞赛试题谈起 | 2012—04 | 18.00 | 180 |
| 素数判定与大数分解 | 2014—08 | 18.00 | 199 |
| 置换多项式及其应用 | 2012—10 | 18.00 | 220 |
| 椭圆函数与模函数——从一道美国加州大学洛杉矶分校(UCLA)博士资格考题谈起 | 2012—10 | 28.00 | 219 |
| 差分方程的拉格朗日方法——从一道2011年全国高考理科试题的解法谈起 | 2012—08 | 28.00 | 200 |
| 力学在几何中的一些应用 | 2013—01 | 38.00 | 240 |
| 高斯散度定理、斯托克斯定理和平面格林定理——从一道国际大学生数学竞赛试题谈起 | 即将出版 | | |
| 康托洛维奇不等式——从一道全国高中联赛试题谈起 | 2013—03 | 28.00 | 337 |
| 西格尔引理——从一道第18届IMO试题的解法谈起 | 即将出版 | | |
| 罗斯定理——从一道前苏联数学竞赛试题谈起 | 即将出版 | | |
| 拉克斯定理和阿廷定理——从一道IMO试题的解法谈起 | 2014—01 | 58.00 | 246 |
| 毕卡大定理——从一道美国大学数学竞赛试题谈起 | 2014—07 | 18.00 | 350 |
| 贝齐尔曲线——从一道全国高中联赛试题谈起 | 即将出版 | | |
| 拉格朗日乘子定理——从一道2005年全国高中联赛试题的高等数学解法谈起 | 2015—05 | 28.00 | 480 |
| 雅可比定理——从一道日本数学奥林匹克试题谈起 | 2013—04 | 48.00 | 249 |
| 李天岩—约克定理——从一道波兰数学竞赛试题谈起 | 2014—06 | 28.00 | 349 |
| 受控理论与初等不等式:从一道IMO试题的解法谈起 | 2023—03 | 48.00 | 1601 |

# 刘培杰数学工作室
## 已出版（即将出版）图书目录——高等数学

| 书　　名 | 出版时间 | 定　价 | 编号 |
|---|---|---|---|
| 布劳维不动点定理——从一道前苏联数学奥林匹克试题谈起 | 2014—01 | 38.00 | 273 |
| 伯恩赛德定理——从一道英国数学奥林匹克试题谈起 | 即将出版 | | |
| 布查特-莫斯特定理——从一道上海市初中竞赛试题谈起 | 即将出版 | | |
| 数论中的同余数问题——从一道普特南竞赛试题谈起 | 即将出版 | | |
| 范·德蒙行列式——从一道美国数学奥林匹克试题谈起 | 即将出版 | | |
| 中国剩余定理:总数法构建中国历史年表 | 2015—01 | 28.00 | 430 |
| 牛顿程序与方程求根——从一道全国高考试题解法谈起 | 即将出版 | | |
| 库默尔定理——从一道IMO预选试题谈起 | 即将出版 | | |
| 卢丁定理——从一道冬令营试题的解法谈起 | 即将出版 | | |
| 沃斯滕霍姆定理——从一道IMO预选试题谈起 | 即将出版 | | |
| 卡尔松不等式——从一道莫斯科数学奥林匹克试题谈起 | 即将出版 | | |
| 信息论中的香农熵——从一道近年高考压轴题谈起 | 即将出版 | | |
| 约当不等式——从一道希望杯竞赛试题谈起 | 即将出版 | | |
| 拉比诺维奇定理 | 即将出版 | | |
| 刘维尔定理——从一道《美国数学月刊》征解问题的解法谈起 | 即将出版 | | |
| 卡塔兰恒等式与级数求和——从一道IMO试题的解法谈起 | 即将出版 | | |
| 勒让德猜想与素数分布——从一道爱尔兰竞赛试题谈起 | 即将出版 | | |
| 天平称重与信息论——从一道基辅市数学奥林匹克试题谈起 | 即将出版 | | |
| 哈密尔顿-凯莱定理:从一道高中数学联赛试题的解法谈起 | 2014—09 | 18.00 | 376 |
| 艾思特曼定理——从一道CMO试题的解法谈起 | 即将出版 | | |
| 一个爱尔特希问题——从一道西德数学奥林匹克试题谈起 | 即将出版 | | |
| 有限群中的爱丁格尔问题——从一道北京市初中二年级数学竞赛试题谈起 | 即将出版 | | |
| 糖水中的不等式——从初等数学到高等数学 | 2019—07 | 48.00 | 1093 |
| 帕斯卡三角形 | 2014—03 | 18.00 | 294 |
| 蒲丰投针问题——从2009年清华大学的一道自主招生试题谈起 | 2014—01 | 38.00 | 295 |
| 斯图姆定理——从一道"华约"自主招生试题的解法谈起 | 2014—01 | 18.00 | 296 |
| 许瓦兹引理——从一道加利福尼亚大学伯克利分校数学系博士生试题谈起 | 2014—08 | 18.00 | 297 |
| 拉姆塞定理——从王诗宬院士的一个问题谈起 | 2016—04 | 48.00 | 299 |
| 坐标法 | 2013—12 | 28.00 | 332 |
| 数论三角形 | 2014—04 | 38.00 | 341 |
| 毕克定理 | 2014—07 | 18.00 | 352 |
| 数林掠影 | 2014—09 | 48.00 | 389 |
| 我们周围的概率 | 2014—10 | 38.00 | 390 |
| 凸函数最值定理:从一道华约自主招生题的解法谈起 | 2014—10 | 28.00 | 391 |
| 易学与数学奥林匹克 | 2014—10 | 38.00 | 392 |
| 生物数学趣谈 | 2015—01 | 18.00 | 409 |
| 反演 | 2015—01 | 28.00 | 420 |
| 因式分解与圆锥曲线 | 2015—01 | 18.00 | 426 |
| 轨迹 | 2015—01 | 28.00 | 427 |
| 面积原理:从常庚哲命的一道CMO试题的积分解法谈起 | 2015—01 | 48.00 | 431 |
| 形形色色的不动点定理:从一道28届IMO试题谈起 | 2015—01 | 38.00 | 439 |
| 柯西函数方程:从一道上海交大自主招生的试题谈起 | 2015—02 | 28.00 | 440 |

# 刘培杰数学工作室
# 已出版(即将出版)图书目录——高等数学

| 书　名 | 出版时间 | 定　价 | 编号 |
|---|---|---|---|
| 三角恒等式 | 2015—02 | 28.00 | 442 |
| 无理性判定:从一道 2014 年"北约"自主招生试题谈起 | 2015—01 | 38.00 | 443 |
| 数学归纳法 | 2015—03 | 18.00 | 451 |
| 极端原理与解题 | 2015—04 | 28.00 | 464 |
| 法雷级数 | 2014—08 | 18.00 | 367 |
| 摆线族 | 2015—01 | 38.00 | 438 |
| 函数方程及其解法 | 2015—05 | 38.00 | 470 |
| 含参数的方程和不等式 | 2012—09 | 28.00 | 213 |
| 希尔伯特第十问题 | 2016—01 | 38.00 | 543 |
| 无穷小量的求和 | 2016—01 | 28.00 | 545 |
| 切比雪夫多项式:从一道清华大学金秋营试题谈起 | 2016—01 | 38.00 | 583 |
| 泽肯多夫定理 | 2016—03 | 38.00 | 599 |
| 代数等式证题法 | 2016—01 | 28.00 | 600 |
| 三角等式证题法 | 2016—01 | 28.00 | 601 |
| 吴大任教授藏书中的一个因式分解公式:从一道美国数学邀请赛试题的解法谈起 | 2016—06 | 28.00 | 656 |
| 易卦——类万物的数学模型 | 2017—08 | 68.00 | 838 |
| "不可思议"的数与数系可持续发展 | 2018—01 | 38.00 | 878 |
| 最短线 | 2018—01 | 38.00 | 879 |
| 从毕达哥拉斯到怀尔斯 | 2007—10 | 48.00 | 9 |
| 从迪利克雷到维斯卡尔迪 | 2008—01 | 48.00 | 21 |
| 从哥德巴赫到陈景润 | 2008—05 | 98.00 | 35 |
| 从庞加莱到佩雷尔曼 | 2011—08 | 138.00 | 136 |
| 从费马到怀尔斯——费马大定理的历史 | 2013—10 | 198.00 | I |
| 从庞加莱到佩雷尔曼——庞加莱猜想的历史 | 2013—10 | 298.00 | II |
| 从切比雪夫到爱尔特希(上)——素数定理的初等证明 | 2013—07 | 48.00 | III |
| 从切比雪夫到爱尔特希(下)——素数定理 100 年 | 2012—12 | 98.00 | III |
| 从高斯到盖尔方特——二次域的高斯猜想 | 2013—10 | 198.00 | IV |
| 从库默尔到朗兰兹——朗兰兹猜想的历史 | 2014—01 | 98.00 | V |
| 从比勃巴赫到德布朗斯——比勃巴赫猜想的历史 | 2014—02 | 298.00 | VI |
| 从麦比乌斯到陈省身——麦比乌斯变换与麦比乌斯带 | 2014—02 | 298.00 | VII |
| 从布尔到豪斯道夫——布尔方程与格论漫谈 | 2013—10 | 198.00 | VIII |
| 从开普勒到阿诺德——三体问题的历史 | 2014—05 | 298.00 | IX |
| 从华林到华罗庚——华林问题的历史 | 2013—10 | 298.00 | X |
| 数学物理大百科全书. 第 1 卷 | 2016—01 | 418.00 | 508 |
| 数学物理大百科全书. 第 2 卷 | 2016—01 | 408.00 | 509 |
| 数学物理大百科全书. 第 3 卷 | 2016—01 | 396.00 | 510 |
| 数学物理大百科全书. 第 4 卷 | 2016—01 | 408.00 | 511 |
| 数学物理大百科全书. 第 5 卷 | 2016—01 | 368.00 | 512 |
| 朱德祥代数与几何讲义. 第 1 卷 | 2017—01 | 38.00 | 697 |
| 朱德祥代数与几何讲义. 第 2 卷 | 2017—01 | 28.00 | 698 |
| 朱德祥代数与几何讲义. 第 3 卷 | 2017—01 | 28.00 | 699 |

# 刘培杰数学工作室
## 已出版(即将出版)图书目录——高等数学

| 书　　名 | 出版时间 | 定　价 | 编号 |
|---|---|---|---|
| 闵嗣鹤文集 | 2011—03 | 98.00 | 102 |
| 吴从炘数学活动三十年(1951~1980) | 2010—07 | 99.00 | 32 |
| 吴从炘数学活动又三十年(1981~2010) | 2015—07 | 98.00 | 491 |
| 斯米尔诺夫高等数学.第一卷 | 2018—03 | 88.00 | 770 |
| 斯米尔诺夫高等数学.第二卷.第一分册 | 2018—03 | 68.00 | 771 |
| 斯米尔诺夫高等数学.第二卷.第二分册 | 2018—03 | 68.00 | 772 |
| 斯米尔诺夫高等数学.第二卷.第三分册 | 2018—03 | 48.00 | 773 |
| 斯米尔诺夫高等数学.第三卷.第一分册 | 2018—03 | 58.00 | 774 |
| 斯米尔诺夫高等数学.第三卷.第二分册 | 2018—03 | 58.00 | 775 |
| 斯米尔诺夫高等数学.第三卷.第三分册 | 2018—03 | 68.00 | 776 |
| 斯米尔诺夫高等数学.第四卷.第一分册 | 2018—03 | 48.00 | 777 |
| 斯米尔诺夫高等数学.第四卷.第二分册 | 2018—03 | 88.00 | 778 |
| 斯米尔诺夫高等数学.第五卷.第一分册 | 2018—03 | 58.00 | 779 |
| 斯米尔诺夫高等数学.第五卷.第二分册 | 2018—03 | 68.00 | 780 |
| zeta函数,q-zeta函数,相伴级数与积分(英文) | 2015—08 | 88.00 | 513 |
| 微分形式:理论与练习(英文) | 2015—08 | 58.00 | 514 |
| 离散与微分包含的逼近和优化(英文) | 2015—08 | 58.00 | 515 |
| 艾伦·图灵:他的工作与影响(英文) | 2016—01 | 98.00 | 560 |
| 测度理论概率导论,第2版(英文) | 2016—01 | 88.00 | 561 |
| 带有潜在故障恢复系统的半马尔柯夫模型控制(英文) | 2016—01 | 98.00 | 562 |
| 数学分析原理(英文) | 2016—01 | 88.00 | 563 |
| 随机偏微分方程的有效动力学(英文) | 2016—01 | 88.00 | 564 |
| 图的谱半径(英文) | 2016—01 | 58.00 | 565 |
| 量子机器学习中数据挖掘的量子计算方法(英文) | 2016—01 | 98.00 | 566 |
| 量子物理的非常规方法(英文) | 2016—01 | 118.00 | 567 |
| 运输过程的统一非局部理论:广义波尔兹曼物理动力学,第2版(英文) | 2016—01 | 198.00 | 568 |
| 量子力学与经典力学之间的联系在原子、分子及电动力学系统建模中的应用(英文) | 2016—01 | 58.00 | 569 |
| 算术域(英文) | 2018—01 | 158.00 | 821 |
| 高等数学竞赛:1962—1991年的米洛克斯·史怀哲竞赛(英文) | 2018—01 | 128.00 | 822 |
| 用数学奥林匹克精神解决数论问题(英文) | 2018—01 | 108.00 | 823 |
| 代数几何(德文) | 2018—04 | 68.00 | 824 |
| 丢番图逼近论(英文) | 2018—01 | 78.00 | 825 |
| 代数几何学基础教程(英文) | 2018—01 | 98.00 | 826 |
| 解析数论入门课程(英文) | 2018—01 | 78.00 | 827 |
| 数论中的丢番图问题(英文) | 2018—01 | 78.00 | 829 |
| 数论(梦幻之旅):第五届中日数论研讨会演讲集(英文) | 2018—01 | 68.00 | 830 |
| 数论新应用(英文) | 2018—01 | 68.00 | 831 |
| 数论(英文) | 2018—01 | 78.00 | 832 |
| 测度与积分(英文) | 2019—04 | 68.00 | 1059 |
| 卡塔兰数入门(英文) | 2019—05 | 68.00 | 1060 |
| 多变量数学入门(英文) | 2021—05 | 68.00 | 1317 |
| 偏微分方程入门(英文) | 2021—05 | 88.00 | 1318 |
| 若尔当典范性:理论与实践(英文) | 2021—07 | 68.00 | 1366 |
| R统计学概论(英文) | 2023—03 | 88.00 | 1614 |
| 基于不确定静态和动态问题解的仿射算术(英文) | 2023—03 | 38.00 | 1618 |

| 书　　名 | 出版时间 | 定　价 | 编号 |
|---|---|---|---|
| 湍流十讲(英文) | 2018—04 | 108.00 | 886 |
| 无穷维李代数:第3版(英文) | 2018—04 | 98.00 | 887 |
| 等值、不变量和对称性(英文) | 2018—04 | 78.00 | 888 |
| 解析数论(英文) | 2018—09 | 78.00 | 889 |
| 《数学原理》的演化:伯特兰·罗素撰写第二版时的手稿与笔记(英文) | 2018—04 | 108.00 | 890 |
| 哈密尔顿数学论文集(第4卷):几何学、分析学、天文学、概率和有限差分等(英文) | 2019—05 | 108.00 | 891 |
| 数学王子——高斯 | 2018—01 | 48.00 | 858 |
| 坎坷奇星——阿贝尔 | 2018—01 | 48.00 | 859 |
| 闪烁奇星——伽罗瓦 | 2018—01 | 58.00 | 860 |
| 无穷统帅——康托尔 | 2018—01 | 48.00 | 861 |
| 科学公主——柯瓦列夫斯卡娅 | 2018—01 | 48.00 | 862 |
| 抽象代数之母——埃米·诺特 | 2018—01 | 48.00 | 863 |
| 电脑先驱——图灵 | 2018—01 | 58.00 | 864 |
| 昔日神童——维纳 | 2018—01 | 48.00 | 865 |
| 数坛怪侠——爱尔特希 | 2018—01 | 68.00 | 866 |
| 当代世界中的数学.数学思想与数学基础 | 2019—01 | 38.00 | 892 |
| 当代世界中的数学.数学问题 | 2019—01 | 38.00 | 893 |
| 当代世界中的数学.应用数学与数学应用 | 2019—01 | 38.00 | 894 |
| 当代世界中的数学.数学王国的新疆域(一) | 2019—01 | 38.00 | 895 |
| 当代世界中的数学.数学王国的新疆域(二) | 2019—01 | 38.00 | 896 |
| 当代世界中的数学.数林撷英(一) | 2019—01 | 38.00 | 897 |
| 当代世界中的数学.数林撷英(二) | 2019—01 | 48.00 | 898 |
| 当代世界中的数学.数学之路 | 2019—01 | 38.00 | 899 |
| 偏微分方程全局吸引子的特性(英文) | 2018—09 | 108.00 | 979 |
| 整函数与下调和函数(英文) | 2018—09 | 118.00 | 980 |
| 幂等分析(英文) | 2018—09 | 118.00 | 981 |
| 李群,离散子群与不变量理论(英文) | 2018—09 | 108.00 | 982 |
| 动力系统与统计力学(英文) | 2018—09 | 118.00 | 983 |
| 表示论与动力系统(英文) | 2018—09 | 118.00 | 984 |
| 分析学练习.第1部分(英文) | 2021—01 | 88.00 | 1247 |
| 分析学练习.第2部分.非线性分析(英文) | 2021—01 | 88.00 | 1248 |
| 初级统计学:循序渐进的方法:第10版(英文) | 2019—05 | 68.00 | 1067 |
| 工程师与科学家微分方程用书:第4版(英文) | 2019—07 | 58.00 | 1068 |
| 大学代数与三角学(英文) | 2019—06 | 78.00 | 1069 |
| 培养数学能力的途径(英文) | 2019—07 | 38.00 | 1070 |
| 工程师与科学家统计学:第4版(英文) | 2019—06 | 58.00 | 1071 |
| 贸易与经济中的应用统计学:第6版(英文) | 2019—06 | 58.00 | 1072 |
| 傅立叶级数和边值问题:第8版(英文) | 2019—05 | 48.00 | 1073 |
| 通往天文学的途径:第5版(英文) | 2019—05 | 58.00 | 1074 |

# 刘培杰数学工作室
## 已出版(即将出版)图书目录——高等数学

| 书　名 | 出版时间 | 定　价 | 编号 |
|---|---|---|---|
| 拉马努金笔记.第1卷(英文) | 2019—06 | 165.00 | 1078 |
| 拉马努金笔记.第2卷(英文) | 2019—06 | 165.00 | 1079 |
| 拉马努金笔记.第3卷(英文) | 2019—06 | 165.00 | 1080 |
| 拉马努金笔记.第4卷(英文) | 2019—06 | 165.00 | 1081 |
| 拉马努金笔记.第5卷(英文) | 2019—06 | 165.00 | 1082 |
| 拉马努金遗失笔记.第1卷(英文) | 2019—06 | 109.00 | 1083 |
| 拉马努金遗失笔记.第2卷(英文) | 2019—06 | 109.00 | 1084 |
| 拉马努金遗失笔记.第3卷(英文) | 2019—06 | 109.00 | 1085 |
| 拉马努金遗失笔记.第4卷(英文) | 2019—06 | 109.00 | 1086 |
| 数论:1976年纽约洛克菲勒大学数论会议记录(英文) | 2020—06 | 68.00 | 1145 |
| 数论:卡本代尔1979:1979年在南伊利诺伊卡本代尔大学举行的数论会议记录(英文) | 2020—06 | 78.00 | 1146 |
| 数论:诺德韦克豪特1983:1983年在诺德韦克豪特举行的Journees Arithmetiques数论大会会议记录(英文) | 2020—06 | 68.00 | 1147 |
| 数论:1985—1988年在纽约城市大学研究生院和大学中心举办的研讨会(英文) | 2020—06 | 68.00 | 1148 |
| 数论:1987年在乌尔姆举行的Journees Arithmetiques数论大会会议记录(英文) | 2020—06 | 68.00 | 1149 |
| 数论:马德拉斯1987:1987年在马德拉斯安娜大学举行的国际拉马努金百年纪念大会会议记录(英文) | 2020—06 | 68.00 | 1150 |
| 解析数论:1988年在东京举行的日法研讨会会议记录(英文) | 2020—06 | 68.00 | 1151 |
| 解析数论:2002年在意大利切特拉罗举行的C.I.M.E.暑期班演讲集(英文) | 2020—06 | 68.00 | 1152 |
| 量子世界中的蝴蝶:最迷人的量子分形故事(英文) | 2020—06 | 118.00 | 1157 |
| 走进量子力学(英文) | 2020—06 | 118.00 | 1158 |
| 计算物理学概论(英文) | 2020—06 | 48.00 | 1159 |
| 物质,空间和时间的理论:量子理论(英文) | 即将出版 | | 1160 |
| 物质,空间和时间的理论:经典理论(英文) | 即将出版 | | 1161 |
| 量子场理论:解释世界的神秘背景(英文) | 2020—07 | 38.00 | 1162 |
| 计算物理学概论(英文) | 即将出版 | | 1163 |
| 行星状星云(英文) | 即将出版 | | 1164 |
| 基本宇宙学:从亚里士多德的宇宙到大爆炸(英文) | 2020—08 | 58.00 | 1165 |
| 数学磁流体力学(英文) | 2020—07 | 58.00 | 1166 |
| 计算科学:第1卷,计算的科学(日文) | 2020—07 | 88.00 | 1167 |
| 计算科学:第2卷,计算与宇宙(日文) | 2020—07 | 88.00 | 1168 |
| 计算科学:第3卷,计算与物质(日文) | 2020—07 | 88.00 | 1169 |
| 计算科学:第4卷,计算与生命(日文) | 2020—07 | 88.00 | 1170 |
| 计算科学:第5卷,计算与地球环境(日文) | 2020—07 | 88.00 | 1171 |
| 计算科学:第6卷,计算与社会(日文) | 2020—07 | 88.00 | 1172 |
| 计算科学.别卷,超级计算机(日文) | 2020—07 | 88.00 | 1173 |
| 多复变函数论(日文) | 2022—06 | 78.00 | 1518 |
| 复变函数入门(日文) | 2022—06 | 78.00 | 1523 |

# 刘培杰数学工作室
## 已出版(即将出版)图书目录——高等数学

| 书　　名 | 出版时间 | 定　价 | 编号 |
|---|---|---|---|
| 代数与数论:综合方法(英文) | 2020—10 | 78.00 | 1185 |
| 复分析:现代函数理论第一课(英文) | 2020—07 | 58.00 | 1186 |
| 斐波那契数列和卡特兰数:导论(英文) | 2020—10 | 68.00 | 1187 |
| 组合推理:计数艺术介绍(英文) | 2020—07 | 88.00 | 1188 |
| 二次互反律的傅里叶分析证明(英文) | 2020—07 | 48.00 | 1189 |
| 旋瓦兹分布的希尔伯特变换与应用(英文) | 2020—07 | 58.00 | 1190 |
| 泛函分析:巴拿赫空间理论入门(英文) | 2020—07 | 48.00 | 1191 |
| 典型群,错排与素数(英文) | 2020—11 | 58.00 | 1204 |
| 李代数的表示:通过gln进行介绍(英文) | 2020—10 | 38.00 | 1205 |
| 实分析演讲集(英文) | 2020—10 | 38.00 | 1206 |
| 现代分析及其应用的课程(英文) | 2020—10 | 58.00 | 1207 |
| 运动中的抛射物数学(英文) | 2020—10 | 38.00 | 1208 |
| 2—扭结与它们的群(英文) | 2020—10 | 38.00 | 1209 |
| 概率,策略和选择:博弈与选举中的数学(英文) | 2020—11 | 58.00 | 1210 |
| 分析学引论(英文) | 2020—11 | 58.00 | 1211 |
| 量子群:通往流代数的路径(英文) | 2020—11 | 38.00 | 1212 |
| 集合论入门(英文) | 2020—10 | 48.00 | 1213 |
| 酉反射群(英文) | 2020—11 | 58.00 | 1214 |
| 探索数学:吸引人的证明方式(英文) | 2020—11 | 58.00 | 1215 |
| 微分拓扑短期课程(英文) | 2020—10 | 48.00 | 1216 |
| 抽象凸分析(英文) | 2020—11 | 68.00 | 1222 |
| 费马大定理笔记(英文) | 2021—03 | 48.00 | 1223 |
| 高斯与雅可比和(英文) | 2021—03 | 78.00 | 1224 |
| π与算术几何平均:关于解析数论和计算复杂性的研究(英文) | 2021—01 | 58.00 | 1225 |
| 复分析入门(英文) | 2021—03 | 48.00 | 1226 |
| 爱德华·卢卡斯与素性测定(英文) | 2021—03 | 78.00 | 1227 |
| 通往凸分析及其应用的简单路径(英文) | 2021—01 | 68.00 | 1229 |
| 微分几何的各个方面.第一卷(英文) | 2021—01 | 58.00 | 1230 |
| 微分几何的各个方面.第二卷(英文) | 2020—12 | 58.00 | 1231 |
| 微分几何的各个方面.第三卷(英文) | 2020—12 | 58.00 | 1232 |
| 沃克流形几何学(英文) | 2020—11 | 58.00 | 1233 |
| 彷射和韦尔几何应用(英文) | 2020—12 | 58.00 | 1234 |
| 双曲几何学的旋转向量空间方法(英文) | 2021—02 | 58.00 | 1235 |
| 积分:分析学的关键(英文) | 2020—12 | 48.00 | 1236 |
| 为有天分的新生准备的分析学基础教材(英文) | 2020—11 | 48.00 | 1237 |

# 刘培杰数学工作室
## 已出版(即将出版)图书目录——高等数学

| 书 名 | 出版时间 | 定 价 | 编号 |
|---|---|---|---|
| 数学不等式.第一卷.对称多项式不等式(英文) | 2021—03 | 108.00 | 1273 |
| 数学不等式.第二卷.对称有理不等式与对称无理不等式(英文) | 2021—03 | 108.00 | 1274 |
| 数学不等式.第三卷.循环不等式与非循环不等式(英文) | 2021—03 | 108.00 | 1275 |
| 数学不等式.第四卷.Jensen不等式的扩展与加细(英文) | 2021—03 | 108.00 | 1276 |
| 数学不等式.第五卷.创建不等式与解不等式的其他方法(英文) | 2021—04 | 108.00 | 1277 |
| 冯·诺依曼代数中的谱位移函数:半有限冯·诺依曼代数中的谱位移函数与谱流(英文) | 2021—06 | 98.00 | 1308 |
| 链接结构:关于嵌入完全图的直线中链接单形的组合结构(英文) | 2021—05 | 58.00 | 1309 |
| 代数几何方法.第1卷(英文) | 2021 06 | 68.00 | 1310 |
| 代数几何方法.第2卷(英文) | 2021—06 | 68.00 | 1311 |
| 代数几何方法.第3卷(英文) | 2021—06 | 58.00 | 1312 |
| 代数、生物信息和机器人技术的算法问题.第四卷,独立恒等式系统(俄文) | 2020—08 | 118.00 | 1119 |
| 代数、生物信息和机器人技术的算法问题.第五卷,相对覆盖性和独立可拆分恒等式系统(俄文) | 2020—08 | 118.00 | 1200 |
| 代数、生物信息和机器人技术的算法问题.第六卷,恒等式和准恒等式的相等 问题、可推导性和可实现性(俄文) | 2020—08 | 128.00 | 1201 |
| 分数阶微积分的应用:非局部动态过程,分数阶导热系数(俄文) | 2021—01 | 68.00 | 1241 |
| 泛函分析问题与练习:第2版(俄文) | 2021—01 | 98.00 | 1242 |
| 集合论、数学逻辑和算法论问题:第5版(俄文) | 2021—01 | 98.00 | 1243 |
| 微分几何和拓扑短期课程(俄文) | 2021—01 | 98.00 | 1244 |
| 素数规律(俄文) | 2021—01 | 88.00 | 1245 |
| 无穷边值问题解的递减:无界域中的拟线性椭圆和抛物方程(俄文) | 2021—01 | 48.00 | 1246 |
| 微分几何讲义(俄文) | 2020—12 | 98.00 | 1253 |
| 二次型和矩阵(俄文) | 2021—01 | 98.00 | 1255 |
| 积分和级数.第2卷,特殊函数(俄文) | 2021—01 | 168.00 | 1258 |
| 积分和级数.第3卷,特殊函数补充:第2版(俄文) | 2021—01 | 178.00 | 1264 |
| 几何图上的微分方程(俄文) | 2021—01 | 138.00 | 1259 |
| 数论教程:第2版(俄文) | 2021—01 | 98.00 | 1260 |
| 非阿基米德分析及其应用(俄文) | 2021—03 | 98.00 | 1261 |

# 刘培杰数学工作室

## 已出版（即将出版）图书目录——高等数学

| 书　名 | 出版时间 | 定　价 | 编号 |
|---|---|---|---|
| 古典群和量子群的压缩(俄文) | 2021—03 | 98.00 | 1263 |
| 数学分析习题集.第3卷,多元函数:第3版(俄文) | 2021—03 | 98.00 | 1266 |
| 数学习题:乌拉尔国立大学数学力学系大学生奥林匹克(俄文) | 2021—03 | 98.00 | 1267 |
| 柯西定理和微分方程的特解(俄文) | 2021—03 | 98.00 | 1268 |
| 组合极值问题及其应用:第3版(俄文) | 2021—03 | 98.00 | 1269 |
| 数学词典(俄文) | 2021—01 | 98.00 | 1271 |
| 确定性混沌分析模型(俄文) | 2021—06 | 168.00 | 1307 |
| 精选初等数学习题和定理.立体几何.第3版(俄文) | 2021—03 | 68.00 | 1316 |
| 微分几何习题:第3版(俄文) | 2021—05 | 98.00 | 1336 |
| 精选初等数学习题和定理.平面几何.第4版(俄文) | 2021—05 | 68.00 | 1335 |
| 曲面理论在欧氏空间 $En$ 中的直接表示 | 2022—01 | 68.00 | 1444 |
| 维纳—霍普夫离散算子和托普利兹算子:某些可数赋范空间中的诺特性和可逆性(俄文) | 2022—03 | 108.00 | 1496 |
| Maple 中的数论:数论中的计算机计算(俄文) | 2022—03 | 88.00 | 1497 |
| 贝尔曼和克努特问题及其概括:加法运算的复杂性(俄文) | 2022—03 | 138.00 | 1498 |
| 复分析:共形映射(俄文) | 2022—07 | 48.00 | 1542 |
| 微积分代数样条和多项式及其在数值方法中的应用(俄文) | 2022—08 | 128.00 | 1543 |
| 蒙特卡罗方法中的随机过程和场模型:算法和应用(俄文) | 2022—08 | 88.00 | 1544 |
| 线性椭圆型方程组:论二阶椭圆型方程的迪利克雷问题(俄文) | 2022—08 | 98.00 | 1561 |
| 动态系统解的增长特性:估值、稳定性、应用(俄文) | 2022—08 | 118.00 | 1565 |
| 群的自由积分解:建立和应用(俄文) | 2022—08 | 78.00 | 1570 |
| 混合方程和偏差自变数方程问题:解的存在和唯一性(俄文) | 2023—01 | 78.00 | 1582 |
| 拟度量空间分析:存在和逼近定理(俄文) | 2023—01 | 108.00 | 1583 |
| 二维和三维流形上函数的拓扑性质:函数的拓扑分类(俄文) | 2023—03 | 68.00 | 1584 |
| 齐次马尔科夫过程建模的矩阵方法:此类方法能够用于不同目的的复杂系统研究、设计和完善(俄文) | 2023—03 | 68.00 | 1594 |
| 周期函数的近似方法和特性:特殊课程(俄文) | 2023—04 | 158.00 | 1622 |
| 扩散方程解的矩函数:变分法(俄文) | 2023—03 | 58.00 | 1623 |
| 多赋范空间和广义函数:理论及应用(俄文) | 2023—03 | 98.00 | 1632 |
| 分析中的多值映射:部分应用(俄文) | 2023—06 | 98.00 | 1634 |
| 数学物理问题(俄文) | 2023—03 | 78.00 | 1636 |
| 函数的幂级数与三角级数分解(俄文) | 2024—01 | 58.00 | 1695 |
| 星体理论的数学基础:原子三元组(俄文) | 2024—01 | 98.00 | 1696 |
| 素数规律:专著(俄文) | 2024—01 | 118.00 | 1697 |
| 狭义相对论与广义相对论:时空与引力导论(英文) | 2021—07 | 88.00 | 1319 |
| 束流物理学和粒子加速器的实践介绍:第2版(英文) | 2021—07 | 88.00 | 1320 |
| 凝聚态物理中的拓扑和微分几何简介(英文) | 2021—05 | 88.00 | 1321 |
| 混沌映射:动力学、分形学和快速涨落(英文) | 2021—05 | 128.00 | 1322 |
| 广义相对论:黑洞、引力波和宇宙学介绍(英文) | 2021—06 | 68.00 | 1323 |
| 现代分析电磁均质化(英文) | 2021—06 | 68.00 | 1324 |
| 为科学家提供的基本流体动力学(英文) | 2021—06 | 88.00 | 1325 |
| 视觉天文学:理解夜空的指南(英文) | 2021—06 | 68.00 | 1326 |

| 书　名 | 出版时间 | 定　价 | 编号 |
|---|---|---|---|
| 物理学中的计算方法(英文) | 2021—06 | 68.00 | 1327 |
| 单星的结构与演化:导论(英文) | 2021—06 | 108.00 | 1328 |
| 超越居里:1903年至1963年物理界四位女性及其著名发现(英文) | 2021—06 | 68.00 | 1329 |
| 范德瓦尔斯流体热力学的进展(英文) | 2021—06 | 68.00 | 1330 |
| 先进的托卡马克稳定性理论(英文) | 2021—06 | 88.00 | 1331 |
| 经典场论导论:基本相互作用的过程(英文) | 2021—07 | 88.00 | 1332 |
| 光致电离量子动力学方法原理(英文) | 2021—07 | 108.00 | 1333 |
| 经典域论和应力:能量张量(英文) | 2021—05 | 88.00 | 1334 |
| 非线性太赫兹光谱的概念与应用(英文) | 2021—06 | 68.00 | 1337 |
| 电磁学中的无穷空间并矢格林函数(英文) | 2021—06 | 88.00 | 1338 |
| 物理科学基础数学.第1卷,齐次边值问题、傅里叶方法和特殊函数(英文) | 2021—07 | 108.00 | 1339 |
| 离散量子力学(英文) | 2021—07 | 68.00 | 1340 |
| 核磁共振的物理学和数学(英文) | 2021—07 | 108.00 | 1341 |
| 分子水平的静电学(英文) | 2021—08 | 68.00 | 1342 |
| 非线性波:理论、计算机模拟、实验(英文) | 2021—06 | 108.00 | 1343 |
| 石墨烯光学:经典问题的电解解决方案(英文) | 2021—06 | 68.00 | 1344 |
| 超材料多元宇宙(英文) | 2021—07 | 68.00 | 1345 |
| 银河系外的天体物理学(英文) | 2021—07 | 68.00 | 1346 |
| 原子物理学(英文) | 2021—07 | 68.00 | 1347 |
| 将光打结:将拓扑学应用于光学(英文) | 2021—07 | 68.00 | 1348 |
| 电磁学:问题与解法(英文) | 2021—07 | 88.00 | 1364 |
| 海浪的原理:介绍量子力学的技巧与应用(英文) | 2021—07 | 108.00 | 1365 |
| 多孔介质中的流体:输运与相变(英文) | 2021—07 | 68.00 | 1372 |
| 洛伦兹群的物理学(英文) | 2021—08 | 68.00 | 1373 |
| 物理导论的数学方法和解决方法手册(英文) | 2021—08 | 68.00 | 1374 |
| 非线性波数学物理学入门(英文) | 2021—08 | 88.00 | 1376 |
| 波:基本原理和动力学(英文) | 2021—07 | 68.00 | 1377 |
| 光电子量子计量学.第1卷,基础(英文) | 2021—07 | 88.00 | 1383 |
| 光电子量子计量学.第2卷,应用与进展(英文) | 2021—07 | 68.00 | 1384 |
| 复杂流的格子玻尔兹曼建模的工程应用(英文) | 2021—08 | 68.00 | 1393 |
| 电偶极矩挑战(英文) | 2021—08 | 108.00 | 1394 |
| 电动力学:问题与解法(英文) | 2021—09 | 68.00 | 1395 |
| 自由电子激光的经典理论(英文) | 2021—08 | 68.00 | 1397 |
| 曼哈顿计划——核武器物理学简介(英文) | 2021—09 | 68.00 | 1401 |

# 刘培杰数学工作室
## 已出版(即将出版)图书目录——高等数学

| 书　　名 | 出版时间 | 定　价 | 编号 |
|---|---|---|---|
| 粒子物理学(英文) | 2021—09 | 68.00 | 1402 |
| 引力场中的量子信息(英文) | 2021—09 | 128.00 | 1403 |
| 器件物理学的基本经典力学(英文) | 2021—09 | 68.00 | 1404 |
| 等离子体物理及其空间应用导论.第1卷,基本原理和初步过程(英文) | 2021—09 | 68.00 | 1405 |
| 伽利略理论力学:连续力学基础(英文) | 2021—10 | 48.00 | 1416 |
| 磁约束聚变等离子体物理:理想MHD理论(英文) | 2023—03 | 68.00 | 1613 |
| 相对论量子场论.第1卷,典范形式体系(英文) | 2023—03 | 38.00 | 1615 |
| 相对论量子场论.第2卷,路径积分形式(英文) | 2023—06 | 38.00 | 1616 |
| 相对论量子场论.第3卷,量子场论的应用(英文) | 2023—06 | 38.00 | 1617 |
| 涌现的物理学(英文) | 2023—05 | 58.00 | 1619 |
| 量子化旋涡:一本拓扑激发手册(英文) | 2023—04 | 68.00 | 1620 |
| 非线性动力学:实践的介绍性调查(英文) | 2023—05 | 68.00 | 1621 |
| 静电加速器:一个多功能工具(英文) | 2023—06 | 58.00 | 1625 |
| 相对论多体理论与统计力学(英文) | 2023—06 | 58.00 | 1626 |
| 经典力学.第1卷,工具与向量(英文) | 2023—04 | 38.00 | 1627 |
| 经典力学.第2卷,运动学和匀加速运动(英文) | 2023—04 | 58.00 | 1628 |
| 经典力学.第3卷,牛顿定律和匀速圆周运动(英文) | 2023—04 | 58.00 | 1629 |
| 经典力学.第4卷,万有引力定律(英文) | 2023—04 | 38.00 | 1630 |
| 经典力学.第5卷,守恒定律与旋转运动(英文) | 2023—04 | 38.00 | 1631 |
| 对称问题:纳维尔-斯托克斯问题(英文) | 2023—04 | 38.00 | 1638 |
| 摄影的物理和艺术.第1卷,几何与光的本质(英文) | 2023—04 | 78.00 | 1639 |
| 摄影的物理和艺术.第2卷,能量与色彩(英文) | 2023—04 | 78.00 | 1640 |
| 摄影的物理和艺术.第3卷,探测器与数码的意义(英文) | 2023—04 | 78.00 | 1641 |
| 拓扑与超弦理论焦点问题(英文) | 2021—07 | 58.00 | 1349 |
| 应用数学:理论、方法与实践(英文) | 2021—07 | 78.00 | 1350 |
| 非线性特征值问题:牛顿型方法与非线性瑞利函数(英文) | 2021—07 | 58.00 | 1351 |
| 广义膨胀和齐性:利用齐性构造齐次系统的李雅普诺夫函数和控制律(英文) | 2021—06 | 48.00 | 1352 |
| 解析数论焦点问题(英文) | 2021—07 | 58.00 | 1353 |
| 随机微分方程:动态系统方法(英文) | 2021—07 | 58.00 | 1354 |
| 经典力学与微分几何(英文) | 2021—07 | 58.00 | 1355 |
| 负定相交形式流形上的瞬子模空间几何(英文) | 2021—07 | 68.00 | 1356 |
| 广义卡塔兰轨道分析:广义卡塔兰轨道计算数字的方法(英文) | 2021—07 | 48.00 | 1367 |
| 洛伦兹方法的变分:二维与三维洛伦兹方法(英文) | 2021—08 | 38.00 | 1378 |
| 几何、分析和数论精编(英文) | 2021—08 | 68.00 | 1380 |
| 从一个新角度看数论:通过遗传方法引入现实的概念(英文) | 2021—07 | 58.00 | 1387 |
| 动力系统:短期课程(英文) | 2021—08 | 68.00 | 1382 |

# 刘培杰数学工作室
## 已出版(即将出版)图书目录——高等数学

| 书　名 | 出版时间 | 定　价 | 编号 |
|---|---|---|---|
| 几何路径:理论与实践(英文) | 2021—08 | 48.00 | 1385 |
| 广义斐波那契数列及其性质(英文) | 2021—08 | 38.00 | 1386 |
| 论天体力学中某些问题的不可积性(英文) | 2021—07 | 88.00 | 1396 |
| 对称函数和麦克唐纳多项式:余代数结构与 Kawanaka 恒等式 | 2021—09 | 38.00 | 1400 |
| 杰弗里·英格拉姆·泰勒科学论文集:第 1 卷.固体力学(英文) | 2021—05 | 78.00 | 1360 |
| 杰弗里·英格拉姆·泰勒科学论文集:第 2 卷.气象学、海洋学和湍流(英文) | 2021—05 | 68.00 | 1361 |
| 杰弗里·英格拉姆·泰勒科学论文集:第 3 卷.空气动力学以及落弹数和爆炸的力学(英文) | 2021—05 | 68.00 | 1362 |
| 杰弗里·英格拉姆·泰勒科学论文集:第 4 卷.有关流体力学(英文) | 2021—05 | 58.00 | 1363 |
| 非局域泛函演化方程:积分与分数阶(英文) | 2021—08 | 48.00 | 1390 |
| 理论工作者的高等微分几何:纤维丛、射流流形和拉格朗日理论(英文) | 2021—08 | 68.00 | 1391 |
| 半线性退化椭圆微分方程:局部定理与整体定理(英文) | 2021—07 | 48.00 | 1392 |
| 非交换几何、规范理论和重整化:一般简介与非交换量子场论的重整化(英文) | 2021—09 | 78.00 | 1406 |
| 数论论文集:拉普拉斯变换和带有数论系数的幂级数(俄文) | 2021—09 | 48.00 | 1407 |
| 挠理论专题:相对极大值,单射与扩充模(英文) | 2021—09 | 88.00 | 1410 |
| 强正则图与欧几里得若尔当代数:非通常关系中的启示(英文) | 2021—10 | 48.00 | 1411 |
| 拉格朗日几何和哈密顿几何:力学的应用(英文) | 2021—10 | 48.00 | 1412 |
| 时滞微分方程与差分方程的振动理论:二阶与三阶(英文) | 2021—10 | 98.00 | 1417 |
| 卷积结构与几何函数理论:用以研究特定几何函数理论方向的分数阶微积分算子与卷积结构(英文) | 2021—10 | 48.00 | 1418 |
| 经典数学物理的历史发展(英文) | 2021—10 | 78.00 | 1419 |
| 扩展线性丢番图问题(英文) | 2021—10 | 38.00 | 1420 |
| 一类混沌动力系统的分歧分析与控制:分歧分析与控制(英文) | 2021—11 | 38.00 | 1421 |
| 伽利略空间和伪伽利略空间中一些特殊曲线的几何性质(英文) | 2022—01 | 48.00 | 1422 |
| 一阶偏微分方程:哈密尔顿—雅可比理论(英文) | 2021—11 | 48.00 | 1424 |
| 各向异性黎曼多面体的反问题:分段光滑的各向异性黎曼多面体反边界谱问题:唯一性(英文) | 2021—11 | 38.00 | 1425 |

| 书　名 | 出版时间 | 定　价 | 编号 |
|---|---|---|---|
| 项目反应理论手册.第一卷,模型(英文) | 2021—11 | 138.00 | 1431 |
| 项目反应理论手册.第二卷,统计工具(英文) | 2021—11 | 118.00 | 1432 |
| 项目反应理论手册.第三卷,应用(英文) | 2021—11 | 138.00 | 1433 |
| 二次无理数:经典数论入门(英文) | 2022—05 | 138.00 | 1434 |
| 数,形与对称性:数论,几何和群论导论(英文) | 2022—05 | 128.00 | 1435 |
| 有限域手册(英文) | 2021—11 | 178.00 | 1436 |
| 计算数论(英文) | 2021—11 | 148.00 | 1437 |
| 拟群与其表示简介(英文) | 2021—11 | 88.00 | 1438 |
| 数论与密码学导论:第二版(英文) | 2022—01 | 148.00 | 1423 |
| 几何分析中的柯西变换与黎兹变换:解析调和容量和李普希兹调和容量、变化和振荡以及一致可求长性(英文) | 2021—12 | 38.00 | 1465 |
| 近似不动点定理及其应用(英文) | 2022—05 | 28.00 | 1466 |
| 局部域的相关内容解析:对局部域的扩展及其伽罗瓦群的研究(英文) | 2022—01 | 38.00 | 1467 |
| 反问题的二进制恢复方法(英文) | 2022—03 | 28.00 | 1468 |
| 对几何函数中某些类的各个方面的研究:复变量理论(英文) | 2022—01 | 38.00 | 1469 |
| 覆盖、对应和非交换几何(英文) | 2022—01 | 28.00 | 1470 |
| 最优控制理论中的随机线性调节器问题:随机最优线性调节器问题(英文) | 2022—01 | 38.00 | 1473 |
| 正交分解法:涡流流体动力学应用的正交分解法(英文) | 2022—01 | 38.00 | 1475 |
| 芬斯勒几何的某些问题(英文) | 2022—03 | 38.00 | 1476 |
| 受限三体问题(英文) | 2022—05 | 38.00 | 1477 |
| 利用马利亚万微积分进行 Greeks 的计算:连续过程、跳跃过程中的马利亚万微积分和金融领域中的 Greeks(英文) | 2022—05 | 48.00 | 1478 |
| 经典分析和泛函分析的应用:分析学的应用(英文) | 2022—05 | 38.00 | 1479 |
| 特殊芬斯勒空间的探究(英文) | 2022—03 | 48.00 | 1480 |
| 某些图形的施泰纳距离的细谷多项式:细谷多项式与图的维纳指数(英文) | 2022—05 | 38.00 | 1481 |
| 图论问题的遗传算法:在新鲜与模糊的环境中(英文) | 2022—05 | 48.00 | 1482 |
| 多项式映射的渐近簇(英文) | 2022—05 | 38.00 | 1483 |
| 一维系统中的混沌:符号动力学,映射序列,一致收敛和沙可夫斯基定理(英文) | 2022—05 | 38.00 | 1509 |
| 多维边界层流动与传热分析:粘性流体流动的数学建模与分析(英文) | 2022—05 | 38.00 | 1510 |

# 刘培杰数学工作室

## 已出版(即将出版)图书目录——高等数学

| 书　　名 | 出版时间 | 定　价 | 编号 |
|---|---|---|---|
| 演绎理论物理学的原理:一种基于量子力学波函数的逐次置信估计的一般理论的提议(英文) | 2022—05 | 38.00 | 1511 |
| $R^2$ 和 $R^3$ 中的仿射弹性曲线:概念和方法(英文) | 2022—08 | 38.00 | 1512 |
| 算术数列中除数函数的分布:基本内容、调查、方法、第二矩、新结果(英文) | 2022—05 | 28.00 | 1513 |
| 抛物型狄拉克算子和薛定谔方程:不定常薛定谔方程的抛物型狄拉克算子及其应用(英文) | 2022—07 | 28.00 | 1514 |
| 黎曼-希尔伯特问题与量子场论:可积重正化、戴森-施温格方程(英文) | 2022—08 | 38.00 | 1515 |
| 代数结构和几何结构的形变理论(英文) | 2022—08 | 48.00 | 1516 |
| 概率结构和模糊结构上的不动点:概率结构和直觉模糊度量空间的不动点定理(英文) | 2022—08 | 38.00 | 1517 |
| 反若尔当对:简单反若尔当对的自同构(英文) | 2022—07 | 28.00 | 1533 |
| 对某些黎曼—芬斯勒空间变换的研究:芬斯勒几何中的某些变换(英文) | 2022—07 | 38.00 | 1534 |
| 内诣零流形映射的尼尔森数的阿诺索夫关系(英文) | 2023—01 | 38.00 | 1535 |
| 与广义积分变换有关的分数次演算:对分数次演算的研究(英文) | 2023—01 | 48.00 | 1536 |
| 强子的芬斯勒几何和吕拉几何(宇宙学方面):强子结构的芬斯勒几何和吕拉几何(拓扑缺陷)(英文) | 2022—08 | 38.00 | 1537 |
| 一种基于混沌的非线性最优化问题:作业调度问题(英文) | 即将出版 | | 1538 |
| 广义概率论发展前景:关于趣味数学与置信函数实际应用的一些原创观点(英文) | 即将出版 | | 1539 |
| 纽结与物理学:第二版(英文) | 2022—09 | 118.00 | 1547 |
| 正交多项式和 q—级数的前沿(英文) | 2022—09 | 98.00 | 1548 |
| 算子理论问题集(英文) | 2022—03 | 108.00 | 1549 |
| 抽象代数:群、环与域的应用导论:第二版(英文) | 2023—01 | 98.00 | 1550 |
| 菲尔兹奖得主演讲集:第三版(英文) | 2023—01 | 138.00 | 1551 |
| 多元实函数教程(英文) | 2022—09 | 118.00 | 1552 |
| 球面空间形式群的几何学:第二版(英文) | 2022—09 | 98.00 | 1566 |
| 对称群的表示论(英文) | 2023—01 | 98.00 | 1585 |
| 纽结理论:第二版(英文) | 2023—01 | 88.00 | 1586 |
| 拟群理论的基础与应用(英文) | 2023—01 | 88.00 | 1587 |
| 组合学:第二版(英文) | 2023—01 | 98.00 | 1588 |
| 加性组合学:研究问题手册(英文) | 2023—01 | 68.00 | 1589 |
| 扭曲、平铺与镶嵌:几何折纸中的数学方法(英文) | 2023—01 | 98.00 | 1590 |
| 离散与计算几何手册:第三版(英文) | 2023—01 | 248.00 | 1591 |
| 离散与组合数学手册:第二版(英文) | 2023—01 | 248.00 | 1592 |

# 刘培杰数学工作室
## 已出版(即将出版)图书目录——高等数学

| 书　名 | 出版时间 | 定　价 | 编号 |
|---|---|---|---|
| 分析学教程.第1卷,一元实变量函数的微积分分析学介绍(英文) | 2023—01 | 118.00 | 1595 |
| 分析学教程.第2卷,多元函数的微分和积分,向量微积分(英文) | 2023—01 | 118.00 | 1596 |
| 分析学教程.第3卷,测度与积分理论,复变量的复值函数(英文) | 2023—01 | 118.00 | 1597 |
| 分析学教程.第4卷,傅里叶分析,常微分方程,变分法(英文) | 2023—01 | 118.00 | 1598 |
| 共形映射及其应用手册(英文) | 2024—01 | 158.00 | 1674 |
| 广义三角函数与双曲函数(英文) | 2024—01 | 78.00 | 1675 |
| 振动与波:概论:第二版(英文) | 2024—01 | 88.00 | 1676 |
| 几何约束系统原理手册(英文) | 2024—01 | 120.00 | 1677 |
| 微分方程与包含的拓扑方法(英文) | 2024—01 | 98.00 | 1678 |
| 数学分析中的前沿话题(英文) | 2024—01 | 198.00 | 1679 |
| 流体力学建模:不稳定性与湍流(英文) | 2024—03 | 88.00 | 1680 |
| 动力系统:理论与应用(英文) | 2024—03 | 108.00 | 1711 |
| 空间统计学理论:概述(英文) | 2024—03 | 68.00 | 1712 |
| 梅林变换手册(英文) | 2024—03 | 128.00 | 1713 |
| 非线性系统及其绝妙的数学结构.第1卷(英文) | 2024—03 | 88.00 | 1714 |
| 非线性系统及其绝妙的数学结构.第2卷(英文) | 2024—03 | 108.00 | 1715 |
| Chip-firing 中的数学(英文) | 2024—04 | 88.00 | 1716 |

**联系地址**:哈尔滨市南岗区复华四道街10号　哈尔滨工业大学出版社刘培杰数学工作室
**邮　编**:150006
**联系电话**:0451—86281378　　13904613167
E-mail:lpj1378@163.com